生化学
第 2 版

鈴木紘一 編

石浦章一・榎森康文・大隅萬里子
大隅良典・大野茂男
木南英紀・室伏 擴 著

東京化学同人

まえがき

　本書 "生化学" は，大学教養課程の教科書，参考書として使われることを念頭に，生化学領域のなかで基礎的に重要な事項を中心に簡潔明解に解説したものである．初版は幸い教科書にも採用していただくなどして多くの読者を得てきたが，1997年の発刊以来ほぼ10年が経過した．

　この間の10年はヒトゲノム構造の完全解読が行われるなど，生命科学における歴史的な偉業が成し遂げられ，生物科学が画期的に進展した時期である．ヒトゲノムの解読により，DNAなどを共通言語として，生物科学の関連分野が統合され，さまざまな生物現象・生命現象が同じ土俵で議論できるようになり，"生化学" はこれまで以上にさらに拡大し，複雑になってきた．ヒトゲノムの成果は単に基礎科学研究をいっそう深化・発展させただけでなく，医薬，農学，食品などさまざまな応用研究をも刺激し，膨大な波及効果が生まれつつある．

　本書の初版は，もともと生化学研究の最前線を記載したものではなく，標準的，基本的な "生化学" を中心に解説したものなので，10年を経過した今日でも十分通用する内容であった．しかし，ヒトゲノムの解読を境に生物科学に対する考え方が大きく変わり，研究の最前線は画期的に進んできたため，記述などがやや古い印象を与えるようになってきた．これらの点を考慮し，ポストゲノムの視点から本書の初版の内容を全面的に再検討したのが本改訂版である．生化学の基礎を簡潔に解説する基本姿勢は変えずに，新たな視点を取入れ，図表や説明の例示なども現在の視点で重要と思われるものに置き換えるなどの工夫をこらし，コラムについても手を加えた．また，新しく "ヒトの遺伝性疾患と生化学" の章を追加するなどしてポストゲノム時代の教科書・参考書としてふさわしい内容になるようにした．生化学で扱う範囲はさらに拡大したが，ページ数の増加は抑え，内容も重くなりすぎないように配慮したつもりである．

　本書は普段の講義でも定評がある7名の第一線の教育・研究者が分担執筆したものであり，それぞれが授業で気づいたアイデア，工夫，配慮がいろいろ盛り込まれている．初版と同様，幅広いレベルの方々に教科書や参考書としてひきつづき利用していただけるものと期待している．

　最後に本書の改訂にあたって企画から出版まですべての段階で大変お世話になった東京化学同人の住田六連氏，進藤和奈氏ならびに編集部の方々に心から御礼を申し上げたい．

　2007年1月

鈴　木　紘　一

編　　集

鈴 木 紘 一　　東レ㈱先端融合研究所 所長, 理学博士, 医学博士

執　　筆

石 浦 章 一　　東京大学大学院総合文化研究科 教授, 理学博士
榎 森 康 文　　東京大学大学院理学系研究科 助教授, 理学博士
大 隅 萬 里 子　元 帝京科学大学理工学部 教授, 理学博士
大 隅 良 典　　自然科学研究機構基礎生物学研究所 教授, 理学博士
大 野 茂 男　　横浜市立大学医学部 教授, 理学博士
木 南 英 紀　　順天堂大学医学部 教授, 医学博士
室 伏 擴　　山口大学大学院医学系研究科 教授, 理学博士

(2007年3月現在, 五十音順)

目 次

第1章 序 …………………………………… 大隅良典……1
1・1 生化学とは何か ………………………………1
1・2 生命 …………………………………………1
1・3 細胞 …………………………………………1
1・4 単細胞から多細胞へ …………………………2
1・5 生命体を構成する分子 ………………………2
1・6 水 …………………………………………2
1・7 酸, 塩基, pH ………………………………3
1・8 緩衝作用 ……………………………………4

第2章 生体物質 …………………………… 大隅萬里子……5
2・1 糖質 …………………………………………5
2・2 脂質 …………………………………………8
2・3 アミノ酸とタンパク質 ………………………9
2・4 核酸 …………………………………………14
2・5 ビタミンと補酵素 ……………………………17
2・6 ホルモン ……………………………………18
2・7 無機質 ………………………………………19

第3章 タンパク質 ………………………… 大野茂男……21
3・1 タンパク質の多様性 …………………………23
3・2 タンパク質の構造と機能 ……………………24
3・3 タンパク質のフォールディング ……………25
3・4 タンパク質の機能と制御 ……………………26
3・5 タンパク質の寿命と分解 ……………………28

第4章 酵素・酵素反応 …………………… 大隅良典……31
4・1 酵素反応の特異性 ……………………………31
4・2 酵素反応速度論 ………………………………34
4・3 酵素反応の阻害 ………………………………35
4・4 酵素活性の調節 ………………………………35

第 5 章　代謝とエネルギー　　　　　　　　　　　　　　　　木 南 英 紀……37

- 5・1　代謝とは …………………………………………………………… 37
- 5・2　解　糖 ……………………………………………………………… 39
- 5・3　クエン酸回路 ……………………………………………………… 43
- 5・4　呼吸鎖と酸化的リン酸化 ………………………………………… 46
- 5・5　糖代謝の別経路 …………………………………………………… 49
- 5・6　脂質代謝 …………………………………………………………… 53
- 5・7　光合成 ……………………………………………………………… 59
- 5・8　窒素代謝 …………………………………………………………… 61
- 5・9　ヌクレオチド代謝 ………………………………………………… 64
- 5・10　エネルギー代謝 …………………………………………………… 67

第 6 章　遺伝情報の成り立ちと機能　　　　　　　　　　　　　榎 森 康 文……69

- 6・1　遺伝情報としてのDNA …………………………………………… 69
- 6・2　DNAの構造——遺伝する仕組み ………………………………… 69
- 6・3　情報としてのDNA——DNAの情報はRNAに転写されて機能する …… 72
- 6・4　DNAの複製 ………………………………………………………… 73
- 6・5　DNAの修復 ………………………………………………………… 79
- 6・6　核外DNAと動く遺伝子・ウイルス ……………………………… 80
- 6・7　転写とその調節 …………………………………………………… 81
- 6・8　翻　訳 ……………………………………………………………… 97
- 6・9　翻訳後修飾とタンパク質の局在化 ……………………………… 104
- 6・10　遺伝情報の複製・発現の阻害剤と薬 …………………………… 107
- 6・11　まとめ ……………………………………………………………… 109

第 7 章　組換え DNA 技術とその利用　　　　　　　　　　　　大 野 茂 男……111

- 7・1　組換え DNA に用いる酵素 ……………………………………… 111
- 7・2　DNA ライブラリーと DNA のクローニング …………………… 113
- 7・3　塩基配列決定法 …………………………………………………… 116
- 7・4　ハイブリッド形成を利用したDNAとRNAの塩基配列の検出 …… 117
- 7・5　PCR ………………………………………………………………… 120
- 7・6　組換えタンパク質 ………………………………………………… 120
- 7・7　細胞の遺伝子操作 ………………………………………………… 122
- 7・8　個体の遺伝子操作 ………………………………………………… 125

第 8 章　細胞の構造と機能　　　　　　　　　　　　　　　　　室 伏　 擴……129

- 8・1　生体膜 ……………………………………………………………… 129
- 8・2　細胞骨格 …………………………………………………………… 138
- 8・3　細胞運動 …………………………………………………………… 152

8・4　膜系細胞小器官 ……………………………………………………159
　8・5　細胞周期 ……………………………………………………………163

第9章　シグナル伝達　……………………………………大 野 茂 男……171
　9・1　シグナル伝達とそのロジック ……………………………………171
　9・2　受容体とその活性化機構 …………………………………………176
　9・3　細胞内シグナル伝達経路とシグナル伝達分子 …………………180
　9・4　シグナル伝達経路の調節機構 ……………………………………187

第10章　ヒトの遺伝性疾患と生化学　………………………石 浦 章 一……191
　10・1　優性遺伝・劣性遺伝 ………………………………………………191
　10・2　ヒトの遺伝子多型と薬物代謝 ……………………………………192
　10・3　遺伝性疾患の例 ……………………………………………………193

用 語 解 説 ……………………………………………………………………199
索　　　引 ……………………………………………………………………209

◇ コ ラ ム ◇

- タンパク質の立体構造の決定法 …………………………… 21
- タンパク質のプロセシングと翻訳後修飾 ………………… 22
- コンホメーション病 ………………………………………… 27
- 生化学の歴史――解糖系の発見 …………………………… 42
- 薬 物 代 謝 …………………………………………………… 57
- 肥満の生化学 ………………………………………………… 68
- ゲノム――ゲノムプロジェクトからみえてきたこと …… 71
- ショウジョウバエと線虫 …………………………………… 74
- クロマチンの状態とエピジェネティクス ………………… 76
- 発生・分化と転写因子 ……………………………………… 87
- 免疫と遺伝子 ………………………………………………… 94
- バイオインフォマティクス ………………………………… 108
- クローンとクローニング …………………………………… 115
- オームとオミクス …………………………………………… 119
- 細胞融合と細胞の選択――モノクローナル抗体の作製法 … 128
- 細 胞 培 養 …………………………………………………… 150
- アポトーシス ………………………………………………… 168
- 知的機能の遺伝子 …………………………………………… 193
- アルツハイマー病と特定遺伝子との関連の証明 ………… 195
- 世代を経るに従って重くなる病気 ………………………… 196

1 序

1・1 生化学とは何か

　生化学は生命現象を，生体を構成する分子の働きとして理解しようとする学問である．細胞学，遺伝学などの生物学の発展と，19世紀に始まった有機化学の発展を基礎として，生化学は20世紀に入って驚異的な進歩を遂げた．生体の中で営まれるおもな代謝反応経路，生命活動を担うタンパク質の構造や機能，遺伝情報としてのDNA，DNAからRNA，タンパク質への情報の流れ，生命体の境界をつくりエネルギー変換に重要な役割を担う生体膜の構造と機能など，生命現象の中心的な過程の大筋はほぼ理解されてきた．ヒトをはじめとする生物の遺伝情報の解読により，いっそう生化学は医学分野の基礎を担い，人間の生活にも大きな影響をもつ分野となっている．

　一見多様にみえる地球上の生命は，分子レベルでみれば，大腸菌からわれわれヒトに至るまで驚くほど共通の原理が働いていることが明らかになってきた．しかしながら生命を理解するためには，たんに個々の生体分子の理解では不十分である．生命の本質的に動的な性質を理解するためには，生化学は最も基本的な学問領域であるに違いないが，21世紀にふさわしい発展を遂げるためには，遺伝学，分子生物学，細胞生物学，生物物理学，構造生物学などと融合した知識体系が求められている．

1・2 生　　命

　46億年の歴史をもつ地球上に，生命は約35億年前に誕生したと考えられている．生命の誕生は，地球上の単純な化合物から複雑な有機ポリマーが合成される化学進化の過程と，ポリマー自身が集合して自己複製能を獲得する過程を経て進行したに違いない．生命の最も基本的な性質は，自己複製能と，外界からエネルギーを獲得し変換するシステムをもち，たえず外界と物質交換をすることであろう．

　生化学の進歩によって地球上の生物に普遍的で基本的な分子が明らかになった．これは数百万種ともいわれる地球上の生物が，おそらく1回の生命の誕生のドラマによって，無機物から誕生した共通の祖先から進化してきたことを強く示唆することとなった．すべての生物はATPという分子をエネルギー通貨として用い，遺伝情報をDNA上の塩基配列として書き込み，RNAを経てタンパク質として発現している．生命のもつ共通の原理を解明することが生化学にとって最も重要な課題であるが，なぜこのように地球上の生物は多様なのかということもまた今後解明されるべき重要な問題であろう．

1・3 細　　胞

　地球上の生物は，形，大きさ，生活様式など驚くほど多様である．しかし生物がすべて**細胞**という基本単位から構成されており，細胞は細胞からしか生まれないという"細胞説"の登場は近代生物学にとって画期的なことであった．細胞もまた一見きわめて多様である．たとえばダチョウの卵，キリンの足の神経細胞と肝臓の細胞とでは形態は驚くほど違っている．しかし細胞はそれぞれ遺伝物質を含む核をもち，分裂によって増殖し，共通の代謝機能をもっている点で重要な共

通性をもつ．細胞質の化学組成もきわめて共通性が高い．細胞には酵母のような単細胞で生活する個体もあるし，多細胞を構成する高度に分化した細胞もある．単細胞生物が単純であるかといえば必ずしもそうではない．ゾウリムシは一つの細胞があらゆる機能を備えており大変複雑である．多細胞を構成する細胞は分化によって特殊な機能をもつようになり，細胞としてはむしろ単純な構造であることが多い．しかし多細胞の個体も，元は1個の受精卵細胞から分裂を繰返すことによって発生したものである．生体の機能を理解するうえで細胞はつねにその基本的な単位である．

1・4 単細胞から多細胞へ

地球上に初めて誕生した生命は，単純な構造をもっていたに違いない．生物の誕生を考えると，外界と自己を境界することが最も重要であることが理解できるだろう．地球上の生物は境界として，脂質が形成する脂質二重層を採用した．脂質膜はその疎水性のために水溶液の優れた境界であり，細胞内を外界と異なる環境に維持するのに適している．細菌などの**原核細胞**は細胞膜によって区切られた空間として細胞質をもっている．やがてより大型で複雑な**真核細胞**が出現する．真核細胞はより多量の遺伝物質をもち，それを染色体として組織化して核内に局在させている．細胞内には複雑な膜系が発達し，区画化された多数の**細胞小器官**をもち，重要な代謝反応の分業が起こった．ついで細胞が共同体として協調して生活を営む群体が形成され，進化の過程で長い時間をかけてより複雑に分化した細胞から成る多細胞生物が出現した．多細胞生物ではそれぞれの細胞が遺伝情報を多様に発現させることによって専門化し，より高次の生命現象を営むことができるようになり，現在の複雑で多様な高等動物，植物細胞が出現した．

1・5 生命体を構成する分子

生命体を構成する元素は表1・1の例に示すように案外少なく，共有結合をつくる比較的原子番号の小さなC, H, O, N, P, Sで乾重量92%を占めている（生きた細胞は70%以上が水である）．残りはイオンとして存在する元素と痕跡程度に存在するわずかな元素があるにすぎない．これは地殻の元素組成と明らかに異なっており，生命体は選ばれた元素から成っていることがわかる．なかでも最も重要な元素は**炭素**である．炭素は四価であるために4本の手で最も多くの元素と共有結合を形成することができる．しかも炭素間で単結合，二重結合，三重結合をとることができ，直鎖状にも環状にも構造をつくることができるために，ほぼ無限の長さと形の化合物をつくることができる．したがって生化学で扱うほとんどの分子は炭素の化合物，すなわち**有機化合物**である．低分子の有機化合物はきわめて多数存在するが，生命の基本的な活動を担う分子はそれほど多くはなく，数百の低分子物質である．重要な生命活動は2種類の低分子有機化合物，アミノ酸とヌクレオチドがそれぞれ重合してできたタンパク質と核酸という二つの生体高分子によって担われている．

表1・1 人体の元素組成

元 素	乾燥重量(%)[†]	元 素	乾燥重量(%)[†]
炭素　(C)	61.7	ケイ素 (Si)	微量
窒素　(N)	11.0	バナジウム (V)	微量
酸素　(O)	9.3	クロム (Cr)	微量
水素　(H)	5.7	マンガン (Mn)	微量
カルシウム(Ca)	5.0	鉄 (Fe)	微量
リン　(P)	3.3	コバルト (Co)	微量
カリウム (K)	1.3	銅 (Cu)	微量
硫黄　(S)	1.0	亜鉛 (Zn)	微量
塩素　(Cl)	0.7	セレン (Se)	微量
ナトリウム(Na)	0.7	モリブデン (Mo)	微量
マグネシウム(Mg)	0.3	スズ (Sn)	微量
ホウ素 (B)	微量	ヨウ素 (I)	微量
フッ素 (F)	微量		

[†] E. Frieden, *Sci. Am.*, **227**, 54～55 (1972) より．

1・6 水

地球上の生物は海で生まれたと考えられている．水という特異な分子の存在なくしては現在の生命体の存在は考えられない．水は細胞の約70%を占めている．水分子はイオン化や酸-塩基反応に関与し，多くの代謝反応は水溶液中で行われる．水（H_2O）は分子量がわずか18の単純な化合物である．しかし0℃から100℃という広い温度範囲で液体である．これはより分子量の大きな硫化水素（H_2S）が常温で気体であることからも一見不思議に思える．水分子は図1・1に

示すように直線的な構造ではなく折れ曲がっている．水分子は正味の電荷をもってはいないが，酸素原子が水素原子よりも電子を強く引き寄せるために分子内の電子分布は片寄っている．このため O-H 結合は極性をもち，水分子内に永久双極子ができ，相互に引き合う．弱い正電荷をもつ水素原子と他の水分子の酸素原子との間で**水素結合**が形成され，おのおのの水分子は大きな氷の結晶のような会合体をつくっている（図1・2）．このために沸点が高く蒸発熱が非常に大きく比熱も大きい．このような性質は急激な温度変化が生じないということから，生命に適した環境を提供する．生命活動を考えるうえでさらに大切なことは，水が大変優れた溶媒だということである．水分子が極性をもっており水素結合をつくるために，生命活動に必須なイオンや極性分子を高濃度で溶解することができる．水は誘電率が非常に大きい溶媒であり，イオンは水中では，水を双極子の反対の電荷部分で引きつけ，水に取囲まれる．これを**水和**とよび，このためにイオン間に働く力は極端に小さくなる（図1・3）．

両親媒性の分子は極性部分で水と接して非極性部分が会合するために，ミセルや二分子膜を形成する．これが生体膜の構成原理でもある（p.129）．水などの溶媒に対する物質の飽和濃度を**溶解度**とよび，溶けやすさを示している．溶解度は溶媒100 gに溶ける溶質の質量〔g〕で表す．

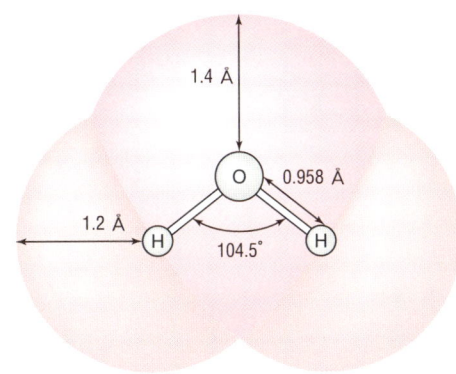

図1・1 水分子の構造 酸素 (O)，水素 (H) 原子それぞれのファンデルワールス半径を色で示した．

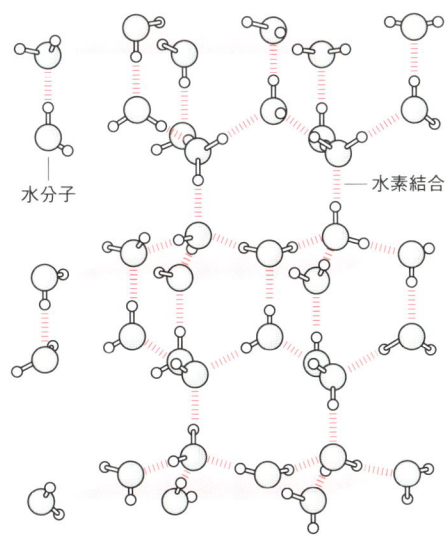

図1・2 氷の構造

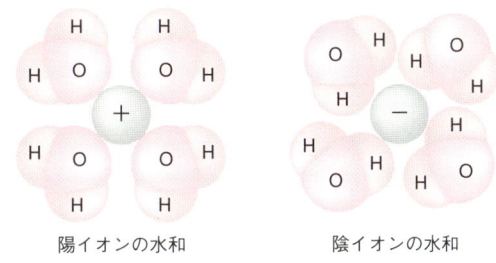

陽イオンの水和   陰イオンの水和

図1・3 イオンの水和

1・7 酸，塩基，pH

生化学反応は，**水素イオン濃度**によって大きく左右される．酸，塩基の一般的な定義では**酸**とは水素イオン（プロトン）を与えるもの，**塩基**は受容するものとされ，下記のように表される．

$$HA + H_2O \rightleftarrows H_3O^+ + A^-$$

酸 (HA) は塩基 (H_2O) と反応し塩基の共役酸 (H_3O^+) と酸の共役塩基 (A^-) を与える．解離定数 K は，

$$K = \frac{[H_3O^+][A^-]}{[HA][H_2O]}$$

で表され，水の濃度は 55.5 M で一定なので通常は，

$$K = \frac{[H^+][A^-]}{[HA]}$$

と表す．水の解離定数は，

$$K = \frac{[H^+][OH^-]}{[H_2O]}$$

であるが，同様に

$$K = [H^+][OH^-] = 10^{-14}\,M\ (25\,℃)$$

とする．純水では H^+ と OH^- の濃度が等しいので，

$[H^+]=[OH^-]=10^{-7}$ M となる．**pH**（水素指数）は水溶液中の H^+ のモル濃度の逆数の対数値で，水の pH は，

$$pH = -\log_{10}(10^{-7}) = 7.0$$

と表される．水溶液の pH が 7 より小さければ酸性で，大きければ塩基性である．

1・8 緩衝作用

緩衝作用とは過剰の酸や塩基が与えられたときの溶液の pH 変化が抑えられる作用であり，そのような溶液を**緩衝液**という．緩衝液は通常弱酸（HA）または弱塩基とその塩溶液で作製する．弱酸は解離度が小さく，ほとんどは HA の形で存在する．ここに塩基を加えると OH^- は H^+ と結合する．この結合により平衡は HA の解離の方向に進み，加えた OH^- が中和されるまで続く．十分量の HA が存在すれば加えた OH^- は中和され，pH はほとんど変化しない．生体物質とりわけ触媒として機能するタンパク質は，溶液の pH によって表面の電荷分布が変化して，立体構造が変化する．したがって，細胞内の pH は非常に厳密に制御されている．生化学の実験では生体物質は緩衝液中で取扱う．生化学の研究に適した反応性の低い化合物による緩衝液が工夫されている．

2 生体物質

糖質，脂質，タンパク質，核酸は生体の重要な高分子である．本章では，これら生体高分子を構成する低分子物質と高分子物質を化学的に概説し，生理学的特徴をまとめる．

2・1 糖　質

$(CH_2O)_n$ の化学式で表される**糖質**は，エネルギー源や生体構成成分，さらに生理活性物質として重要な生体分子である．基本単位は**単糖**であり，単糖が数個共有結合した**オリゴ糖（少糖）**は，タンパク質や脂質と結合し構造や機能の制御に関連しているものが多い．**多糖**は多数の単糖が共有結合したもので，細胞の構造素材や貯蔵物質として重要である．多糖は結合する単糖の数が多様であり結合様式によって多数の異性体を生じることと，また糖質は直接的ではっきりした機能をもつ場合が少ないことから，他の生体物質に比べその研究は難しく遅れていた．しかし，糖質は他の生体物質と相互作用したり，細胞–細胞間の複雑な認識過程などの種々の制御機構にかかわることが明らかにされ，その重要性が示されつつある．

2・1・1 単　糖

単糖はこれ以上簡単な糖に加水分解されない糖質の最小単位である．単糖は分子内の炭素原子の数と官能基の種類で分類される．生体内の主要な単糖には3個の炭素原子を含むトリオース（三炭糖）から6個の炭素原子を含むヘキソース（六炭糖）までが知られている．ペントース（五炭糖）のリボースとデオキシリボースは核酸の構成単位であるヌクレオチドの重要な糖骨格である．**グルコース**をはじめとするヘキソースはエネルギー代謝に重要な分子である．単糖はアルデヒド基をもつ**アルドース**とケトン基をもつ**ケトース**に分類される．アルドースは還元性があり，**還元糖**とよばれる．エネルギー代謝の中心となるグルコースは六炭糖のアルドースであり，フルクトースはケトースである．単糖は少なくとも1個の不斉炭素をもつことから，立体異性体が存在する．図2・1はトリオースであるグリセルアルデヒドをフィッシャー投影図で表したものである．

D-グリセルアルデヒド　　L-グリセルアルデヒド

図2・1　グリセルアルデヒドのフィッシャー投影図
フィッシャー投影図では不斉炭素原子に水平に結合する原子は紙面の手前側，垂直に結合する原子は背後に突き出るものとする．

アルデヒド基を上にし，主要炭素原子に上から下に向かって番号をつける．2位の炭素原子は四つの異なる残基が結合する不斉炭素原子である．2位の炭素原子に結合するヒドロキシ基が図の右側になる構造をD体とし，D-グリセルアルデヒドという．左側になる構造をL体という．天然にはD体だけではなくL体も存在するが，生体の代謝系ではD体のみを利用している．炭素数が多くなると不斉炭素原子の数が増えるが，アルデヒド基から最も離れた不斉炭素原子に結合するヒドロキシ基の向きで，D体，L体を決定する．図2・2はD-グルコースとL-グルコースのフィッシャー投

影図である．

アルコールはアルデヒドやケトンのカルボニル基と結合し，ヘミアセタールやヘミケタールをつくる．この反応により糖は環状に固定され，1位の炭素にヒドロキシ基が新たに結合した形になる．この新たに不斉中心となった炭素原子を**アノマー炭素原子**という．アノマー炭素原子と結合したヒドロキシ基が，最も大きい番号の不斉炭素原子（D，Lを決定する炭素原子）に結合した置換基に対してトランスの位置にあるものを**α-アノマー**といい，シスの位置にあるものを**β-アノマー**という（図2・3）．

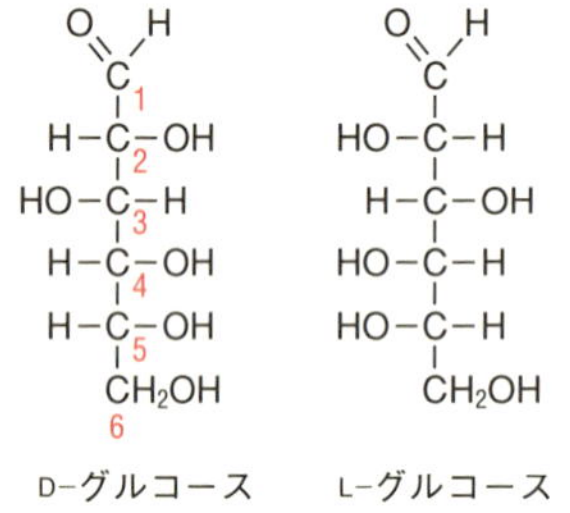

表2・1 おもな単糖の分類

分類	例
トリオース（三炭糖）	グリセルアルデヒド，ジヒドロキシアセトン
ペントース（五炭糖）	リボース，デオキシリボース
ヘキソース（六炭糖）	グルコース，ガラクトース，フルクトース，マンノース

2・1・2 オリゴ糖

2個から10個程度の単糖がグリコシド結合したものをオリゴ糖（少糖）という．これらは細胞内の加水分解酵素によって単糖に分解され，利用される．2個の単糖がグリコシド結合したものを**二糖**といい，自然界に豊富に存在する．これらは構成する単糖に基づいて，またグリコシド結合している炭素の位置や α型，β型に基づいて化学的に命名する．生理的に重要な二糖にはマルトース，ラクトース，スクロース（図2・4）などがある．

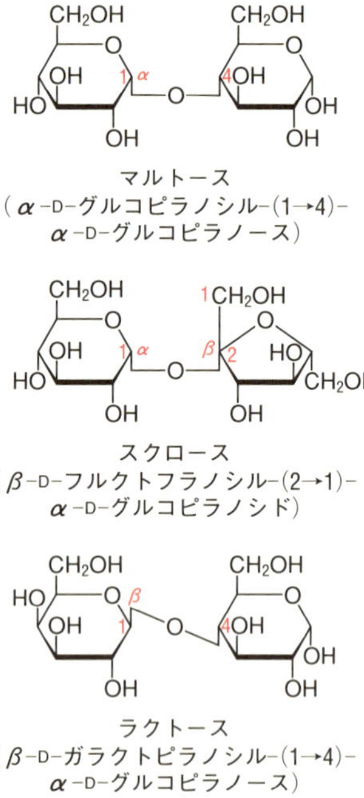

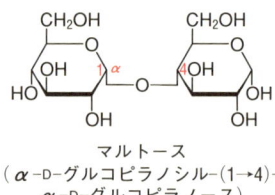

図2・2 グルコースのフィッシャー投影図

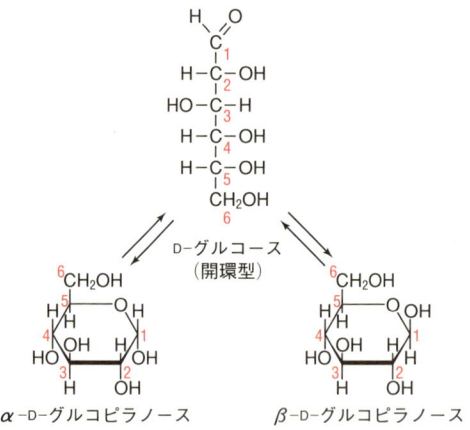

図2・3 **α**-D-グルコースと**β**-D-グルコース
α，β両ピラノース（ハース式で示した）は開環型を経て相互変換する．

生理的に重要で，代表的な単糖を表2・1に示す．
単糖のアノマー炭素原子のヒドロキシ基と他の化合物のヒドロキシ基が縮合したものを**グリコシド（配糖体）**といい，その結合を**グリコシド結合**という．糖質が糖質以外の他の化学物質とグリコシド結合しているものを**複合糖質**という．

図2・4 おもな二糖

マルトース
（**α**-D-グルコピラノシル-(1→4)-
　α-D-グルコピラノース）

スクロース
（**β**-D-フルクトフラノシル-(2→1)-
　α-D-グルコピラノシド）

ラクトース
（**β**-D-ガラクトピラノシル-(1→4)-
　α-D-グルコピラノース）

二糖のなかでマルトース，ラクトースは還元糖だが，スクロースは非還元糖である．砂漠などの厳しい環境で生育する生物にあり，また昆虫の主要血糖として知

られるトレハロースはグルコースが2個結合した二糖だが，その生理作用などに近年注目が集まっている．

2・1・3 多　糖

多糖はたくさんの単糖がグリコシド結合で重合したもので，加水分解酵素や酸処理によって単糖を生じる．多糖はエネルギーの貯蔵物質である**貯蔵多糖**と生体の構造を支える**構造多糖**に分類される．

a. 貯蔵多糖　高等植物の**デンプン**は種子や塊茎に蓄えられる貯蔵多糖であり，エネルギーを必要とするとき単糖にまで分解されて利用される．たくさんの単糖を貯蔵すると細胞内の浸透圧が上昇するが，多糖の形にすることで低いモル濃度で大量の糖を貯蔵することが可能となる．デンプンは D–グルコースが α1→4 グリコシド結合で直鎖状に結合した**アミロース**と，α1→4 グリコシド結合と α1→6 グリコシド結合で結合し，枝分かれのある**アミロペクチン**から成る（図2・5）．アミロースは6残基で1回転のらせん

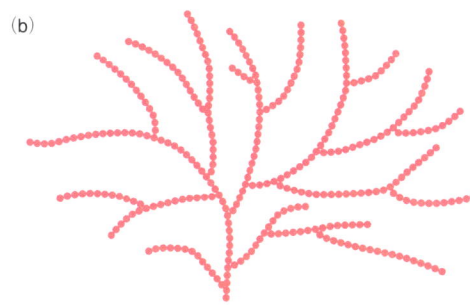

グリコーゲンとデンプン（アミロペクチン）

図 2・5　アミロースとアミロペクチン　(a) デンプンは6残基で1周期のらせん構造をとる．(b) 枝分かれの程度はグリコーゲンの方がアミロペクチンより多い．

を巻き，その中心部にヨウ素が入ると，デンプン–ヨウ素複合体の青色を呈するので，この反応はデンプンの検出に利用される．両者の割合はデンプンの種類によって異なる．

動物の貯蔵多糖は肝臓や筋肉に蓄えられる**グリコーゲン**で，アミロペクチンと類似の枝分かれ構造の多い多糖である．貯蔵多糖は α1→4 グリコシド結合を加水分解する α–アミラーゼや α1→6 グリコシド結合を分解する α–1,6–グルコシダーゼでグルコースにまで分解される．枝分かれ構造は分解酵素の作用点が多く，エネルギーを早急に必要とするとき，短時間にたくさんのグルコースを生産できる．

b. 構造多糖　構造多糖の代表的なものには植物の細胞壁の主要成分である**セルロース**，甲殻類や昆虫の殻を構成する**キチン**などがある．セルロースはグルコースが直鎖状に β1→4 グリコシド結合したもので，互いに水素結合で強く結合し，酸などにも分解されにくくなっている．ヒトを含む多くの哺乳類は β1→4 結合を切断する酵素をもたないので，セルロースを分解できずエネルギー源として利用できない．一方，ウシなどの反すう動物は胃腸管内にセルラーゼをもつ微生物を保持し，摂取した植物繊維をセロビオース（2分子のグルコースが β1→4 結合したもの）を経てグルコースにまで分解させることによって，セルロースを栄養源として利用する．

2・1・4 複合多糖

動植物には多糖やオリゴ糖がタンパク質や脂質などと共有結合した糖タンパク質，糖脂質などがあり，これらを総称して**複合多糖**という．アスパラギンのアミノ基に糖質が結合したものを N–グリコシド型，セリンまたはトレオニンのヒドロキシ基に結合したものを O–グリコシド型という．血清タンパク質の大部分はアスパラギンのアミノ基に N–アセチルグルコサミン，マンノース，ガラクトースなどが結合した N–グリコシド型の糖タンパク質である．唾液や胃粘膜などに含まれる粘性物質ムチンは O–グリコシド型の糖タンパク質で，セリン，トレオニンに N–アセチルガラクトサミン，N–アセチルグルコサミン，マンノース，ガラクトースなどが結合している．糖タンパク質は受容体やシグナル伝達物質などとして生理的に重要な機能をもつものが多い．

また親水性物質である糖質が結合した結果，タンパク質の溶解度や電荷が変わり，タンパク質の輸送や局在に影響することが近年明らかにされている．動物細胞の細胞外被は糖脂質，糖タンパク質，ムコ多糖などから成り，細胞–細胞相互作用に関与している．細菌細胞壁はペプチドに N–アセチルグルコサミンやウロン酸などが繰返し結合したもので，細菌の抗原性を決定するなど生理的に特徴づけている．

2・2 脂　質

　脂質は化学組成や構造が異なる化合物の総称で，有機溶媒に溶けるが水にはほとんど溶けない有機物質である．脂肪酸とアルコールのエステルを**単純脂質**といい，脂肪酸，アルコールのほかにリン酸，糖，硫酸，アミンなどの極性基をもつ脂質を**複合脂質**という．

2・2・1 単純脂質

　a. 脂肪酸　脂肪酸は最も単純な構造をもつ脂質である．メチレン基（$-CH_2-$）の長い鎖をもち，一般に $CH_3(CH_2)_nCOOH$ と表す．疎水性の長い炭化水素鎖と親水性のカルボキシ基をもち両親媒性を示すことから，水の中では**ミセル**（p.131）をつくる．リン脂質の構成成分として生体膜構造の重要な骨格となる．天然では炭素数 16, 18, 20 の長鎖脂肪酸が多い．炭素の結合基がすべて水素原子で満たされているものを**飽和脂肪酸**といい，炭素間に不飽和結合（二重結合）があるものを**不飽和脂肪酸**という（表2・2）．不飽和脂肪酸は植物性脂肪に多く，融点が低く室温では液体で存在する．動物性脂肪は飽和脂肪酸が多い．生体膜の流動性は含まれる不飽和脂肪酸の種類や量に依存する．ヒトはリノール酸，リノレン酸，アラキドン酸などの特定の不飽和脂肪酸を合成できず，必須脂肪酸として食物から摂取しなければならない．

　アラキドン酸はヒトの脳に含まれ，炭素数 20 のプロスタグランジン，ロイコトリエンなどの生理活性物質を合成する出発物質となる．プロスタグランジンは五員環をもつ脂肪酸で，多くの臓器で生産され，作用も特異的ではないが，超微量である種の生理活性をもつことからホルモン関連物質といわれており，炎症応答，血管拡張，血小板凝集，cAMP や cGMP の量の調節を行っている．ロイコトリエンは白血球，マスト細胞，肺，脳，心臓などで合成され，血管，呼吸筋，小腸平滑筋の収縮などに作用する．アレルギー反応，炎症反応などを起こす物質と考えられている．

　b. アシルグリセロール（グリセリド）　グリセロール分子のヒドロキシ基に脂肪酸がエステル結合したものをアシルグリセロール（またはグリセリド）という．結合する脂肪酸が 1, 2, 3 個のものをそれぞれモノ，ジ，トリアシルグリセロールという．これらは電荷をもたないので**中性脂肪**とよばれる．モノアシルグリセロールは界面活性作用が強く，脂質のミセル形成，消化管での吸収などで重要な働きをもつ．トリアシルグリセロールは脂肪組織に蓄えられる．脂肪は最も効率のよいエネルギーの貯蔵形態である．石けんはトリアシルグリセロールと水酸化ナトリウムを反応させて得られる脂肪酸塩であり，その過程をけん化という．

　脂肪組織のトリアシルグリセロールはリパーゼという酵素により加水分解されて遊離脂肪酸となり，血液中のアルブミンというタンパク質と結合し末梢組織に送られ代謝される．

　c. ろう　ろうは長鎖アルコールと脂肪酸のエステルで，皮膚を柔らかく保ち水の蒸発を防ぐために皮膚の皮脂腺から分泌される．水鳥や昆虫はろうによって水をはじき，水に浮かぶ．植物では葉や果実の表面にあり水の蒸散を防いだり，種子の貯蔵物質となっている．

　d. ステロイド　ステロイド環をもつものの総称で，コレステロール，胆汁酸，ステロイドホルモン，脂溶性ビタミンなどが属する．最も重要なステロイドの一つはコレステロールである（図2・6）．これは炭素数 27 の化合物でアセチル CoA から合成される．コレステロールはリン脂質とともに細胞膜の重要な構成成分であり，胆汁酸やステロイドホルモンなどの前駆体でもある．過剰のコレステロールは他の脂質とともに動脈壁に沈着し，動脈硬化をひき起こすことが知ら

表2・2　おもな飽和脂肪酸，不飽和脂肪酸の名称・構造式

	慣用名	略号[†]	構造式
飽和脂肪酸	パルミチン酸 ステアリン酸	16：0 18：0	$CH_3(CH_2)_{14}COOH$ $CH_3(CH_2)_{16}COOH$
不飽和脂肪酸	リノール酸 リノレン酸 アラキドン酸	18：2 18：3 20：4	$CH_3(CH_2)_4(CH=CHCH_2)_2(CH_2)_6COOH$ $CH_3CH_2(CH=CHCH_2)_3(CH_2)_6COOH$ $CH_3(CH_2)_4(CH=CHCH_2)_4(CH_2)_2COOH$

† （炭素数）：（二重結合の数）を表す．

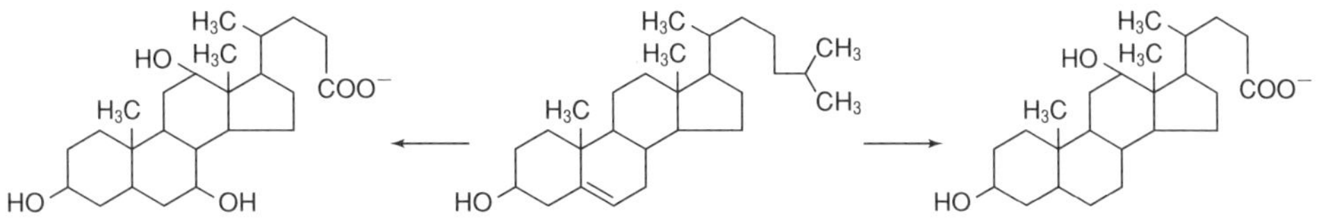

図 2·6 コレステロール，コール酸，デオキシコール酸

れている．胆汁酸は胆汁の主成分で，おもなものにはコール酸，デオキシコール酸（図2·6）などがあり，肝臓や小腸で合成される．大部分はグリシンやタウリンなどとアミド結合し，またナトリウムやカリウムの塩となっている両親媒性化合物である．これら胆汁酸塩は摂取した油脂を乳化し脂質分解酵素の働きを助け，また脂肪酸などとミセルをつくりその吸収を速める．

ステロイドホルモンもコレステロールの誘導体である．副腎や生殖器で合成されるステロイドホルモンには重要なホルモンが多く，生殖器の発育と機能化をもたらす性ホルモンも含まれる．よって若年者が肥満を恐れ過度にコレステロールや脂肪の摂取を制限すると，生殖器の発達が悪くなる．脂溶性ビタミンであるビタミンDもコレステロール誘導体である．

e．テルペン 炭素数5のイソプレン単位から構成される．一般に強い香りをもち植物の香気成分や色素成分として知られる．カロテノイド，ビタミンA，E，Kなどが含まれる．

2·2·2 複 合 脂 質

a．リン脂質 リン脂質はトリアシルグリセロールの3位のヒドロキシ基の脂肪酸の代わりにリン酸がエステル結合したものであり，両親媒性物質である．水溶液中では疎水性基を内側に向けたミセルや二重膜

層を形成する．そのリン酸基にコリン，エタノールアミン，セリンなどのついたグリセロリン脂質は，コレステロールとともに生体膜の重要な構成成分である．それらの構造を図2·7に示す（p.130もみよ）．

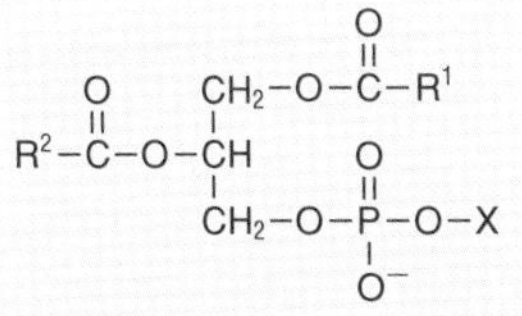

スフィンゴリン脂質は，アミノアルコールであるスフィンゴシンのアミノ基に脂肪酸がアミド結合したセラミドを基本構造とするもので，脳神経系の膜構造の重要な構成成分である．セラミドの末端ヒドロキシ基にコリンリン酸がついたスフィンゴミエリン（図2·8）は神経髄鞘に多く含まれ，絶縁体を構成している．

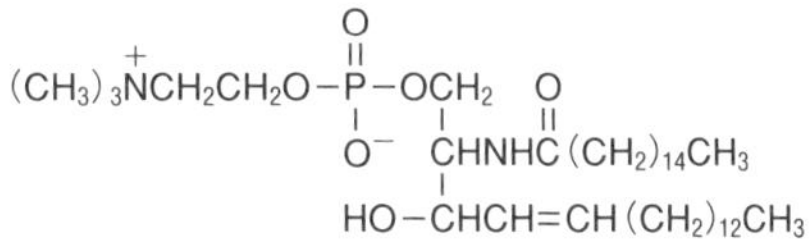

図 2·8 スフィンゴミエリンの構造式

b．糖 脂 質 分子内に糖を含む脂質の総称で，細胞膜の構成成分，抗原性物質などとして重要な機能をもつ．高等動物の糖脂質はスフィンゴ糖脂質であるのに対し，植物や微生物はグリセロ糖脂質を含む．セラミドに一つの糖がついたものをセレブロシドといい，さらに直鎖状あるいは分枝状の糖が結合した多様な糖脂質が存在する．神経組織に多く化学伝達機構に重要な役割を果たしているガングリオシドはシアル酸を含むスフィンゴ糖脂質である．

2·3 アミノ酸とタンパク質

細胞の乾燥重量の約2/3を占めるタンパク質は生命活動に最も重要な役割をもつ生体高分子であり，その多様な構造と機能を特徴づけるのは構成単位である20種類のアミノ酸である．

2·3·1 アミノ酸

アミノ酸はアミノ基とカルボキシ基をもつ有機化

グリセロリン脂質の一般式

X=H：　　　　　　　　　　　ホスファチジン酸
X=$CH_2CH_2NH_3^+$：　　　　　ホスファチジルエタノールアミン
X=$CH_2CH_2N(CH_3)_3^+$：　　　ホスファチジルコリン
X=$CH_2CH(NH_3^+)COO^-$：　　ホスファチジルセリン

図 2·7 おもなグリセロリン脂質

合物の総称である．天然には数百種ものアミノ酸が存在する．しかし天然のタンパク質には20種類のアミノ酸だけが含まれている．タンパク質を構成するアミノ酸は，α炭素（カルボキシ基の隣にある炭素原子）にアミノ基が結合しているのでα-アミノ酸とよばれ，その構造の一般式は図2・9(a)のように示される〔プロリンは厳密にいえばイミノ酸（アミノ基ではなくイミノ基–NH–をもつ）に含まれる〕．側鎖のR基は化学的に多様である．α炭素に結合する四つの原子団が異なることから（グリシンは例外），L体，D体の2種の光学異性体が存在する（図2・9b）．タンパク質を構成するのはすべてL-アミノ酸である．

アミノ酸は分子内にアミノ基とカルボキシ基という

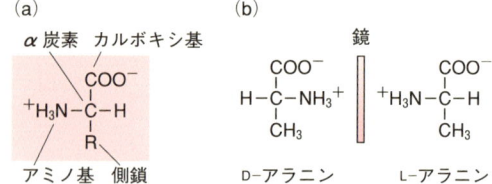

図2・9 アミノ酸の一般構造式(a)とアラニンの光学異性体(b)

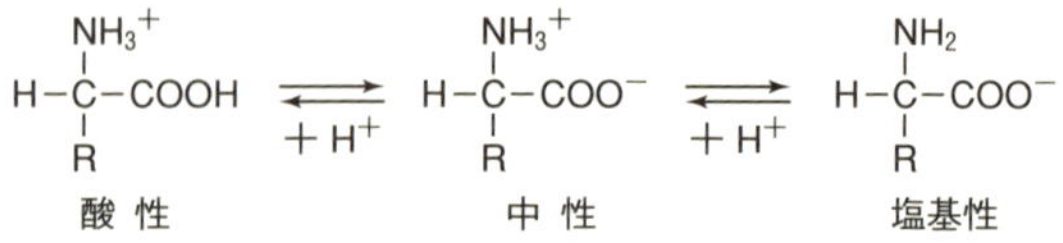

図2・10 アミノ酸の解離状態

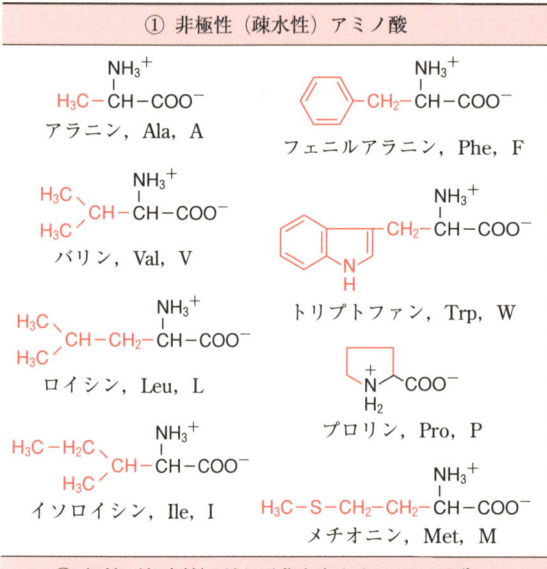

表2・3 アミノ酸の分類　構造式の下にそれぞれ化合物名，三文字略号，一文字略号を示す．

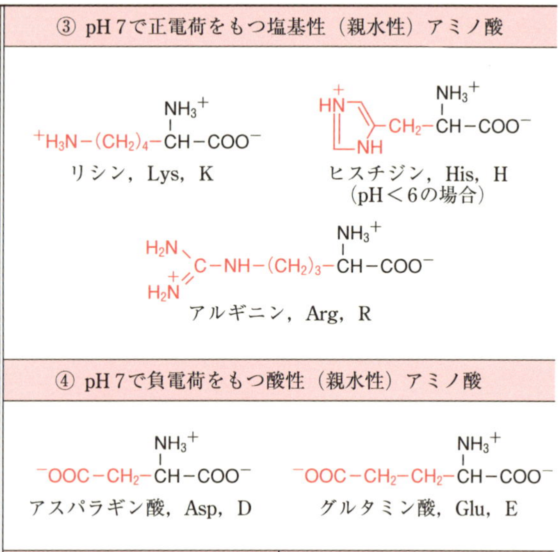

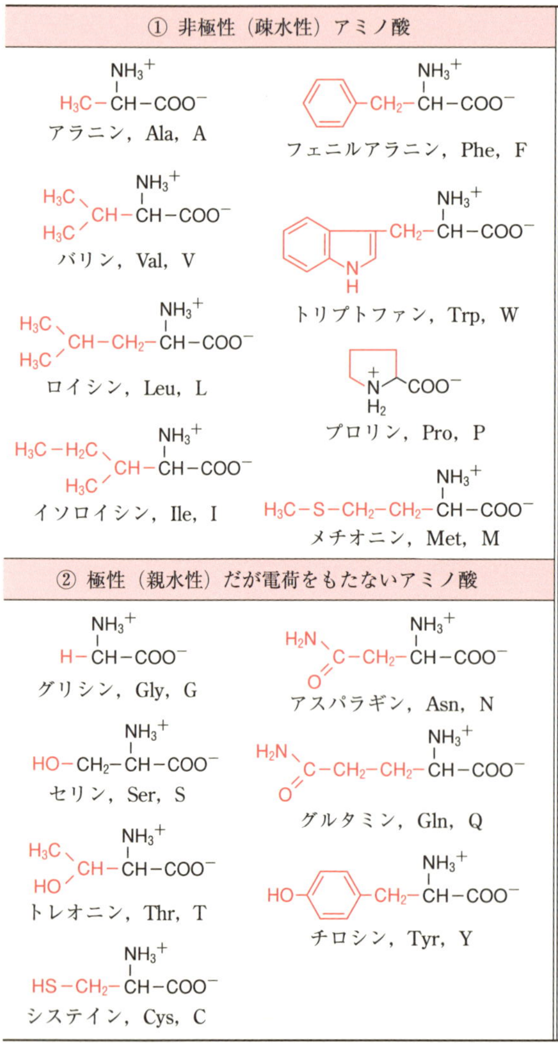

側鎖の特徴的構造	アミノ酸
脂肪族側鎖を含む	Gly, Ala, Val, Leu, Ile
ヒドロキシ基を含む	Ser, Thr, Tyr
硫黄原子を含む	Cys, Met
酸やアミドを含む	Asp, Asn, Glu, Gln
塩基を含む	Arg, Lys, His
芳香族側鎖を含む	His, Phe, Tyr, Trp
イミノ基をもつ	Pro（イミノ酸）

塩基と酸の2種類の解離基をもつ両性電解質であり、水溶液のpHによって図2・10のように解離状態が変化する。

20種のアミノ酸は側鎖（R基）の違いによって性質が特徴づけられる。側鎖は大きさ、電荷、ヒドロキシ基、チオール基などの官能基をもつもの、芳香環、複素環をもつものなど、形、性質の点で多様な個性をもっている。これがタンパク質の構造と機能の多様性の基礎となっている。アミノ酸は通常、① 非極性（疎水性）アミノ酸、② 極性（親水性）だが電荷をもたないアミノ酸、③ 極性でpH7で正電荷をもつ塩基性アミノ酸、④ 極性でpH7で負電荷をもつ酸性アミノ酸に分類される。また20種のアミノ酸は三文字あるいは一文字の略号で表される（表2・3）。

すべての生物は標準的な20種類のアミノ酸（表2・3）を構成成分としてタンパク質を合成している。しかし実際のタンパク質はポリペプチドとして合成されたのち、アミノ酸側鎖が修飾されることにより、新たな生理機能を獲得したり、細胞の調節機構に関与することがある。たとえばタンパク質のN末端（後述）はアセチル化されていることが多いが、これによりタンパク質分解に抵抗性を獲得すると考えられる。またある種の酵素タンパク質はリン酸化/脱リン酸により、酵素活性が調節される。アミノ酸の修飾にはヒドロキシ化、アセチル化、リン酸化、メチル化などがある。修飾アミノ酸残基の代表例を表2・4に示す。

2・3・2　タンパク質

タンパク質は細胞の主要成分でありほとんどすべての生命現象にかかわっている。タンパク質の構造と機能を知ることは生命活動を理解するうえで不可欠である。構造は多様であり、また酵素タンパク質、輸送タンパク質、運動タンパク質、調節タンパク質、免疫タンパク質、構造タンパク質、貯蔵タンパク質、毒素など機能の面においても多様である（p.22）。

a. ペプチド結合　タンパク質は、20種類のアミノ酸が**ペプチド結合**によって重合した、枝分かれのない直鎖状高分子である。ペプチド結合は、一つのアミノ酸のカルボキシ基と他のアミノ酸のアミノ基との間で脱水縮合して形成される（図2・11）。通常10個以下のアミノ酸が結合したものを**オリゴペプチド**といい、それ以上のものを**ポリペプチド**という。タンパク質は40～50個から数千以上のアミノ酸から成るポリ

表2・4　修飾アミノ酸　修飾で加えられた基を赤で示す。

① ヒドロキシ化	② アセチル化
4-ヒドロキシプロリン	N-アセチルセリン
5-ヒドロキシリシン	ε-N-アセチルリシン

③ リン酸化	④ メチル化
O-ホスホセリン	ε-N,N,N-トリメチルリシン
O-ホスホトレオニン	ω-N-メチルアルギニン
O-ホスホチロシン	3-メチルヒスチジン

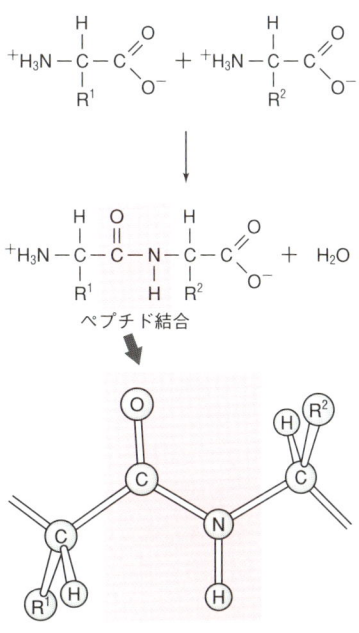

図2・11　ペプチド結合の形成

ペプチドである．ペプチド鎖にアミノ酸が組込まれる際，そのアミノ基とカルボキシ基がペプチド結合し，タンパク質のペプチド鎖の両端には遊離のアミノ基とカルボキシ基が存在する．これを **N 末端**（**アミノ末端または N 末端アミノ酸残基**）および **C 末端**（**カルボキシ末端または C 末端アミノ酸残基**）とよび，タンパク質のアミノ酸配列は N 末端側から表記する．このペプチド結合の繰返しがタンパク質の主鎖を形成している．ペプチド結合を構成する原子は一つの平面上にあるが，隣のペプチド結合との間は自由に回転することができる．したがってその折りたたまれ方には無限の可能性がある．

b. タンパク質の精製・構造解析 複雑なタンパク質がそれぞれ決まった構造をもつことが理解されるようになったのは，わずか半世紀ほど前のことである．生体の中から 1 種類だけのタンパク質を分離精製することは大変困難であったためである．1926 年に J. B. Sumner がナタマメからウレアーゼという酵素の結晶を得ることに成功したのは画期的なことであったが，当時すぐにはこの業績も認められなかった．

タンパク質を区別するものは含まれるアミノ酸の種類とその配列順序であり，それぞれのアミノ酸の側鎖の物理的，化学的性質の違い，たとえば大きさ，電荷，水への親和性などが相互作用して，機能を特徴づける構造が形成される．タンパク質を構成するアミノ酸は 20 種類であるため，3 個のアミノ酸から成るトリペプチドでも $20 \times 20 \times 20 = 8000$ 種となり，理論的にタンパク質の種類は無限であり，多様なタンパク質が存在することを可能にしている．アミノ酸の配列がタンパク質ひいては生命活動にとって重要な意味をもつことを示したのは，L. C. Pauling, V. Ingram らによる異常ヘモグロビンの研究であった．アフリカ中央部に多発する遺伝性の貧血症が知られている．正常な赤血球は中央がくぼんだ円盤状の形をもつのに対して，患者の赤血球は鎌状になるので **鎌状赤血球貧血症** とよばれ，この遺伝子変異をホモ接合型にもつ患者は 20 歳前後で亡くなることが多い．赤血球に多量に含まれ酸素を運搬するヘモグロビンを分析した結果，このタンパク質に異常があることが突き止められた．のちにヘモグロビンを構成する 146 個のアミノ酸から成る β 鎖（後述）の，N 末端から 6 番目のグルタミン酸がバリンに置き換わっていることが明らかになった．この事実はわずか 1 個のアミノ酸の配列がタンパク質の機能にとっていかに大切であるかを証明することとなった．

その後 F. Sanger はペプチドのアミノ酸配列の決定法を開発し，1953 年には，インスリンとよばれるペプチドホルモンの全構造を発表した．この成果は生命活動を担っている複雑なタンパク質が，従来の科学を基礎に説明できる分子であることを明確に示した．この構造をもとに化学合成によってインスリンが合成され，生体から抽出されたものと同じ活性をもつことも示された．

現在ではたくさんのタンパク質が精製され，そのアミノ酸配列が決定されている．しかし近年はタンパク質をつくる暗号文である DNA の塩基配列からアミノ酸の配列（一次構造）を推定することの方がはるかに容易であるために，タンパク質の一次構造の情報は飛躍的に進展した．

c. タンパク質の構造 タンパク質は水溶液中で側鎖間の相互作用などにより，分子内で結合し，折れ曲がり，折りたたまれ，一定の三次元構造をとっている．通常タンパク質は固有の高次構造をとることにより，生理的な活性をもつ．アミノ酸のペプチド結合による配列を **一次構造** といい，その上の二次，三次，四次構造を **高次構造** という．

二次構造はペプチド結合の主鎖に基づく規則的な構造で α ヘリックスと β 構造という二つの重要な構造がある（図 2・12）．

ペプチド結合のカルボニル基の酸素とアミド結合の水素との間で水素結合が形成され，3.6 残基ごとに 1 回転する右巻きのらせん構造をとっているものを **α ヘリックス** という．α ヘリックスを形成するアミノ酸の側鎖は α ヘリックスの外側に突き出ているが，構造的に大きい側鎖や電荷をもつ側鎖などは α ヘリックスの形成を阻害する傾向がある．またイミノ酸であるプロリンはペプチド鎖を折り曲げるので，α ヘリックスを破壊する．**β 構造** は並んだペプチド鎖間の水素結合によって形成されるひだ状構造であり，隣り合う 2 本のペプチド鎖の方向により，平行と逆平行の構造が存在する．規則構造をとっていない部分は **ランダムコイル** とよばれ，タンパク質はこれらの二次構造とランダムコイルが組合わさってできている．絹のタンパク質であるフィブロインはおもに β 構造から成り，髪の毛のタンパク質のケラチンはほとんどが

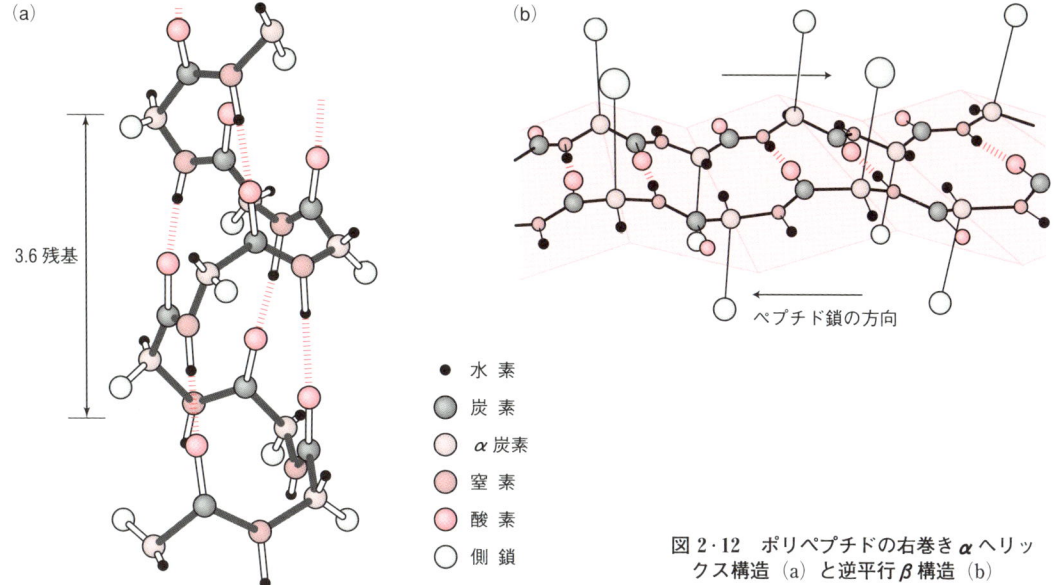

- ● 水　素
- ● 炭　素
- ○ α炭素
- ● 窒　素
- ● 酸　素
- ○ 側　鎖

図 2・12　ポリペプチドの右巻き α ヘリックス構造 (a) と逆平行 β 構造 (b)

αヘリックスである．

ポリペプチドは種々の二次構造を部分的にもち，さらに主鎖あるいは側鎖間の相互作用により複雑に折りたたまれた立体構造の**三次構造**を構築する．三次構造の形成には水素結合，ファンデルワールス力，静電的相互作用，疎水的相互作用，システイン残基間のジスルフィド結合などが関与している．したがって三次構造はアミノ酸の配列によって規定されるタンパク質固有の高次構造であり，機能と密接な関係をもっている．タンパク質の構造形成では溶媒である水との相互作用が重要である．多くの水溶性のタンパク質は球状構造をもち，疎水性のアミノ酸がタンパク質の内部に，親水性のアミノ酸が水と接する表面にくるように折りたたまれる．空間充填モデルで表したタンパク質の立体構造をみると，タンパク質の内部がうまく密に配置されている様子がよくわかる．

タンパク質によっては 2 本以上のポリペプチド鎖から成るものがあり，それらの構造を**四次構造**という．1 本のポリペプチド鎖をサブユニットといい，数個のサブユニットから成るタンパク質をオリゴマータンパク質という．オリゴマータンパク質の結合を壊すことにより生理活性が失われる場合が多い．赤血球の酸素輸送タンパク質のヘモグロビンは 2 個の α サブユニットと 2 個の β サブユニットから成る四量体の四次構造をもつ（図 2・13）．さらにタンパク質は筋肉のアクチンや微小管のように，多数のタンパク質が繊維状に重合したり，巨大な超分子構造をとっているものも少なくない．

また生体膜に埋め込まれて存在しているタンパク質も多く，これらは膜タンパク質とよばれる（p.132）．これらの膜タンパク質は疎水性アミノ酸から成る α ヘリックスで脂質二重膜を貫通しているものが多い．

d．タンパク質の分類　タンパク質はアミノ酸だけから成る**単純タンパク質**と，アミノ酸以外に金属イオン，有機化合物，糖質，脂質，核酸などを含む

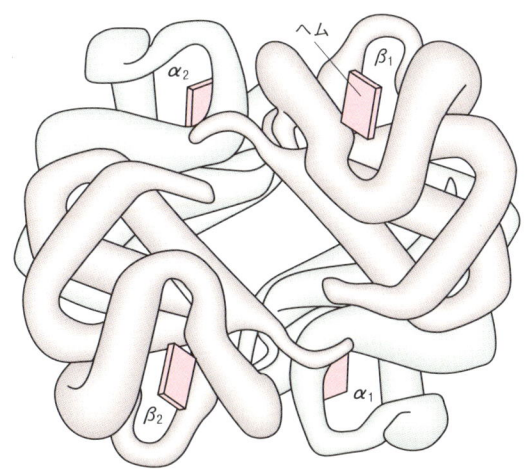

図 2・13　**ヘモグロビンの構造**　2 本の α 鎖（α サブユニット）と 2 本の β 鎖（β サブユニット）から成る四量体構造をもっている．α，β 鎖はヘムを補欠分子族としてもっており，それぞれが酸素を 1 分子結合する．

複合タンパク質がある．タンパク質と共有結合したある種の金属イオンや補酵素などの有機化合物はそのタンパク質の生理活性に必須な場合があり，これらを**補欠分子族**という（p.33）．

2・4 核　酸

核酸は分子内に遺伝情報をもっており，タンパク質の生合成，情報伝達，細胞の増殖など細胞の最も重要な生命活動に関与している．核酸ははじめに細胞の核から単離されたリン酸を含む酸性物質であるということから命名されたが，核以外にもミトコンドリア，植物細胞の葉緑体などに存在する．

2・4・1 ヌクレオチド

核酸の構成単位は**ヌクレオチド**である．ヌクレオチドは塩基と糖から成る**ヌクレオシド**にリン酸が結合したものである．核酸はヌクレオチドがリン酸ジエステル結合によって結合した直鎖状の高分子（ポリヌクレオチド）である（図2・14）．

含まれるペントースがリボースの場合は**リボ核酸（RNA）**，デオキシリボースの場合は**デオキシリボ核酸（DNA）**とよばれる．

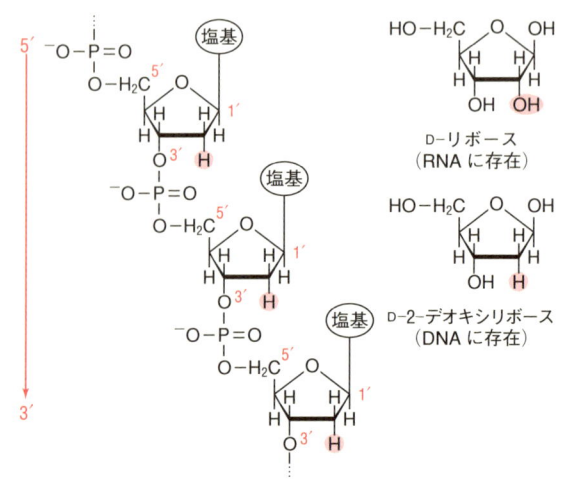

図2・14　DNA鎖の基本構造と，リボース，デオキシリボースの構造

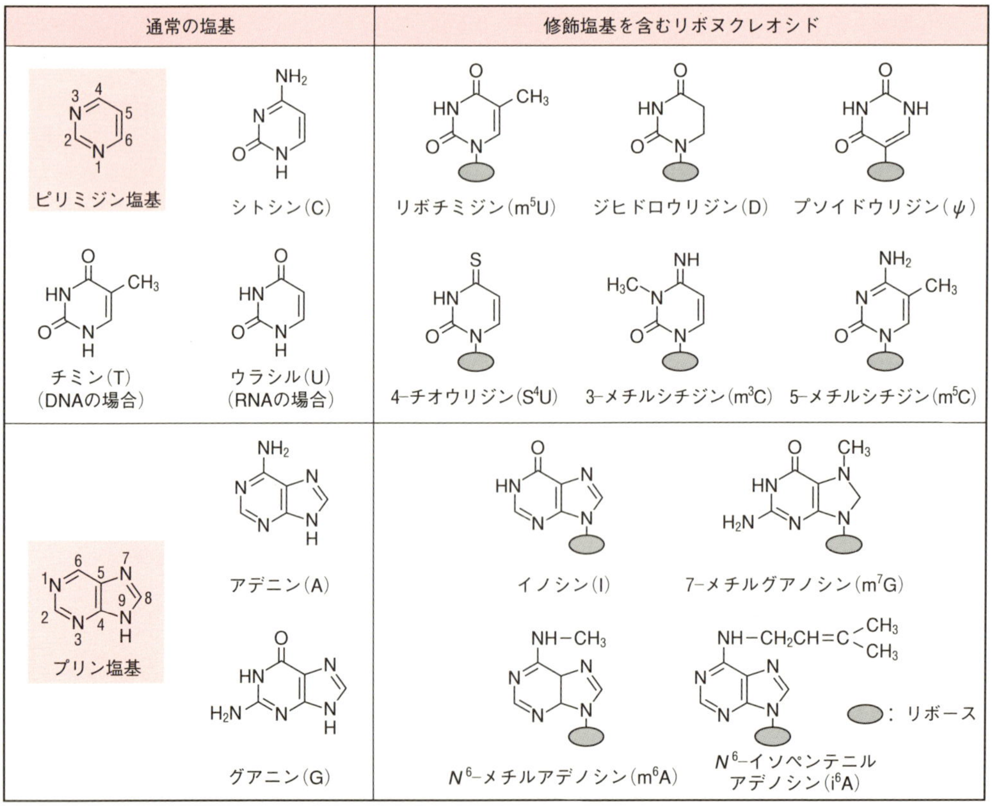

図2・15　核酸中のおもな塩基

塩基にはプリン誘導体，ピリミジン誘導体の2種類がある（図2・15）．DNAにはプリン塩基としてアデニン（A），グアニン（G）が，またピリミジン塩基としてチミン（T），シトシン（C）が含まれる．RNAはアデニン，グアニン，シトシンと，チミンの代わりにウラシル（U）を含む．また，RNAのなかでもtRNAには通常の塩基が化学的に修飾を受けたさまざまな**修飾塩基**が含まれる（p.99）．

ヌクレオチドは通常1〜3個のリン酸基がヌクレオシドの5位の炭素にエステル結合している．ヌクレオチドは核酸の構成成分である．またアデノシン5′-三リン酸（ATP, 図2・16），グアノシン5′-三リン酸

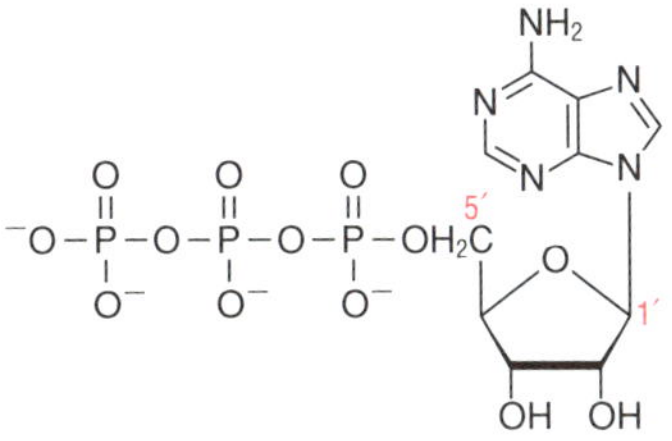

図2・16 アデノシン5′-三リン酸（ATP）の構造

（GTP），ウリジン5′-三リン酸（UTP），シチジン5′-三リン酸（CTP）などのヌクレオチドは高エネルギーリン酸化合物として化学エネルギーを貯蔵し，他の分子にエネルギーを転移することによって生体内の代謝反応を効率よく進ませている（p.38）．

アデニンヌクレオチドの誘導体であるNAD$^+$（p.39, 図5・4），FAD$^+$などは酸化還元反応の補酵素として働く．環状ヌクレオチドのサイクリックアデノシン3′,5′-一リン酸（cAMP, 図2・17）やサイクリックグアノシン3′,5′-一リン酸（cGMP）は細胞のセカンドメッセンジャーとして重要な機能をもっている（§9・3・1）．

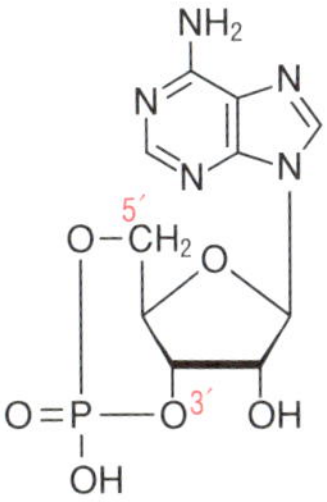

図2・17 サイクリックアデノシン3′,5′-一リン酸（cAMP）の構造

2・4・2 DNA

デオキシリボ核酸（DNA）はペントースであるデオキシリボースの5′位と3′位のヒドロキシ基にリン酸がエステル結合したものが骨格となっている（図2・14）．したがって骨格の一端の5′位にはリン酸基，もう一端の3′位にはヒドロキシ基が存在し，おのおのを**5′末端**と**3′末端**という．この骨格は共通の共有結合から成るので，ポリヌクレオチドである核酸を特徴づけるのはペントースの1′位に結合する4種類の塩基である．ポリヌクレオチドを塩基の略号で表すときは5′末端から3′末端へ，たとえば

pAAGCTTGACGTTACCGTACCOH

と書く．この4種の塩基の配列が遺伝情報を担っている．

当初DNAは単純な繰返し配列をもち，多糖のように核の構造維持に必要な分子であると考えられていた．DNAの構造を解明するための重要な情報の一つは塩基の分析から得られた．いろいろな生物種からDNAを単離し，4種の塩基の含量を分析すると，一つの種ではすべての細胞で一定であるが，生物種によって異なる．しかしどの種でもプリンの含量とピリミジンの含量が等しく，さらにそれはアデニンとチミンの量が等しく，グアニンとシトシンの量が等しいという規則性が認められることをE. Chargaffは見いだした．第二の情報はR. FranklinとM. H. F. Wilkinsにより見いだされた，DNA分子のすべてのX線回折には共通のらせん構造を示唆する規則的な像が得られるという事実である．これに基づき1953年，J. D. WatsonとF. H. C. CrickはDNAの構造が**二重らせん**であるというモデルを構築した（図2・18）．これは2本の逆向きのポリヌクレオチドが親水性の糖やリン酸基を外側にして，内部に突き出るアデニンとチミン，グアニンとシトシンの塩基間で特異的に水素結合して平面を形成し，それが階段状の構造をもつらせん構造をとっているモデルである．らせん1回転は10個のヌクレオチド対から成り，長さ3.4 nmとなる．2本のポリヌクレオチドのAとT，GとCがそれぞれ2本と3本の水素結合を形成する．これを**塩基対**といい，定まった塩基の組合わせを互いに相補的である（塩基の相補性）という．二重らせん構造の最大の特徴は，塩基対の相補性のために一方のポリヌクレオチドの塩基配列が決まるともう一方のポリヌクレオチドの塩基

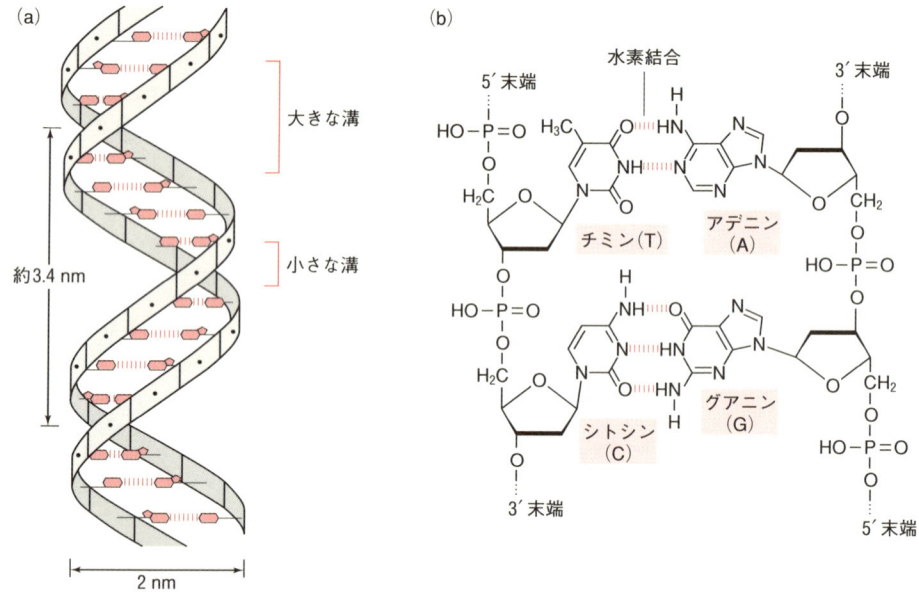

図 2・18　DNA の二重らせん構造(a)と相補的塩基対(b)

配列も決まる点にある．この構造は DNA の化学分析や X 線回折の結果とよく合致し，また正確に自己複製をする必要のある遺伝子としての機能を見事に説明するものであった．

2・4・3 RNA

リボ核酸（RNA）は DNA と異なりペントースとしてリボースをもち，塩基としてアデニン，グアニン，ウラシル，シトシンをもつ．RNA は通常一本鎖として存在する．RNA はリボースの 2′ 位のヒドロキシ基のために DNA に比べて不安定である．RNA 分子の構造を図 2・19 に表してある．

RNA 鎖は一本鎖であるが分子内の相補的塩基間で水素結合をつくり，複雑な三次元構造を形成する．すべての RNA は DNA のもつ塩基配列に基づき，DNA の一方の鎖と相補的な鎖として合成される．主要な RNA には**メッセンジャー RNA（mRNA）**，**転移 RNA（tRNA）**，**リボソーム RNA（rRNA）**の 3 種があり，いずれもタンパク質の生合成にかかわっている（§6・7，§6・8）．

遺伝情報は核内の鋳型 DNA から相補的に合成される mRNA に転写される（p.81）．mRNA の種類は遺伝子の数だけあり，非常に多様である．原核生物の mRNA は一般に寿命が短く分解されやすい．真核細胞の mRNA は 5′ 末端側にキャップ構造とよばれる特殊な構造（図 2・20）をもち，3′ 側にアデニンヌクレオチドを多数結合したポリ(A)配列〔ポリ(A)テールともいう〕をもち，正確なタンパク質合成の開始複合体の形成やヌクレアーゼ（核酸分解酵素）からの保護をしていると考えられている．

mRNA の遺伝情報に従って，対応するアミノ酸をタンパク質合成の場であるリボソーム上に運ぶのが tRNA である．tRNA はかなり大きな前駆体として転写され，特異的な塩基の修飾がなされ数段階の切断を

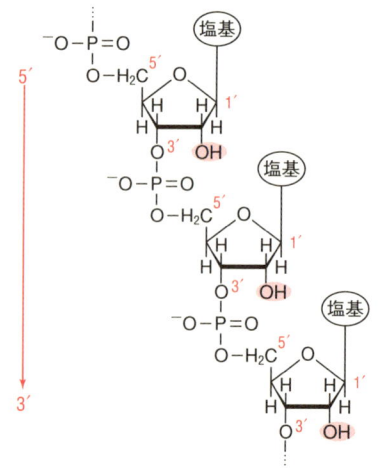

図 2・19　RNA 鎖の構造

受けて成熟型の分子となる．tRNA は約 80 塩基から成る一本鎖 RNA で，すべての tRNA の 3′ 末端に存在する 3 個の塩基配列 CCA-OH に，対応する特定のアミノ酸を結合する．タンパク質をつくる 20 種のアミノ酸にそれぞれ 1 種類以上の tRNA が対応し，約 60 種類存在する．tRNA は分子内で部分的に水素結合を形成し，クローバーリーフモデルとよばれる共通の構造をもつ（p.99，図 6・27）．

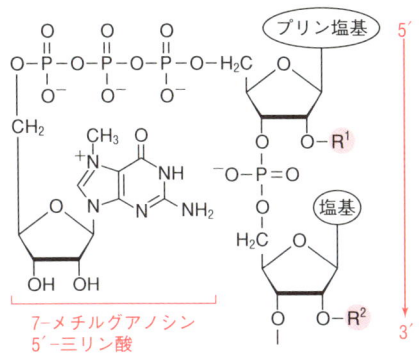

図 2・20　mRNA のキャップ構造

rRNA は細胞内のタンパク質合成の場であるリボソームの主要構成成分である．細胞内に最も多量に存在する RNA で，多くのタンパク質と複合体であるリボソームを形成している．

原核生物のリボソームは沈降定数 70S の球状粒子であり，50S と 30S の大小二つのサブユニットに解離する．50S サブユニットは 23S rRNA および 5S rRNA 1 分子ずつ，30S サブユニットは 16S rRNA を含む．真核生物のリボソームは 60S サブユニットと 40S サブユニットから成る 80S の球状粒子である．60S サブユニットは 28S rRNA，5.8S rRNA，5S rRNA 各 1 分子，40S サブユニットは 18S rRNA を含んでいる（p.98）．

2・5　ビタミンと補酵素

ビタミンは代謝にかかわる重要な生体物質である．必要量は微量であるが生命維持に不可欠であり，不足すると特有の欠乏症状を呈する．ヒトは合成できず食物から摂取したり，体内の腸内細菌から供給されるものもある．ビタミンは脂溶性ビタミン（ビタミン A, D, E, K）と水溶性ビタミン（ビタミン B 複合体，C）に分類される．脂溶性ビタミンは脂質とともに腸から吸収され，脂肪組織に貯蔵される．したがって過剰の脂溶性ビタミンの摂取は過剰症をひき起こす場合がある．水溶性ビタミンは水によく溶け，加熱によって分解しやすいものが多い．水溶性ビタミンの多くは**補酵素**の前駆体となる．補酵素は複合酸素の活性に必須の分子である（p.33）．

2・5・1　脂溶性ビタミン

a. ビタミン A（レチノール）　ビタミン A はレバー，ウナギ，魚肝油などに多く含まれる．プロビタミンのカロテンは緑黄色野菜に含まれ，小腸でビタミン A に分解され吸収される．ビタミン A は視覚系で重要な機能をもつ．オプシン（視紅）というタンパク質と結合しロドプシンという光反応物質になり，光に当たるとオプシンから解離し，その解離が脳の視覚系を刺激する．したがってビタミン A が欠乏すると特に暗順応が低下し，夜盲症になる．またカルシウムイオンの透過性にもかかわり，骨形成の障害が起こるなど，多様な成長阻害を呈する．過剰症では肝臓に蓄積されるため，肝臓肥大や皮膚症状，食欲不振などがみられる．

b. ビタミン D（カルシフェロール）　ビタミン D は干し椎茸，バター，マグロ脂身，ウナギ，カツオ，魚肝油などに含まれる．ヒトは皮膚にある 7-デヒドロコレステロールが紫外線によってビタミン D に変えられるので，十分な日光があれば欠乏症になりにくい．ビタミン D は肝臓と腎臓で生理活性型の $1\alpha, 25$-ジヒドロキシビタミン D となり，これが小腸上皮細胞に作用しカルシウムやリンの吸収を促し，骨組織での骨形成や腎臓でのカルシウムの再吸収などに作用し，体内のカルシウムバランスに大きな役割をもつ．したがって欠乏すると骨形成不全のくる病や発育障害，骨軟化症などを呈する．過剰症では骨端や内臓の石灰化などが起こる．

c. ビタミン E（トコフェロール）　ビタミン E は植物油，牛乳，卵，緑色野菜，アーモンドなどに含まれる．抗酸化作用をもつので不飽和脂肪酸の酸化を抑え生体膜の保持やフリーラジカルの消去などに作用すると考えられる．動物では欠乏すると不妊，成長

障害, 心臓障害などを起こす.

d. ビタミンK ビタミンKは血液の凝固（coagulation, ドイツ語のkoagulation）にかかわり, 緑色野菜, 植物油, 豆, 海藻などに多く含まれる. しかしヒトでは腸内細菌が合成する量でかなりの部分まかなわれている. ビタミンKは血液凝固因子として作用する. 腸内細菌が生産するため欠乏症になりにくいが, 新生児や抗生物質の長期使用者などは血液凝固時間が延びたり, 皮内, 筋肉内出血, 肝不全などがみられる.

2・5・2 水溶性ビタミン

a. ビタミンB_1（チアミン） ビタミンB_1は米ぬか, 小麦胚芽, 豆類, 豚肉などに含まれる. 酸化型のチアミンピロリン酸（TPP）は糖質代謝のピルビン酸カルボキシラーゼなどの酵素反応の補酵素として働く. 欠乏症としては脚気, 集中力低下などを呈する.

b. ビタミンB_2（リボフラビン） ビタミンB_2は酵母, レバー, 卵白, 牛乳などに含まれる. リボフラビン5'-リン酸（フラビンモノヌクレオチド, FMN）は呼吸系の酵素のNADH-デヒドロゲナーゼなどの補酵素として働く. もう一つの補酵素型はフラビンアデニンジヌクレオチド（FAD）でコハク酸デヒドロゲナーゼなどの補酵素として働く. 欠乏症は皮膚炎, 口内炎, 発育障害などがある.

c. ビタミンB_6（ピリドキサール） ビタミンB_6はレバー, 豆類, 卵などに含まれる. 補酵素型のピリドキサールリン酸は, アミノ酸代謝のアミノトランスフェラーゼや脱炭酸酵素の補酵素として働く. 欠乏症は皮膚炎, 貧血などのほかに, 脳のグルタミン酸デヒドロゲナーゼの補酵素であることから, 神経刺激物質のγ-アミノ酪酸の生産を低下させ神経症状を呈する.

d. ビタミンB_{12}（コバラミン） ビタミンB_{12}は微生物によって合成されるが, 動植物は合成できない. レバー, ハマグリ, カキ, チーズなどに多く, コバルトイオンを含んでいるのでコバラミンと命名された. アデノシルコバラミン, メチルコバラミンの二つの補酵素型があり, 前者はメチルマロニルCoAムターゼなどの異性化, 転移などの反応, 後者はメチオニンシンターゼなどのC_1代謝に関与する. 欠乏症は悪性貧血, 知能低下などがある.

e. ビタミンC（アスコルビン酸） ビタミンCは新鮮な野菜, 果物, 緑茶などに含まれ, 強い還元作用をもつ酸化反応の補酵素である. 欠乏症は壊血病, 皮下出血などがある.

f. ビオチン ビオチンは酵母, 卵, 牛乳などに含まれる. アセチルCoAカルボキシラーゼや, ピルビン酸カルボキシラーゼなどの補酵素として働く. 湿疹, 貧血などの欠乏症状があるが, 腸内細菌によって合成されるので通常は問題ない. しかし卵白のアビジンタンパク質と結合するので生卵を食べすぎると欠乏する.

g. 葉酸 葉酸はレバー, ホウレンソウ, 豆類などに含まれる. テトラヒドロ葉酸はC_1転移酵素の補酵素としてプリン, ピリミジン塩基合成などに作用し, 細胞増殖, 成長に重要である. 欠乏症は胃腸障害, 貧血などがある.

h. ナイアシン（ニコチン酸） ナイアシンは米ぬか, レバー, 魚肉などに含まれる. ニコチンアミドアデニンジヌクレオチド（NAD）, ニコチンアミドアデニンジヌクレオチドリン酸（NADP）の二つの補酵素型があり, どちらも重要な酸化還元反応の補酵素である. 欠乏症は皮膚炎, 下痢, 痴呆の3症状を示すペラグラや神経症がある.

i. パントテン酸 パントテン酸はレバー, 卵, 豆類などに含まれる. アシル基運搬体である補酵素A（CoA）の構成成分であり, 広範な代謝に関与している. 欠乏すると成長障害などがあるが通常の食生活では欠乏症状は少ない.

2・6 ホルモン

ホルモンは内分泌腺で合成され直接血中に分泌され, 特定の標的臓器で微量で特異的作用を行う化学物質である. ホルモンにはアミノ酸の誘導体, タンパク質またはペプチド, ステロイドなどがあり, ある種の酵素やタンパク質の合成速度や分解速度を変えたり, 特異物質の細胞膜の透過性を変化させることなどにより, 特定の代謝過程を調節する. 主要な内分泌腺とホルモンおよび作用について表2・5に示している.

表 2・5　おもな内分泌器官とホルモン　生命科学資料集編集委員会編，"生命科学資料集"，p.149，東京大学出版会（1997）より許可を得て転載．

内分泌器官	ホルモン	おもな作用
視床下部	副腎皮質刺激ホルモン放出ホルモン（CRH） 黄体形成ホルモン放出ホルモン（LHRH） 甲状腺刺激ホルモン放出ホルモン（TRH） 成長ホルモン放出ホルモン（GHRH） ソマトスタチン（成長ホルモン放出抑制ホルモン）	副腎皮質刺激ホルモン（ACTH）の分泌促進 黄体形成ホルモン（LH）と沪胞刺激ホルモン（FSH）の分泌促進 甲状腺刺激ホルモン（TSH）の分泌促進 成長ホルモン（GH）の分泌促進 GHの分泌抑制
脳下垂体前葉	成長ホルモン（GH） 副腎皮質刺激ホルモン（ACTH） 甲状腺刺激ホルモン（TSH） 沪胞刺激ホルモン（FSH） 黄体形成ホルモン（LH） プロラクチン（PRL）	骨，筋肉の成長，タンパク質合成促進 副腎皮質ホルモンの分泌促進 甲状腺ホルモンの分泌促進 卵巣沪胞の成熟，LHとともに発情ホルモン分泌と排卵の促進，精巣の精細管での精子形成の促進 卵巣黄体の形成，黄体ホルモンの分泌，FSHと協同で発情ホルモン分泌，排卵の促進，雄性ホルモン分泌 乳汁分泌，母性行動，成長促進
脳下垂体中葉	メラニン細胞刺激ホルモン（MSH）	メラニン合成，両生類黒色素胞の拡散
脳下垂体後葉	抗利尿ホルモン（バソプレッシン，ADH） オキシトシン	腎小管での水の再吸収，血圧上昇 乳汁放出，子宮筋収縮
甲状腺	チロキシン カルシトニン（CT）	成長，両生類の変態，鳥・哺乳類の基礎代謝率上昇 血中のカルシウムおよびリン酸イオン減少
副甲状腺	副甲状腺ホルモン（パラトルモン，PTH）	血中のカルシウムイオン増加とリン酸イオン減少
膵臓ランゲルハンス島	インスリン グルカゴン	血糖低下，グルコース利用増加，タンパク質・脂肪合成促進，糖新生抑制 血糖上昇，タンパク質・脂肪の異化促進
副腎皮質	糖質コルチコイド（グルココルチコイド） 鉱質コルチコイド（ミネラルコルチコイド）	炭水化物合成促進，タンパク質分解，消炎作用，抗アレルギー作用 腎臓でのナトリウムイオン取込みとカリウムイオン排出
副腎髄質	アドレナリン（エピネフリン） ノルアドレナリン（ノルエピネフリン）	グリコーゲン分解，骨格筋の血流増加，酸素消費増加，心拍上昇 血圧上昇，小血管の収縮
精巣	雄性ホルモン（アンドロゲン）	雄の性徴（生殖輸管，二次性徴，性行動）
卵巣	発情ホルモン（エストロゲン） 黄体ホルモン	雌の性徴（生殖輸管，性行動） 妊娠維持，性周期の抑制
胃	ガストリン	胃液分泌
腸	コレシストキニン セクレチン	胆嚢収縮，膵臓酵素分泌 膵液分泌
松果体	メラトニン	光周期反応，生殖腺抑制，色素胞集中

2・7　無機質

　細胞内には多種の無機塩類（ミネラル）が存在するが，生体内含量はわずか4％以下と微量である．しかし，骨や歯などの構成成分，酸-塩基平衡，浸透圧調節，酵素の補因子，ビタミンやホルモンの構成成分，細胞膜の興奮伝達，筋肉の収縮，情報の伝達物質などとして重要な役割をもっている．特に多く存在する元素はCa, P, K, S, Na, Cl, Mgなどで，微量元素としてFe, Mn, Cu, I, Co, Zn, Cr, Mo, Se, F, Ni, Si, Sn, V, Asなどがある．無機塩類は通常食物に十分含まれているので，欠乏症は代謝障害などによって起こる．

3 タンパク質

タンパク質はmRNAの塩基配列情報を元に，複雑な翻訳過程を経て，20種のアミノ酸が重合したポリペプチド鎖としてリボソームで合成される．遺伝子の塩基配列がタンパク質のアミノ酸配列（**一次構造**），そしてその立体構造（**高次構造**）を決め，立体構造はタンパク質の機能を決めている（図3・1）．

タンパク質は理論的に無限の組合わせのアミノ配列（**一次構造**）をとりうるが，生命はそのごく一部のみを利用している．タンパク質の一次構造の多様性とそれに規定された立体構造の多様性こそが，生命進化の根源ともいえる．多くのゲノムの全塩基配列が明らかとなり，コードされたタンパク質の一次構造がある程度予測できても，ほとんどのタンパク質について，その立体構造や機能を理論的に予測することはできない．図3・2にウシインスリンの一次構造と立体構造を示した．

タンパク質は翻訳後に切断されたり，さまざまな化学修飾を受けたりというプロセシングを受ける（コラム"タンパク質のプロセシングと翻訳後修飾"を参照）．また，多くのタンパク質はサブユニット構造をもつ．また，安定的にあるいは一過的に他の分子やタンパク質と相互作用する．タンパク質はその一次構造に依存

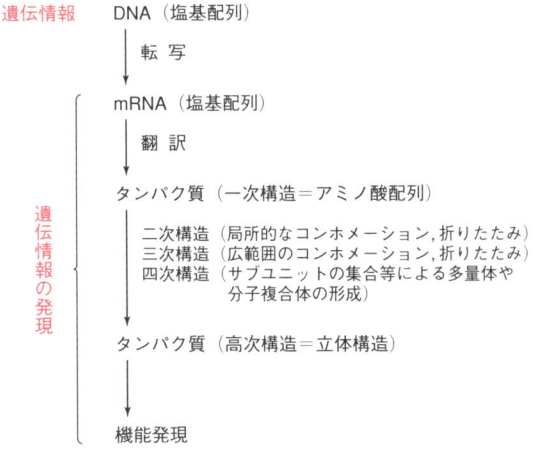

図3・1 遺伝情報の発現とタンパク質の構造

◇ **タンパク質の立体構造の決定法** ◇

タンパク質の立体構造は，そのアミノ酸配列によって規定されるが，配列から理論的に構造を予測することは不可能である．立体構造を実験的に決定する方法として，**X線結晶解析**と**核磁気共鳴（NMR）**がある．X線結晶解析は，分子量の制限はないが，タンパク質結晶中の構造しか決定できない．核磁気共鳴（NMR）では溶液中の動的構造を決定できるが，分子量2万程度以下のタンパク質にしか利用できない．このような技術的な制限から，多くのタンパク質については，そのドメインを切り出して，三次元構造が決定されている．さらに，一次構造の相同性を利用して，三次元構造が既知のタンパク質の構造を元に，立体構造をシミュレーションすることも広く行われている．巨大な分子複合体の立体構造も，そのドメインや個々のタンパク質分子の三次元構造データに加え，電子顕微鏡や原子間力顕微鏡で得られる分子の表面形状に関するデータをあわせることにより，かなりの確度で予想できる．

3. タンパク質

(a) ウシインスリン前駆体の一次構造

1
MALWTRLRPLLALLALWPPPPARA FVNQHLCGSHLVEALYLVCGERGFFYTPKA RREVEGPQVGALELAGGPGAGGLEGPPQKR GIVEQCCASVCSLYQLENYCN
125

　　シグナルペプチド　　　　　　　　　　B 鎖　　　　　　　　　　　C 鎖　　　　　　　　　　A 鎖

N 末端　　C 末端

(b) ウシインスリン前駆体の構造模式図

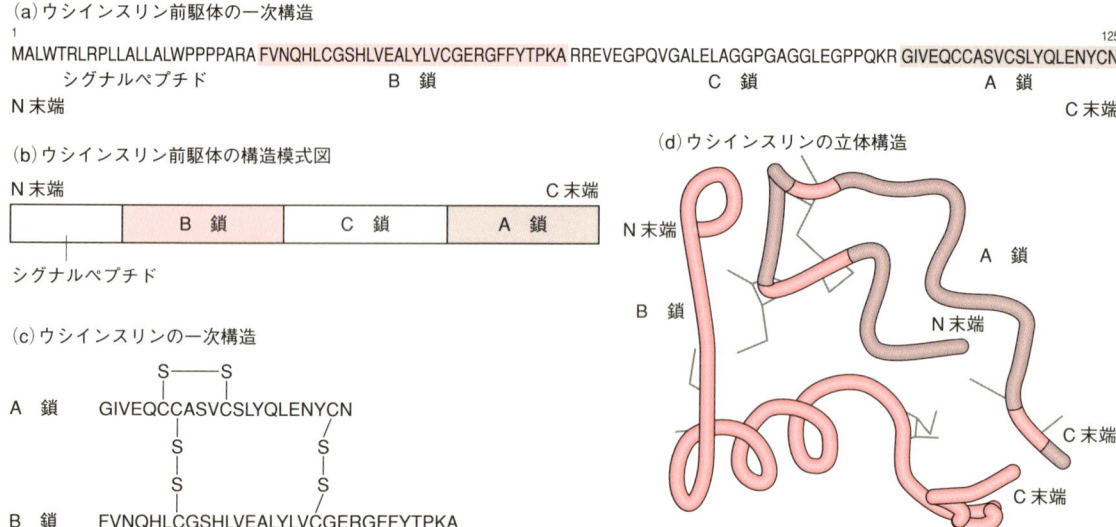

(c) ウシインスリンの一次構造

```
            S―S
A 鎖  GIVEQCCASVCSLYQLENYCN
         S      S
         S      S
B 鎖  FVNQHLCGSHLVEALYLVCGERGFFYTPKA
```

図 3・2　ウシインスリンの一次構造と立体構造　(a) ウシインスリン前駆体の一次構造．(b) ウシインスリン前駆体の構造模式図．(c) ウシインスリンの一次構造．(d) ウシインスリンの立体構造．主鎖と Cys 残基のみを表示．

◇ タンパク質のプロセシングと翻訳後修飾 ◇

多くのタンパク質はその翻訳後にさまざまな**プロセシング**を受ける．第一は，タンパク質分解酵素（プロテアーゼ）による切断である．N 末端のメチオニン残基は多くのタンパク質において切断されている．たとえば，インスリンは前駆体ポリペプチドからタンパク質分解酵素による切断により，2 本のポリペプチドが 2 本の S-S 結合（ジスルフィド結合）で連結した成熟型のタンパク質となる．

タンパク質のプロセシングの第二は，アミノ酸残基の化学修飾である．これは**翻訳後修飾**とよばれる．タンパク質は，遺伝子の配列に基づいて 20 種のアミノ酸を材料として合成されるが，生体内のタンパク質のアミノ酸側鎖はさまざまな化学修飾を受けている．細胞外は酸化条件にあるので，細胞外タンパク質のシステイン残基は S-S 結合をつくっている．また，細胞膜タンパク質や，細胞外に分泌されるタンパク質では，そのほとんどが細胞外の領域で糖鎖の修飾を受けている．また，細胞内のタンパク質の多くは，リン酸化，アセチル化，脂肪酸の付加など，さまざまな修飾を受けている．タンパク質の化学修飾はタンパク質の立体構造，機能や安定性，さらにはその活性の制御と直結している．

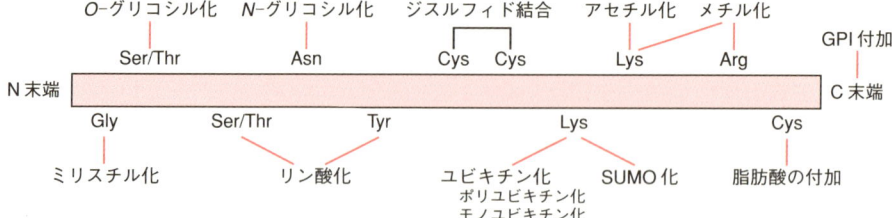

Gly：グリシン，Ser/Thr：セリンまたはトレオニン，Asn：アスパラギン，Tyr：チロシン，Cys：システイン，Lys：リシン，Arg：アルギニン，GPI：グリコシルホスファチジルイノシトール，SUMO：小さなユビキチン様修飾因子．

図　翻訳後修飾　タンパク質のアミノ酸残基はさまざまな翻訳後修飾を受ける．すべての残基が修飾を受けるのではなく，一部の残基のみが修飾を受ける．たとえば，ヒストンの Lys（リシン）残基のアセチル化は，特定の Lys 残基にのみ起こる．

3・1 タンパク質の多様性

した寿命を有し，その寿命も化学修飾や，他の分子やタンパク質との相互作用により制御される．

翻訳後の化学修飾や，他の分子やタンパク質との相互作用により，タンパク質の立体構造，そして機能は大きな影響を受ける．この点が，タンパク質の機能の制御，そして生体機能の制御の要となっている．

3・1 タンパク質の多様性

3・1・1 タンパク質の一次構造の多様性

タンパク質はそのアミノ酸残基数とアミノ酸配列の両面で，きわめて多様である．大腸菌の遺伝子の数が数千，ヒトでは数万とすると，おのおのの生物種ではそれ以上の種類の，互いに異なるタンパク質が存在することになる．ところで，20種のアミノ酸はどのような順序でもポリペプチド鎖に取込まれうるので，理論的にアミノ酸残基数100のタンパク質のアミノ酸配列は，20^{100}（おおよそ10^{130}）とおりが可能である．生命は，そのごく一部のみを利用しているにすぎないことになる．

タンパク質の機能に着目すると，触媒機能を有する酵素タンパク質，細胞や組織の構造維持にかかわる構造タンパク質，物質の輸送にかかわる輸送タンパク質，機械的な運動にかかわるモータータンパク質，情報の伝達にかかわるシグナル伝達タンパク質，他のタンパク質の活性を制御する制御タンパク質などに分類される（表3・1）．

タンパク質は歴史的には，可溶性の球状タンパク質と，多数のタンパク質が重合して不溶性の構造をとる繊維状タンパク質とに分類されてきた．球状タンパク質には単一分子として存在するタンパク質や，同じタンパク質あるいは異なったタンパク質同士でオリゴマーを形成し，サブユニット構造をとるタンパク質などがある．物質代謝にかかわる酵素群の多くはこの分類に入る．これらに加え，細胞膜に埋め込まれた膜タ

表3・1 タンパク質の分類

機能に着目した分類	酵素タンパク質 構造タンパク質 輸送タンパク質 モータータンパク質 シグナル伝達タンパク質 制御タンパク質
形状に着目した分類	球状タンパク質（可溶性） 繊維状タンパク質（不溶性）
細胞内外での局在に着目した分類	分泌タンパク質 細胞膜タンパク質 細胞質タンパク質 核タンパク質

ンパク質やその複合体が存在する．繊維状の構造をとるタンパク質は，単量体と重合体の両者の状態をとりうる．

多くのタンパク質は，他のタンパク質分子やRNA分子などと結合し，分子複合体として存在する．また，タンパク質は細胞内外での局在に応じて，分泌タンパク質，細胞膜タンパク質，細胞質タンパク質，核タンパク質などと分類されることも多い．分子量が2万から3万程度以上のタンパク質は，複数の機能を担っていることが多い．

3・1・2 タンパク質の一次構造の比較からわかるタンパク質ファミリー，ホモログとオーソログ

異なったタンパク質の一次構造を比較すると，相同なアミノ酸配列をもつタンパク質（ホモログ）の一群の存在がみえてくる．一次構造の相同性は，立体構造（二次，三次構造）の類似性，さらには機能の類似性を予想させる．これらは**タンパク質ファミリー**とよばれ，生命進化の観点で考えると共通の祖先タンパク質に由来すると推測できる．

真核生物においては，ほとんどのタンパク質は同一生物種内で多数のホモログを有する．たとえば，ヒトゲノムにはタンパク質をリン酸化するプロテインキナーゼのホモログをコードする遺伝子が数百種類存

```
         1        10        20        30        40        50        60        70        80        90       100       110       120       130       140       150 155
         |--------|---------|---------|---------|---------|---------|---------|---------|---------|---------|---------|---------|---------|---------|---------|-----|
MGLSDGEQLVLNVVGKVEADIPGHGQEVLIRLFKGHPETLEKFDKFKHLKSEDEMKASEDLKKHGATVLTALGGILKKKGHHEAEIKPLAQSHATKHKIPVKYLEFISECIIQVLQSKHPGDFGADAUGAMNKALELFRKDMASNYKELGFQG
MVLSDAAHLVLNIVAKVEADVAGHGQDIILRLFKGHPETLEKFDKFKHLKTEREMKASEDLKKHGNTVLTALGGILKKKGHHEAELKPLAQSHATKHKIPIKYLEFISDRIIHVLHSRHPAEFGADAQAAMNKALELFRKDIARYKELGFQG
MGLSDGEWQLVLNVVGKVEADLAGHGQEVLIGLFKTHPETLDKFDKFKNLKSEEDMKGSEDLKKHGCTVLTALGTILKKKGQHAAEIQPLAQSHATKHKIPVKYLEFISEIIIEVLKKRHSGDFGADAUGAMSKALELFRNDIAKYKELGFQG
MVLSPADKTNVKAAWGKVGAHAGEYGAEALERMFLSFPTTKTYFPHF------DLSHGSAQVKGHGKKVADALTNAVAHVDDMPNALSALSDLHAHKLRVDPVNFKLLSHCLLVTLAAHLPAEFTPAVHASLDKFLASVSTVLTSKYR
MVLSPTOKSNVKATWAKIGNHGAEYGAEALERMFNEPSTKTYFPHF------DLSHGSAQVKGHGKKVADALTKAVGHMDNLLDALSDLSDLHAHKLRVDPANFKLLSHCLLVTLALHLPAEFTPSVHASLDKFLASYSTVLTSKYR
MVHLTPEEKSAVTALWGKVNVD--EVGGEALGRLLVVYPWTORFFESFGDLSTPDAVMGNPKVKAHGKKVLGAFSDGLAHLDNLKGTFATLSELHCDKLHVDPENFRLLGNVLVICVLAHHFGKEFTPPVQAAYQKVVAGVANALAHKYH
MVHLTAEEKSAVTALWAKVNVE--EVGGEALGRLLVVYPWTQRFFEARGDLSTADAVMKNPKVKAHGKKVLASFSDGLKHLDDLKGTFATLSELHCDKLHVDPENFRLLGNVLVIVLARHFGKEFTPELQQAYQKVVAGVANALAHKYH
```

図3・3 グロビンファミリーの一次構造比較 上から順に，ヒトミオグロビン，クジラミオグロビン，マウスミオグロビン，ヒトヘモグロビン α鎖，クジラヘモグロビン α鎖，ヒトヘモグロビン β鎖，クジラヘモグロビン β鎖のアミノ酸配列．すべてに共通のアミノ酸残基および半数以上に共通のアミノ酸残基をそれぞれ別の色で示した．

在する．ヒトのプロテインキナーゼファミリーのメンバー数は数百以上ということになる．活性に必要なアミノ酸は他のアミノ酸に比べて変異が起こりにくいので，ファミリー内での一次構造を比較することにより，プロテインキナーゼの立体構造の構築に必要なアミノ酸配列や，酵素としての機能に共通に必要なアミノ酸配列を予想できる．

異なった生物種間のホモログの比較により，タンパク質の進化と生物種の進化との関係を予想することができる．たとえば，筋肉の酸素運搬タンパク質ミオグロビンと赤血球の酸素運搬タンパク質ヘモグロビンは，類似のアミノ酸配列をもち，それぞれヒトにもクジラにも存在する（図3・3）．ミオグロビンとヘモグロビンは相同な配列を有するホモログであり，同一のファミリーに属する．ここで，クジラのミオグロビンとヒトのミオグロビンとは**オーソログ**であるという（図3・4）．オーソログの関係は機能面での類似性を示唆する．したがって，種間でのアミノ酸配列の詳細な比較を元に，オーソログの関係を同定できれば，他の生物種で明らかとされた機能を元に，その生物種におけるタンパク質の生理的な機能を予測することができる．

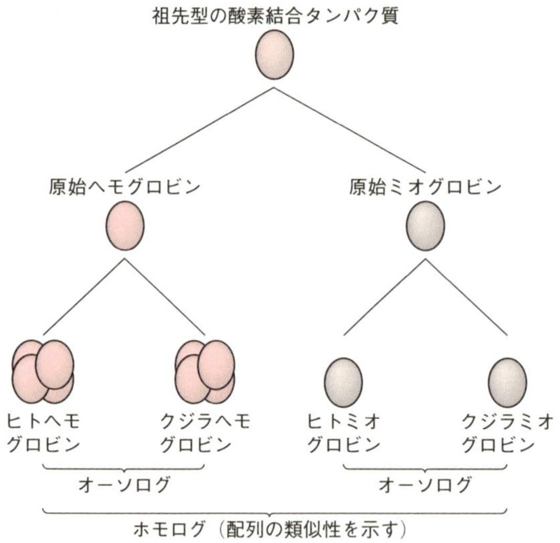

3・2 タンパク質の構造と機能

3・2・1 タンパク質の配列モチーフ

多種のタンパク質の一次構造に共通にみられる比較的短い配列を**配列モチーフ（モチーフ）**とよぶ．このような配列は多くの場合タンパク質の**二次構造**の特定の組合わせ（フォールド）に対応しており，類似の**三次構造**をとる．たとえばジンクフィンガーモチーフは，当初は配列モチーフとして見いだされたが，三次構造を決めることにより，亜鉛イオンを配位した特定の二次構造の組合わせから成ることがわかっている．このモチーフ/フォールドはポリペプチド鎖の立体構造の安定性にかかわる（図3・5）．コイルドコイルモチー

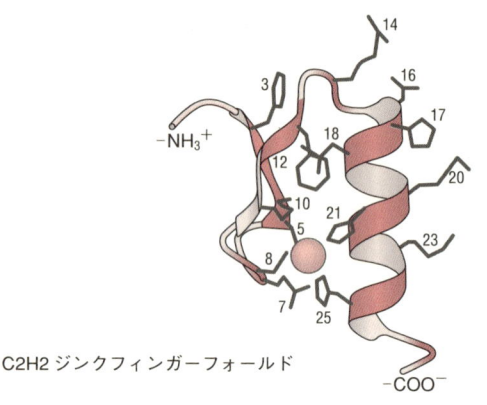

図3・5 アミノ酸配列モチーフとフォールド構造 転写因子SP1のジンクフィンガーモチーフの立体構造を示す．

図3・4 タンパク質ファミリー タンパク質の一次構造の相同性の比較により，タンパク質分子間の進化的な関係を類推できる．クジラのミオグロビンの配列は，クジラのヘモグロビンよりもヒトのミオグロビンに似ている．同様に，クジラのヘモグロビンの配列は，クジラのミオグロビンよりもヒトのヘモグロビンに似ている．つまり，ミオグロビンとヘモグロビンとは，クジラとヒトが進化の過程で分岐するよりも前にすでに存在していたことになる．ヘモグロビンは α と β のサブユニットがそれぞれ2個ずつ集まったヘテロ四量体を構成している．ミオグロビンは単量体である．一次構造の配列比較に基づくオーソログ関係の同定は，生理機能の予測にきわめて有効である．

フは，α ヘリックスの両面に疎水性，親水性の側鎖が並ぶことにより，複数のヘリックスが互いにコイル状に巻きつく構造であり（p.148, 図8・21），コラーゲンなどの繊維状タンパク質のほか，多数のタンパク質の多量体化にかかわる．このほかにも，多数のタンパク質の一次構造の比較により，さまざまなモチーフの存在が明らかとなっている．

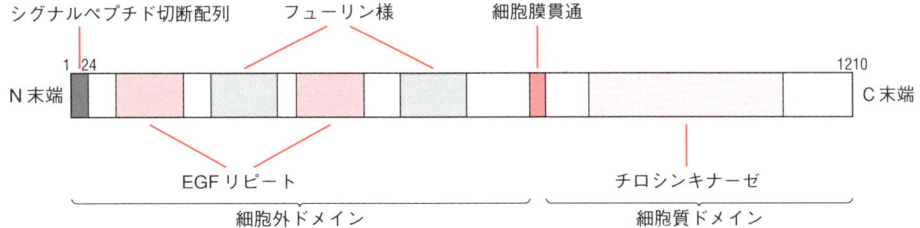

図3・6 タンパク質のドメイン構造 多くのタンパク質は，複数のドメインをもつマルチドメインタンパク質である．図には細胞膜貫通タンパク質の例として，上皮細胞増殖因子（EGF）の受容体（レセプター）である EGF 受容体のドメイン構造を示す．EGF 受容体の mRNA にコードされた前駆体タンパク質は 1210 個のアミノ酸配列をもつが，N 末端側の 24 個の配列は細胞膜を通過した後にプロセシングされて排除される．細胞質ドメインには，タンパク質のチロシン残基をリン酸化するチロシンキナーゼに保存された配列から成るチロシンキナーゼドメインをもつ．細胞外には，細胞膜を貫通したとき切り取られるシグナルペプチド配列に続き，EGF 様のドメインとフューリン（プロテアーゼ）様のドメインが連続して配置している．EGF は EGF 受容体の細胞外ドメインに結合し，受容体の二量体化と活性化を誘導する．

3・2・2 タンパク質の機能ドメイン

ポリペプチド鎖が密に折りたたまれた領域を**ドメイン**とよぶ．ドメインはいくつかの二次構造の組合わせからできており，タンパク質の構造単位であると同時に，機能単位でもある．ドメインの多くは，モチーフと同様一次構造の比較検討から見いだすこともできる．

多くのタンパク質は，複数のドメインをもつマルチドメインタンパク質である（図3・6）．そして，類似のドメインが多種のタンパク質に利用されている．これは遺伝子の進化に対応しており，現存の遺伝子が，さまざまな祖先遺伝子の組合わせにより進化してきたことを物語っている．たとえば，タンパク質のリン酸化を触媒するプロテインキナーゼドメインは，ヒトでは数百の異なったタンパク質に共通に見いだされている．一次構造の比較によりドメインやモチーフを同定することにより，タンパク質の三次構造や分子としての生化学的な機能をある程度予想することができる．残念ながら，ゲノム中の半分以上のタンパク質については，その一次構造を単純に比較しても既知のモチーフやドメインは見つからず，その三次構造や機能をまったく予想できない．さらに，生化学的な機能を仮に予想できたとしても，生理的な機能を予想することは困難である．

3・3 タンパク質のフォールディング

3・3・1 タンパク質の変性と再生

タンパク質は，立体構造を保持する水素結合，疎水結合，イオン結合などが熱や酸などによって切れると，立体構造が変化し，活性を失う．これを**変性**とよぶ．多くの場合，変性に伴ってそれまで分子内に埋もれていた疎水性領域が露出し，分子間で結合して不溶性の不規則集合体となる．卵白の熱による白濁化はその一例である．タンパク質の立体構造を保持する結合を切る尿素やグアニジン塩酸などは，変性剤とよばれる．変性剤の処理によりタンパク質はランダムコイルとよばれる安定な構造をとらない状態となる．

1961 年，C. B. Anfinsen は，リボヌクレアーゼ A という酵素タンパク質を尿素で還元してジスルフィド結合（S-S結合）を切断して完全に変性させ，つぎに尿素を透析により徐々に除きながらタンパク質を空気酸化させることにより，酵素活性を 100% 回復させることに成功した（図3・7）．このことは，完全に変性した状態から正しい立体構造だけが優先的に生じたことを示している．この実験結果が，"タンパク質の一次構造が一意にその立体構造，そして機能を規定している"という，現在の基本的な考え方の原点となった．しかし，試験管内でのタンパク質の再生は，特に多数のドメインをもつ大きなタンパク質については一般に容易ではない．

3・3・2 ポリペプチド鎖のフォールディング（折りたたみ）と分子シャペロン

細胞内には高濃度のタンパク質が存在する．細胞内で合成されたポリペプチド鎖が，一次構造に規定された所定のコンホメーションをとるには，そのポリペプ

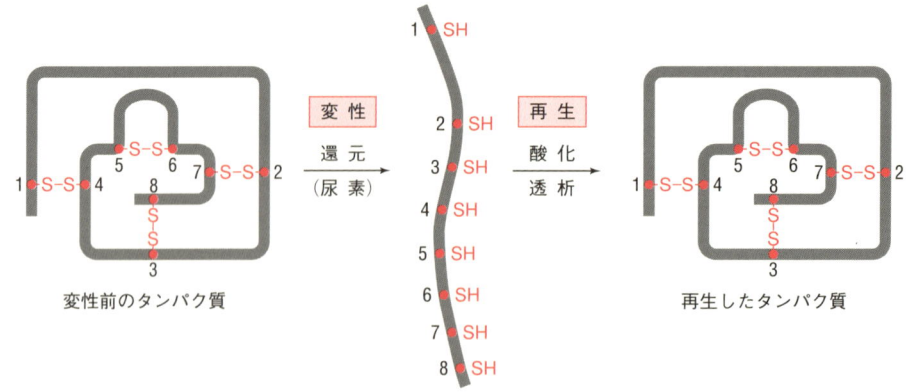

図 3・7 タンパク質の変性と再生 4本のジスルフィド (S-S) 結合をもつリボヌクレアーゼAを尿素により変性・還元し，尿素を除きながら再生・再酸化すると正しいS-S結合ができる．

チド鎖の**フォールディング**（折りたたみ）を助ける特別なタンパク質群が働く．これらは**分子シャペロン**と総称される．シャペロンの語源は介添人であり，分子シャペロンはフォールディングされた後のタンパク質には含まれない．

細胞が熱などの細胞ストレスにさらされたときに，一過的にその合成が誘導される一群のタンパク質があり，**熱ショックタンパク質**とよばれている．熱ショックタンパク質の多くは分子シャペロンである．分子シャペロンは，熱などにより変性したタンパク質が不溶性の凝集体をつくるのを防いだり，立体構造の再生を助ける役割も果たしている．

3・4 タンパク質の機能と制御

3・4・1 タンパク質と分子間相互作用

タンパク質が機能を発揮する根底には，タンパク質と他の分子との間の特異的な非共有結合がある．この結合は**分子間相互作用**とよばれる．分子間相互作用においては，相互作用の強さを**親和性**とよび，特定の分子と特に強く結合することを**特異性**とよぶ．親和性と特異性は，分子間相互作用の性質を規定するきわめて重要な概念である．特異的であると同時に，強い親和性を示す分子間相互作用の典型例の一つが，DNAやRNAの相補的塩基対を介して結合した二本鎖核酸である．タンパク質の場合の典型例は，抗体と抗原との結合である．これらの分子間相互作用は，きわめて高い特異性と，きわめて強い親和性をもち，平衡が結合状態に大きく偏っている．しかし，多くの重要な生体反応におけるタンパク質と他の分子との相互作用はそこまで強い親和性をもたず，高い特異性と適度な結合親和性をその特徴としている．タンパク質とその他の分子やタンパク質との，共有結合を含まない相互作用のもう一つの大きな特徴は，その**可逆性**にある．この平衡反応の制御がさまざまな生体反応における重要な制御点となっている．

3・4・2 タンパク質のサブユニット構造とアロステリック制御

分子間相互作用は，タンパク質とその相手の分子（リガンドとよぶこともある）それぞれの立体構造により規定される．酵素タンパク質の解析から明らかとされたタンパク質と低分子のリガンドとの相互作用の分子基盤に関しては次章を参照されたい．低分子のリガンドとの相互作用に加え，多くのタンパク質は，同一タンパク質や他のタンパク質と相互作用し，安定な**サブユニット構造**をとる．サブユニット構造をとることには大きな意味がある．その一つが活性の制御である．これは**アロステリック制御**とよぶ．酸素運搬タンパク質であるヘモグロビンや，代謝経路の鍵酵素などで，アロステリック制御の詳細が調べられている（4章）．

3・4・3 スイッチタンパク質によるタンパク質の活性制御

リガンド結合によるアロステリック制御は上述の例にとどまらない．カルモジュリンなどカルシウム結合

◇ コンホメーション病 ◇

　タンパク質のコンホメーションの異常に基づく疾患が知られている．これは，生体内でタンパク質の変性が起こり，細胞内や組織内に不溶性の沈着物として沈着することによって起こる．アルツハイマー病の患者脳にみられる沈着である**アミロイド斑**には，βアミロイドタンパク質とよばれるタンパク質が含まれる．βアミロイドタンパク質は，アミロイド前駆体タンパク質（APP）とよばれるタンパク質がある種のプロセシングを経て切り出された分子であり，沈着を起こしやすい性質をもつ．患者の脳では長い時間をかけて，その沈着が起こると考えられている．

　狂牛病（ウシ海綿状脳症，BSE）やヒトのクロイツフェルト・ヤコブ病は，**プリオン病**ともよばれる伝染病である．S. Prusinerのプリオン仮説によれば，プリオンタンパク質が原因となる．プリオンは安定な2種のコンホメーションをとりうる特殊なタンパク質であり，異常なコンホメーションをもつプリオンが感染すると，正常なプリオンと結合してそのコンホメーションを変化させて不溶性の沈着物をつくる（図）．これが病気の原因となっている．

　異常なコンホメーションを有するタンパク質は，一般的には生体内で分解される．したがって，コンホメーション病と総称される異常タンパク質の蓄積に起因する疾患は，タンパク質の分解の異常ともいうことができる．

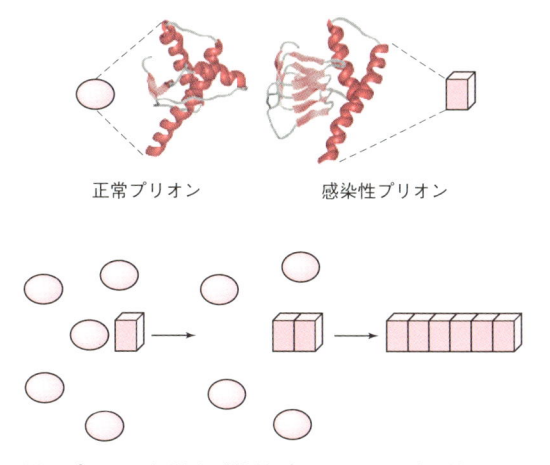

図　プリオン仮説と感染性プリオンタンパク質　プリオンタンパク質は正常と異常の二つのコンホメーションをとる．正常細胞にみられるプリオンタンパク質とPrusinerが抽出した感染性プリオンタンパク質の一次構造は同一であるが，立体構造に大きな差違がある．αヘリックスに富んだ正常プリオンタンパク質の立体構造がβシートに富んだ異常プリオンタンパク質の立体構造に変換されてしまう．

タンパク質は，カルシウムイオンの結合により大きくそのコンホメーションを変化させ，それがさまざまなタンパク質の活性の制御にかかわっている．GTPを結合する一群のタンパク質（Gタンパク質と総称される）が存在し，これもさまざまなタンパク質と相互作用してその活性を制御する．これらは，タンパク質の活性のオンとオフとを制御するスイッチ機能に特化しており，**スイッチタンパク質**ともよばれる．GTP結合タンパク質のもつスイッチの機能自体も，他のタンパク質との結合などにより制御されている（p.176，§9・2・1）．

3・4・4　翻訳後修飾によるタンパク質の活性制御

　リン酸化やアセチル化，メチル化，ユビキチン化などの共有結合を介した**翻訳後修飾**によっても，タンパク質の活性が制御される．これら翻訳後修飾は可逆的であり，生体反応における重要な制御点となる．たとえば，クロマチンの主要構成タンパク質であるヒストンのリシン残基のアセチル化と脱アセチル化は，ヌクレオソームの集合によるクロマチンの凝縮に大きな影響を与える．ヒストンは，メチル化，リン酸化，モノユビキチン化も受け，これが他の制御タンパク質との結合に影響を与えてクロマチン構造を制御している．リン酸化は，細胞内シグナル伝達をはじめとする細胞機能制御のあらゆる側面で最も広くみられる（p.185，§9・3・4）．

3・4・5　タンパク質の分子集合体とその活性制御

　アクチン繊維のように，同一のタンパク質が単独で，あるいは重合して巨大な繊維状構造をつくったり，チューブリンのように，ヘテロ二量体構造をとったタ

表 3・2　タンパク質の分子集合体

プロテアソーム
リボソーム
スプライソソーム
シグナル認識粒子（SRP）

ンパク質が単独で，あるいは重合して巨大な繊維状構造をつくったりする例が多数ある．なかにはRNAと強固に結合し，巨大な分子集合体として存在するリボソーム，スプライソソームなども存在する（表3・2）．これらの分子集合体も他のタンパク質との相互作用を通じて，構造や活性，寿命が制御されている．

タンパク質分子間の相互作用および他の分子との相互作用，さらには分子集合体を含む相互作用の立体構造レベルでの理解，その動的な側面の理解，さらには相互作用のネットワークの解明が，生体機能の分子レベルでの理解をめざす現代の生化学の主要な課題となっている．

3・5 タンパク質の寿命と分解

タンパク質は，遺伝子DNAとは大きく異なり，定常的に合成と分解を繰返して**代謝回転**している．つまり，細胞はたえずアミノ酸からタンパク質を合成し，タンパク質をアミノ酸に分解している．これは一見無益にみえるが，タンパク質の分解はタンパク質の合成や機能の制御と同様に，タンパク質の量の調節という方法を通じて，タンパク質の機能に大きな積極的な役割を果たしている．

タンパク質の生体内での寿命はタンパク質の種類によって大きく異なる．最も寿命の短い部類の有糸分裂サイクリンの半減期は数分である．一方，同じ細胞でも，半減期の長いものは数週間以上である．個々のタンパク質には，その寿命を決定する目印がある．一般的に構造タンパク質の寿命は長く，調節タンパク質の寿命は短い．そして，調節タンパク質の寿命は必要に応じて調節されている．さらに，重要なタンパク質の寿命を必要に応じて調節する仕組みがある．タンパク質の寿命は，厳密に調節されている．

3・5・1 タンパク質分解酵素（プロテアーゼ）とタンパク質分解経路

タンパク質の分解は**タンパク質分解酵素（プロテアーゼ）**によって行われる．食物の消化にかかわる胃のペプシン，小腸のトリプシン，キモトリプシンなどに加え，組織の形成や細胞移動，がんの浸潤などにかかわるさまざまな細胞外のプロテアーゼや，前駆体タンパク質のプロセシングにかかわるプロテアーゼな

ど，多種多様の細胞外，細胞膜プロテアーゼが存在する．細胞内においては，オートファジー-リソソーム系と，ユビキチン-プロテアソーム系が，タンパク質分解の主役である．これ以外にも，カルシウムによって活性化されるカルパイン，細胞死に際して活性化されるカスパーゼなどの多種多様の細胞内プロテアーゼが存在する．

3・5・2 オートファジーとリソソーム

細胞が自身の一部を細胞内小器官のリソソームで分解する現象は**オートファジー（自食）**とよばれ，この際タンパク質はリソソーム中の数十種以上の加水分解酵素のなかの**カテプシン**とよばれるプロテアーゼにより分解される．オートファジーにおいてはリソソームに運ばれたタンパク質は無差別に分解される．この仕組みは，飢餓時に細胞の需要に応じてタンパク質からアミノ酸を放出する役割を果たしている．

3・5・3 タンパク質の選択的分解

タンパク質の細胞内での半減期がタンパク質の種類によって大きく異なることから，タンパク質の選択的分解機構があること，言い換えると個々のタンパク質には固有の寿命があることが予想されている．そして，どのようにしてそれが決まっているかに関して，いくつかのことがわかっている．その一つは，原核生物から真核生物まで保存された，N末端のアミノ酸残基の重要性であり，**N末端則**とよばれている（表3・3）．これ以外にも，タンパク質の分解を指令する特別な配

表3・3 *β*-ガラクトシダーゼのN末端残基と寿命　N末端残基だけが異なる *β*-ガラクトシダーゼ（大腸菌由来，分子量約11万のサブユニット4個から成る）をパン酵母で発現させたときの分解の寿命（半減期）．

N末端アミノ酸	分解の寿命
アルギニン	約2分
リシン，フェニルアラニン，アスパラギン酸，アスパラギン，トリプトファン，ロイシン，ヒスチジン	約3分
チロシン，グルタミン	約10分
イソロイシン，グルタミン酸	約30分
メチオニン，セリン，アラニン，トレオニン，バリン，グリシン，システイン，プロリン	20時間以上

列が存在する．つまり，個々のタンパク質の寿命は，まずその一次構造で規定されている．

タンパク質の選択的分解には二つの意味がある．一つは，細胞にとって有害かもしれない異常タンパク質の排除という役割である．合成途上で誤って折りたたまれたタンパク質や，熱や放射線などによって損傷を加速されたタンパク質がこれに含まれる．もう一つは，シグナル伝達や遺伝子発現などにかかわる調節タンパク質について，その量を瞬時に調節する重要な役割である．合成と分解が均衡した定常状態での量が同じ2種類のタンパク質があると仮定する．代謝回転が速い場合には，細胞外の刺激などに際して，合成を誘導（停止）すると同時に分解を停止（誘導）することにより，瞬時に量を増加（減少）させることができる．その逆の場合には，量の調節には多大な時間を要することになる．シグナル伝達や遺伝子発現などにかかわる調節タンパク質の多くは，このような性質により，量の厳密な調節を受けている．

3・5・4 ユビキチンとプロテアソーム

細胞内タンパク質の選択的な分解を可能としている主要な仕組みが，ユビキチン-プロテアソーム系である．驚くべきことに，このタンパク質分解経路はATPを必要とする．**ユビキチン**は76残基から成る小さなタンパク質であり，その名のとおり，真核生物に普遍的（ubiquitous）に存在する．分解されるタンパク質の選択は，ユビキチン化酵素（ユビキチンリガーゼ，E3）を含む3段階の過程を経て，標的タンパク質のユビキチン化により行われる（図3・8）．この過程にはATPが必要である．また，ユビキチンは多数結合して，標的タンパク質はポリユビキチン化される．ユビキチン化にかかわるE2とE3には多くの種類があり，さまざまな標的タンパク質の選択的な認識にかかわっていることが予想されている．

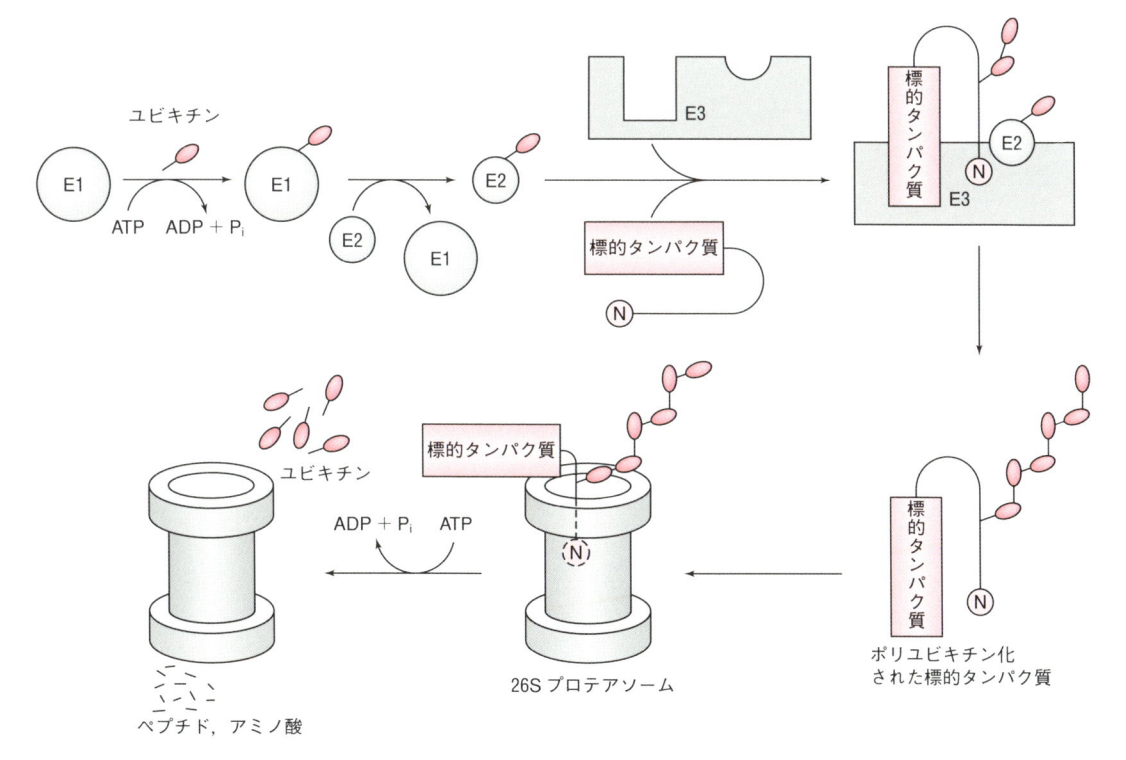

図3・8 ユビキチンによるタンパク質の修飾と分解 ユビキチン活性化酵素（E1）はATPのエネルギーを使ってユビキチンを活性中心のSH基に結合させる．ユビキチンはユビキチン縮合酵素（E2）の活性中心に移ってからユビキチンリガーゼ（E3）と一緒に標的タンパク質をユビキチン化する．タンパク質に結合した最初のユビキチンにつぎつぎにユビキチンが結合し，標的タンパク質はポリユビキチン化される．ポリユビキチンが結合した標的タンパク質はプロテアソームで識別され，ATPのエネルギーを使って短いペプチドやアミノ酸に加水分解される．E3が標的タンパク質を認識するときにN末端アミノ酸やその他の部位が識別される．

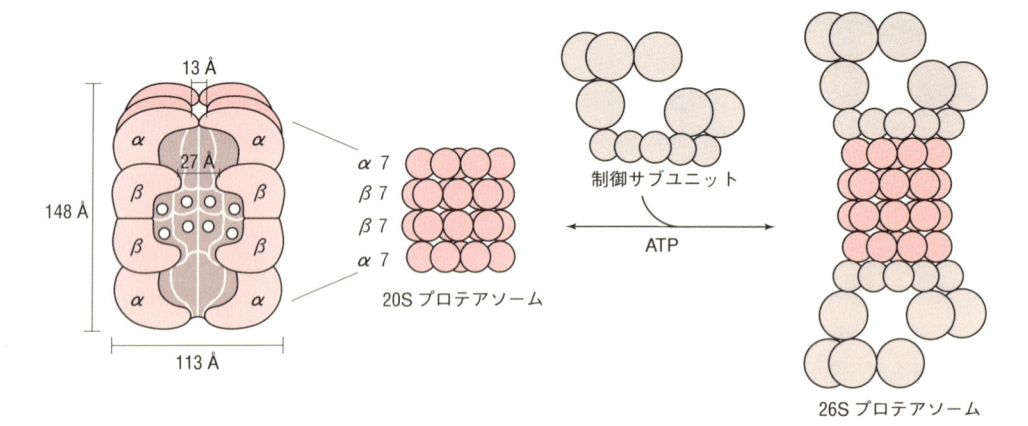

図 3・9 プロテアソームの構造 20S プロテアソーム（分子量 75 万）は α 型と β 型のサブユニット各 7 個のリングが四つ重なっている．β 型のサブユニット 14 個がプロテアーゼ活性をもち，立体構造（古細菌のプロテアソーム）で示した β サブユニットの内側の突起が活性中心である．分解されるタンパク質は分子中央の穴に入り込む必要がある．20S プロテアソームは ATP がなくても基質を加水分解するが，26S プロテアソーム（分子量 200 万）がタンパク質を加水分解するには ATP のエネルギーが必要である．

ポリユビキチン化された標的タンパク質は **26S プロテアソーム**で分解される．26S プロテアソームは分子量約 200 万の巨大なタンパク質複合体であり，ATP 依存的にタンパク質を分解する（図 3・9）．

4 酵素・酵素反応

われわれの体の中では，たえずさまざまな化学反応が協調しながら進行している．生体の中の反応には，工業化学に用いるような高温，高圧，極端な pH 条件などは必要ない．多種多様な分子が存在しながら，生体にとって有害な副産物が生じることもほとんどない．細胞の中の反応は常温，常圧，中性の pH などの大変穏和な条件下で行われている．これは生物が酵素という優れた触媒能をもつタンパク質を獲得したからにほかならない．有機化合物の合成や反応には特別の生命力が必要であると長年考えられてきたが，1897年に E. Buchner が酵母の抽出液を用いて試験管内でアルコール発酵に成功したことが，近代生化学，酵素学の幕開けとなった．

酵素がタンパク質であることが広く認識されたのは，わずか 70 年ほど前のことである．J. H. Northrop と M. Kunitz が結晶ペプシン，トリプシンなどでタンパク質量と酵素活性が比例することを示すことに成功した．その後タンパク質の精製技術が進み，アミノ酸分析，アミノ酸の配列決定法が確立し，1963 年にはリボヌクレアーゼの全アミノ酸配列が初めて明らかにされ，1965 年にはリゾチームの X 線による立体構造解析が初めて報告された．

酵素なしでは生体内のほとんどの化学反応は進行しない．酵素は反応の前後で変化することなく，化学反応を 1000 倍から 100 万倍も速く進行させる．酵素はこのような高い触媒能をもつのみならず，特異性，調節性をもち，生体内の代謝系を調節している．

したがって生体内には多数の酵素が存在して，特定の化学反応を触媒している．

4・1 酵素反応の特異性

4・1・1 基質特異性と立体特異性

酵素の作用を受ける分子を**基質** (substrate, S と略される)，反応によって生成する化合物を**生成物** (product, P) という．酵素反応はまず基質の酵素への結合によって始まる．酵素タンパク質には多くの場合，基質を結合するポケットのようなくぼみが存在する．基質となる分子の識別は，酵素タンパク質の表面の立体構造に基づいており，きわめて特異性が高い．この酵素の**基質特異性**とよばれる分子認識の正確さが，副産物を生じることなく生体中の反応を整然と

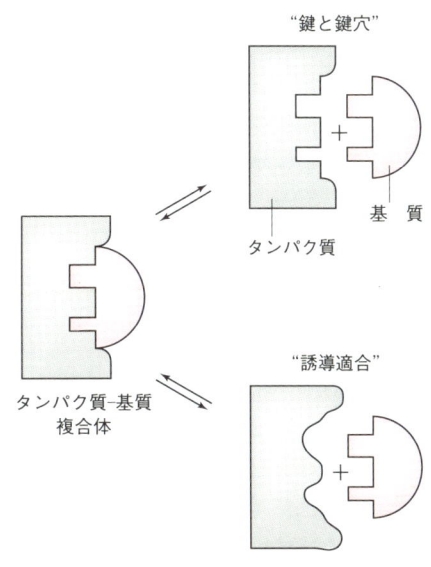

図 4・1 **酵素への基質の結合** "鍵と鍵穴"機構では表面にあらかじめ結合部位の構造があるが，"誘導適合"ではコンホメーションが変化して相補的な構造が形成される．

秩序立って行うことができる理由である．多くの酵素で実際に酵素と基質の複合体が確認され，あるものは単離され結晶が得られている．1894年，E. Fischer は酵素の基質特異性を"鍵と鍵穴"と説明したが，その後の研究から，酵素タンパク質は基質を結合することで構造を変化させ基質をくわえ込むという**誘導適合モデル**が1958年，D. E. Koshland によって提唱された．このような機構により基質は特異的に酵素に結合する（図4・1）．化学合成では光学異性体を区別したり，合成することはきわめて困難であるが，酵素はそれ自身が非対称性をもっているので容易に光学異性体を識別し，酵素反応は光学異性体に対するきわめて高い特異性をもっている．実際，生体を構成しているアミノ酸はほとんど L 型である．しかし，なかには基質認識がそれほど厳密ではなく，広い一連の基質に対して作用する酵素も存在している．

4・1・2 酵素の触媒機構

酵素タンパク質の多くは数十 nm の球状構造をとっており，基質を結合する部位はその構造の一部にすぎない．酵素反応に必須の部位を**活性中心**とよんでいる．その他の大きな構造部分は活性中心に正しい構造をとらせたり，調節性をもたせるために必要なのであろう．

無機触媒と違って，酵素触媒は限られた一つの反応だけを触媒する．これを酵素の**反応特異性**とよぶ．したがって生体には多数の酵素が必要となる．酵素反応は大変多様にみえるが，基本的な反応様式はわずか六つに分類されることがわかる．したがって酵素は現在では表4・1のように分類され，系統的に命名されている．

酵素がなぜ強力な触媒活性をもつかについては完全に解明されているわけではないが，基質が酵素表面に結合することによって，基質分子同士が反応しやすいように近接して配向したり，タンパク質の活性中心のアミノ酸残基と相互作用してより反応しやすい構造をとることにある（図4・2）．その結果，反応の活性化エネルギーが低下し，常温でも反応できる分子数が増加する．酵素に結合した基質は酵素によって特異的な化学変化を受け，生成物を生じる．生成物はただちに酵素から解離して，遊離した酵素はつぎの基質を結合する．酵素は反応の活性化エネルギーを低下させることによって反応速度を高めるが，化学平衡を変化させるわけではない（図4・3）．図4・2にヘキソキナーゼを例に酵素反応を模式的に示す．このように酵素は1分間に何千回，何十万回も，反応のサイクルを繰返す．

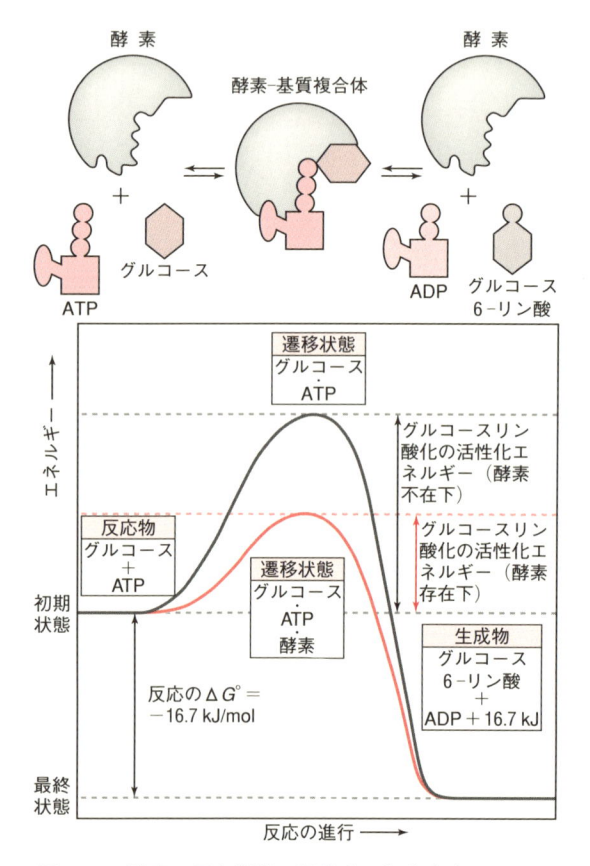

図4・2 酵素の反応機構 解糖系の初発酵素ヘキソキナーゼはグルコースをグルコース6-リン酸に変える．この反応は全体として起こりやすい反応（$\Delta G° = -16.7$ kJ/mol）であるが，反応するためには活性化エネルギーの山を越えなければならない．

表4・1 反応の種類による酵素の分類

分類	反応
① オキシドレダクターゼ（酸化還元酵素）	酸化還元反応
② トランスフェラーゼ（転移酵素）	基の転移反応
③ ヒドロラーゼ（加水分解酵素）	加水分解反応
④ リアーゼ（脱離酵素）	基がとれて二重結合を残す反応
⑤ イソメラーゼ（異性化酵素）	異性化反応
⑥ リガーゼ（合成酵素）	ATP の加水分解を伴う結合の生成

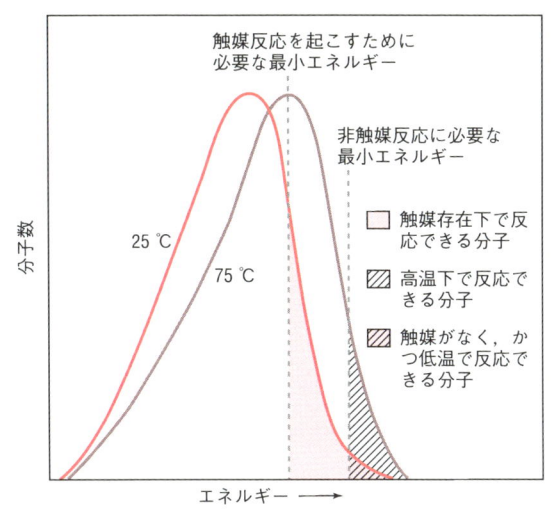

図 4・3 触媒作用と活性化エネルギー 酵素は活性化エネルギーを低下させることによって反応が可能となるエネルギーをもつ分子の数を増やしている.

1分間に何回反応を繰返すかをその酵素の**代謝回転数**とよぶ. 代謝回転数は最も反応の遅いリブロース-6-リン酸カルボキシラーゼでは1分間に数百, 最も速いといわれる炭酸脱水酵素では 10^7 という値をもつ.

4・1・3 酵素活性に影響を与える因子

酵素はタンパク質なので, 構造変化を伴う変性によって活性を失う. また溶液の状態にも敏感に影響され, 活性中心にあるアミノ酸と基質の結合に最適の温度およびpHで酵素活性は最大となり, おのおの最適 (至適) 温度, 最適 (至適) pHという. 最適pHはその酵素の作用する環境に適しており, 胃で働くペプシンのそれはpH 4であり, 腸で働くトリプシンはpH 8である (図4・4a). 通常の酵素は50〜60℃で熱変性によって失活するが (図4・4b), 好熱性細菌の酵素は90℃でも安定である.

酵素はタンパク質以外に, 活性発現に必須の有機化合物 (**補酵素**) や金属イオンを含む場合がある. 特に酵素タンパク質と共有結合で結合しているものは**補欠分子族**という. タンパク質部分を**アポ酵素**, 補酵素を結合した状態を**ホロ酵素**という. タンパク質のアミノ酸残基には酸化還元反応に関与できるものがないので, 酸化還元酵素は必ず電子の授受にかかわる補酵素をもっている. さまざまな反応に必須な補酵素を表4・2に示した. 補酵素はビタミン誘導体やビタミンをその構造の一部に含むものが多い. 酵素反応で補酵素は変化するが, 別の反応で元の化合物に戻るために, 反応を繰返すことができる.

表4・2 補酵素

補酵素	反応
フラビンアデニンジヌクレオチド (FAD)	酸化還元
ニコチンアミドアデニンジヌクレオチド (NAD^+), ニコチンアミドアデニンジヌクレオチドリン酸 ($NADP^+$)	酸化還元
補酵素A (CoA)	アシル基転移
リポ酸	アシル基転移
ピリドキサールリン酸	アミノ基転移
チアミン二リン酸 (TPP)	アルデヒド基転移
テトラヒドロ葉酸	一炭素基転移
ビオチン	カルボキシ化
ビタミン B_{12} 補酵素	アルキル化

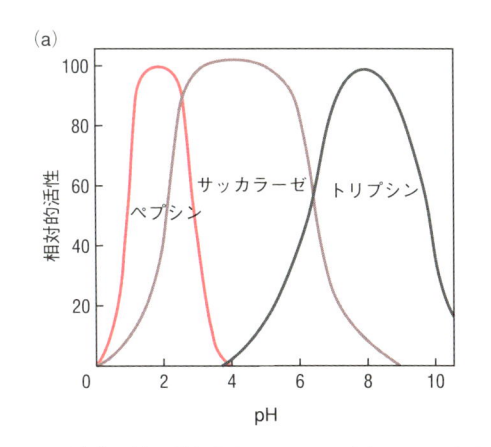

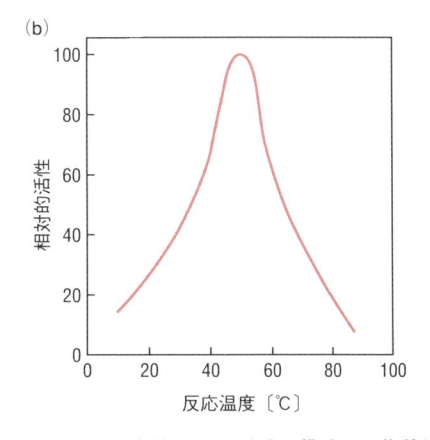

図 4・4 酵素活性に影響を与える因子 (a) 三つの酵素の反応のpH依存性. pHは酵素の構造や, 基質と酵素のイオン的な性質に影響を与える. (b) 温度依存性. 通常の酵素は低温域では温度上昇に伴って活性が上昇するが, 高温では変性が起こり活性が低下する.

4・2 酵素反応速度論

酵素反応では，1個の基質に対して作用するものから，決まった順に複数の基質分子を結合するものまでさまざまである．酵素の反応機構を調べるうえで反応速度論は有力な手がかりを与える．酵素活性の測定は一定の温度，pH条件で，特定時間内の基質の減少速度あるいは生成物の生成速度を測定することによって行う．反応に影響を与える因子は温度,pH以外に時間，酵素量，基質濃度などがある．基質濃度以外の条件を一定にして基質濃度だけを変化させ酵素活性を測定すると，基質濃度が低いときには酵素活性は基質量に比例して上昇する（図4・5a）．しかし基質量が多くなるにつれその増加は小さくなり，あるところで飽和し一定になる．この活性を**最大反応速度**という．これはすべての酵素に基質が結合し，フル稼働している状態に対応する．L. Michaelis と M. Menten は，このような酵素反応を，酵素（E）が基質（S）と結合し，酵素-基質（ES）複合体を形成し，つぎにES複合体が解離し酵素と生成物（P）を生成する下記の反応式で表した．

$$E + S \underset{k_{-1}}{\overset{k_1}{\rightleftarrows}} ES \xrightarrow{k_2} E + P$$

k_1, k_2, k_{-1} はそれぞれの反応定数である．またES複合体形成の定常状態では，

$$k_1[E][S] = (k_2 + k_{-1})[ES]$$

となる．また $K_m = (k_2 + k_{-1})/k_1$ とすると，

$$[ES] = \frac{[E][S]}{K_m}$$

全酵素濃度を $[E_t]$ とし，

$$[E] = [E_t] - [ES]$$

$$[ES] = \frac{[E_t][S]}{K_m + [S]}$$

酵素反応速度 v は，

$$v = k_2[ES] = \frac{k_2[E_t][S]}{K_m + [S]}$$

と表される．定常状態の酵素が基質ですべて飽和した状態では [ES] は $[E_t]$ に近づく．このときの反応速度を V_{max} とすると，

$$V_{max} = k_2[E_t]$$

となる．したがって v は，

$$v = \frac{V_{max}[S]}{K_m + [S]}$$

と表され，これを一般に**ミカエリス・メンテンの式**という．K_m は**ミカエリス定数**とよばれ，最大反応速度 V_{max} の1/2を示すときの基質濃度と等しい．酵素の K_m 値は酵素と基質の親和性を表し，K_m 値が小さいということは低濃度の基質存在下で酵素反応が進行するということである．酵素の V_{max} 値と K_m 値を求めるにはミカエリス・メンテンの式の逆数をとり，次式のように変形する．これを**ラインウィーバー・バークの式**とよぶ．

$$\frac{1}{v} = \frac{K_m}{V_{max}[S]} + \frac{1}{V_{max}}$$

基質濃度を変えて，反応速度 v を測定する．横軸に基質濃度の逆数 $1/[S]$，縦軸に反応速度の逆数 $1/v$ をとり，プロットすると直線になる（図4・5b）．直線と縦軸の交点は $1/V_{max}$ となり，横軸との交点は $-1/K_m$ となり，V_{max} および K_m を求めることができる．

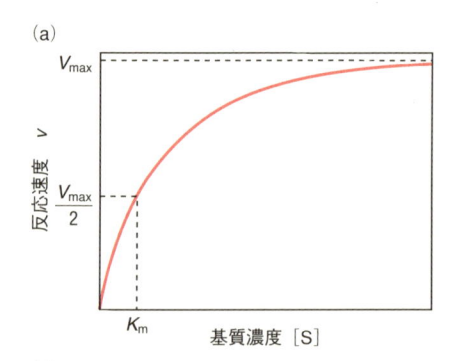

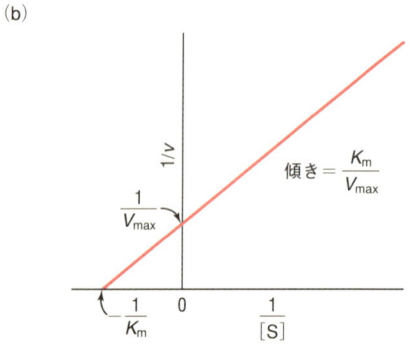

図4・5 酵素の反応速度 (a) ミカエリス・メンテンの式に従う酵素反応における反応速度 v と基質濃度 [S] の関係．V_{max}: 最大反応速度, K_m: ミカエリス定数．(b) ラインウィーバー・バークプロット．ミカエリス定数と最大反応速度を直線の外挿から求められる．

4・3 酵素反応の阻害

酵素活性は基質との結合が変化したり，酵素の高次構造が変わったりすることによって抑えられることがある．これを酵素反応の**阻害**といい，阻害する物質を**阻害剤（インヒビター）**という．酵素活性の阻害機構を解析することで酵素反応の機構を知るための重要な情報が得られる．多くの薬物や毒物は酵素の阻害剤であり，われわれはそれを医療や農業などに利用している．

阻害には可逆的および不可逆的なものがある．不可逆的阻害剤には，酵素の活性部位に強く結合し解離しない化学物質がある．水銀などの重金属やアミノ酸の修飾試薬などは，酵素タンパク質の特定の残基に結合して活性を阻害する．可逆的阻害剤は酵素と結合し活性を抑えるが，条件を変えると酵素から解離し，酵素は活性を回復する．この可逆阻害の代表的なものには**競合阻害**，**非競合阻害**の二つの様式がある．

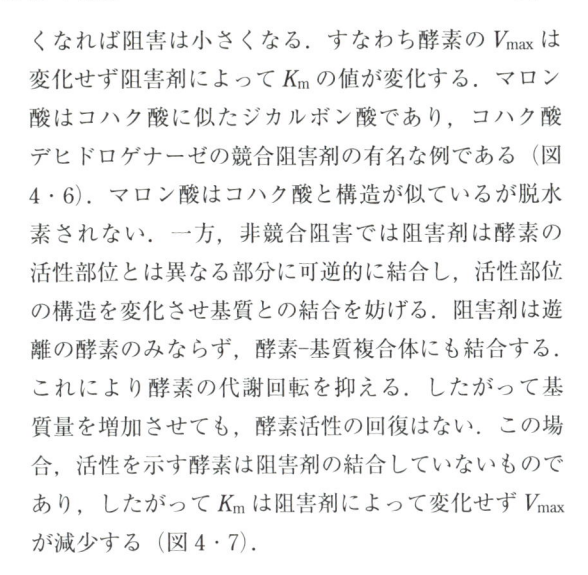

競合阻害では基質と似た構造をもつ阻害剤が酵素の活性部位に可逆的に結合し，基質と酵素の結合を妨げ活性を阻害する．阻害剤の濃度に比べ，基質濃度が高くなれば阻害は小さくなる．すなわち酵素のV_{max}は変化せず阻害剤によってK_mの値が変化する．マロン酸はコハク酸に似たジカルボン酸であり，コハク酸デヒドロゲナーゼの競合阻害剤の有名な例である（図4・6）．マロン酸はコハク酸と構造が似ているが脱水素されない．一方，非競合阻害では阻害剤は酵素の活性部位とは異なる部分に可逆的に結合し，活性部位の構造を変化させ基質との結合を妨げる．阻害剤は遊離の酵素のみならず，酵素–基質複合体にも結合する．これにより酵素の代謝回転を抑える．したがって基質量を増加させても，酵素活性の回復はない．この場合，活性を示す酵素は阻害剤の結合していないものであり，したがってK_mは阻害剤によって変化せずV_{max}が減少する（図4・7）．

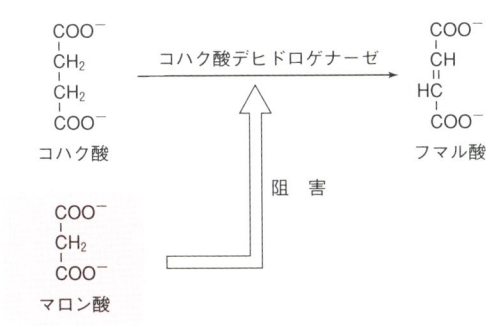

4・4 酵素活性の調節

生体は発生過程，環境に応じて酵素活性を調節し調和のとれた代謝調節を行っている．そのため酵素活性の調節はきわめて重要である．その第一の機構は，酵素の合成を調節し酵素量を増減させる場合である．タンパク質の合成はさまざまに制御を受けており，必要に応じて合成される．この具体例と機構については§6・7・4で学ぶ．近年タンパク質の分解も合成に匹敵するほど重要な制御機構を担っていることが広く知られるようになってきた．ある種の酵素は不活性型の前駆体（チモーゲンまたはプロ酵素とよばれる）として合成され，必要時に限定的に分解されて活性型になる例も多く知られている．小腸の消化酵素，トリプシノーゲンやキモトリプシノーゲン（図4・8），血液凝固に関与するフィブリノーゲンなどはその例である．

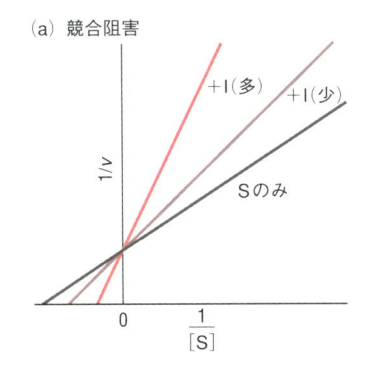

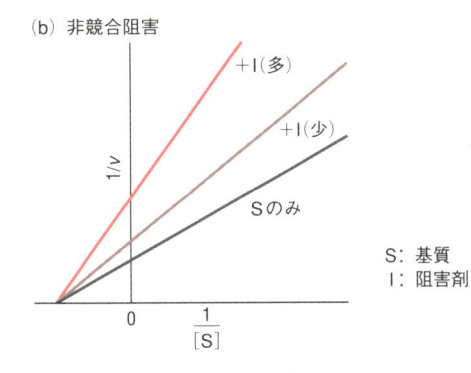

図4・6 競合阻害の例

図4・7 競合および非競合阻害に相当するラインウィーバー・バークプロット

キモトリプシノーゲン（不活性） 1 ─────────────── 245

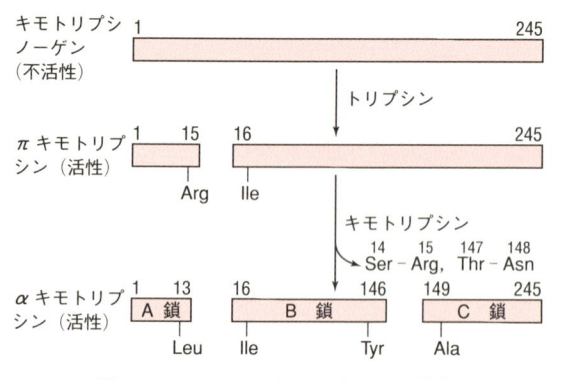

↓ トリプシン

πキモトリプシン（活性） 1─15 / 16───────────245
　　　　　Arg　Ile

↓ キモトリプシン
　　　　　　　14 15 147 148
　　　　　　　Ser-Arg, Thr-Asn

αキモトリプシン（活性） A鎖 1-13 / B鎖 16-146 / C鎖 149-245
　　　　　Leu　Ile　　　Tyr　Ala

図4・8 キモトリプシノーゲンの活性化

酵素触媒の最大の特徴は，その活性がタンパク質の柔軟な三次元構造に依拠している点にある．つまり酵素活性をその構造の微妙な変化で，巧妙に調節することができることである．細胞の中では代謝の中間体は，つねに一定濃度で存在する恒常性が保たれることがきわめて重要である．したがってたとえばアミノ酸の生合成系の酵素は，そのアミノ酸が不足すれば活性化され，過剰になると不活性化されるとよい．事実，代謝系の酵素では，反応経路の第一番目の酵素活性が最終産物の濃度で制御されている．この機構を**フィードバック阻害**とよんでいる（図4・9）．このような酵素を**調節酵素**，または**アロステリック酵素**とよんでいる．これらの酵素はすべて複数のサブユニットから成る四次構造をもっている．このような酵素活性を制御する機構は，酵素の合成による制御よりも，瞬時に応答することができる点で優れている．

アロステリック酵素は活性部位とは別にアロステリック部位をもち，**エフェクター**とよばれる調節因子がここに結合し，活性部位の構造を変化させ基質と酵素の結合を調節する．反応を活性化させる因子を正のエフェクター，阻害する因子を負のエフェクターという（図4・10）．アロステリック酵素の反応の速度式はミカエリス・メンテンの式には従わず，基質濃度に対する反応速度のプロットはシグモイド形（S字形）になり，エフェクターによってその形が変化する．

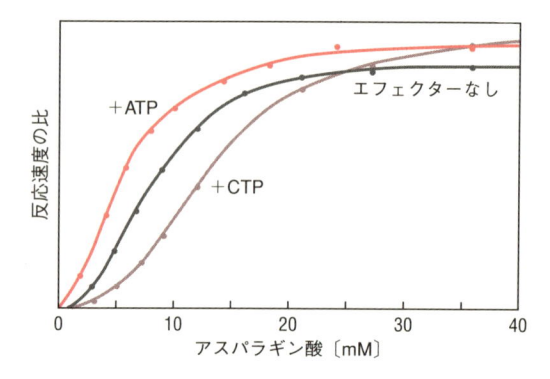

図4・10 アロステリック酵素の反応速度式　CTP（負のエフェクター）0.4 mM，ATP（正のエフェクター）2.0 mM を加えた場合のアスパラギン酸トランスカルバミラーゼの反応速度をそれぞれ示した．E. R. Kantrowitz, S. C. Pastra-Landis, W. N. Lipscomb, *Trends Biochem. Sci.*, **5**, 125（1980）より．

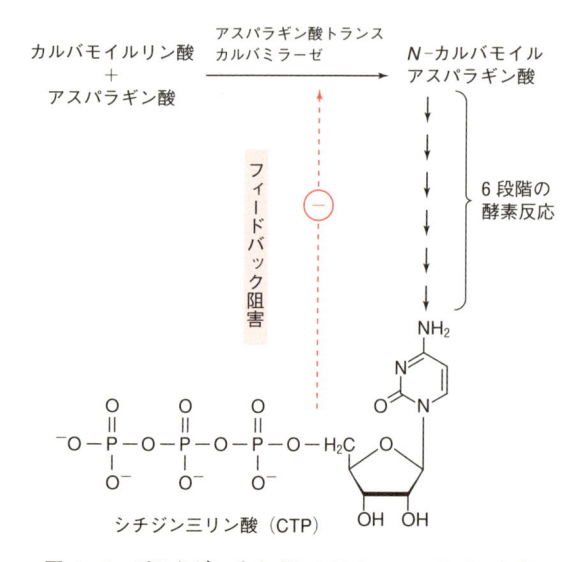

図4・9 ピリミジン生合成におけるフィードバック阻害　最終生成物CTPが，最初の反応を触媒するアスパラギン酸トランスカルバミラーゼを阻害する．

もう一つの酵素活性の可逆的な制御法として，真核生物に普遍的できわめて重要な**タンパク質のリン酸化**がある．特定のタンパク質のセリン，トレオニンやチロシン残基のヒドロキシ基がATPからリン酸基を受け取ると，リン酸基は強い負の電荷をもっているためにタンパク質の立体構造が変化し，酵素活性が可逆的に調節される．リン酸化酵素を**プロテインキナーゼ**といい，逆に脱リン酸を行う酵素を**プロテインホスファターゼ**（ホスホプロテインホスファターゼ）という．通常この2種類の酵素の作用によって，重要な酵素活性が調節されている．キナーゼ自身が他のキナーゼによって制御されるなど，調節のカスケードによって巧妙に制御されている例も多い（§9・3・7）．このような調節性が酵素触媒のもつ優れた特徴である．

5 代謝とエネルギー

5・1 代謝とは

　動物は生命維持のためにエネルギーが必要であり，そのため適当な燃料，すなわち食物が必要である．生物はいかにして食物からエネルギーを取出し，またそのエネルギーをどのように生命に必要な諸過程に利用しているのであろうか．これらすべての生体内で起こる化学反応を**代謝**という．熱力学的には生物系は平衡状態ではなく，無秩序に向かおうとする自然界のなかで，たえず自由エネルギーを取込んで秩序を保っている．自由エネルギーとは反応系における全エネルギーのうち，仕事に利用できる部分，すなわち有効なエネルギーのことをいう．代謝反応においてはエネルギーの変化は共役していることがしばしばある．生命維持活動という熱力学的には進みにくい吸エルゴン反応，すなわち自由エネルギーを取込みながら行われる反応は，栄養素の分解という発エルゴン反応，すなわち自由エネルギーを遊離させながら行われる反応を共役させて行われている．

5・1・1 代謝経路

　食物中のエネルギー燃料となるのはデンプンや糖質，脂質，タンパク質であり，それらは分子内に多くの炭化水素（CH）すなわち還元された炭素を含んでいる．生物はこれら化合物をより簡単な分子に分解する，つまり酸化する経路で得られるエネルギーでアデノシン5′-三リン酸（ATP）とニコチンアミドアデニンジヌクレオチドリン酸（NADPH）をつくり，これを使って合成経路の吸エルゴン反応を進める（図5・1）．種々の過程でエネルギーの一部は熱となって失わ

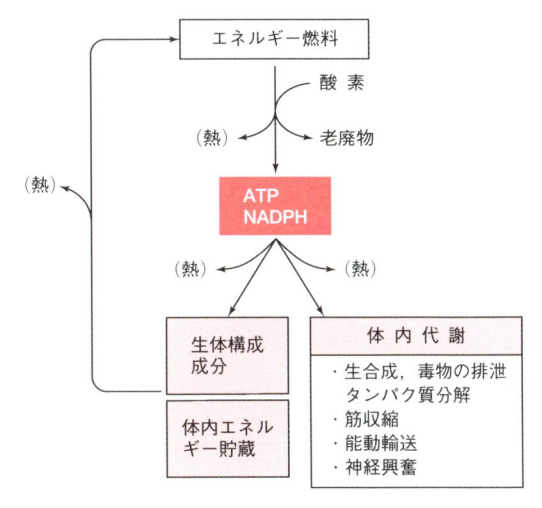

図 5・1 エネルギー代謝　エネルギー燃料（食物）は酸化されて ATP と NADPH を生じる．ATP のエネルギーと NADPH の還元力を利用して生命維持活動が行われる．燃料のエネルギーの一部は ATP 生産中に熱として失われるものもある．

れるが，非常に効率よくエネルギーを取出せる，あるいは利用できるのが生体の特徴である．代謝経路は一連の酵素反応で，生物に必要な特定の生成物をつくり出す．各反応の基質，中間体，生成物を**代謝物質**という．代謝の全体図は非常に複雑であり，個々の反応に働く酵素は3000種以上にのぼる．

　代謝経路は，生体内にある分子をより簡単な分子に分解する**異化**経路と，簡単な分子から複雑な分子を合成する**同化**経路に分けられる．異化経路では食物中の糖質，脂質，タンパク質はすべて共通の代謝中間体，アセチル CoA に変わり，そのアセチル基はクエン酸回路と酸化的リン酸化により，二酸化炭素と水に変わる（図5・2）．

同化経路はこの逆で，ピルビン酸，アセチル CoA，クエン酸回路に含まれる化合物など限られた代謝中間体から多くのものをつくる．

代謝経路にはいくつかの特徴がある．① 異化は同化経路とは別の経路で行われる．② どの代謝経路も個々の反応は熱力学的に可逆的であることが多いが，代謝系全体でみると平衡は圧倒的に生成物側に傾いている．③ 代謝経路の流量はいつも調節されているが，代謝経路の入り口の反応，つまり初発反応で制御を受けることが多い．④ 真核細胞の場合，代謝経路は膜で包まれた細胞小器官に局在しているため，代謝物の膜通過が問題となる．

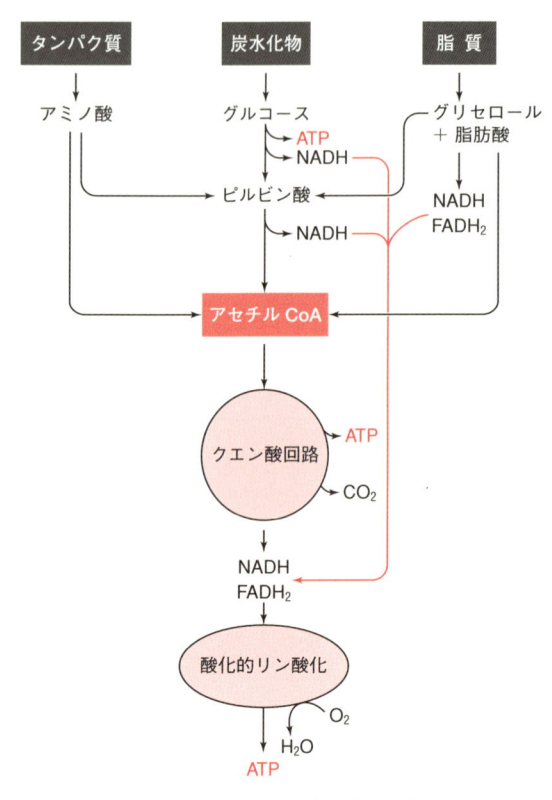

図5・2 エネルギー産生系

細胞の代謝の律速段階の酵素活性は，アロステリック効果や酵素の修飾（リン酸化，脱リン酸，アデニリル化，ADP-リボシル化，γ-カルボキシ化など）によって制御されている．アロステリック効果では，経路の最終産物がいくつかのタイプの**フィードバック阻害**により，自分自身をつくる経路の速度を制御する．**酵素抑制**は，その経路の産物がその経路の一つあるいは複数の酵素の合成を低下させるやり方で，分岐のある代謝系ではフィードバック阻害と酵素抑制で制御されることが多い．**リン酸化/脱リン酸**による酵素活性の制御はシグナル伝達の最終的な反応として働き，重要な調節の一つである．多細胞生物では細胞の代謝活性は細胞外からの信号（ホルモン，神経系）で制御される．

代謝経路は，代謝阻害剤の利用，生育テスト，遺伝学的手法など種々の方法で明らかになってきた．たとえば，代謝阻害剤で特定の酵素反応を妨害し，蓄積する代謝物質を調べれば代謝経路が推定できる．また，遺伝子異常による病気，変異原物質，X線，遺伝子工学で生じる微生物の遺伝子異常は，ある特定の酵素の欠損や失活による代謝欠陥を生み出す．具体的には，遺伝子工学で高等動物に外来遺伝子を発現させたり（トランスジェニック動物），特定遺伝子の働きをなくしたり（ノックアウト動物）して，その遺伝子の代謝上の意味を調べることができる．さらに，放射性同位体で標識した物質を代謝させ，その変化を追跡する方法は代謝経路の研究では欠かせない．単離した臓器，組織切片，細胞，細胞小器官を用いた実験で代謝経路やその局在についての研究が進んだ．

5・1・2 A T P

発エルゴン過程（栄養素の分解，植物では光によってひき起こされる光リン酸化反応）でつくられるATPが，吸エルゴン過程（筋収縮などの機械的仕事，濃度勾配に逆らう物質輸送すなわち能動輸送，複雑な生体分子の合成など）に自由エネルギーを供給する．図5・3に示すように，ATPは自由エネルギーを

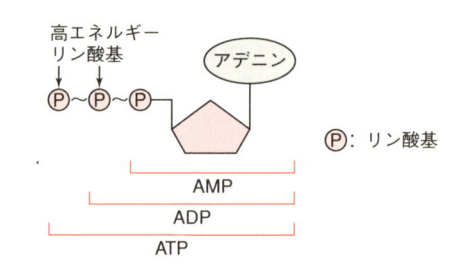

図5・3 ATP（アデノシン5′-三リン酸）の構造

二つのリン酸基に貯えており，この結合が開裂してアデノシン5′-一リン酸（AMP）と無機リン酸が生成するときに自由エネルギーが放出される．ATPがピロリン酸開裂するとピロリン酸（PP_i）を生じ，それが加水分解されるとさらに反応が推進される．ATP加

水分解の標準自由エネルギー変化（−30.5 kJ/mol）は，ホスホエノールピルビン酸などの"高エネルギーリン酸化合物"と，グルコース 6-リン酸などの"低エネルギーリン酸化合物"との中間である（表 5・1）．高エネルギーリン酸化合物からリン酸基を酵素的にアデノシン 5'-二リン酸（ADP）に移せば ATP ができ，ATP のリン酸基は別の酵素反応で低エネルギーリン酸化合物をつくるのに使える．つまり，ATP は細胞のエネルギー通貨といえる．しかし，生体の ATP 含量は少なくエネルギーの貯蔵にはならない．脊椎動物の筋肉細胞や神経細胞では ATP ではなくホスホクレアチンがエネルギー貯蔵体となり，ATP 濃度が低いとき ADP にリン酸基を与えて ATP をつくる．

表 5・1 リン酸結合の開裂の標準自由エネルギー変化（$\Delta G°'$）

化合物	$\Delta G°'$〔kJ/mol〕
ホスホエノールピルビン酸	−61.9
カルバモイルリン酸	−51.4
1,3-ビスホスホグリセリン酸	−49.4
アセチルリン酸	−43.1
ホスホクレアチン	−43.1
ピロリン酸	−39.5
ATP	**−30.5**
グルコース 1-リン酸	−20.9
グルコース 6-リン酸	−13.8
グリセロール 3-リン酸	−9.2

5・1・3 NAD$^+$, NADH, NADP$^+$, NADPH

食物から摂取された分子は分解の代謝系（異化）によって酸化される．生体の酵素によって触媒される酸化反応では，放出された電子や水素は多くの場合ニコチンアミドアデニンジヌクレオチド（NAD$^+$）にひき渡され，NAD$^+$ は NADH となる．NADH にひき渡された水素は呼吸鎖（§5・4）の入り口で電子を渡し，呼吸鎖の出口で電子を受け取った酸素と反応して水を生じる．一方，生合成（同化）には ATP とともに還元剤 NADPH が必要である．

NAD$^+$, NADH, NADP$^+$, NADPH の構造を図 5・4 に示す．NADH と NADPH は二つの水素を保持するので，NADH+H$^+$ と NADPH+H$^+$ と書くのが正しいとされるが，ここでは NADH と NADPH に統一する．

5・2 解 糖

食物として摂取された糖質は，消化管で単糖にまで

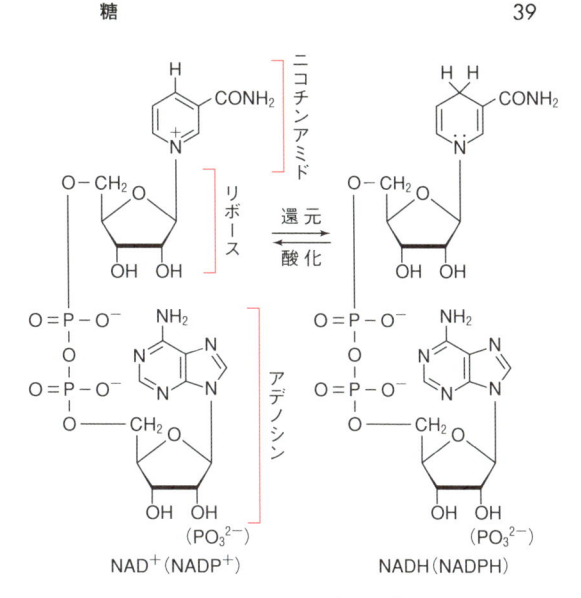

図 5・4 ニコチンアミドアデニンジヌクレオチド（NAD$^+$），ニコチンアミドアデニンジヌクレオチドリン酸（NADP$^+$）の構造と反応

消化されて吸収された後に血液中に入り，細胞内に取込まれ代謝される．食物の炭水化物を構成する単糖で最も多いのはグルコースで，約 75% を占める．糖質の代謝はグルコースを出発点にしており，フルクトースやガラクトースもグルコースの代謝経路の中間代謝物質に変換され代謝される．

多くの生物がグルコースを 2 分子のピルビン酸に分解し，差し引き 2 分子の ATP を生産する代謝経路をもち，これを**解糖系**という．解糖系はエネルギー生産ばかりでなく，反応中間体は，セリン合成や膜のリン脂質合成など多くの生合成系の出発物質として使われる．なお，グルコースには D 体と L 体があるが，生体は D-グルコースを利用している．

5・2・1 代謝経路

解糖系の全反応は 10 種の酵素反応から成り，つぎのように表せる．P$_i$ は無機リン酸を表す．

グルコース + 2NAD$^+$ + 2ADP + 2P$_i$ ⟶

2NADH + 2ピルビン酸 + 2ATP + 2H$_2$O + 4H$^+$

解糖系の酵素はすべて細胞質に存在するので，解糖は細胞質で起こる．解糖系の前半（図 5・5, 反応①〜⑤）では 2 分子の ATP を投資してグルコースからフルクトース 1,6-ビスリン酸を生じ，これを 2 分子のグリ

セルアルデヒド 3-リン酸に変える．ヘキソキナーゼ（反応①を触媒）と 6-ホスホフルクトキナーゼ（PFK）（反応③）は ATP から基質へリン酸基を転移する反応を触媒し，それぞれグルコース 6-リン酸とフルクトース 1,6-ビスリン酸を生じる．フルクトース 1,6-ビスリン酸はアルドラーゼ（反応④）により開裂され，ジヒドロキシアセトンリン酸とグリセルアルデヒド 3-リン酸ができる．トリオースイソメラーゼ（反応⑤）はジヒドロキシアセトンリン酸をグリセルアルデヒド 3-リン酸に変え，都合 2 分子のグリセルアルデヒド 3-リン酸が生じる．第二段階（反応⑥～⑩）は収獲段階で，グリセルアルデヒド 3-リン酸を NAD^+ と無機リン酸（P_i）との反応により，高エネルギー化合物である 1,3-ビスホスホグリセリン酸に変える（反応⑥）．1,3-ビスホスホグリセリン酸はホスホグリセリン酸キナーゼ（反応⑦）により，ADP にリン酸基を渡し ATP を生じる．3-ホスホグリセリン酸はホスホグリセロムターゼ（反応⑧）により 2-ホスホグリセリン酸となり，さらにホスホエノールピルビン酸になる（反応⑨）．解糖系最後の反応で，ホスホエノールピルビン酸のリン酸基がピルビン酸キナーゼ（反応⑩）により ADP に転移して ATP とピルビン酸を生じる．こ

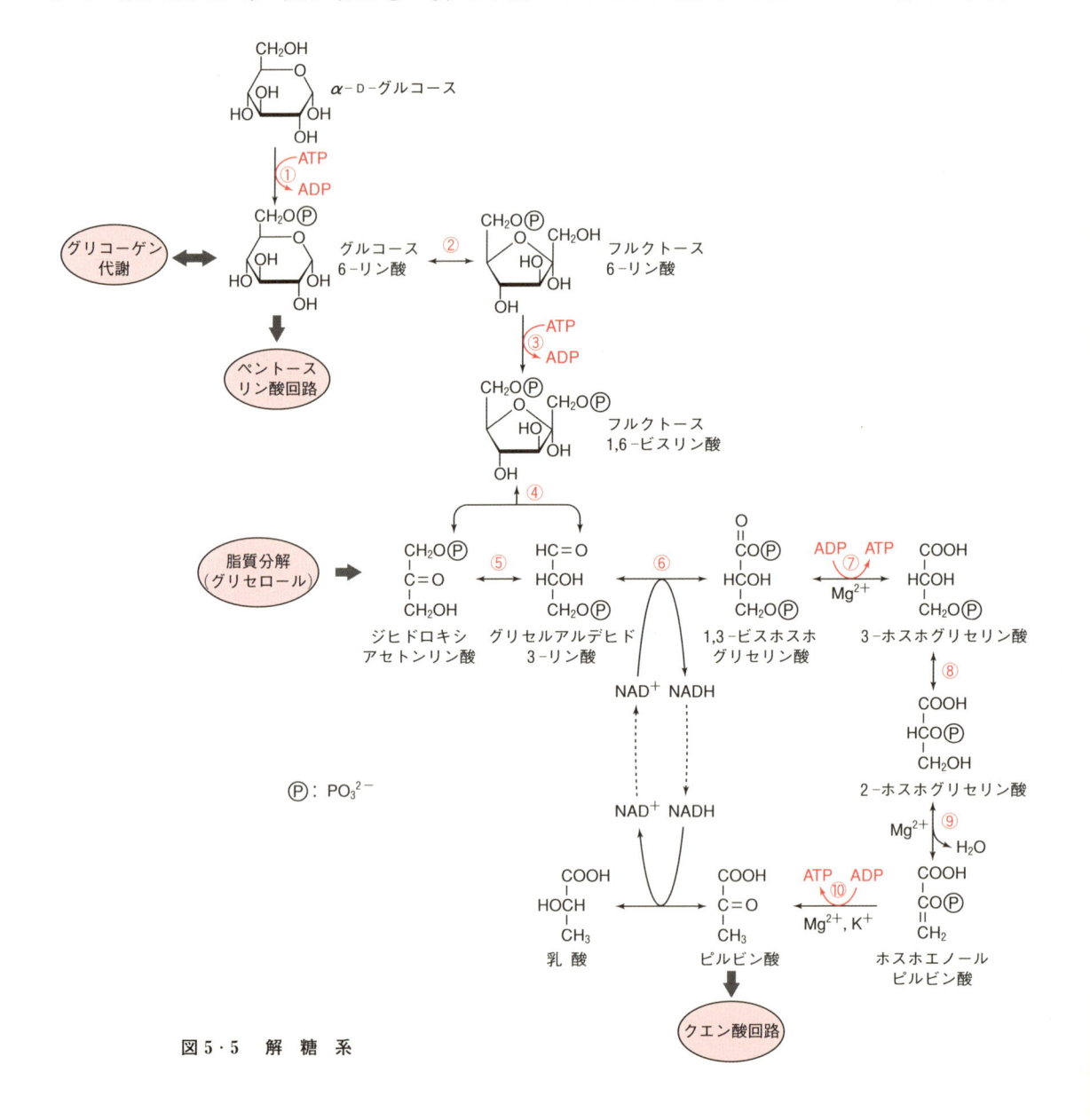

図 5・5　解　糖　系

れは 1 mol 当たり 50 kJ のエネルギーを放出するホスホエノールピルビン酸のピルビン酸への加水分解反応と，1 mol 当たり 30 kJ のエネルギーを必要とする ADP から ATP の合成反応を共役させることにより，酵素分子上でホスホエノールピルビン酸のリン酸基を ADP に転移して，ATP とピルビン酸をつくる反応である．第二段階の四つの反応で三炭素化合物 1 分子当たり，2 分子の ATP を生産する．すなわち，グルコース 1 分子から正味 2 分子の ATP を産生することになる（図 5・6）．

赤血球には解糖系の主流のわきに設けられた分岐路があり，ここでヘモグロビンのアロステリック阻害剤である 2,3-ビスホスホグリセリン酸がつくられる．1,3-ビスホスホグリセリン酸からリン酸基の転移で生じた 2,3-ビスホスホグリセリン酸はホスファターゼによって分解され，3-ホスホグリセリン酸となり解糖系に入る．この分岐路は酸素の効果的な輸送に役立っている．

消化でできるおもな糖はグルコースだが，その他，フルクトース，ガラクトース，マンノースなどの単糖も解糖系の中間体に変えて代謝される（図 5・7）．肝臓以外の組織においては，フルクトースとマンノースはヘキソキナーゼでリン酸化後，フルクトース 6-リン酸となり解糖系に入る．肝臓ではヘキソキナーゼ活性がほとんどないため，フルクトースはフルクトキナーゼの作用によりフルクトース 1-リン酸となったのち，アルドラーゼの働きによってグリセルアルデヒドとジヒドロキシアセトンリン酸に開裂し，リン酸化されて解糖系に入る．ガラクトースは UDP ガラクトース（ウリジン 5′-二リン酸のリン酸基に，ガラクトースが結合した糖ヌクレオチド）に変えられ，UDP グルコースにエピマー化して代謝される．不斉炭素原子の立体配置が一つだけ異なる糖を互いにエピマーという．D-ガラクトースと D-グルコースは 4-エピマーである．

5・2・2 ピルビン酸の嫌気的代謝

ピルビン酸は代謝経路の交差点に位置しており，こ

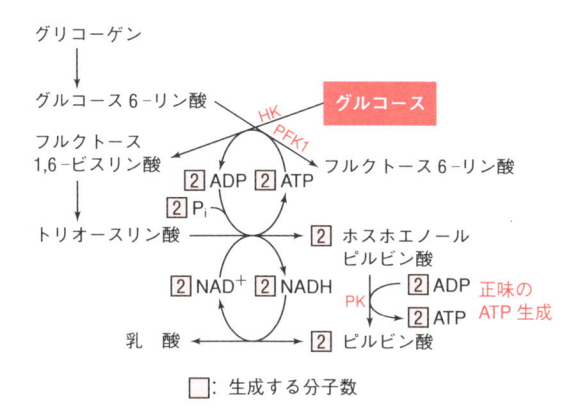

図 5・6 解糖における ATP の再生 ATP は二つのリン酸化反応すなわちヘキソキナーゼ（HK）と 6-ホスホフルクトキナーゼ（PFK1）で消費され，ホスホエノールピルビン酸が生じる前に再合成される．さらにピルビン酸キナーゼ（PK）でグルコース 1 分子につき 2 分子の ATP がつくられ，これが正味の解糖による ATP 合成量である．

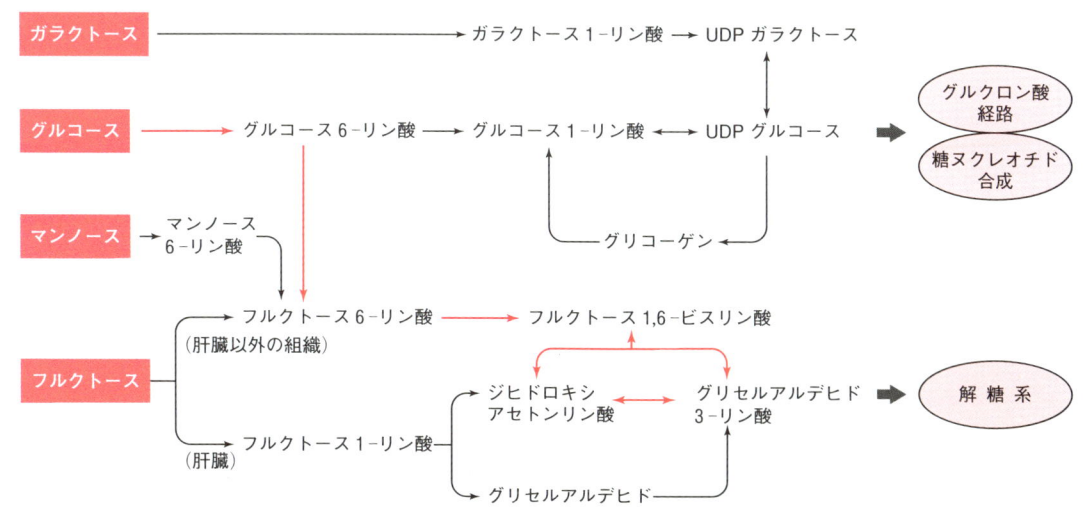

図 5・7 ヘキソース（六炭糖）の代謝

れがつぎにどう代謝されるかは，細胞の違いや，酸素の供給状況の違いによって異なる（図5・8）．解糖の第六段階でグリセルアルデヒド3-リン酸を1,3-ビスホスホグリセリン酸に変えるとき，NADHを生じる．細胞内のNAD$^+$量は限られているから，このNADHは再酸化してリサイクルする必要がある．NADHは乳酸がつくられるときか，ミトコンドリアに輸送され，酸化的リン酸化（§5・4）を受けたときにNAD$^+$に再生される．**嫌気的解糖**はミトコンドリアをもたない赤血球では唯一のATP供給源である．筋肉，特に激しい運動中の筋肉では，ATPの再生を嫌気的解糖に依存している．嫌気的解糖では乳酸デヒドロゲナーゼが働いてNADHでピルビン酸を還元して乳酸にし，NAD$^+$を再生する．

酵母における**アルコール発酵**の機構は解糖とほとんど同じであるが，アルコール発酵ではピルビン酸からエタノールと二酸化炭素が生じる．嫌気条件下の酵母では，まずピルビン酸をピルビン酸デカルボキシラーゼの作用によってアセトアルデヒドに変えたのち，アルコールデヒドロゲナーゼによりエタノールへと還元すると同時に，NADHをNAD$^+$に再生する．これがアルコール発酵である．デカルボキシラーゼの補因子チアミンピロリン酸（TPP，チアミン二リン酸ともいう）が関与する脱炭酸反応は§5・3・1で述べる．以下にアルコール発酵の式を示す．

$$CH_3COCOO^- \xrightarrow[Mg^{2+},\ TPP]{} CH_3CHO + CO_2$$

$$\xrightarrow[NADH\ \ NAD^+]{} C_2H_5OH$$

一方，酸素があればNAD$^+$はミトコンドリアの酸化的リン酸化で再生される．

5・2・3 解糖系の制御

解糖反応の大部分は可逆的であるが，熱力学的に不可逆な三つの反応，すなわちヘキソキナーゼ，6-ホスホフルクトキナーゼ，およびピルビン酸キナーゼの作用する反応がおもな調節点である．肝臓以外の組織においては，解糖の調節は特に最初の二つの非平衡反応に作用する，ヘキソキナーゼと6-ホスホフル

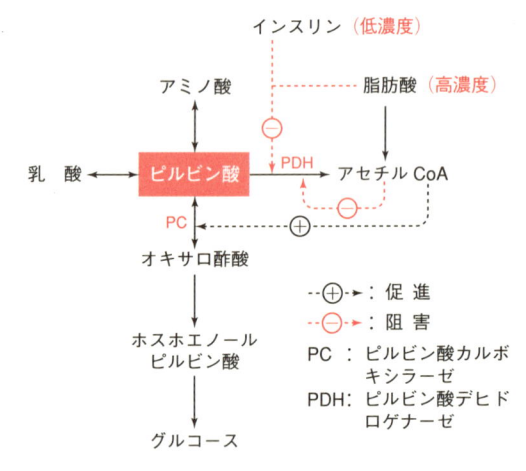

図5・8　肝臓におけるピルビン酸交差点での調節　高インスリン濃度と低脂肪酸濃度ではピルビン酸→アセチルCoAへの酸化が進むが，逆に低インスリン濃度と高脂肪酸濃度ではピルビン酸デヒドロゲナーゼを阻害する．その結果糖新生のためのピルビン酸を保存することになる．

◇ **生化学の歴史——解糖系の発見** ◇

解糖のメカニズムの科学的解明の大部分は，酵母を用いたアルコール発酵の研究から生まれている．L. Pasteurは発酵が微生物によることを実証した（乳酸発酵については1857年，アルコール発酵については1860年）が，1897年になってE. Buchnerは発酵が酵母の無細胞抽出液で起こることを発見した．当時は発酵をはじめ生物における化学反応はすべて生物のもつ生命力によると信じられていたので，これはそれまでの考えを覆す大発見であった．生物特有の細胞構造を壊した無細胞抽出液で解糖のプロセスを化学的に解明できることがわかり，生化学という学問が始まることになった．解糖経路の解明は代謝経路を明らかにすることにとどまらず，代謝中間体や酵素を単離・同定する分析方法の発展を伴う一大プロジェクトであった．19世紀末に始まった研究は1940年代の終わりごろまでに，発酵にかかわる酵素群が15種類（乳酸生成系では13種類）から成ること，補酵素として，ATP, NAD, TPP-Iの3種が関与することが明らかになった．約50年の年月が費やされたわけであり，リン酸化中間体の同定と構造決定，酵素の発見には，きら星のごとくの多くの著名な研究者の参画があった．解糖系の研究を通じてBuchner（1907年）から始まり，8人がノーベル賞を受賞している．

クトキナーゼによって制御されている．細胞に十分エネルギーがあるときはATP濃度（阻害因子）が高く，AMP濃度（活性化因子）が低く，相乗効果により6-ホスホフルクトキナーゼは強くアロステリック阻害される．その結果フルクトース6-リン酸の濃度が高くなり，相互変換したグルコース6-リン酸によりヘキソキナーゼは生成物阻害を受ける．血中グルコース濃度が上昇すると，ヘキソキナーゼと同じ反応を触媒する酵素（アイソザイム）である肝臓グルコキナーゼが働く．この酵素はそのK_m値（p.34）が10 mMを上回り，グルコース6-リン酸による生成物阻害を受けないので，血液中のグルコース濃度が高くても肝臓では特異的にグルコース6-リン酸に変換できる．

（図5・10）．5種の補酵素がこの複合体の活性化に必要である．このうちの二つ，NAD^+とCoAは反応の収支式に出てこない．また，残りの三つの補酵素，チアミンピロリン酸（TPP），リポ酸，フラビンアデニンジヌクレオチド（FAD）は個々の反応には参加しているものの，反応全体の収支式には現れない．最初の反応はピルビン酸の脱炭酸で，TPPを介してE1に1-ヒドロキシエチル基が結合する．これがつぎの酵素のE2に移され，1-ヒドロキシエチル基がアセチル基に酸化されたのちCoAに与えられ，アセチルCoAを生じる．ここで還元されたジヒドロリポアミド補因子はE3の結合型FADによってリポアミド型に再酸化され，NAD^+をNADHに還元する．ピルビン酸

5・3 クエン酸回路

解糖最終産物のピルビン酸は好気的条件ではミトコンドリアに入り，アセチルCoAとなり，さらに**クエン酸回路**で酸化される．クエン酸回路は八つの酵素反応から成り，真核細胞ではミトコンドリアマトリックスに存在する．クエン酸回路は糖質，脂肪酸，アミノ酸の最終酸化を行う代謝系であり，いろいろな生合成経路に材料を提供している．多くの細胞はクエン酸回路と呼吸鎖（§5・4）の共役した働きによりほとんどのエネルギーを得ている．グルコース1分子を解糖系と呼吸鎖で完全に代謝すると，最大38分子のATPが得られる．クエン酸回路は発見者の名前をとり**クレブス回路**，あるいは回路の中心となる化合物であるクエン酸に，三つのカルボキシ基（COOH）があることから，**トリカルボン酸回路**（tricarboxylic acid cycle），略して**TCA回路**ともいう．

5・3・1 ピルビン酸の酸化

ピルビン酸は酸化されて**アセチルCoA**となる．アセチルCoAは**補酵素A**（coenzyme A，略して**CoA**，図5・9）にアセチル基（CH_3CO^-）が結合したものである．ピルビン酸の脱炭酸とアセチルCoAの合成を触媒する酵素は，ピルビン酸デヒドロゲナーゼ（PDH）複合体という多酵素複合体である．この複合体はピルビン酸デヒドロゲナーゼ（E1），ジヒドロリポアミドS-アセチルトランスフェラーゼ（E2），ジヒドロリポアミドデヒドロゲナーゼ（E3）の3酵素から成る

図5・9　補酵素A（CoA）の構造　パンテテインがピロリン酸を介してアデノシン3'-リン酸と結合している．

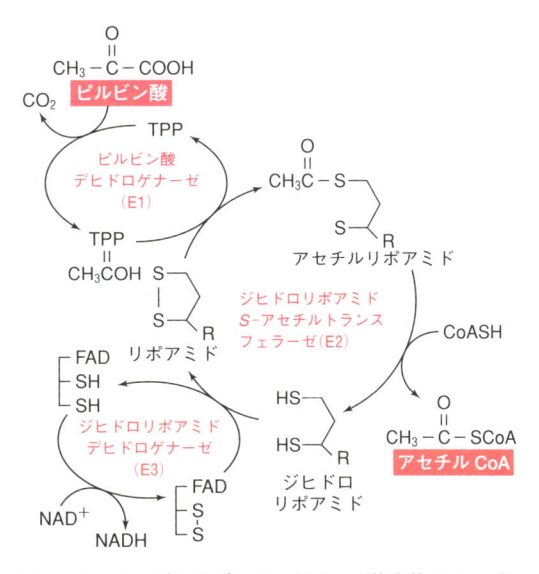

図5・10　ピルビン酸デヒドロゲナーゼ複合体によるピルビン酸の酸化的脱炭酸

の酸化反応は不可逆的であり，このため脂肪酸からアセチル CoA を経て糖新生（§5·5·2）が起こることはない．

真核生物において PDH 複合体の活性は，リン酸化と脱リン酸により厳密に調節されている．E1 に強く結合しているピルビン酸デヒドロゲナーゼキナーゼは[NADH]/[NAD$^+$] 比，[アセチル CoA]/[CoA] 比および ATP 濃度によって活性が制御される．真核細胞では E1 サブユニットの特定のセリン残基がリン酸化されると失活し，脱リン酸で回復する．反応産物である NADH やアセチル CoA の濃度が高いと，キナーゼ活性は刺激され PDH 複合体は失活する．PDH 複合体に含まれる特異的な別の制御酵素，ピルビン酸デヒドロゲナーゼホスファターゼにより E1 は脱リン酸されて活性型となる．

5·3·2 クエン酸回路

炭水化物，脂肪酸あるいはある種のアミノ酸の異

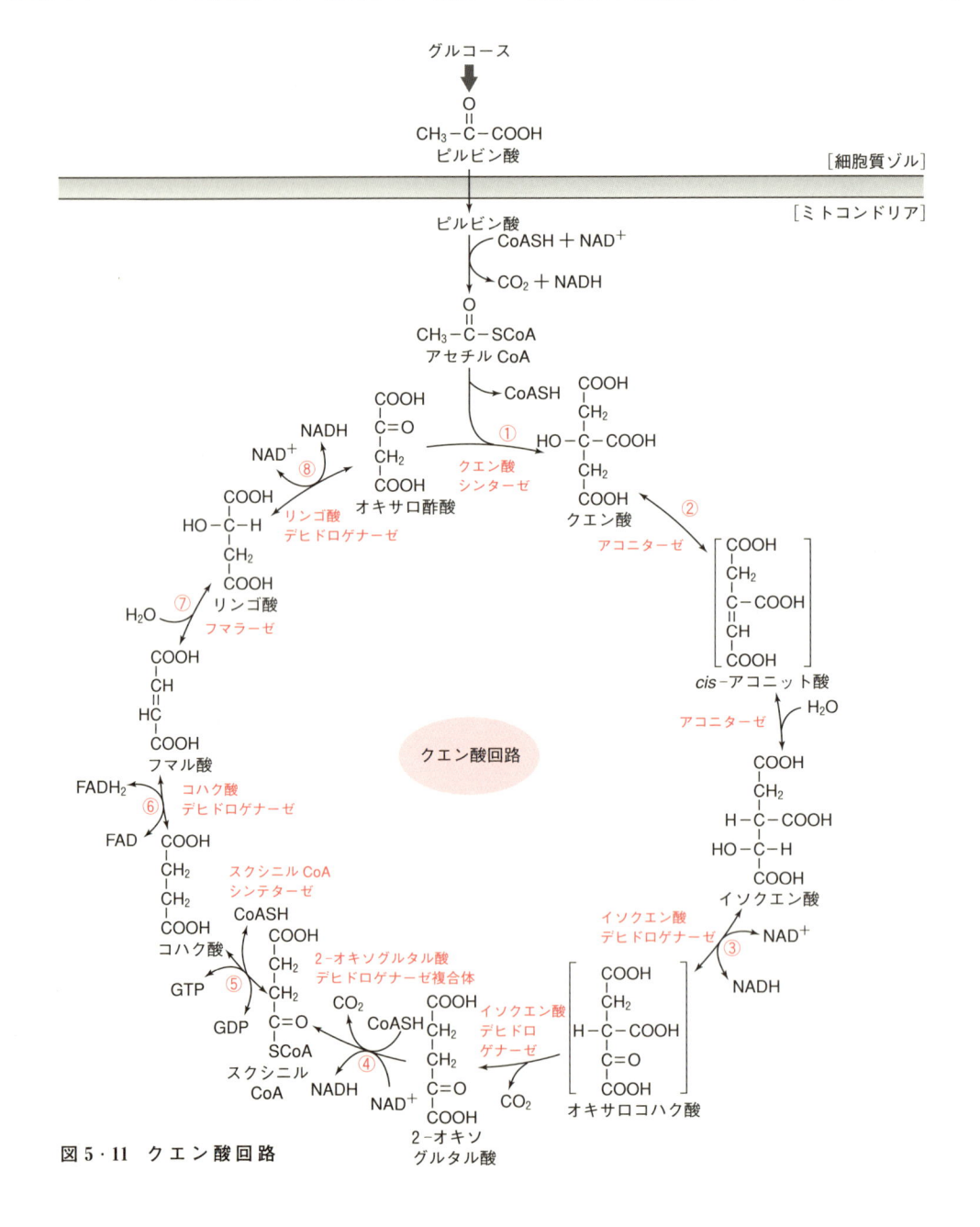

図 5·11 クエン酸回路

5・3 クエン酸回路

化作用で生じたアセチル CoA は，クエン酸回路の八つの酵素反応により1個のアセチル基を2分子の二酸化炭素に酸化し，それに伴い3分子の NADH，1分子ずつの $FADH_2$ と GTP（または ATP）を生産する．NADH と $FADH_2$ は電子伝達系において酸素により酸化され，合計11分子の ATP を生産する．

a. クエン酸回路の諸酵素 クエン酸回路は二つの主要成分，すなわち酸化される2炭素（C_2）のアセチル基とアセチル基のために触媒的に働く4炭素（C_4）の担体から成る．アセチル CoA（C_2）とオキサロ酢酸（C_4）はクエン酸シンターゼの作用（図5・11，反応①）で縮合してクエン酸（C_6）を生じる．クエン酸はアコニターゼによる脱水（反応②）で cis-アコニット酸，再水和でイソクエン酸（C_6）を生じる．イソクエン酸はイソクエン酸デヒドロゲナーゼ（反応③）により酸化的に脱炭酸され，オキサロコハク酸を経て2-オキソグルタル酸（C_5，α-ケトグルタル酸ともよばれる）となり，NADH と二酸化炭素を生じる．2-オキソグルタル酸は2-オキソグルタル酸デヒドロゲナーゼ複合体（ピルビン酸デヒドロゲナーゼ複合体と同形式の多酵素複合体）で酸化的に脱炭酸され（反応④），第二の NADH と二酸化炭素を生じ，同時に生じるスクシニル CoA（C_4）がスクシニル CoA シンテターゼの作用（反応⑤）でコハク酸（C_4）に変わるとき GTP（植物と微生物では ATP）ができる．コハク酸はコハク酸デヒドロゲナーゼ（反応⑥）により立体特異的に脱水素されてフマル酸（C_4）となり，補因子の FAD は還元されて $FADH_2$ となる．回路の最終2反応はフマラーゼ（反応⑦）によるフマル酸（C_4）の水和と，生じたリンゴ酸のリンゴ酸デヒドロゲナーゼ（反応⑧）によるオキサロ酢酸（C_4）への酸化で，第三の NADH ができる．

b. クエン酸回路の別の機能 クエン酸回路は食物の分解の最終段階で，呼吸鎖（電子伝達系）に NADH を供給すると同時に，クエン酸回路中間体が種々の生合成経路の材料を提供し，異化と同化の二面性を備えている．回路の八つの化合物のうち四つが他の生体分子の直接の前駆体である（図5・12）．2-オキソグルタル酸からはグルタミン酸が生じ，これから多くのアミノ酸やプリンヌクレオチドが合成される．スクシニル CoA はポルフィリンに取込まれる．フマル酸はアスパラギン酸の前駆体で，アスパラギン酸の炭素骨格はピリミジンヌクレオチドやいくつかのアミノ酸の合成に利用される．オキサロ酢酸はリンゴ酸を経て糖新生に，またアミノ酸の合成に利用される．クエン酸はミトコンドリアから細胞質に出されて，アセチル CoA とオキサロ酢酸に開裂され，アセチル CoA は脂肪酸，コレステロール合成の材料となる．このクエン酸回路の同化代謝のため，回路の代謝中間体はたえず減少する傾向があり，失われた中間体を補充する経路がある．この反応としては，たとえばピルビン酸カルボキシラーゼによりピルビン酸に二酸化炭素を結合させてオキサロ酢酸をつくる反応がある．ピルビン酸カルボキシラーゼの特定のリシン残基のε-アミノ基にはビオチンが結合しており，このビオチンに二酸化炭素がトラップされ，つぎに酵素分子上でピルビン酸に二酸化炭素が固定され，オキサロ酢酸が生じる．後述するアセチル CoA カルボキシラーゼ（p.55）の反応も同様の機構である．ピルビン酸カルボキシラーゼは活性化剤であるアセチル CoA を介して，クエン酸回路中間体の需要を監視する．

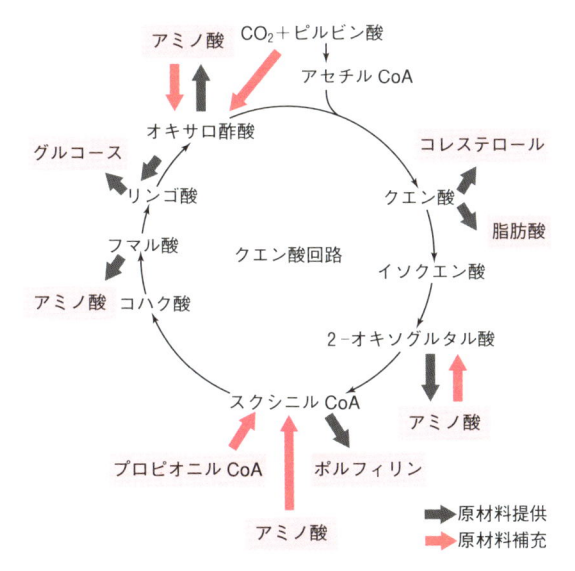

図5・12 クエン酸回路の別の機能 クエン酸回路中間体の生合成のための，原材料提供の経路と補充の経路．

c. クエン酸回路の調節 クエン酸シンターゼ，イソクエン酸デヒドロゲナーゼ，2-オキソグルタル酸デヒドロゲナーゼ複合体が律速酵素と考えられ，これらは NADH と ATP で阻害され，ADP と NAD^+ で活性化される．すなわち，クエン酸回路の酵

素は細胞の代謝要求に応じ一つの機能単位として働き，エネルギーが十分なときは律速酵素は抑制され，エネルギーが足りないときは活性化される．解糖系とクエン酸回路の律速酵素に対するフィードバック制御と生成物阻害，基質による活性化を図5・13に示す．

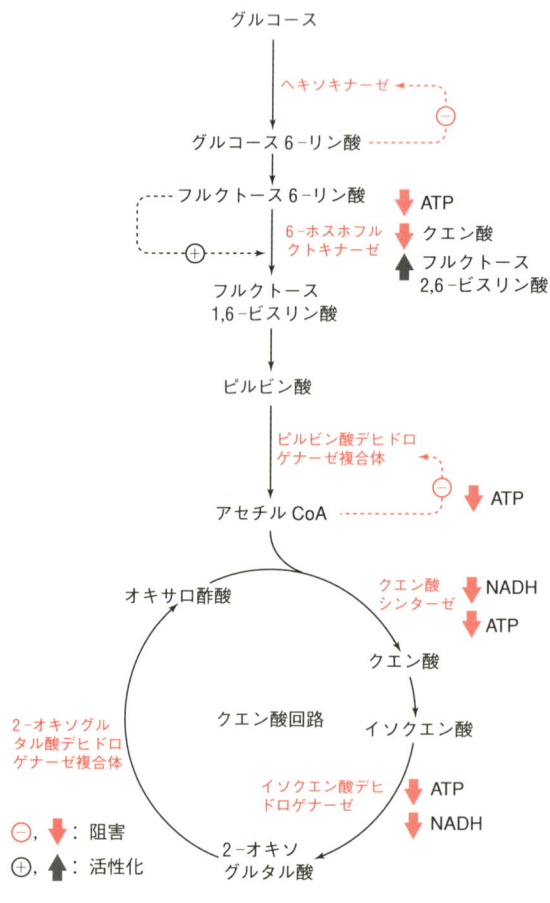

図5・13 解糖系とクエン酸回路の調節 フィードバック制御と生成物阻害，基質による活性化を示した．

d. グリオキシル酸回路 グリオキシル酸回路はクエン酸回路の変形で，植物や微生物はこの代謝回路で酢酸などの2炭素化合物から4炭素化合物を合成できる．植物では**グリオキシソーム**とよばれる特殊な細胞小器官において，2分子のアセチルCoAからグリオキシル酸を経てオキサロ酢酸をつくることができるので，脂肪酸をグルコースに変えることができる．4炭素化合物は糖新生や他の化合物の合成に使われる．動物ではピルビン酸の酸化反応は不可逆的であり，脂肪酸からアセチルCoAを経て糖新生は起こらない．

5・4 呼吸鎖と酸化的リン酸化

酸化的リン酸化とは，解糖系，クエン酸回路，脂肪酸酸化で生じたNADHとFADH$_2$の酸化に伴ってATPを生じる過程である．酸化的リン酸化は厳密に共役した二つの過程から成る．NADHとFADH$_2$は**呼吸鎖**（電子伝達系）により酸化され，電子は酸素に渡される．呼吸鎖はいくつかのタンパク質複合体から成

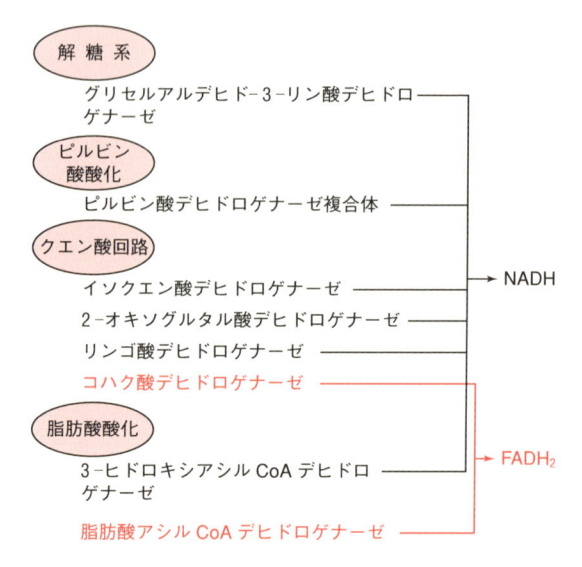

図5・14 呼吸鎖で酸化されるNADHとFADH$_2$のおもな供給源

るが，ミトコンドリア内膜の内外にプロトン勾配をつくり出す．このプロトン勾配に従ってプロトンがミトコンドリア内膜のATP合成酵素の中を通ってミトコンドリア内に流れ込むとき，ADPがリン酸化されてATPが合成される．このような酸化的リン酸化に対して，基質（代謝中間体）のもつ高エネルギーリン酸基をADPに移して直接ATPを生成することを**基質レベルのリン酸化**という．解糖での2分子のATP生成およびクエン酸回路中のスクシニルCoAシンテターゼによるGTP（ATP）生成がその例である．酸化的リン酸化はあらゆる高等生物のエネルギー代謝の中心をなす．図5・14に呼吸鎖で酸化されるNADHとFADH$_2$のおもな供給源を示す．

5・4・1 ミトコンドリア

ミトコンドリアはだ円形の細胞小器官で，一つの細胞に存在する数は細胞の種類によってさまざまであ

る．膜構造は内膜と外膜の二重膜構造をとっており，透過性の外膜と，凹凸のある非透過性の内膜で囲まれたマトリックスから成る．クエン酸回路，脂肪酸の分解（§5・6・2），酸化的リン酸化（§5・4・3）はミトコンドリアで起こり，好気的条件下の細胞のエネルギーのほとんどを供給している．酸化的リン酸化の諸酵素はミトコンドリア内膜に埋め込まれている．解糖系のグリセルアルデヒド-3-リン酸デヒドロゲナーゼによって生じたNADHは，細胞質からミトコンドリアに輸送されなければならない．NADHはミトコンドリア膜を通過できないが，NADHに働く酵素がミトコンドリアと細胞質ゾルの両方に存在し，NADHをミトコンドリアに輸送する．この輸送経路として，グリセロリン酸シャトルや哺乳類のリンゴ酸-アスパラギン酸シャトルがある．また，酸化的リン酸化や呼吸鎖が活発に機能するためにはミトコンドリア内へのADPやP_iの輸送，ATPの細胞質ゾルへの運び出し，呼吸基質であるクエン酸や2-オキソグルタル酸などのミトコンドリア膜の内外への輸送が必須である．これらの物質の多くはミトコンドリア内膜を通過できないため，ミトコンドリア内膜に存在する種々の担体タンパク質を介して交換輸送が行われている．

5・4・2 呼吸鎖

電子が失われることを酸化，電子が獲得されることを還元というが，生体の酸化還元反応の多くのものでは，電子が$2H^+ + 2e^-$，すなわち水素の形で移動する．

水素転移補酵素は細胞内で他の物質から水素を受け取り，それ自身は還元され，ついでまた他の物質へ水素を渡して自身は酸化される物質である．式で表すとつぎのようになる．

$$AH_2 + B \longrightarrow A + BH_2$$
$$BH_2 + C \longrightarrow B + CH_2$$

Bは水素転移補酵素として働いていることになる．このとき，水素を渡す物質を**水素供与体**，水素を受け取る物質を**水素受容体**とよぶ．細胞内には複数の水素転移補酵素があるが，デヒドロゲナーゼの作用によって，水素は被酸化基質（還元された炭化水素）から水素転移補酵素（NADH，$FADH_2$）に受け渡され，ついでフラビン酵素であるセミキノンを経てつぎの呼吸鎖に移行する．電子を受けたシトクロムとよばれる電子伝達体は，つぎのシトクロムに電子を渡して還元し，自身は酸化される．還元されたシトクロムはつぎのシトクロムを還元する．最後に還元型シトクロムはシトクロムオキシダーゼによって酸化され，電子は分子状酸素を還元して水を生じる．シトクロムは呼吸や光合成（§5・7）において電子伝達の機能をもつヘムを含む一群のタンパク質である．図5・15に呼吸鎖を示した．

以下，呼吸鎖についてもう少し詳しく述べる．酸素によるNADH酸化の標準自由エネルギー変化は$\Delta G° = -218$ kJ/molであり，一方ADPとP_iからATPを合成するのは$\Delta G° = -30.5$ kJ/molである．よって酸素でNADHを酸化すれば何分子かのATPを合成できることになる．実際にミトコンドリアでは，

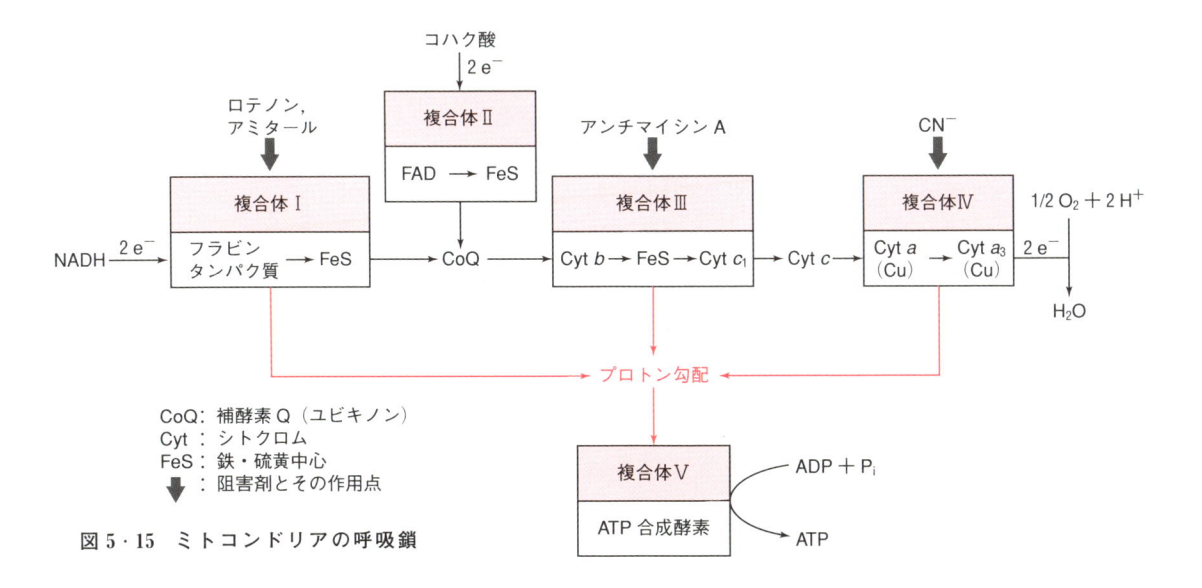

図5・15 ミトコンドリアの呼吸鎖

CoQ: 補酵素Q（ユビキノン）
Cyt: シトクロム
FeS: 鉄・硫黄中心
↓: 阻害剤とその作用点

これらを酸化したときに得られるエネルギーを利用してATPを生成している．NADHとFADH$_2$は直接酸素に反応するのでなく，これらの酸化で生じる電子が，呼吸鎖で四つの複合体を経てATP合成と共役する．呼吸鎖の実体は3個の複合体Ⅰ，Ⅲ，Ⅳであり，それぞれ十数個から数十個のポリペプチドより形成され，それぞれ固有の活性中心をもち，酸化還元に共役してプロトン（H$^+$）の輸送を行っている．複合体Ⅱはプロトン輸送は行わない．電子は標準還元電位の低い方から高い方，すなわち複合体ⅠとⅡから補酵素Q（ユビキノンともいわれ，ミトコンドリア内膜の膜リン脂質層に存在する）を経て複合体Ⅲへ，さらにシトクロムcを経て複合体Ⅳに伝わる．複合体Ⅰは補酵素QによるNADHの酸化を，複合体Ⅲはシトクロムcによる還元型補酵素Qの酸化を触媒する．さらに複合体Ⅳは電子を酸素に与え，4電子還元により水を生成し，還元型シトクロムcを酸化する．複合体Ⅰ，Ⅲ，Ⅳが関与するNADHの酸化では3分子のATPが，複合体Ⅱ，Ⅲ，Ⅳが関与するFADH$_2$の酸化では2分子のATPが生産される．つまりP/O比（1個の酸素原子による酸化に共役して，何個のリン酸基がATPに固定されたかを示す値）はNADH酸化では3，FADH$_2$酸化では2である．呼吸鎖での電子の経路の一部は電子伝達阻害剤を利用して調べられた．ロテノンとアミタールは複合体Ⅰを，アンチマイシンAは複合体Ⅲを，シアン化物イオンは複合体Ⅳを阻害する．

5・4・3　酸化的リン酸化

呼吸鎖で放出された自由エネルギーをATP合成に利用する機構は，現在までP. Mitchellが提唱した**化学浸透圧説**で説明されている．この仮説によれば，電子伝達によって遊離する自由エネルギーは，ミトコンドリア内膜を隔てた電気化学的プロトン濃度勾配（外側が正で酸性）の形成に使われる．つまり電子が複合体Ⅰ，Ⅲ，Ⅳと伝達されるときに，ミトコンドリア内膜の内から外にプロトンがくみ出されてプロトン濃度勾配ができる．複合体Ⅰ，Ⅲ，Ⅳを2電子が通過するごとに，各複合体ではATP 1分子の合成に必要なプロトン濃度勾配がつくられる（図5・16）．

電気化学的プロトン濃度勾配に蓄えられた自由エネルギーは，プロトン輸送ATP合成酵素（プロトンポンプATPアーゼ，F$_o$F$_1$-ATPアーゼ）によりATP合成に利用される．つまり，プロトンがミトコンドリアマトリックスに戻るという発エルゴン過程とATP合成が共役する．プロトン輸送ATP合成酵素は二つの成分F$_1$，F$_o$から成る．F$_1$はそれだけで強いATPアーゼ活性をもつ触媒活性部分であり，F$_o$はプロトン通路（チャネル）をもつ膜内タンパク質である．

2,4-ジニトロフェノールなど酸化的リン酸化の**アンカプラー（脱共役剤）**は，ミトコンドリア膜を通してプロトンを運び入れ濃度勾配を解消させるので，ATP生産の伴わない電子伝達が起こる．冬眠する動物には褐色脂肪組織があり，この細胞のミトコンドリアには特殊なプロトン輸送タンパク質がある．このタンパク質によってプロトンは内膜を自由に通過し，ミトコンドリアは脱共役状態となり酸化のエネルギーはATP生産ではなく熱として放出される．

ミトコンドリアのATP合成酵素のほかにも，多くの細胞の活動がプロトン輸送と共役して駆動されている．植物の光リン酸化（§5・7），ミトコンドリアのカルシウムイオンの能動輸送，細菌のアミノ酸や糖の輸送，細菌の鞭毛の回転などである．

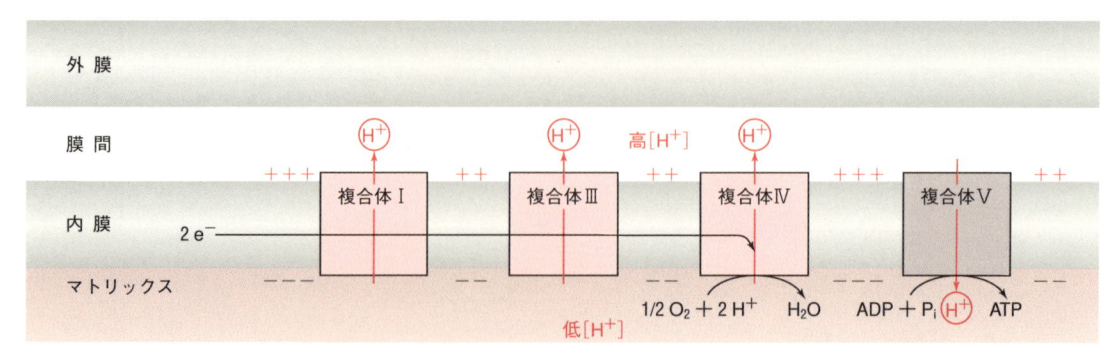

図5・16　酸化的リン酸化　電子の伝達によりミトコンドリア内膜の内外にできたプロトン勾配によって，プロトンがマトリックスに戻る駆動力を利用してATPが合成される．複合体Ⅴ：プロトン輸送ATP合成酵素．

5・4・4 酸化的リン酸化の調節

好気的条件下で，酸化的リン酸化による ATP の合成速度は，NADH や FADH$_2$ の比，酸素の分圧，プロトン駆動力の大きさで制御されている．

5・5 糖代謝の別経路

糖の代謝系の中心である解糖系およびクエン酸回路は，ともに ATP を産生するための NADH をひき出す．この節では，エネルギーを産生するための経路ではない糖代謝について述べる．

5・5・1 グリコーゲン代謝

動物では代謝エネルギー源としてのグルコースが余ると，おもに肝臓と筋肉にグリコーゲン顆粒として貯蔵されるが，この二つの組織におけるグリコーゲンの生理機能は異なる．肝臓は食事から過剰のグルコースが摂取されれば，**グリコーゲン**として貯蔵し，食事からグルコースの供給が不足すれば，グリコーゲンは速やかに分解され血糖維持（特に脳へのグルコースの供給）に働く．筋肉のグリコーゲンは，運動中に ATP を再生するための基質として貯蔵されている．グリコーゲンは肝臓の重さの 10 %，筋重量の 1 % を占める．

グリコーゲンの主鎖は α1→4 結合のグリコシド結合でつながれており，8～12 残基ごとに α1→6 結合の枝分かれがある．細胞内でグリコーゲンが必要になると，グリコーゲンの分解が活性化される．ただし，肝臓のグリコーゲンは分解されて血糖となるが，筋肉のグリコーゲンは分解されて解糖系に入る．グリコーゲンは二つの反応でグルコース 6-リン酸を生じる．まずグリコーゲンホスホリラーゼが非還元末端のグルコシル基をリン酸基に移してグルコース 1-リン酸とし（図 5・17，反応①），つぎにホスホグルコムターゼがグルコース 1-リン酸とグルコース 6-リン酸間の相互変換を触媒する（反応②）．脱分枝酵素はグリコーゲンホスホリラーゼによって切断されずに残った 3 残基鎖をほかの枝の非還元末端に移し，さらに残った α1→6 結合のグルコシル基を加水分解してグリコーゲンの枝を取除く．

グリコーゲンはグルコース 6-リン酸から分解とは別経路で合成される．まず，ホスホグルコムターゼの作用でグルコース 1-リン酸に変わり（反応②），グルコース-1-リン酸ウリジリルトランスフェラーゼの作用で UTP と反応して UDP グルコースを生じ（反応③），同時にできるピロリン酸（PP$_i$）は無機ピロホスファターゼで分解され，反応が完結する．UDP グルコースがグリコーゲン合成の活性中間体である．グリコーゲンシンターゼは，UDP グルコースからグルコシル基をすでに存在するグリコーゲンの非還元末端の 4 位の炭素のヒドロキシ基に移して，グリコーゲン分子を延長する（反応④）．分枝酵素は約 7 残基の α1→4 グルカン鎖を，グルコース残基の 6 位炭素のヒドロキシ基に移して枝分かれをつくる．

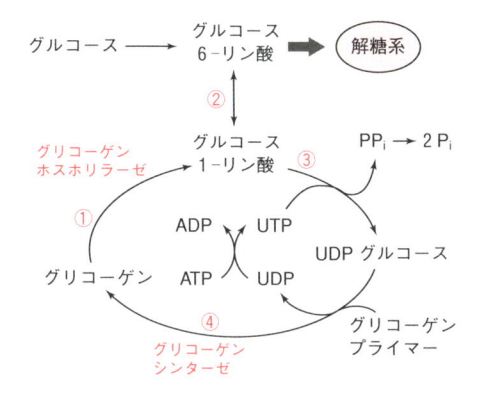

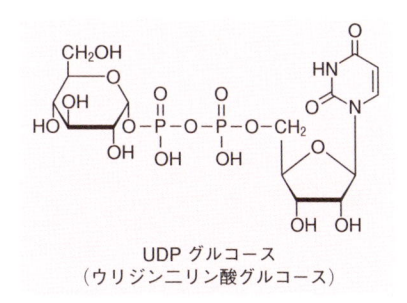

図 5・17 グリコーゲンの代謝

グリコーゲンの合成と分解には鋭敏で効果的な調節が行われている（図 5・18）．調節を受ける酵素はグリコーゲンシンターゼとホスホリラーゼである．ホスホリラーゼの作用でグリコーゲンが分解される速度は ATP，グルコース 6-リン酸，AMP などのアロステリックエフェクター（アロステリック効果をもたらす化合物）の濃度により制御される．前二者は酵素活性を阻害し，三つめは活性を促進する．さらに，酵素のリン酸化/脱リン酸の制御も受ける．酵素のリン酸化/脱リン酸を触媒する修飾/脱修飾酵素も，カスケード的増幅を構成し，系全体はグルカゴン，インスリン，ア

ドレナリンなどのホルモンとカルシウムイオンの濃度により制御される．カスケード的増幅とは酵素反応の連鎖により，ごく少量の化合物の信号（影響）が段階的に増幅されて，大きな効果を誘起する現象である．グルカゴンとアドレナリンはまず細胞内のサイクリックアデノシン3',5'—リン酸（cAMP）の濃度を上げる．セカンドメッセンジャー（神経伝達物質などの細胞外情報物質が細胞膜に存在する受容体と結合することによって，細胞内で新たに生成される別の情報物質）であるcAMPは，cAMP依存性プロテインキナーゼ（プロテインキナーゼA）を活性化し，ホスホリラーゼキナーゼをリン酸化して活性化，最終的にはホスホリラーゼとグリコーゲンシンターゼの両方をリン酸化する．リン酸化によりホスホリラーゼは活性化するが，グリコーゲンシンターゼは失活する．さらにアドレナリンは他のセカンドメッセンジャー，イノシトール1,4,5-トリスリン酸（IP$_3$），ジアシルグリセロール，カルシウムイオンの濃度も上げ，cAMP依存の応答を増強する．カルシウムイオンは神経刺激によっても筋細胞質ゾルに放出され，カルモジュリンと結合してプロテインキナーゼを活性化する．cAMP濃度が下がるかインスリンが分泌されると，ホスホプロテインホスファターゼ-1が活性化され，ホスホリラーゼとグリコーゲンシンターゼを脱リン酸する．その結果，ホスホリラーゼは不活性化し，グリコーゲンシンターゼは活性化する（図9・15を参照）．

グリコーゲン代謝の酵素がどれか一つでも欠損すると肝臓，心臓，筋肉などにグリコーゲンが異常に蓄積して，糖原病（グリコーゲン貯蔵病）をひき起こす．ヒトには軽症から重症まで9種の糖原病が報告されている．

5・5・2 糖 新 生

グルコースはエネルギー源としても，必須な構造多糖やほかの生体物質の原料としても重要である．脳と赤血球はエネルギー源をほとんどグルコースに依存しており，何も食べなければ肝臓のグリコーゲン貯蔵量では，脳の半日分のグルコースしかまかなえない．そこで，乳酸，ピルビン酸，クエン酸回路中間体，糖原性アミノ酸などからオキサロ酢酸を経てグルコースを合成する．糖以外の物質からグルコースを新しく生成させる反応を**糖新生**という．特に肝臓と腎臓にこの機能がある．糖新生では解糖の不可逆反応を触媒する3酵素が働く．その代謝経路を図5・19に示す．

解糖の終末産物であるピルビン酸をホスホエノールピルビン酸（PEP）に変えるには，ピルビン酸キナーゼ反応の逆行ではなく，ビオチンを補因子とするピルビン酸カルボキシラーゼの作用でATPを使ってオキサロ酢酸に変え，これをホスホエノールピルビン酸カルボキシキナーゼの作用でGTPによるリン酸化によりPEPにする．ピルビン酸からも，クエン酸回路中間体からもオキサロ酢酸はミトコンドリアで生成されるが，PEPからグルコースをつくる酵素は細胞質にある．ホスホエノールピルビン酸カルボキシキナーゼは動物により局在が異なるので，糖新生が起こるためにはオキサロ酢酸を細胞質ゾルへ運び出してからPEPに変えるか，PEPに変えてから細胞質ゾルに運び出す．この酵素が細胞質ゾルにある動物（ラット，マウスなど）では，オキサロ酢酸をいったんリンゴ酸かアスパラギン酸に変えてミトコンドリアから細胞質ゾルに運び出す．リンゴ酸に変える場合はNADHの形で還元当量も運び出す．PEPは特異的輸送タンパク質により，ミトコンドリア膜を通過する．解糖系のほかの不可逆過程，6-ホスホフルクトキナーゼ（PFK）

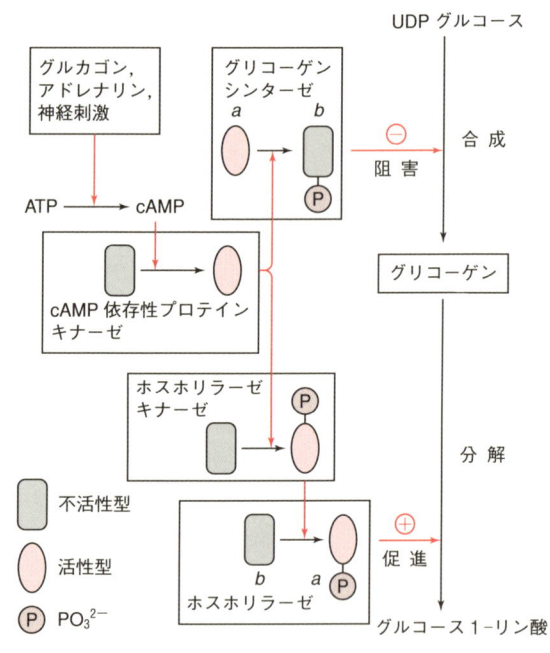

図5・18 グリコーゲン代謝の調節 酵素のリン酸化/脱リン酸による代謝調節のカスケード．

反応はフルクトース 1,6-ビスリン酸をフルクトース-1,6-ビスホスファターゼ（FBP アーゼ）でたんに加水分解することで，またヘキソキナーゼ反応はグルコース 6-リン酸をグルコース-6-ホスファターゼの作用で加水分解することで進む．そこで，2 分子のピルビン酸から 1 分子のグルコースをつくるには，たんなる解糖の逆行から予想される 2 分子ではなく，6 分子相当の ATP が必要になる．

ATP 需要が高いときは解糖が，ATP 需要が低いときは糖新生が進むように調節される．この両過程は，ピルビン酸キナーゼ/ピルビン酸カルボキシラーゼ＋ホスホエノールピルビン酸カルボキシキナーゼ，PFK/FBP アーゼ，ヘキソキナーゼ/グルコース-6-ホスファターゼの 3 点において，おもにアロステリック制御と cAMP 依存の共有結合修飾により制御される．

フルクトース 2,6-ビスリン酸は PFK/FBP アーゼのアロステリックエフェクターであり，肝臓での解糖・糖新生の方向を決めるのに大きな役割をもつ．フルクトース 2,6-ビスリン酸濃度は cAMP 依存のリン酸化と脱リン酸によって制御され，グルカゴンやアドレナリンによって低下する．フルクトース 2,6-ビスリン酸は PFK を活性化し，FBP アーゼを阻害するので，フルクトース 2,6-ビスリン酸濃度の低下の結果は解糖の阻害と糖新生の促進をもたらす．

筋肉ではグルコース-6-ホスファターゼ活性がきわめて弱く糖新生が行えないので，生成した乳酸は血液で肝臓に送られ，再合成されたグルコースが筋肉に戻る（**コリ回路**）．この回路により，筋肉は糖新生用の ATP 生産を肝臓に肩代わりさせる．

5・5・3 ペントースリン酸回路

細胞内の酸化反応の補酵素は NAD^+ だが，還元反応の補酵素は NADPH である．吸エルゴン反応である脂肪酸合成，コレステロール合成，光合成などの還元的合成には，ATP のほかに NADPH が必要である．細胞内の $[NAD^+]/[NADH]$ 比は 1000 に近く，代謝物質の酸化には都合がよい．一方 $[NADP^+]/[NADPH]$ 比は 0.01 で代謝物質の還元に都合がよい．NADPH はグルコース酸化の別経路，**ペントースリン酸回路**（ペントース経路ともいわれる）で生産される．この経路は核酸合成に必要なリボース 5-リン酸をつくる経路としても重要である．この代謝系は細胞質に局在し，脂肪酸・コレステロール合成のさかんな肝臓，副腎，脂肪組織，乳腺などや，過酸化物の処理に還元剤を必要とする赤血球において行われる．

ペントースリン酸回路の全反応は次式で示される．

$$3\,G6P + 6\,NADP^+ + 3\,H_2O \rightleftharpoons$$
$$6\,NADPH + 6\,H^+ + 3\,CO_2 + 2\,F6P + G3P$$

（G6P: グルコース 6-リン酸，F6P: フルクトース 6-リン酸，G3P: グリセルアルデヒド 3-リン酸）

最初の 3 段階でグルコース 6-リン酸は二酸化炭素を放出してリブロース 5-リン酸と 2 分子の NADPH を生産する（図 5・20）．NADPH の生産に関与する

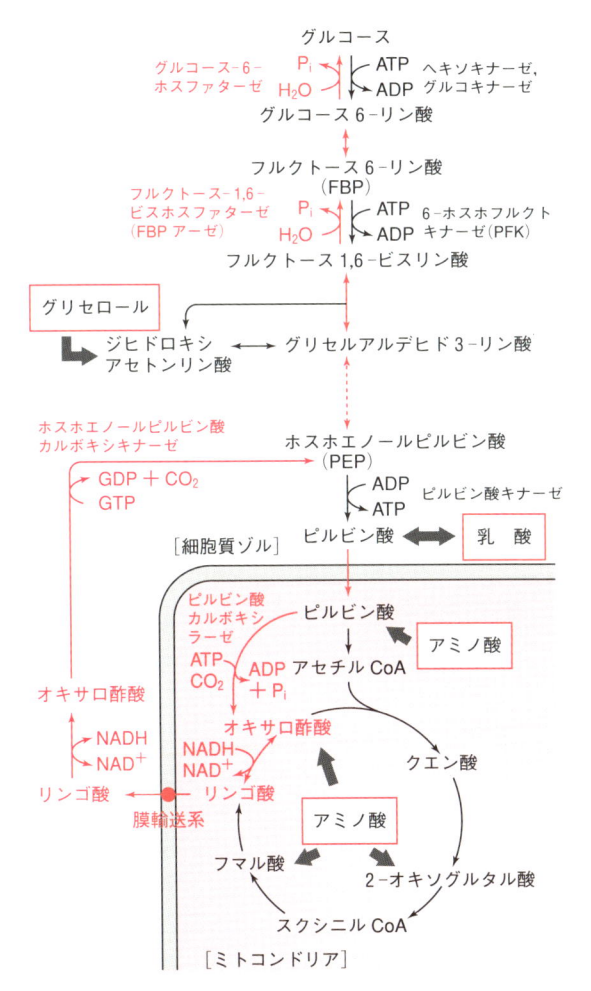

図 5・19 糖新生 解糖と糖新生の経路ではいくつかの点で道筋が異なり，赤で示した酵素は糖新生経路に特異的である．□ で囲んだ物質は糖新生の材料となる．

この段階までは不可逆反応であるが，それ以降の反応は可逆的である．リブロース5-リン酸の一部はリボース5-リン酸に異性化，一部はキシルロース5-リン酸にエピマー化する．リボース5-リン酸が核酸合成に使われなければ，リボース5-リン酸と2分子のキシルロース5-リン酸からトランスケトラーゼ，トランスアルドラーゼ，再度トランスケトラーゼの作用でフルクトース6-リン酸2分子とグリセルアルデヒド3-リン酸1分子ができる．ペントースリン酸回路の生成物は細胞の需要で決まる．フルクトース6-リン酸とグリセルアルデヒド3-リン酸は解糖系とクエン酸回路で代謝されてもよいし，糖新生でグルコース6-リン酸に戻されて再度ペントースリン酸回路に入ってもよい．NADPHが必要なときは解糖中間体からペントースリン酸回路の後半部を逆行してリボース5-リン酸をつくる．

ペントースリン酸回路の流量，すなわちNADPHの産生速度は，出発反応であるグルコース-6-リン酸デヒドロゲナーゼの触媒する反応の速度で制御される．この酵素の活性は$NADP^+$の濃度で制御される．NADPH濃度が減少すれば相対的に$NADP^+$の濃度が上がり，本酵素活性は上昇する．NADPHは生合成だけでなく還元過程にも必要な補酵素である．赤血球は過酸化物（メトヘモグロビンなど）が蓄積すると溶血が起こるため，過酸化物を除去するために多量の還元型グルタチオンを必要とする．過酸化物処理に使われる還元型グルタチオンの供給にはたえずNADPHを補給しなくてはならず，それが赤血球でペントースリン酸回路が活発な理由である．

5・5・4 生体構成成分としての糖代謝

生体膜を構成するタンパク質や脂質，分泌タンパク質には糖鎖を有するものが多い．糖鎖の形成には一定の法則があり，ペプチド鎖や脂質に，糖ヌクレオチドの形で供給される単糖が順次結合する．O-結合糖タンパク質の合成はゴルジ体で進み，タンパク質の特定のセリンまたはトレオニン側鎖に単糖が順々に結合する．プロテオグリカンや糖脂質の糖鎖でも単糖が1個ずつ付加していく．しかし，N-結合オリゴ糖鎖の形成はまったく異なる．まず小胞体における数段階の反応で，ドリコールリン酸をキャリアーとして共通オリゴ糖コア（糖残基14個）ができ，この糖鎖が延長中のポリペプチド鎖のアスパラギン側鎖に移される．未完成オリゴ糖タンパク質はゴルジ体の近位ゴルジ囊に

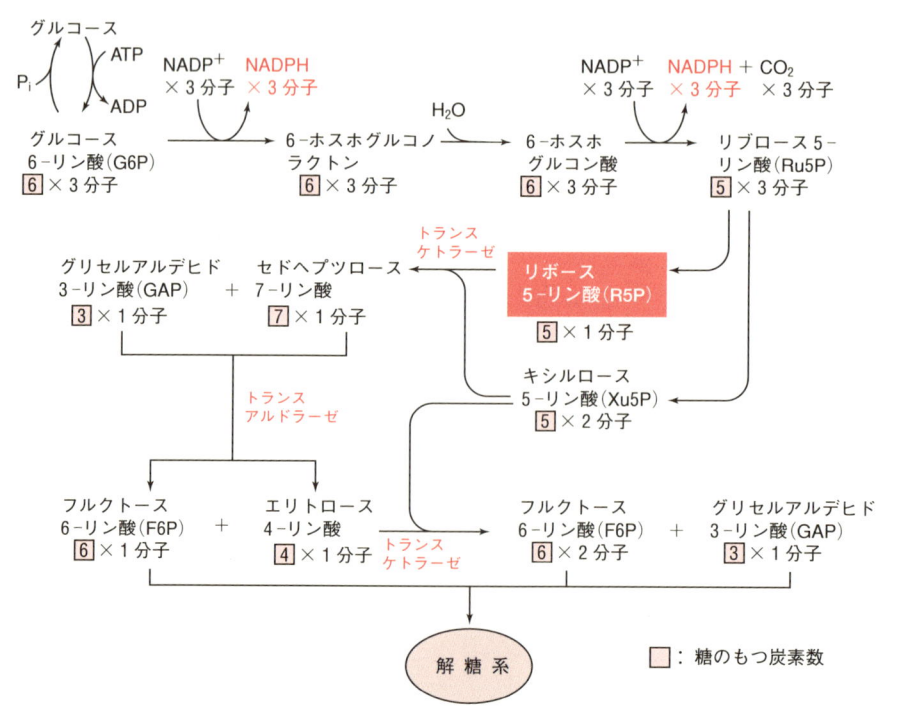

図5・20　ペントースリン酸回路　NADPHとリボース5-リン酸の合成に重要な経路．

移され，特異的酵素の作用でマンノースが除去され，いろいろな単糖と結合しながら，近位から中位，遠位のゴルジ嚢へと運ばれる．完成した N-結合糖タンパク質は，遠位ゴルジ嚢でオリゴ糖鎖の種類によって選別され，小胞にのって最終目的地に運ばれる．N-結合オリゴ糖には，高マンノース型，複合型，混合型の3種があるが，中心の五糖コアは共通である．糖タンパク質のオリゴ糖鎖は，糖タンパク質を細胞内の目的地に正しく輸送するためや，細胞間相互作用，抗体認識の識別マーカーの役割をもつ．

5・6 脂質代謝

脂質代謝にはエネルギー源である脂肪酸やトリアシルグリセロールの合成と分解，細胞膜の構成成分であるコレステロールや複合脂質の合成と分解がある．さらに脂肪はステロイドホルモンやプロスタグランジンなどのシグナル伝達物質合成の材料となる．**トリアシルグリセロール**は1分子のグリセロールと3分子の脂肪酸がエステル結合したもので，動物の主要な貯蔵物質であり，同量の水和グリコーゲンの6倍の代謝エネルギーを蓄える．体内でエネルギーが必要なときにはトリアシルグリセロールが分解され，生じた遊離脂肪酸が β 酸化-クエン酸回路-呼吸鎖-酸化的リン酸化系を経て ATP が産生される．

5・6・1 脂肪酸の貯蔵と動員

小腸に入った脂質は胆汁酸と懸濁し，膵液の消化酵素，リパーゼやホスホリパーゼ A_2 により**脂肪酸とモノアシルグリセロール**に消化・分解される．分解物は小腸上皮細胞で吸収後，その細胞内で再びトリアシルグリセロールに再合成される．こうしてできたトリアシルグリセロールはキロミクロンというリポタンパク質を形成し，血液中に入り各組織に運ばれる．食物摂取時，糖質は脂質より優先してエネルギー利用される．糖質のエネルギーが十分なときには，キロミクロンは脂肪組織に運ばれ，そのなかのトリアシルグリセロールは脂肪組織に移され，脂肪滴として蓄えられる．また，肝臓でも過剰の糖質エネルギーはアセチル CoA から脂肪酸を生じ，肝臓内でトリアシルグリセロールに変換され，超低密度リポタンパク質（VLDL）として血液中に放出され脂肪組織に運ばれる．これらリポタンパク質のトリアシルグリセロールは細胞表面のリポタンパク質リパーゼで加水分解され，遊離脂肪酸として吸収される．空腹時などエネルギーの供給が不十分な場合には，エネルギー源として脂肪酸が利用される．脂肪組織のトリアシルグリセロールはホルモン感受性リパーゼで加水分解され，生じた遊離脂肪酸はアルブミンと複合体を形成し血液で運ばれる．

5・6・2 脂肪酸の分解

トリアシルグリセロールが脂肪組織でリパーゼによって加水分解されて生じる脂肪酸とグリセロールのうち，グリセロールは，グリセロキナーゼでリン酸化されたのち，グリセロール-3-リン酸デヒドロゲナーゼによりジヒドロキシアセトンリン酸に酸化され，解糖系に入り代謝される．一方，脂肪酸は β 酸化によりアセチル CoA となり，クエン酸回路で水と二酸化炭素に分解される．脂肪酸が体内で利用される酸化過程では，まず脂肪酸はアシル CoA シンテターゼの作用により ATP を使ってアシル CoA に活性化される（図5・21，反応①）．アシル CoA はそのままではミトコンドリア膜を通過できないため，カルニチンエステルに変えられてミトコンドリアに輸送され，ミトコンドリアマトリックス内でアシル CoA に戻される（②）．アシル CoA の β 酸化（アシル CoA の β 位すなわち3位の炭素の酸化が起こることに由来）では2炭素ずつ短くされ，偶数炭素脂肪酸のアシル CoA は完全にアセチル CoA まで分解される．まず FAD 依存性のデヒドロゲナーゼがアルキル基を不飽和化し（③），生じた二重結合を水和する（④）．生成したアルコールを NAD^+ 依存性のデヒドロゲナーゼが β-ジケトンに酸化（⑤），最後に C–C 結合を開裂してアセチル CoA と2炭素短いアシル CoA を生成し（⑥），この回路を繰返す．生体内に最も多く存在するパルミチン酸（炭素数が16）では，7回 β 酸化を受けて8分子のアセチル CoA が生じる．

パルミチン酸 + ATP + 8 CoA + 7 FAD + 7 NAD^+ + 7 H_2O ⟶ 8 アセチル CoA + 7 $FADH_2$ + 7 NADH + AMP + PP_i + 7 H^+

アセチル CoA，NADH，$FADH_2$ はクエン酸回路と酸化的リン酸化で完全酸化される．

不飽和脂肪酸と奇数炭素脂肪酸も β 酸化で酸化さ

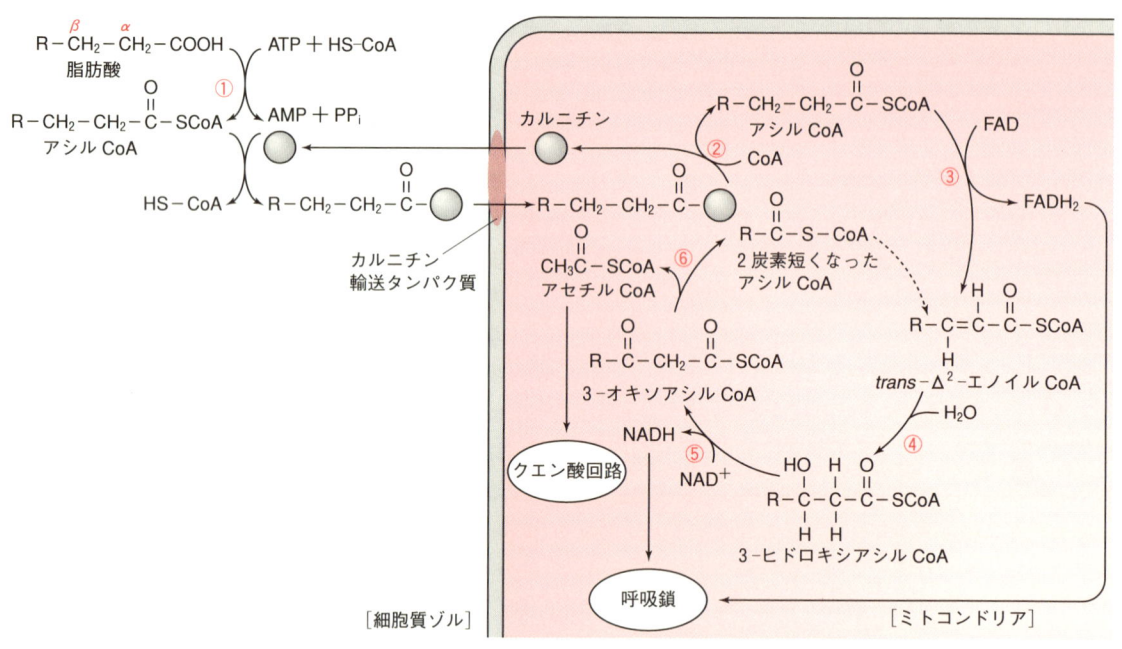

図 5・21 脂肪酸の β 酸化

れるが，ほかの酵素の協力が必要である．奇数炭素脂肪酸から生じるプロピオニル CoA はビオチン補因子をもつプロピオニル CoA カルボキシラーゼ（図 5・22，①），メチルマロニル CoA エピメラーゼ（②），補酵素 B_{12} をもつメチルマロニル CoA ムターゼ（③）によりスクシニル CoA に変えて代謝される．ミトコンドリア以外ではペルオキシソームでも脂肪酸を β 酸化するが，ここでは $FADH_2$ を酸素で直接酸化して過酸化水素を生じ，ATP をつくらない点が異なる．ペルオキシソームの酵素は長鎖脂肪酸に特異的なので，その役割は脂肪酸鎖を短くすることである．中位鎖長になればミトコンドリアに送られ完全酸化される．

5・6・3 ケトン体の生成

空腹（飢餓）時に血糖値が低くなり，肝臓での糖質の分解が不活発となると，脂肪組織から大量の脂肪酸が遊離し肝臓に運ばれてくる．肝臓では脂肪酸の β 酸化でエネルギーを供給するが，糖分解が不活発な状態ではクエン酸回路中間体の量が十分でなく，生じたアセチル CoA のかなりの部分を**ケトン体**すなわちアセト酢酸，その還元によって生じる 3-ヒドロキシ酪酸，およびアセト酢酸の脱炭酸で生じるアセトンに変える（図 5・23）．肝臓には 3-ケト酸 CoA トランスフェラーゼが存在しないので，ケトン体は代謝されない．この酵素は筋肉，脳，腎臓などに存在し，肝臓で生じたケトン体のうち，アセト酢酸と 3-ヒドロキシ酪酸はこれらの組織に運ばれ，再びアセチル CoA に変換され，クエン酸回路で代謝される．ケトン体は肝外組織の重要な燃料分子であり，特に脳では脂肪酸の β 酸化系活性が低いので重要なエネルギー源である．

図 5・22 奇数炭素脂肪酸の酸化　β 酸化の最終段階で生じたプロピオニル CoA はスクシニル CoA に変換され，クエン酸回路へ入る．

5・6・4 脂肪酸合成

動物では過剰に摂取された糖質はアセチルCoAを経て脂肪酸に変えられ，トリアシルグリセロールの形で貯蔵される．アセチルCoAからの脂肪酸合成はβ酸化の逆行とはいろいろな点で異なる．β酸化は脂肪酸をCoA誘導体としてミトコンドリアで行うが，合成はアシルキャリヤータンパク質（ACP）誘導体として細胞質で鎖を延長する．延長中の脂肪酸はACPにチオエステル結合している．ACPはCoAと同様ホスホパンテテイン基があり，アシル基とチオエステルを形成する．脂肪酸の合成は二つの酵素によって進行する．マロニルCoAはアセチルCoAに二酸化炭素を結合させるビオチン酵素，アセチルCoAカルボキシラーゼによってつくられる．長鎖脂肪酸の合成は脂肪酸合成酵素によって触媒される．動物では脂肪酸合成酵素は約50万の分子量をもつ1本のポリペプチド鎖であり，そのなかに三つのドメインと7種の酵素を含む．一つの分子上に一連の酵素活性が並んだ典型的な多機能酵素である（図5・24）．まず，アセチルCoAからアセチル基がACPに転移し（図の①），これが合成酵素の他のドメイン上にある縮合酵素のチオール（SH）基に移され（②），空いたACPにマロニルCoAからマロニル基が移される（③）．ついでアセチル基とマロニル基の脱炭酸を伴う縮合反応がACP側で起

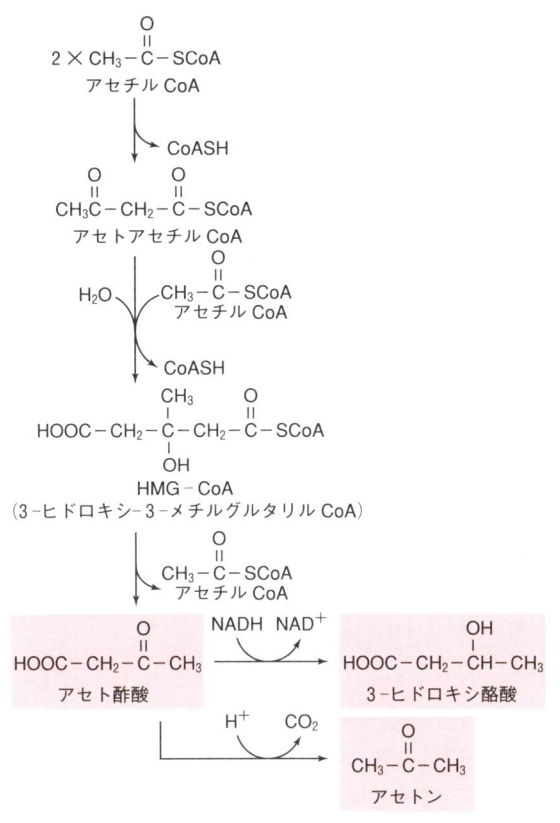

図5・23　ケトン体の合成経路　ケトン体とは▨で囲んだアセト酢酸，3-ヒドロキシ酪酸，アセトンのことをいう．

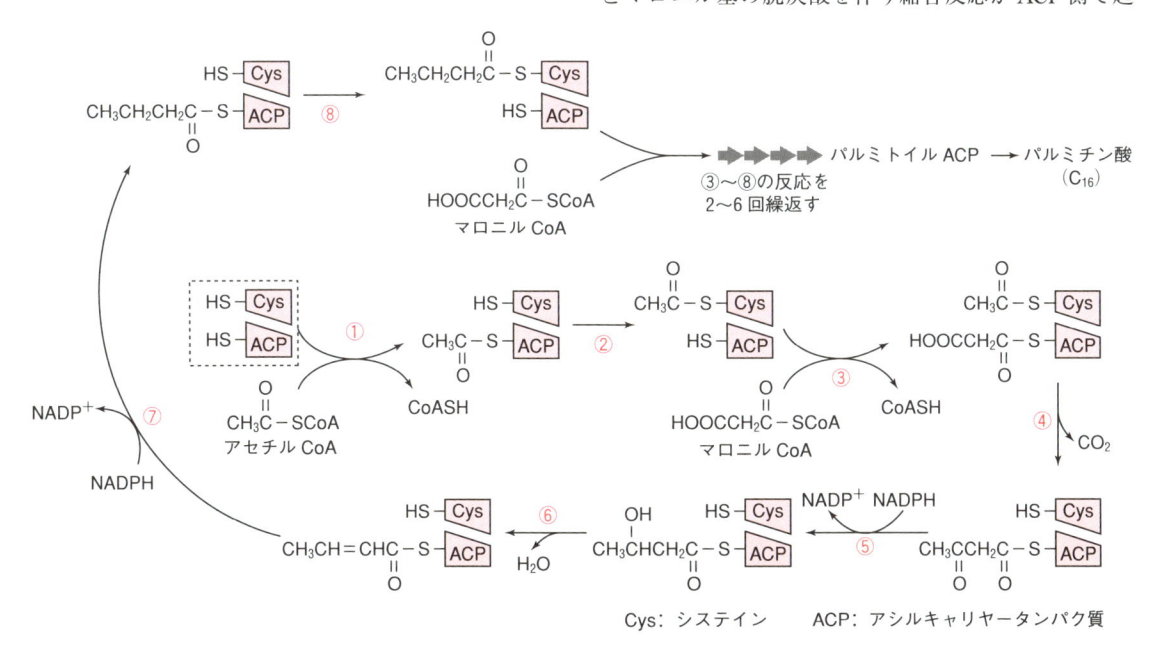

図5・24　脂肪酸（パルミチン酸）の生合成と動物における脂肪酸合成酵素の働き　点線内は脂肪酸合成酵素の二つのドメインを模式的に示している．

こり（④），アセトアセチル基が形成されるが，この炭素鎖はこれ以後 ACP 上で，還元（⑤），脱水（⑥），還元（⑦）される．以上が第一回目の回転で，生じたブチリル基は ACP から縮合酵素の SH 基に移され（⑧），空いた ACP につぎのマロニル基が移される．このようにしてマロニル基の導入により 2 炭素ずつ延長され，16 炭素のパルミトイル基が形成されるとパルミチン酸が酵素から離れる．パルミチン酸より長鎖の脂肪酸はマロニル CoA を基質として炭素鎖伸長系で 2 炭素ずつ伸長される．不飽和脂肪酸は小胞体の薬物代謝系において飽和脂肪酸と NADPH から合成される（コラム"薬物代謝"）．動物では生理的に重要なリノール酸（炭素数 18 で二つの不飽和結合を含むので，18：2 という略号で表す）は合成されず，必須脂肪酸として食物から摂取しなければならない．

脂肪酸合成は細胞質で行われるが，出発材料のアセチル CoA はミトコンドリアで産生されるため，アセチル CoA はクエン酸回路でクエン酸に変換され，細胞質に運び出され，再びアセチル CoA に変えられ利用される．また，クエン酸の開裂によって生じたオキサロ酢酸が，リンゴ酸デヒドロゲナーゼまたはリンゴ酸酵素を介して細胞質の NADH を NADPH に変える．

脂肪酸代謝の調節は，ホルモン感受性トリアシルグリセロールリパーゼとアセチル CoA カルボキシラーゼのアロステリック制御，リン酸化/脱リン酸，酵素タンパク質の合成/分解速度の変化などで調節される

（図 5・25）．グルカゴン，アドレナリン，ノルアドレナリンは脂肪酸の分解を，インスリンは合成を促進する．これらのホルモンは cAMP をセカンドメッセンジャーとしてリン酸化/脱リン酸の比率を制御する．

トリアシルグリセロールの合成はアシル CoA とグリセロール 3-リン酸あるいはジヒドロキシアセトン 3-リン酸を基質として，ホスファチジン酸を中間体とする反応によって行われる．この反応は肝臓，脂肪組織，小腸において行われる．

5・6・5 コレステロール代謝

コレステロールは細胞膜の重要成分で，種々のステロイドホルモンや胆汁酸，昆虫変態ホルモン，ジギタリスなどの強心配糖体の前駆体である．その合成，輸送，利用は厳密に制御される．ヒトではコレステロールは食物からも摂取されるが，大部分は肝臓で酢酸からつくられる．3 分子のアセチル CoA から炭素数 6 のヒドロキシメチルグルタリル CoA（HMG-CoA）を生じるところから始まる（図 5・26）．これを NADPH を使って還元，リン酸化，脱炭酸，脱水して，イソプレン単位であるイソペンテニル二リン酸とジメチルアリル二リン酸を生じる．この炭素数 5 の二つのイソプレン単位が結合してゲラニル二リン酸がつくられる．炭素数 10 のゲラニル二リン酸にイソペンテニル二リン酸が結合して炭素数 15 のファルネシル二リン酸，さらにファルネシル二リン酸が二つ縮合してスクアレ

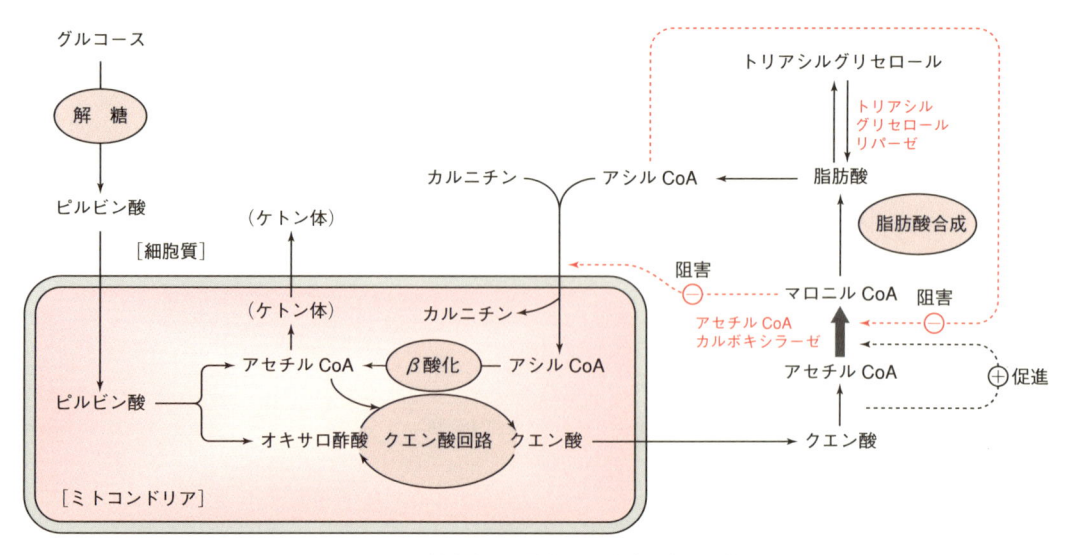

図 5・25　脂肪酸の β 酸化と脂肪酸合成の調節

ンが生じ，これが還元されてラノステロールとなり，これからコレステロールがつくられる（図 5・26）．この経路のおもな調節酵素は HMG-CoA レダクターゼで，コレステロールによるフィードバック阻害，リン酸化/脱リン酸でも調節されるが，最も重要であるのは酵素の合成と分解速度による長期調節である．肝臓ではコレステロールをエステル化し，VLDL（超低密度リポタンパク質）として血液に分泌する．VLDLは IDL（中間密度リポタンパク質），LDL（低密度リポタンパク質）へと変化する．LDL は受容体に仲介されたエンドサイトーシス（飲食作用）で細胞に取込まれる．肝外組織はこうして必要なコレステロールを得る．肝外組織の余分なコレステロールは HDL（高密度リポタンパク質）として肝臓に戻される．細胞のコレステロール供給を調節するのは，① HMG-CoA レダクターゼの長期調節と短期調節，② コレステロール濃度による LDL 受容体合成の制御，③ コレステロールをエステル化するアシル CoA：コレステロールアシルトランスフェラーゼ（ACAT）の長期調節と短期調節である．コレステロールは細胞膜の流動性を制限する重要な役割をもつが，一方, 血液中のコレステロールエステルが多すぎると高脂血症となり，動脈硬化を促進する．

5・6・6 リン脂質（複合脂質）代謝

複合脂質は疎水性の 1,2-ジアシルグリセロールまたはセラミド（*N*-アシルスフィンゴシン）に極性基（リン酸エステルまたは糖）が結合したものである．**リン脂質**にはグリセロリン脂質とスフィンゴリン脂質，**糖脂質**にはグリセロ糖脂質とスフィンゴ糖脂質がある．グリセロリン脂質の極性基はエタノールアミン，セリン，コリン，イノシトール，グリセロールのリン酸エステルである．これらはグリセロール 3-リン酸に 2 分子のアシル CoA が反応してつくられた 1,2-ジアシルグリセロール 3-リン酸のリン酸基に，極性分子が結合したのち，さらにメチル化などを受けてつくられ

◇ 薬 物 代 謝 ◇

われわれは生体にとっては異物であるさまざまな薬物にさらされた環境にいる．多くの化合物は主として肝臓で代謝され，その代謝の様式は二段階に分けることができる．

1) ヒドロキシ化：NADPH の還元力と分子状酸素を用いて，脂溶性の薬物に酸素を導入して酸化代謝物に変換する．これを担当する酵素は**シトクロム P450 群**とよばれる．通常，真核細胞のミクロソームに局在し，特に肝臓に大量に存在する特殊な酸化還元酵素である（図）．

$$RH + O_2 + NADPH \longrightarrow R\text{-}OH + H_2O + NADP^+$$

この酵素群は上の反応を触媒するが，RH は非常に広い範囲の薬物（発がん物質などを含む）だけでなく，脂肪酸，ステロイドホルモン，胆汁酸などのいくつかの生体内の化合物を表している（図）．シトクロム P450 群は基質特異性が少しずつ異なる非常に多くの酵素群から成り，シトクロム P450 遺伝子スーパーファミリーをなしている．その多くは誘導酵素で，薬剤投与によってある群のシトクロム P450 の量が増加する．

2) 抱合：第一段階の反応で薬物はヒドロキシ化され，より極性の高い化合物に変換される．第二段階の抱合ではこれらの誘導体が，グルクロン酸，硫酸，グルタチオンなどの分子と結合し，さらに水溶性が高くなり，尿中または胆汁中に排泄されやすくなる．最も頻度の高いのはグルクロン酸抱合で，UDP グルクロン酸を供与体としてフェノールやステロイドなど種々の薬物，ビリルビンなどがグルクロン酸トランスフェラーゼによって抱合される．その他アセチル化，メチル化され，代謝されるものもある．

NADPH ⟶ フラビンタンパク質 2 ⟶ [シトクロム P450 群: シトクロム P450$_1$, シトクロム P450$_2$, …] $\xrightarrow{O_2}$ ヒドロキシ化 [薬物, ステロイド, 胆汁酸, 脂肪酸, …]

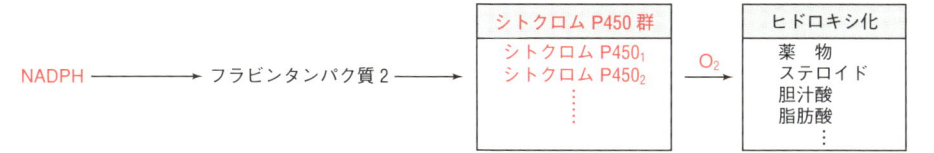

図 ミクロソームの電子伝達系　NADPH の還元力と分子状酸素を用いて，シトクロム P450 は種々の薬物に酸素を導入し，ヒドロキシ化する．

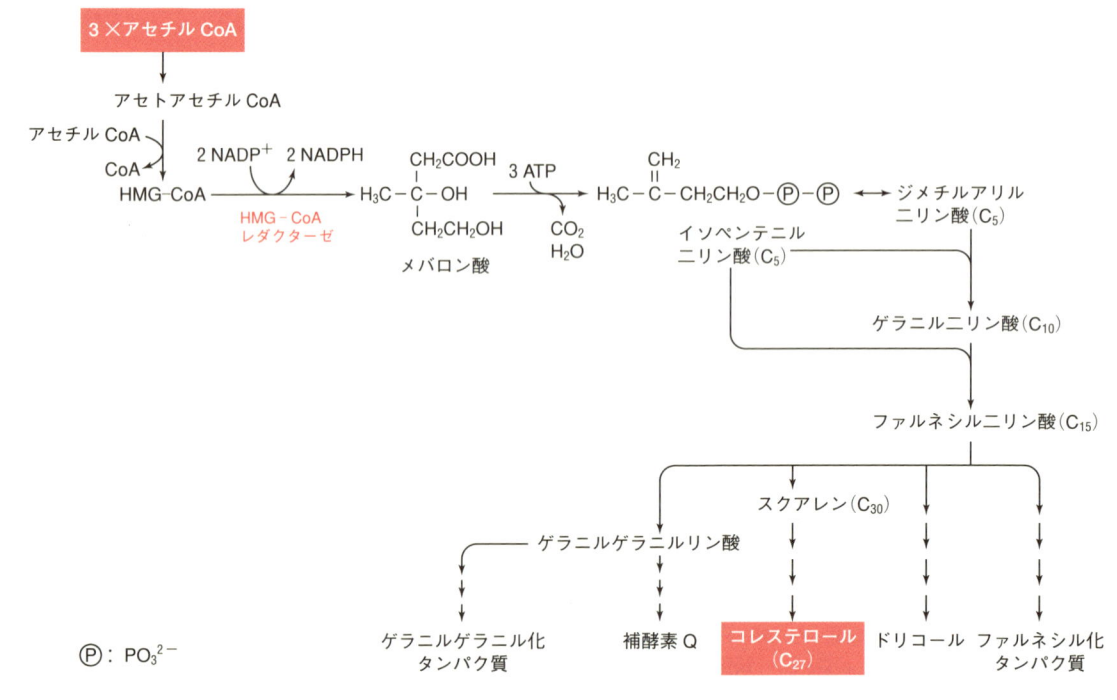

図5・26 アセチルCoAからのコレステロール（C_{27}）の生合成 （　）内は炭素数．哺乳類ではファルネシル二リン酸から，呼吸鎖の補酵素Qやアスパラギン結合糖タンパク質の合成に関与するドリコールなどがつくられる．

る．スフィンゴミエリン（図2・8）は神経細胞膜の重要な構成脂質で，主要なスフィンゴリン脂質であり，セラミドからつくられる．ほとんどのスフィンゴ脂質は極性基として糖をもつセレブロシド，ガングリオシドなどのスフィンゴ糖脂質である．糖単位は N-アシルスフィンゴシンの1位炭素のヒドロキシ基に順々にグリコシド結合する．スフィンゴ脂質は肝臓，脾臓，骨髄などの細網内皮系のリソソームで分解される．リソソームにはスフィンゴ脂質を段階的に加水分解する酵素があり，これらの分解酵素系の遺伝的欠損によりテイ・サックス病などのリソソーム蓄積症が起こる．

5・6・7 アラキドン酸カスケード

プロスタグランジン，プロスタサイクリン，トロンボキサン，ロイコトリエンはアラキドン酸代謝の産物で，非常に不安定であるが，ごく低濃度で炎症応答，痛みと発熱の誘発，血圧制御など顕著な生理効果を示す．これらの生理活性物質を生合成するための経路を**アラキドン酸カスケード**とよぶ．アラキドン酸代謝産物のような特定の細胞で合成・分泌され，周辺の限定された部位に作用する物質を**オータコイド**とよぶ．炭素数20の不飽和脂肪酸であるアラキドン酸は必須脂肪酸のリノレン酸から合成され，プロスタグランジン，プロスタサイクリン，トロンボキサンはアラキドン酸の環化経路で，ロイコトリエンは非環化経路でつくられる（図5・27）．アスピリンなどの非ステロイド性抗炎症剤は環化経路を阻害するが，非環化経路は阻害しない．

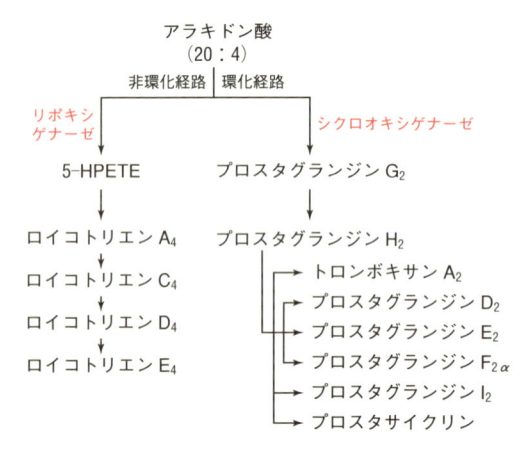

図5・27 アラキドン酸カスケード 5-HPETE: 5-ヒドロペルオキシ-6,8,11,14-エイコサテトラエン酸．

5・7 光合成

糖質（炭水化物）が酸化されて，自由エネルギーがつくり出される過程を前節までにみてきた．その逆反応であり，光のエネルギーをとらえて二酸化炭素から炭水化物を生成するのが**光合成**である．植物による光合成は多量の有機物をもたらし，その有機物に依存してわれわれ人類を含むすべての動物は生きている．光合成反応は次式で表される．

$$CO_2 + H_2O \xrightarrow{光} (CH_2O) + O_2$$

光合成を行う生物は高等植物，藻類および光合成細菌（シアノバクテリア，紅色硫黄細菌，緑色硫黄細菌など）のみである．シアノバクテリアを除く光合成細菌が嫌気的であり，酸素を発生しないのに対して，高等植物，シアノバクテリアは光合成の最終産物として酸素を発生し，動物は有機物だけでなく，この酸素にも依存している．

5・7・1 明反応と暗反応

光合成は二つの反応過程から成る．**明反応**は電子を伝達する系列で構成されており，光エネルギーをとらえて水を酸化し，$NADP^+$を$NADPH$に還元し，ATPと酸素を生じる過程である．**暗反応**（暗い所で起こる反応の意味ではなく，光を直接利用しない過程の意）では，ATPと$NADPH$を使って二酸化炭素と水から糖質を還元的に合成する．

5・7・2 葉緑体

高等植物と藻類の光合成は**葉緑体**（**クロロプラスト**）とよばれる細胞小器官で行われる．葉緑体はミトコンドリアと同じように脂質二重膜で包まれている．内膜によって囲まれた水溶性の領域をストロマとよび，酵素の濃厚溶液を含み，ここにチラコイド膜系が浸っている．明反応はチラコイド膜で，暗反応はストロマで起こる．光合成細菌では形質膜の一部がクロマトホアとよばれる小胞状顆粒を形成し，ここで明反応が起こる．

5・7・3 光エネルギーの捕捉と水の分解

クロロフィルおよび他の特異な色素が光を吸収する．光を吸収する単位を**光化学系**といい，光を吸収する色素の集合体すなわち集光アンテナ系と反応中心から成る．反応中心の構成要素の一つであるクロロフィル-タンパク質複合体は，アンテナ色素からの光（励起）エネルギーを受け取って，$NADP^+$還元のための電子の流れの出発点となる．つまり，励起エネルギーを化学エネルギーに変換する．高等植物とシアノバクテリアは光化学系Ⅰおよび光化学系Ⅱとよばれる二つの光化学系をもつが，他の光合成細菌は一つの光化学系しかもっていない．光のエネルギーを吸収した光化学系Ⅱのクロロフィルの電子は励起され，分子の外に飛び出し，すぐそばにあるタンパク質に結合したプラストキノン（Q，ミトコンドリアのユビキノンと類似している）とよばれる物質に渡される（図5・28）．

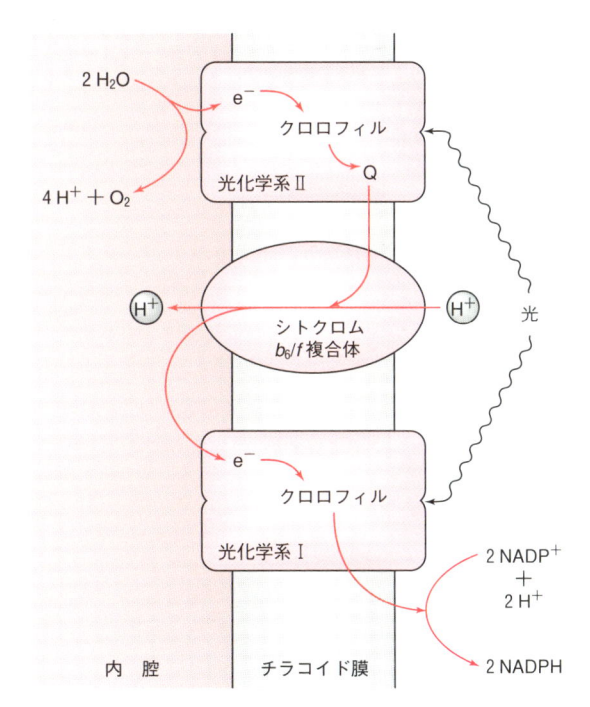

図5・28 チラコイド膜の呼吸鎖と光化学反応における水からNADPHへの電子の流れ Q: プラストキノン．

その結果クロロフィル分子は電子不足の状態となり，電子を吸い込む力が生じる．この力によって水分子が分解され，電子が引き抜かれる．ここで発生した電子はシトクロム b_6/f 複合体に渡され，このタンパク質のなかを電子が移動するときに，プロトンがチラコイド膜の外側から内側に取込まれる．このときチラコイド膜の内外にできるプロトン勾配の駆動力を利用してATPが合成される．一方，光化学系Ⅰに渡された

電子は，NADP$^+$に渡されNADPHが生成される．細菌は生合成に必要な還元当量を生産しないから，細菌光合成では硫化水素などの外部還元剤が必要である．光合成炭酸固定反応では1分子の二酸化炭素を糖に還元するために，2分子のNADPHと3分子のATPが必要である．非循環電子伝達ではそれぞれ2分子のNADPHとATPをつくり出す．必要な残りの1分子のATPは，光化学系IIと水分解酵素を含まない循環電子伝達によって生成される．この系はATPを産生するが，NADPHは生じない．

5・7・4 炭酸固定

植物とシアノバクテリアでは二酸化炭素は光化学反応でつくられたATPとNADPHを用いて**光合成炭酸固定回路**（**還元的ペントースリン酸回路**，回路の発見者名にちなんで**カルビン回路**ともいう）で固定され糖質や他の化合物をつくる（図5・29）．還元的ペントースリン酸回路の第一段階では9分子のATPと6分子のNADPHを使って，3分子のリブロース1,5-ビスリン酸と3分子の二酸化炭素から，6分子のグリセルアルデヒド3-リン酸を生成する．第二段階では自由エネルギーも還元剤も使わずに，5分子のグリセルアルデヒド3-リン酸の炭素原子を組換えて3分子のリブロース1,5-ビスリン酸を再生する．残りの1分子のグリセルアルデヒド3-リン酸が還元的ペントースリン酸回路の生産物で，糖質，アミノ酸，脂肪などの生合成の材料になる．還元的ペントースリン酸回路の流量制御酵素は光によるpH上昇と，マグネシウムイオン濃度，NADPH濃度の増加によるチオレドキシン（電子伝達タンパク質）の還元レベルの増加によって活性化される．還元的ペントースリン酸回路の中心酵素であるリブロース1,5-ビスリン酸カルボキシラーゼ（RuBisCO）は，リブロース1,5-ビスリン酸のカルボキシラーゼ反応とオキシゲナーゼ反応の両方を触媒する．オキシゲナーゼ反応は二酸化炭素濃度が低く酸素濃度が高いときに顕著である．反応の結果生じるホスホグリコール酸は，ペルオキシソームとミトコンドリアの一連の酵素系による反応で部分酸化されて酸素を消費する．この過程では，酸素を使って二酸化炭素を放出するので，これを**光呼吸**という．光呼吸の速度は温度とともに増大し二酸化炭素濃度が高いと減少するから，日射の強い夏には植物のエネルギーを無駄使いさせる．還元的ペントースリン酸回路のみにより炭酸固定を行う植物をC_3植物といい，多くの植物がこれに属する．熱帯に多いC_4植物では二酸化炭素を光合成細胞に濃縮する仕掛けがあり光呼吸を最小限に抑えるが，二酸化炭素1分子の固定にATPを還元的ペントースリン酸回路よりも2分子余計に使う．ある種の砂漠の植物（**CAM植物**）は夜に二酸化炭素を吸収して水分の蒸散を防ぎ，日中に細胞内に放出して還元的

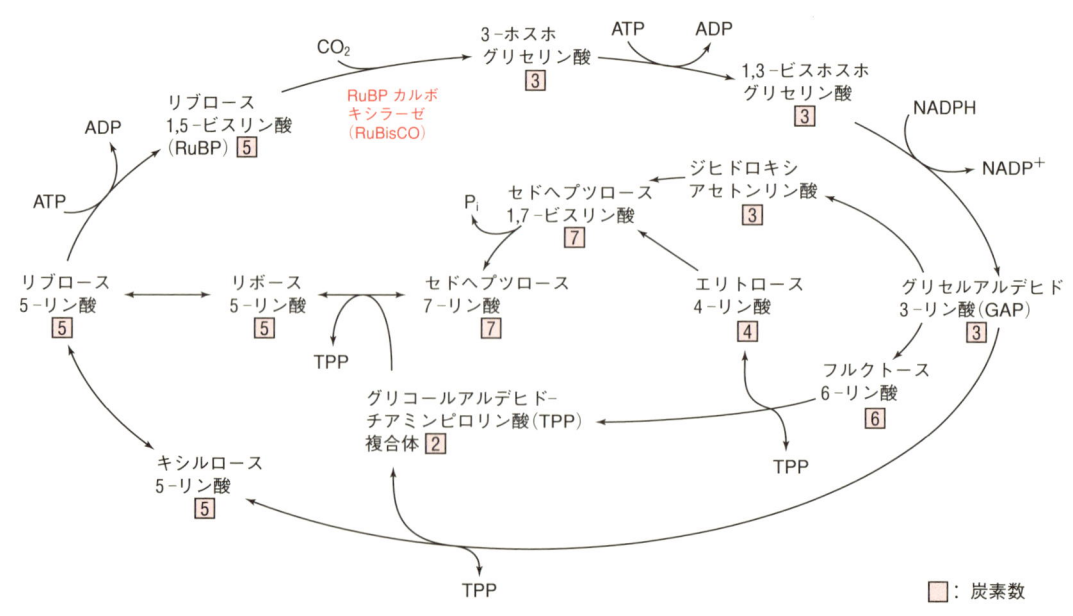

図5・29 還元的ペントースリン酸回路（カルビン回路）

ペントースリン酸回路で同化する。このCAM経路もC₄回路に似ている。

5・8 窒素代謝

ヒトは1日約70gのタンパク質を摂取するが、それに相当する量の窒素を排出しており、グリコーゲンやトリアシルグリセロールのように窒素を貯めておくことはできない。摂取されたタンパク質は消化されてアミノ酸に分解されて吸収され、体内の遊離アミノ酸プール（血液および細胞内）に入る。この遊離アミノ酸の3/4がタンパク質の合成に再利用され、残りの1/4が分解され窒素化合物として排出される。したがって1日当たりのアミノ酸プールは250～300gであり、70gは食事により、約200gはタンパク質の分解によってまかなわれている。生体を構成するすべてのタンパク質は、たえず一定の速度で分解と合成が繰返されている（これをタンパク質の代謝回転という）が、アミノ酸プールの定常性は保たれている。個々のタンパク質の寿命は千差万別で、数分のものから数週間のものまである。しかし、身体全体では1日に200gが分解されており、70kgのヒトのタンパク質量を10kgとすると、体タンパク質は毎日1/50が置き換わっている計算になる。飢餓状態や糖尿病など糖質がエネルギー源として使えない場合、タンパク質の分解が異常に高まり、得られたアミノ酸がエネルギー源として、また糖新生の材料として利用される。窒素代謝の全体像を図5・30に示す。

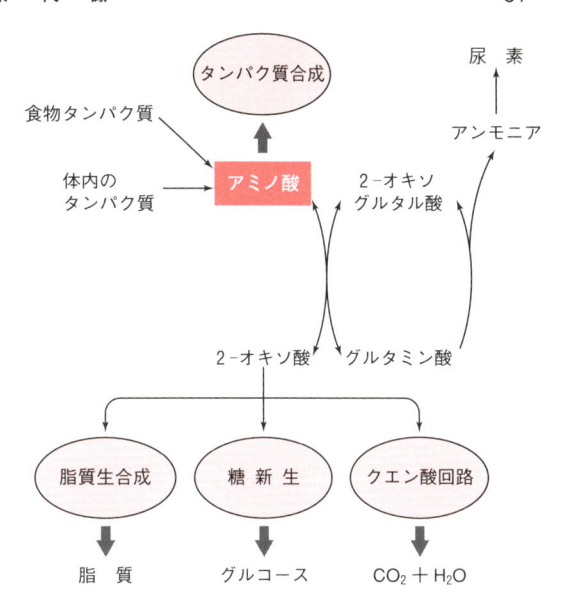

図5・30 窒素代謝の全体像

5・8・1 アミノ酸の分解

遊離アミノ酸の大部分はタンパク質合成に利用されるが、余分のアミノ酸は分解される。アミノ酸分解反応はアミノ基の窒素の代謝と炭素骨格の代謝に分けて考えることができる。アミノ酸分解の第一段階はアミノ基転移によるα-アミノ基の除去である（図5・31）。アミノトランスフェラーゼはピリドキサールリン酸（PLP）を補因子としてもつ酵素で、アミノ酸を2-オキソ酸に変え、除去したアミノ基を2-オキソグルタル酸に与えてグルタミン酸をつくる。PLPは酵素タンパク質のリシン残基のε-アミノ基と4位のアルデヒド基でシッフ塩基をつくっており、基質アミノ酸はそのリシン残基を置換する形でアルデヒド基に結合することからアミノ基転移反応は始まる。図5・32のようにC＝N間の結合が切断されれば、アミノ基転移反応が起こる。ついでグルタミン酸はミトコンドリアのグルタミン酸デヒドロゲナーゼによって酸化的に脱アミノされアンモニアを生じ、2-オキソグルタル酸を再生する。

5・8・2 尿素回路

アミノ酸などの代謝で放出されたアンモニアは毒

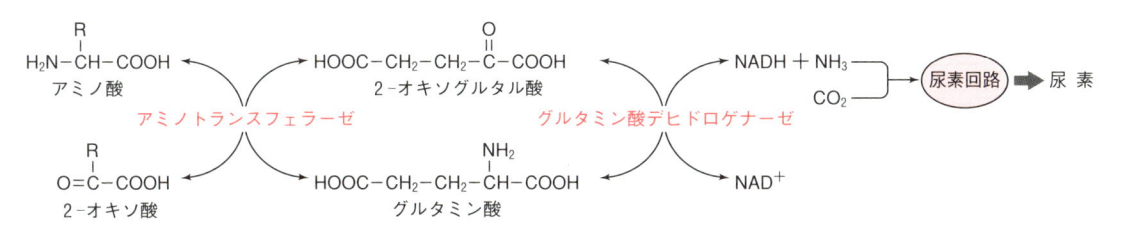

図5・31 アミノ酸の分解における窒素の全体的な流れ 2-オキソグルタル酸はグルタミン酸デヒドロゲナーゼの作用でアンモニアを受け取り、グルタミン酸を生成する。

性が強いので，哺乳類では水溶性の無毒な尿素に変えられ，尿中に排出される．尿素は肝臓において**尿素回路**として知られる一連の反応によって合成される（図5・33）．窒素原子の一つはアンモニア由来で，もう一つはアスパラギン酸由来であり，炭素は二酸化炭素（実際は炭酸水素イオン）由来である．反応には5種類の酵素が関与し，この経路の一部はミトコンドリアで，一部は細胞質ゾルで行われる．まずアンモニウ

図5・32 ピリドキサールリン酸の作用機序 シッフ塩基中間体の形成とアミノ基転移反応を経て，2-オキソ酸を生成する．

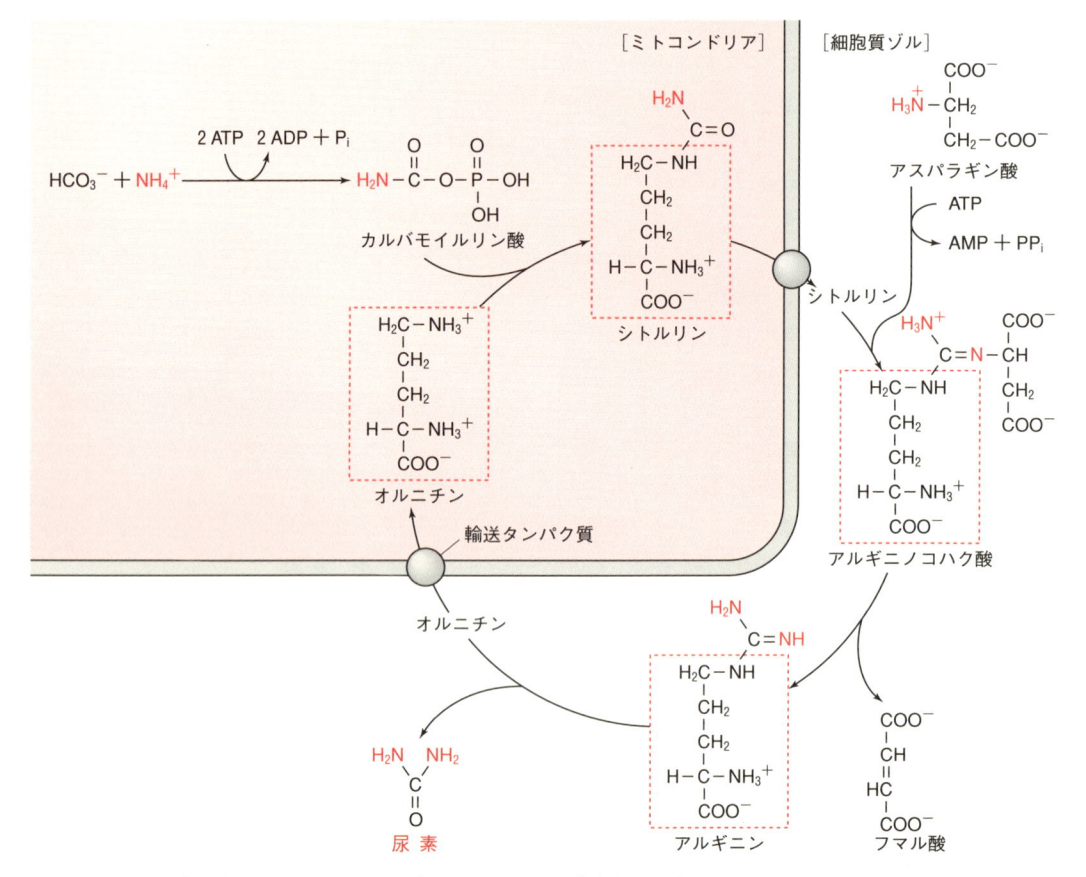

図5・33 尿素回路 カルバモイルリン酸とアスパラギン酸由来の2分子のアンモニアを取込んで尿素をつくる．オルニチン部分を点線で囲んである．

ムイオンと炭酸水素イオンがATP依存のカルバモイルリン酸シンターゼの作用で縮合し、生じたカルバモイルリン酸がオルニチンと反応してシトルリンをつくる。シトルリンとアスパラギン酸の結合で生じたアルギニノコハク酸が開裂してフマル酸とアルギニンを生じ、その加水分解で生じた尿素を排泄する。再生したオルニチンは再び尿素回路に入る。N-アセチルグルタミン酸はカルバモイルリン酸シンターゼをアロステリックに活性化して尿素回路を調節する。アンモニアは尿素になる以外に、一部はグルタミン酸デヒドロゲナーゼの作用でグルタミン酸に戻り、再利用されたり、あるいはグルタミン酸と反応してグルタミンのアミド基に導入され、タンパク質合成に利用されたり、腎臓で再びアンモニアを解き放し、酸-塩基平衡の是正に利用されたりする。

窒素は、鳥や爬虫類では尿酸として排泄される。哺乳類では尿酸はプリンヌクレオチドの異化産物で、この代謝経路は細いが、尿酸排泄性動物では窒素の排泄系も加わるため経路は太い。魚の大部分やオタマジャクシなどの水中にすむ動物はアンモニアのまま窒素を排泄しており、窒素の排泄の様式は動物の生息環境と密接に結びついているようである。

5・8・3 アミノ酸炭素骨格の代謝

アミノ基転移で生じた2-オキソ酸はクエン酸回路中間体か、その前駆体を経て代謝分解される（図5・34）。アミノ基が離れて後に残ったアミノ酸炭素骨格の代謝はアミノ酸によって異なる。アミノ酸のうちロイシンとリシンは、アセチルCoAとアセト酢酸に分解してケトン体の前駆体を生じるので、**ケト原性アミノ酸**とよばれる。ほかのアミノ酸は、少なくとも一部は糖新生の中間体、ピルビン酸、オキサロ酢酸、2-オキソグルタル酸、スクシニルCoA、フマル酸などを生じる**糖原性アミノ酸**である。アラニン、グリシン、システイン、セリン、トレオニンはピルビン酸を生じる。セリンはグリシンヒドロキシメチルトランスフェラーゼによって開裂してグリシンを生じる。アスパラギン、アスパラギン酸はオキサロ酢酸を生じる。アルギニン、グルタミン、グルタミン酸、ヒスチジン、プロリンの分解では2-オキソグルタル酸を生じる。メチオニン、イソロイシン、バリンはスクシニルCoAを生じる。メチオニンの分解でつくられる S-アデノシルメチオニン（SAM）は多くの生合成反応でメチル供与体として働く。分枝アミノ酸の分解経路では、生じたアシルCoAすべてに共通な反応がある。トリプトファンはアラニンとアセト酢酸に分解する。フェニルアラニンとチロシンはフマル酸とアセト酢酸を生じる。なお、一つのアミノ酸がケト原性と糖原性の両方であるものもある。

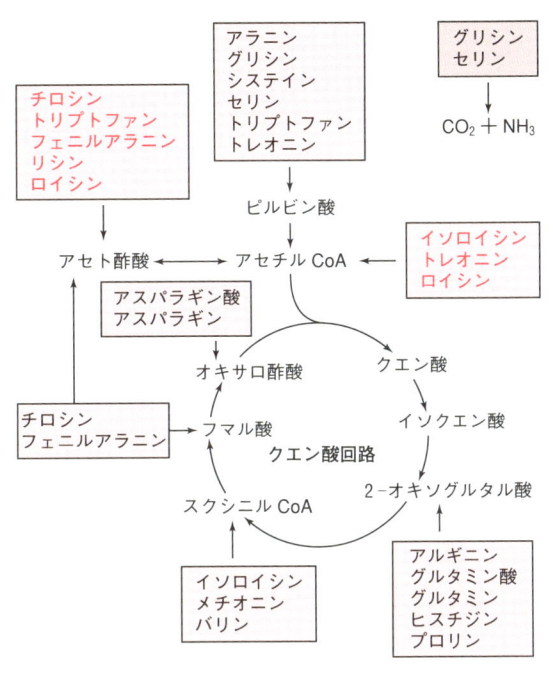

図5・34 アミノ酸の分解経路 アミノ酸の炭素骨格は、ピルビン酸、アセチルCoA、クエン酸回路中間体へ変換される。例外はグリシンとセリン。赤字はケト原性アミノ酸、その他は糖原性アミノ酸。

5・8・4 アミノ酸を材料とする生理活性物質の生合成

アミノ酸はヘム、生理活性アミン、グルタチオンなど多数の窒素化合物の前駆体でもある。ヘモグロビンやシトクロムの構成要素ヘムはグリシンとスクシニルCoAから合成される。ヘムの分解では胆汁色素ができる。ドーパミン、アドレナリン、ノルアドレナリン、セロトニン、4-アミノ酪酸（GABA）、ヒスタミンなどのホルモンや神経伝達物質は、すべてアミノ酸からつくられる。チロシンから生じたドーパが脱炭酸され、神経伝達物質であるドーパミンができ、ドーパミンがアドレナリン、ノルアドレナリンなどのカテコールアミンの前駆体となる。セロトニン、4-アミノ酪酸、ヒスタミンはそれぞれ、トリプトファン、グルタ

ミン酸，ヒスチジンからつくられる生体アミンである．グルタミン酸，システイン，グリシンから合成されるトリペプチドであるグルタチオンは細胞内に豊富にあり，その遊離チオール基の働きによって過酸化物を還元し，不活性化する．酸化ストレスに対する保護作用や赤血球のヘモグロビンの還元状態維持などの働きがある．筋収縮に伴いATPは急速に低下するが，解糖系が開始するまでの間，筋収縮を維持するのに使われるクレアチンリン酸は，アルギニンとグリシンを材料としてつくられる．

5·8·5 アミノ酸の生合成

アミノ酸は多くの生命活動に必要である．タンパク質の合成ばかりでなく，プリン，ピリミジンの合成やポルフィリン，リン脂質，アミノ糖といった特別な代謝物の合成にも用いられている．哺乳類が合成できるアミノ酸を**非必須アミノ酸**といい，食事でとらねばならないアミノ酸を**必須アミノ酸**という．動物における非必須アミノ酸の多くは図5·35に示すように，解糖系とクエン酸回路から炭素骨格供給とアミノ基転移反応によって生成できる．このように動物における非必須アミノ酸の合成経路は比較的単純だが，植物や微生物での必須アミノ酸の合成経路は一般に複雑である．

5·8·6 窒素固定

アミノ酸合成に必要な窒素の究極の供給源は大気の窒素分子だが，この気体はきわめて反応性に乏しく，**窒素固定**でアンモニアに変えて初めて代謝に利用される．窒素固定はある種の細菌だけが行う．そのなかの一つである根粒菌は，マメ科の植物と共生している．

$$N_2 + 3H_2 \longrightarrow 2NH_3$$

この窒素の還元反応はNADHとフェレドキシンを必要とし，還元される1分子の窒素につき12分子のATPの加水分解を伴う発エルゴン反応であり，細菌ではニトロゲナーゼによって触媒される（図5·36）．アンモニアは2-オキソグルタル酸とともに濃縮されてグルタミン酸デヒドロゲナーゼの働きによってグルタミン酸になる．この反応は可逆的で，アミノ酸の分解にも用いられる．

$$N_2 + 8H^+ + 8e^- + 16ATP + 16H_2O$$
↓ ニトロゲナーゼ
$$2NH_3 + H_2 + 16ADP + 16P_i$$

2-オキソグルタル酸 + NAD(P)H → グルタミン酸
H_2O + NAD(P)$^+$

グルタミン酸 + ATP → グルタミン
ADP + P_i

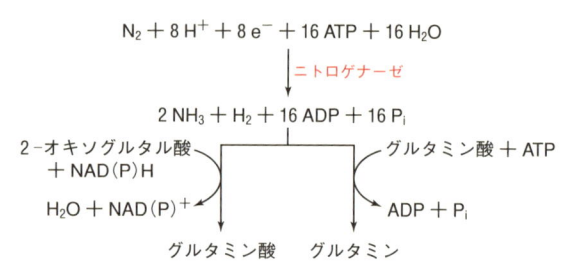

図5·36 窒素固定菌による窒素のアンモニアへの変換

5·9 ヌクレオチド代謝

ヌクレオチドはDNA，RNAの基本単位であるが，その他，エネルギー通貨ATPとして，シグナル伝達物質cAMPとして，また補酵素（NAD$^+$，NADP$^+$，FMN，FAD，CoA）の構成要素として種々の代謝に関与する．ヌクレオチドは細胞内で新たに合成できるが，核酸・ヌクレオチド分解から生じた塩基を再利用する系（**サルベージ経路，再利用経路**）も発達している．

5·9·1 プリンヌクレオチド合成

ほとんどすべての細胞はプリンヌクレオチドを同じような経路で合成する（図5·37）．ペントースリン酸回路から供給されたリボース5-リン酸を出発材料とし，これとATPからつくられたPRPP（5-ホス

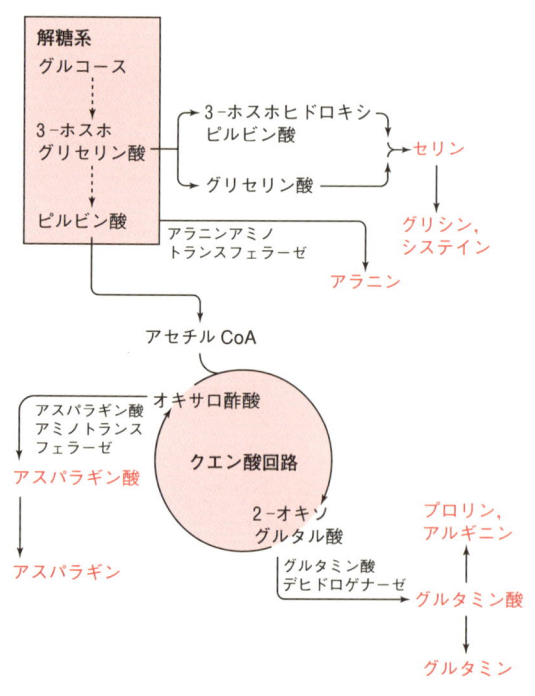

図5·35 非必須アミノ酸の生合成　解糖系とクエン酸回路中間体から，ここでは省略された段階を経てアミノ酸が合成される．

ホリボシル1-二リン酸）上でプリン環が形成されてイノシン一リン酸（IMP）を生じる．プリン環の原子の由来を図5・38に示すが，グリシン分子がそっくり取込まれていることに留意すること．AMPとGMPはIMPから別経路でつくられる．AMP，GMPを順次リン酸化してヌクレオシド二リン酸，ヌクレオシド三リン酸にする．これらのヌクレオチド合成速度は，GMP，AMP，ATP，GTPの濃度によるフィードバック制御で相互に調整される．プリンヌクレオチドは核酸の分解で生じたプリンの再利用によっても合成される（サルベージ経路）．サルベージ経路を触媒する酵素の働きは重要であり，この酵素の欠損がレッシュ・ナイハン症候群の破壊的奇行をひき起こす．

5・9・2 ピリミジンヌクレオチド合成

細胞はピリミジンヌクレオチドを6段階の反応で合成する（図5・39）．このときはピリミジン環がで

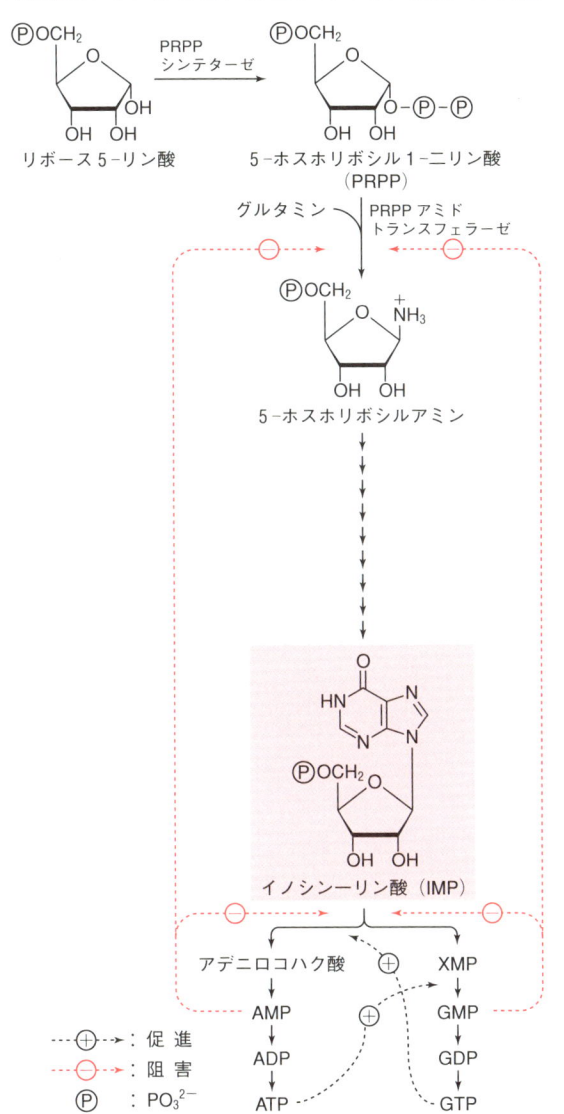

図5・37 プリンヌクレオチドの生合成経路と調節機構

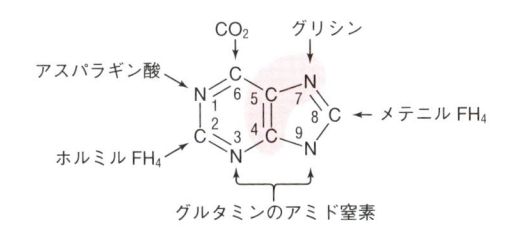

図5・38 生合成経路で合成されたプリンの原子の由来
FH_4: 5,6,7,8-テトラヒドロ葉酸．

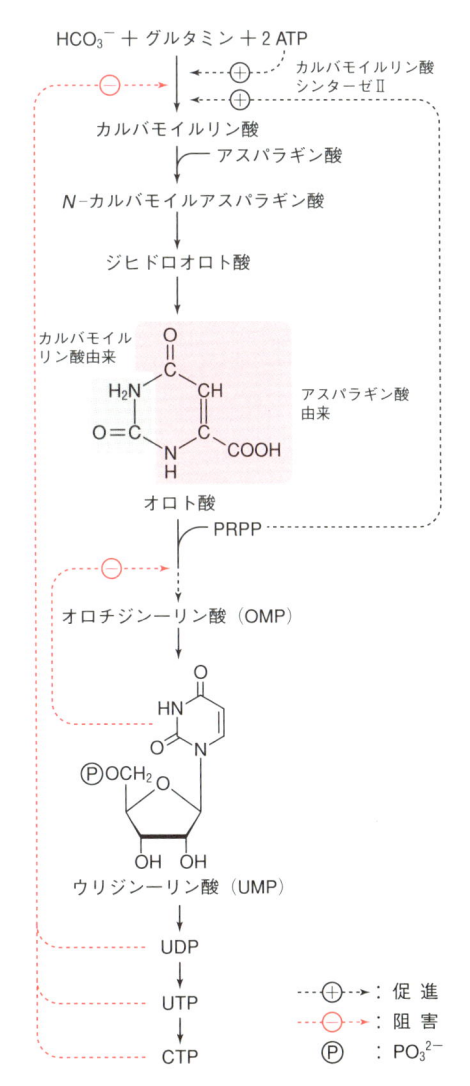

図5・39 ピリミジンの生合成経路と動物における調節機構

きてからヌクレオチドであるウリジン5′ーーリン酸（UMP）に変わる．UMPを2回リン酸化してウリジン5′ー三リン酸（UTP）をつくり，そのアミノ化でシチジン5′ー三リン酸（CTP）をつくる．ピリミジン生合成はフィードバック阻害とプリンヌクレオチド濃度によって調節される．

5・9・3 デオキシリボヌクレオチドの生成

デオキシリボヌクレオチドは，リボヌクレオチドの還元で生成する．この反応で生じた酵素（リボヌクレオチドレダクターゼ）分子上のS-S結合を，生理的還元剤であるチオレドキシンを用いて還元する（図5・40）．最終的な還元当量としてはNADPHが使われる．チミンはチミジル酸シンターゼによるデオキシウリジン5′ーーリン酸（dUMP）のメチル化により，デオキシチミジン5′ーーリン酸（dTMP）として合成される．この反応でメチル基を供給する5,10-メチレンテトラヒドロ葉酸は，ジヒドロ葉酸に酸化されたのち，ジヒドロ葉酸レダクターゼとグリシンヒドロキシメチルトランスフェラーゼの作用で再生される．DNA合成にはこの反応が欠かせないので，この酵素は化学療法の標的とされる．つまりチミジル酸シンターゼの自殺基質（酵素を不可逆的に失活させる物質）であるフルオロデオキシウリジル酸（FdUMP）や，ジヒドロ葉酸レダクターゼを強力に阻害する抗葉酸剤のメトトレキセートは，がん治療薬として効果がある．

5・9・4 ヌクレオチドの異化

プリンヌクレオチドはAMPあるいはGMPの状態で直接脱アミノされる場合と，いったん遊離のアデニンあるいはグアニンになった後で脱アミノされる場合があり，いずれもキサンチンを経て尿酸を生じる（図5・41）．動物の種類により，尿酸として排泄されるものや，もっと単純な化合物（水溶性のアラントインやさらにはアンモニアまで）に分解してから排泄されるものがある．水に溶けにくい尿酸の生産過剰か排泄不足により，関節や組織内に尿酸塩が沈着し，関節の激しい痛みや腫れの発作を繰返すのが痛風である．ピリミジンヌクレオチドはピリミジンが遊離されてから分解され，動物細胞ではアミノ酸（ウラシルとシトシンはβ-アラニン，チミンはβ-アミノイソ酪酸）に分解される．

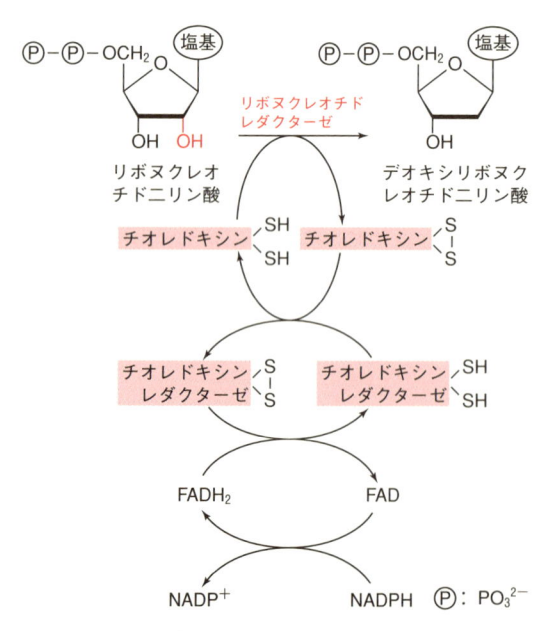

図5・40 デオキシリボヌクレオチド合成経路

図5・41 動物におけるプリン異化代謝の経路 核酸分解で生じたプリン塩基の大部分は，PRPP（5-ホスホリボシル1-二リン酸）を利用したサルベージ経路で再利用され，残りは異化代謝される．

5・10 エネルギー代謝

5・10・1 エネルギー代謝系のネットワーク

エネルギー代謝に関与する糖質，脂質，アミノ酸の代謝は複雑なネットワークを形成している（図5・42）．代謝の交差点にある物質はアセチル CoA とピル

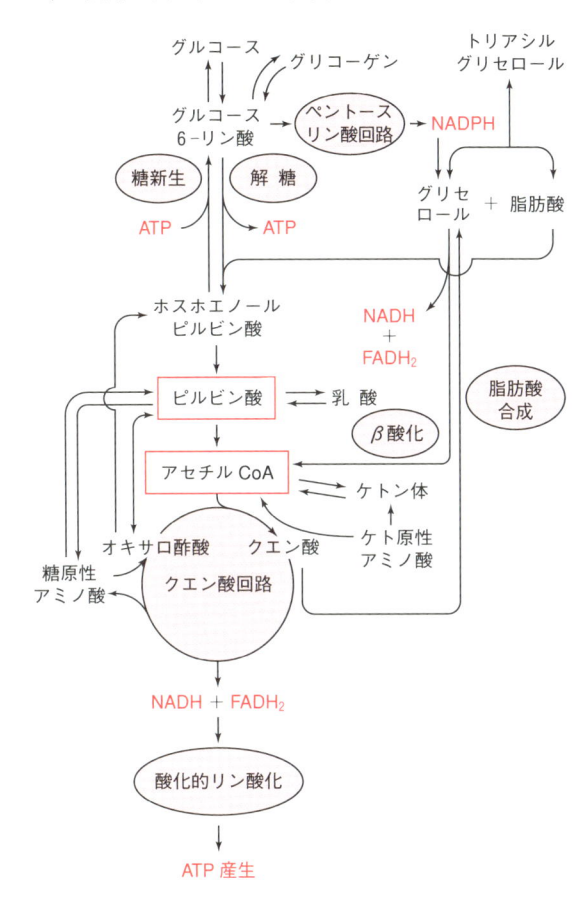

図 5・42 炭水化物，脂質およびアミノ酸代謝の相関

ビン酸である．アセチル CoA は糖質，脂質，ケト原性アミノ酸の共通分解産物である．この分子のアセチル基はクエン酸回路と酸化的リン酸化で酸化されるか，栄養素が豊富なときは脂肪酸に合成される．ピルビン酸は解糖，乳酸の脱水素，あるいはある種のアミノ酸の分解で生じる．そして酸化的脱炭酸によりアセチル CoA に変化し，上述の代謝系に入るか，ピルビン酸カルボキシラーゼでオキサロ酢酸となり，クエン酸回路中間体を補充するか，血糖が低下するような条件では，ホスホエノールピルビン酸を経て糖新生経路に入る．ピルビン酸はある種のアミノ酸の原料でもある．

5・10・2 組 織 化

エネルギー代謝系は，細胞内ではミトコンドリアと細胞質など異なる場所に，身体では別の臓器・器官に分布する．これを代謝系の組織化とよぶ．細胞質ゾルでは解糖，グリコーゲンの分解と合成，糖新生，ペントースリン酸回路，トリアシルグリセロールと脂肪酸の合成が行われ，ミトコンドリアでは脂肪酸酸化，クエン酸回路，酸化的リン酸化，ケトン体合成が行われる．アミノ酸の分解は細胞質でもミトコンドリアでも行われる．そこで代謝物質の細胞小器官間の膜輸送も重要となる．また，組織の代謝の特性に応じてグリコーゲン代謝系は主として肝臓と骨格筋に，糖新生系は肝臓と腎臓に分布している．

5・10・3 燃料の酸化の優先度

エネルギー代謝系の代謝経路は，細胞の需要に応じて ATP をつくり，また，栄養素が豊富なときにグリコーゲン，トリアシルグリセロール，タンパク質などを合成して必要時に備えている．また血中グルコース濃度（血糖値）は適正値に維持されており，グルコースの消費はできるだけ節約し，他のエネルギー燃料である脂肪酸，ケトン体を優先的に利用する．脳や赤血球はグルコース依存度がはるかに高く，また肝外組織でもクエン酸回路の活性を保つためにはオキサロ酢酸の濃度を維持する必要があるため，グルコースの酸化はわずかであっても必ず必要であり，糖新生は重要である．筋肉などでは脂肪酸，ケトン体が酸化されるとクエン酸の濃度が上昇し，これが解糖の律速酵素ホスホフルクトキナーゼをアロステリックに阻害する．また，アセチル CoA や ATP の濃度の増加がピルビン酸デヒドロゲナーゼを阻害し，グルコースの酸化を抑制する．

5・10・4 摂食と飢餓

摂食する栄養素の割合によってどの燃料が酸化されるかが異なる．高糖質食では血糖とインスリン濃度が高く，脂肪の分解は抑制され，グリコーゲン，トリアシルグリセロールの合成が盛んになる．飢餓時には血糖を維持するため，肝臓のグリコーゲンが分解される．インスリンは減少し，グルカゴンが増加し，脂肪組織から脂肪が動員され，脂肪酸とグリセロールを生じる．脂肪酸は酸化されるか，エステル化され，グリ

セロールは糖の代謝プールに入る．さらに絶食が続くと，タンパク質の分解で生じたアミノ酸やグリセロールからのグルコースの生産では需要に追いつかず，肝臓のグリコーゲンは底をつく．脂肪はどんどん動員され，肝臓ではその大部分はケトン体生成にまわされる．脳は代謝燃料をグルコースからケトン体に切替え，代謝のタンパク質分解依存度を軽減し脂肪分解に依存するようになる．糖尿病はインスリンが分泌されないか，標的細胞がインスリンにうまく応答できない病気である．血中グルコースは高濃度なのに細胞は糖を取込めない状態で，ホルモンも飢餓信号を送り続ける．このように制御の効かない糖尿病では，ケトン体の生産過剰が最も深刻な影響を与える．

◇ **肥満の生化学** ◇

米国人の約 1/3 はかなりの体重超過といわれているが，日本でも**肥満**はわれわれの最も重要な健康問題の一つとなっている．1994 年，摂食抑制作用をもつホルモン，**レプチン**とそれを合成する遺伝子が発見され，世界中の学者たちはわきあがった．遺伝的に肥満を示すマウス（*ob/ob*）〔*ob* は obese（肥満）の略〕では，レプチンの遺伝子に異常があり正常なレプチンがつくれないことから，体重が正常なものの 3 倍にも達する超肥満を起こす．病的に太ったマウスにこのレプチンを与えると，体重が減少する．興味あることに，レプチンはそれまでたんなるエネルギーの貯蔵庫と考えられてきた脂肪細胞でつくられ，ホルモンとして働き，脳の特異的な受容体に結合する．さらに，もう 1 種類の遺伝性肥満マウス（*db/db*）〔*db* は diabetes（糖尿病）の略〕の解析がなされ，このマウスではレプチン受容体の遺伝子に異常があることも発見された．つまり，レプチンは脂肪細胞に蓄えられた脂肪の量を感知し，末梢のエネルギーバランスを伝える重要な情報伝達物質として働いていることがわかった．実際にヒトにおいて，レプチン遺伝子異常症，レプチン受容体遺伝子異常症などの家系が発見され，著しい肥満症を呈することより，ヒトにおいてもレプチン系の作用不足が肥満を起こすことが証明された．

しかし，このような肥満原因遺伝子の異常はきわめてまれで，多くの肥満症の人では血中レプチンは高値を示し，いわゆるレプチン抵抗性がみられる．肥満は環境因子と素因となる遺伝子の相互作用によって起こると考えられている．日本人に多い肥満関連遺伝子はその遺伝子異常のみでは肥満するほどではないが，これをもつ人が過食になったり，運動不足になったり，別の肥満関連遺伝子を合わせもつときに肥満を発症するという，多因子性遺伝子異常とよばれるものである．この代表は，アドレナリン β_3 受容体と褐色脂肪組織の脱共役タンパク質の遺伝子多型である．脱共役タンパク質は余分なエネルギーを熱として体外へ放出する役割をもち，アドレナリン β_3 受容体は活性化されると脱共役タンパク質を活性化する．したがって，これらのタンパク質の機能がなくなる，あるいは低下すると余分なエネルギーを放出できなくなる．つまり，太りやすくやせにくい遺伝子多型である．

肥満症は代表的な生活習慣病であり，肥満についての生化学的研究は現在，最も活発な研究分野の一つである．

6 遺伝情報の成り立ちと機能

6・1 遺伝情報としてのDNA

単細胞生物は，細胞分裂によって2個の基本的に同じ生物をつくり，多細胞生物は受精卵という1個の細胞から細胞分裂と分化を重ねることで親と基本的に同じ生物をつくる．この生物（生命）の連続性（保存性）を担う物質として，**遺伝子**という言葉が定義された．それは，遺伝子の実体が **DNA** であることがわかる以前のことである．"遺伝子＝DNA"という図式は今でこそ当然で周知のことであるが，実験的基盤の上に"遺伝子＝DNA説"が提出されたのは今からたかだか半世紀余り前のことであり，酵素の発見はおろか，ミカエリス・メンテンの式に代表される酵素学の成立よりもずっと後のことである．

1944年に，有毒な肺炎双球菌のDNAが無毒な菌を有毒な菌に変えること（このように細胞や生物の性質をDNAの働きで変えることを**形質転換**という）がO. T. Averyらによって明らかにされた．1953年にはDNAの立体構造の二重らせんモデルがJ. D. WatsonとF. H. C. Crickによって提唱され，DNAこそ遺伝子にふさわしい分子であることが理解された．これらと前後していくつかの鍵となる論文が発表され，DNAが遺伝子であることは揺るぎないものと認められた．今日に至るまでのDNAや遺伝子発現にかかわる莫大な数の，そして高度に進歩した研究によって，遺伝子の構造と機能がつぎつぎに解き明かされている．現在では，細菌からヒトやイネに至るまでさまざまな生物の"ゲノム"が明らかにされている（p.71, コラム"ゲノム"）．しかし，遺伝子の本体としてのDNAの全体像をみたとき，その基本的な機能の点においてもまだわかっていないことは多い．一方，半世紀にわたる分子生物学の成立と急速な発展の歴史は，DNAや遺伝子という言葉を科学の世界から一般社会で通用する言葉に広めた．

6・2 DNAの構造——遺伝する仕組み

遺伝子として働く分子には，遺伝すること，つまり親から子へ子から孫へと正しくカエルの子はカエルとなるように伝えられること，そして生物を形づくる情報をもっていることが必要である．つまりDNAに，① 遺伝する，そして ② 情報となる仕組みが折込まれている必要がある．

DNA分子は，2本のポリデオキシリボヌクレオチド鎖が逆平行に，らせん状により合わされている（これをDNAの**二重らせん**という．p.16, 図2・18）．二つの鎖を結びつけている力は，逆平行の2本のポリヌクレオチド鎖から出た塩基の間につくられる**水素結合**の力である．DNAを構成するヌクレオチドの塩基には4種類（A: アデニン，C: シトシン，G: グアニン，T: チミン）あるが，水素結合をつくる組合わせは，AとTおよびCとGである．したがって二重らせんの一方の塩基の並び方（これを**塩基配列**という）が決まれば，相手方の塩基配列は一義的に決まる．たとえば一方の鎖が $5'-ACAGTGCT-3'$ の順ならば，他方は必然的に $5'-AGCACTGT-3'$ となる（塩基配列は，5′から3′方向へ書くことが一般的である）．このように2本の鎖は，互いに他方を規定し補い合っているので，ある1本のDNAに水素結合するもう一方の鎖のことを**相補鎖**とよぶ．すなわち，DNAの2本のポリ

ヌクレオチド鎖は，互いに**相補的**であると表現することができる．

このDNAの二重らせん構造そのものが，正しく遺伝する仕組みなのである（図6・1）．詳しい複製の

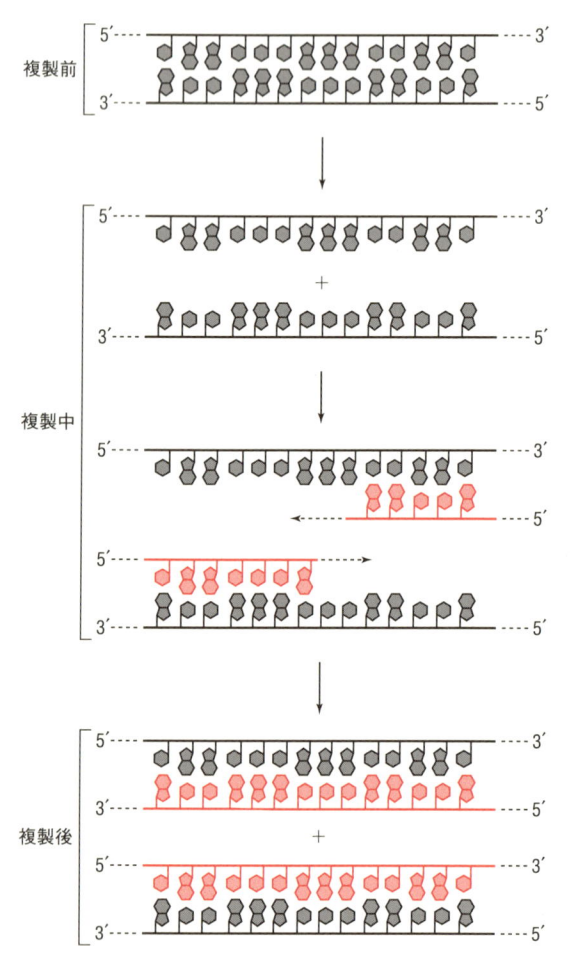

図6・1　DNA複製の概念と塩基配列の保存

過程は§6・4で学ぶことになるが，DNAが複製して，親細胞から娘細胞へ，親から子へと伝達されるときには，二重らせんがほどけて2本となってそれぞれに相補的な鎖が合成されるのである．そうすると，一方の鎖の塩基配列が決まっているので新たに合成される鎖の塩基配列は，複製の前に水素結合をつくって対合していた相補鎖と同じになる．その結果，新たにできた二つの二重らせんは，ともにほどける前の二重らせんそのものである．つまり，二重らせんDNAがほどけて複製されると元あったものと同じ分子が二つできるのである．これが，DNAが正しく遺伝する仕組みを

もっていることの最大の鍵である．

それでは生物にはどれほどのDNA分子が，あるいは塩基配列が含まれているのであろうか．図6・2に示したように，最も簡単な生物である細菌でも遺伝子のDNAは多くは10^6塩基対以上の長さである．真核生物では核内のすべてのDNAを集めると，酵母などの菌類でもその1桁上の10^7の桁であり，無脊椎動物ではさらにその1桁上，脊椎動物ではさらにその上の10^9の桁である．このDNAを図2・18のように伸ばした形にすると，大腸菌のDNA（約$4×10^6$塩基対）ですら1mm以上になってしまう（ちなみに大腸菌の大きさは約1〜2μmである）．

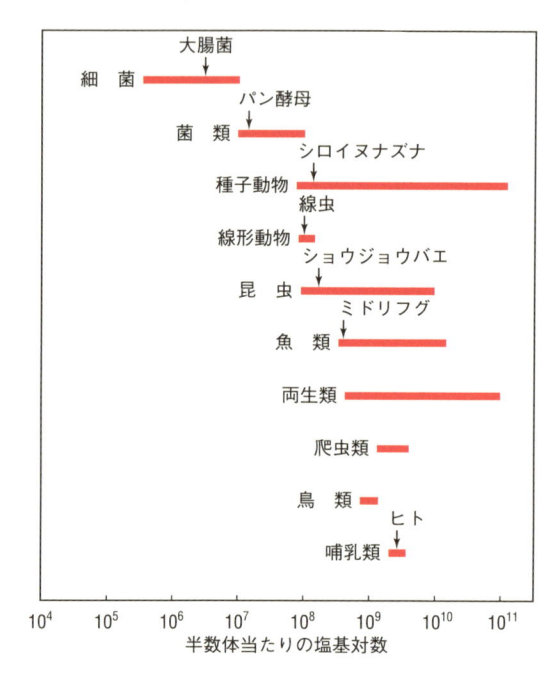

図6・2　さまざまな生物の遺伝子の大きさ（ゲノムサイズ）

遺伝子の大きさの値は，人が思う生物の複雑さとは完全には比例しないものの大体同じ傾向にある．また遺伝子の研究をするとき，全体の長さが短いほど実験的にはやさしくなるので，ゲノムサイズから遺伝子研究のモデル生物に選ばれたものもある．線形動物である線虫の一種（学名 *Caenorhabditis elegans*）や被子植物であるシロイヌナズナ（学名 *Arabidopsis thaliana*）などは，こうした観点から遺伝子の解析に向いていること，また遺伝学的な実験が可能なことから，現在，有力なモデル生物として広く研究されている（p.74，コラム"ショウジョウバエと線虫"）．

◇ ゲ ノ ム ◇
── ゲノムプロジェクトから
　　　　　みえてきたこと ──

　ゲノムという言葉は，DNAに続いて専門用語から一般用語化しつつある．ゲノムを辞典で引くと"配偶子，つまり，半数体に含まれる遺伝子の総体"とあるが，実際にはごく一部（1個の遺伝子など）をさす場合にもゲノムという言葉は用いられる．いずれにしてもゲノムプロジェクト（ゲノム計画）という遺伝子の総体を決定する計画がさまざまな生物種で実施されるにつれ，ゲノム（遺伝子全体）を既知の情報と考えて，生物学を研究したり医学などへの応用を考えるようになっている．

　2004年10月にヒトゲノムコンソーシアムが$2.85×10^9$塩基のヒトゲノム配列を発表した．これはユークロマチン領域の99%に対応していて，配列の信頼性（精度）は99.999%であるという．これによって確かにヒトのゲノムは既知の情報になったという実感をもてるようになった．なお，未決定部分の多くはヘテロクロマチンであり，その中身の大半は繰返し配列であるため，現在ユークロマチン領域で少しだけ残っている不連続点が埋められることでゲノムプロジェクトは完成するものと思われる．したがって，タンパク質をコードする20,000〜25,000という数値（表）はゲノム

表　ゲノムサイズと遺伝子数

	およそのゲノムサイズ（$×10^6$塩基対）	予想されている遺伝子数（タンパク質をコードするもの）
ヒ　　ト	3000	20,000〜25,000
マウス	3000	20,000〜25,000
ミドリフグ	400	20,000〜25,000
ショウジョウバエ	180	〜14,000
線　　虫	100	〜19,000
シロイヌナズナ	120	〜25,000
イ　　ネ	400	〜37,000
出芽酵母	12	〜6000
大腸菌	4.6	〜4300

から推定できる最終値に近い．ところでこの数値をみると，タンパク質をコードする遺伝子の数という基本数値には2割もの幅（ゆらぎ）が，ゲノムの配列がわかった後でも残されていることがわかる．つまりゲノムプロジェクトが与える（配列）情報は膨大かつ偉大であるものの，遺伝子の働き全部を解き明かすには至らず，転写・翻訳というセントラルドグマについてす

ら必ずしも確定しないのである．また上記の数は，当初予想していたヒトの遺伝子数よりはずいぶん少ない．ヒトの遺伝子数は大腸菌の5〜6倍程度，線虫やショウジョウバエの2倍にもならない．脊椎動物という視点で見たとき，その原型に近い魚類とは遺伝子数においてほぼ同じである．つまり人が思うほどには，ヒトは複雑な遺伝子をもった生物ではない．この遺伝子数には低分子量RNA (p.97) などのRNAとして機能する領域は含まれていないので，一概にはいえない面はあるが，多細胞動物をつくるためには1万数千の遺伝子が必要で，ヒトはそれを倍化まではしておらず，脊椎動物が成立したときの遺伝子数からあまり変化させていないのは確かである．こうしてモデルとなる生物種のゲノムがわかった結果，生物界全体を眺めた視点から進化を考えられるようになった．

　現在は，ゲノムプロジェクトの対象がヒトや典型的なモデル生物から他の一般的な生物種へと広がってきている．そこから新たな展開，たとえば生物界の一部に関する進化，つまりローカルな進化に関する考察が可能になった．たとえばサルからヒトへの進化（正確にはヒトはサルの一種なので，サル界におけるヒトの位置づけ）についても，類人猿などのゲノムとの比較から推定できるようになっている．以前ミトコンドリアDNAの塩基配列から現生する人類（ホモ・サピエンス）の由来が議論されたよりも正確かつ詳細に，人類の由来や人種の系譜についても推論可能である．解析が個人レベルまで行き着けば個体それぞれについてもいろいろなことがわかり，ゲノム解析が社会的な問題にまで影響を与える可能性を将来的にはもっている．

　ゲノムの情報はこうしたミクロ・マクロの進化の道筋を遺伝子から探し出すほかに，何よりもまず遺伝子の機能を解明する土台を与えている．しかしゲノムがわかっても遺伝子数はおよそのレベルでしか推定できないように，ゲノムプロジェクトは第一歩にすぎない．網羅的なRNAの解析やタンパク質の解析がつぎの土台（第二歩）として必要であり，これらはポストゲノム解析とよばれている．トランスクリプトーム解析，プロテオーム解析，メタボローム解析などはそうした方向に位置づけられよう (p.119のコラムを参照)．

　これまでにゲノムが解析された生物は600種を超える（ただし，これらすべてに関して線虫やショウジョウバエほど正確に決定されているわけではない）．また，数年内にはゲノムが既知となる生物は1000種を超えると予想される．これまでにゲノムが解析された大半（2百数十）は大腸菌やピロリ菌などの微生物である．微生物はゲノムサイズが小さく，均一な生物材

料さえ得られれば最新の技術でゲノムを決定するのは比較的容易だからという理由だけで，ただ決定されたわけではない．微生物のゲノムプロジェクトの多くは感染症対策などの医療分野，発酵などの食料・生活に関する応用分野などを視野に入れたものである．真核生物のゲノムプロジェクトに関しては規範となるモデル生物に関して先がみえたところであるが，クローン技術（§7・2）と共に医療・生活とゲノムは結びつきつつあり，今後は家畜や栽培植物，ヒトの個体差などへと，こうした結びつきが拡大するのは確実である．

ゲノムプロジェクトはDNAの塩基配列技術の飛躍的な進歩と決定した配列を解析するコンピューター（情報科学）の発展に支えられて，ほぼ計画どおりに成し遂げられた．こうした技術，特に情報科学は生命科学との相性がよい．生命科学が情報科学にもたらしたものに，遺伝的アルゴリズム，ニューロコンピューター，DNAコンピューターなどがある．一方，二つの分野が融合したものとして，バイオインフォマティクス（生物情報科学）という新たな分野が形成されつつある（p.108のコラムを参照）．

6・3 情報としてのDNA ── DNAの情報はRNAに転写されて機能する

DNA分子は遺伝する情報であり，生命（現象）の設計図である．実際に生命体を形づくっている細胞を構成し生命現象をひき起こすためには，タンパク質をはじめとするDNA以外の多くの生体分子の働きが必要である．こうした生体分子には，DNAの情報をもとにつくられたRNAや，RNAの情報をもとにつくられたタンパク質がある．また，タンパク質は無機物や低分子の有機化合物を細胞の中へと取込む働きをもつ．さらにタンパク質は，触媒としてさまざまな分子の生合成にかかわる（4章）．したがって生命現象の基本はDNAにあるという考え方も可能となり，これを中心として初期の分子生物学が発展した．

生命現象を担うDNAの遺伝情報とは，ポリヌクレオチド鎖における塩基の並び方（塩基配列）であり，この情報はRNAに写し取られてその意味を表す．RNAの塩基配列は基本的に鋳型となっているDNAと同じものであり，RNAにはRNA分子として機能するもの（rRNAやtRNAなど）と，さらにタンパク質をつくる鋳型となるもの（mRNA）がある．mRNAの塩基配列にはタンパク質のアミノ酸配列に対応する部分があり，塩基配列がタンパク質のアミノ酸配列を決めている．このようにDNAの情報が生物の中で使われることを**遺伝子発現**とよび，RNAが鋳型DNAに従って合成される過程を**転写**（p.81，§6・7），mRNAに写し取られた情報をもとにタンパク質が合成される過程を**翻訳**（p.97，§6・8）とよぶ．また，DNAの情報を源としてタンパク質に至るまでの一方向に流れる過程が生物の一般原理であるという考え方は**セントラルド**

グマとよばれている．

したがって，タンパク質のアミノ酸配列はmRNAを介してDNAと結びついており，その対応は原核生物・真核生物を問わず，多少の"方言"はあるものの，すべての生物に共通である．図6・3に示したように，DNAから読み取られたmRNAの3個の塩基の並び（これを**コドン**という）がアミノ酸1個に対応しており，この対応は**コドン表**（**遺伝暗号表**）に集約されている（§6・8・5）．

しかし，生物がもつDNAの情報のすべてがRNAに転写されるわけではない．DNAの塩基配列の中に

1文字目 (5′末端)	2文字目				3文字目 (3′末端)
	U	C	A	G	
U	Phe	Ser	Tyr	Cys	U
	Phe	Ser	Tyr	Cys	C
	Leu	Ser	終止	終止	A
	Leu	Ser	終止	Trp	G
C	Leu	Pro	His	Arg	U
	Leu	Pro	His	Arg	C
	Leu	Pro	Gln	Arg	A
	Leu	Pro	Gln	Arg	G
A	Ile	Thr	Asn	Ser	U
	Ile	Thr	Asn	Ser	C
	Ile	Thr	Lys	Arg	A
	Met[†]	Thr	Lys	Arg	G
G	Val	Ala	Asp	Gly	U
	Val	Ala	Asp	Gly	C
	Val	Ala	Glu	Gly	A
	Val	Ala	Glu	Gly	G

† 開始コドン

図6・3　コドン表（遺伝暗号表）

はDNAの複製のために必要な部分や，RNAを合成するときの始まりや終わりの目印となる情報，いつどのようなときに転写するのかを決めている情報も含まれる．これらの情報は転写されることはなくともきわめて重要な情報として遺伝する．

さらにDNAの中には同じ塩基が繰返されていたり，数塩基の同じ配列が多く連なっている部分もある．これらの多くは，基本的な設計図として機能することはないと考えられている．一方これらの一部には，同じ種でも個体によって異なる配列や繰返しの数を示すものがあり，DNAの分子レベルでの個性をつくり出している．近年，DNA鑑定など，DNAの情報を個体識別に用いたり，同じ生物種のなかでの近縁性を調べることが多く行われているが，それらはたいていこのようなDNAの個性を調べているのである．

6・4 DNAの複製

6・4・1 DNAの存在状態

細菌（原核生物）には細胞核はない．このため細菌のDNAは他の細胞内構成成分と明確に分けられることなく存在している．細菌では多くの場合，1個の環状のDNA分子が遺伝子を構成しており，これが真核細胞の核内遺伝子に相当する．DNA分子には，数種類のタンパク質が恒常的に結合，あるいは結合と解離を繰返しているが，真核細胞とは違ってDNA分子がある程度露出した状態で存在している．

一方，真核細胞の遺伝子DNAは核というコンパートメント（区画）の中に存在している．もちろんミトコンドリアや葉緑体に含まれるDNAや，原核生物のプラスミドに似た状態の核外遺伝子もあるが，細胞の形質の多くは核内のDNAに依存している．核というコンパートメントには，古くからある種の染色法で染まる物質が存在することが知られており，これは細胞の状態，特に細胞周期に依存して変化する（§8・5）ことが観察されていた．この物質は"遺伝子＝DNA"がわかる以前から，**染色質（クロマチン）**や染色糸，はっきり形に見えるものは**染色体（クロモソーム）**とよばれていた．今日ではこれらはいずれも，DNAとヒストン（後述）をはじめとするタンパク質から成る複合体であることがわかっており，染色像の状態変化は，細胞周期に応じてDNAやクロマチンに会合する分子の状態の変化が，顕微鏡で観察できるような変化をもたらした結果であることがわかっている．そのため分裂期におけるような非常に凝縮した状態ではなくとも，核内のDNA・タンパク質複合体を染色体（クロモソーム）とよぶこともあり，また分裂期のいわゆる染色体の状態も染色質（クロマチン）の一形態ということができる（図6・4）．

真核細胞の核内のDNAは，クロマチンとして

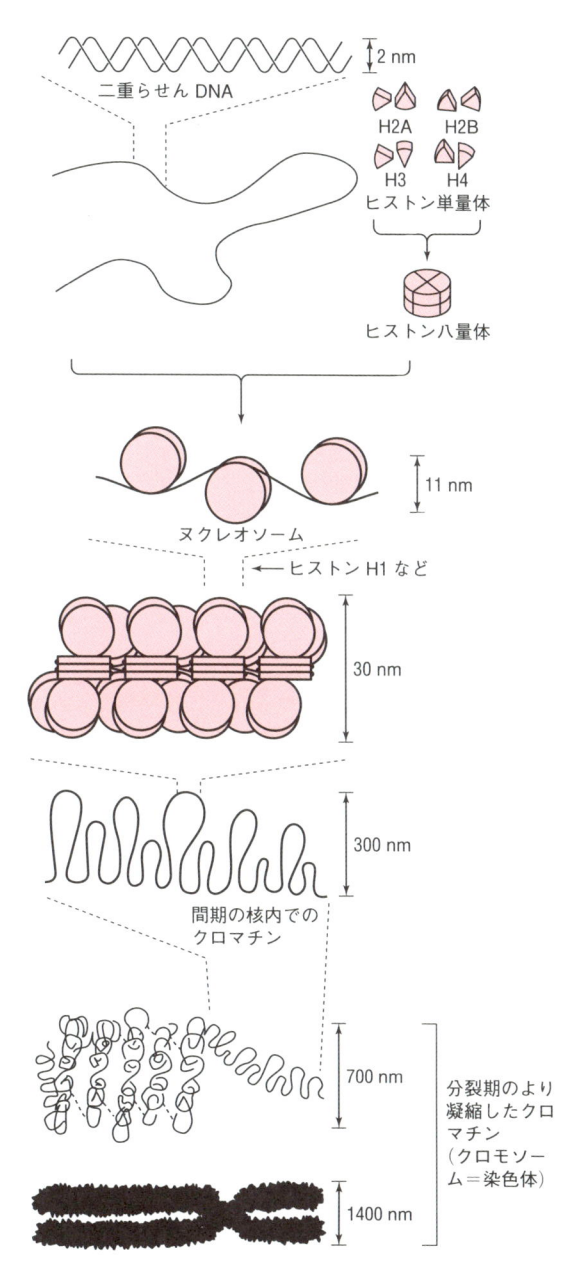

図6・4 真核細胞のDNAとクロマチン

◇ ショウジョウバエと線虫 ◇
── 遺伝子の機能をさまざまな方法で
調べることが可能な多細胞モデル動物 ──

遺伝子を取出して直接構造を調べる方法がなかったとき，遺伝子の働きは遺伝学の方法で間接的にみることしかできなかった．多くの遺伝子の構造が明らかにされている今日になっても，遺伝子の働きを知ろうとするとき，遺伝学の方法，つまり，ある遺伝子にどのような突然変異が起こったときに何が起こるのかを調べる方法は，いぜんとして重要である．

ショウジョウバエ（正確にはキイロショウジョウバエ，学名 *Drosophila melanogaster*，写真1）は古くから遺伝学の材料に使われ，多くの突然変異体が知られている昆虫である．今では突然変異の多くについて，DNAの変化と変異形質（表現型）との関係が明らかになっている．しかし，遺伝子にコードされるタンパク質にどのような変化が起こり，それが細胞の機能にどのような影響を与え，最終的に目で見える表現型（写真1のように，もともとは赤い複眼が白くなる，あるいは本来平らな翅が反ってしまう変化）をもたらしているのかを，明らかにすることは必ずしも容易ではなく，今もわかっていないことは多い．このようなDNAの変異に由来して細胞内で起こっている現象を

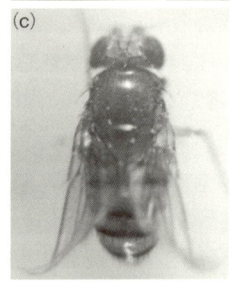

写真1　ショウジョウバエ　キイロショウジョウバエ（体長3〜4 mm）には多くの突然変異体が知られている．(a)野生型，(b)白眼変異体，(c) 反り翅変異体．

分子の現象として記述するためには，人為的に操作した遺伝子を導入した個体をつくったりして，さらに遺伝子の機能を探ることが必要となる．こうした研究を行う実験動物として，ショウジョウバエは優れている．

DNAがタンパク質に覆われて存在している（図6・4）．二重らせんDNAは伸ばしたときには細胞よりもはるかに長くなってしまう分子であるが，実際には細胞の核内に収められている．DNA分子は，まず4種類の**ヒストン**（ヒストン H2A，H2B，H3，H4）がつくる八量体に巻きついて，**ヌクレオソーム**を形成している．ヌクレオソームは，さらに別の種類のヒストン分子（ヒストン H1）や他のタンパク質の働きで結びつけられ，集まった構造体となっている．この30 nmほどの幅をもつ構造体がループのような飛び出しをもちながらも繊維のようにさらに折りたたまれて，クロマチンを形成している．クロマチンと遺伝子の働き，特に転写は密接に関係している（p.76, コラム"クロマチンの状態とエピジェネティクス"）．

分裂期に光学顕微鏡でも簡単に観察される太い染色体は，これがさらに凝縮したものである．またショウジョウバエの唾腺の細胞などにみられる太い染色体

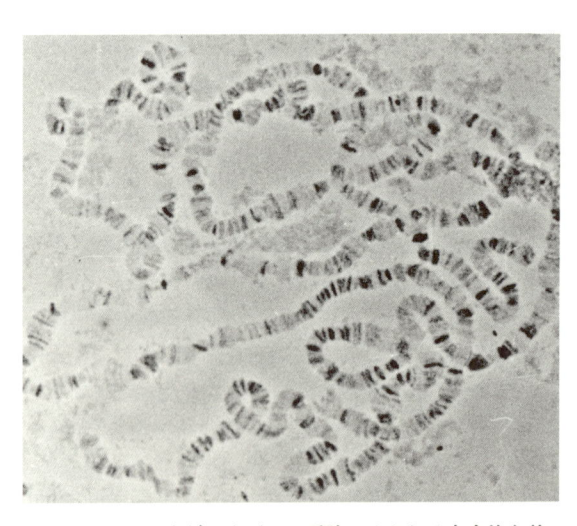

図6・5　ショウジョウバエの唾腺にみられる多糸染色体
分裂せずに複製だけを繰返して，同じクロマチンが1000本程度集まった結果，光学顕微鏡でも容易に観察できるくらいに太くなっている．顕微鏡で見えるバンドと実際の遺伝子との対応を決めることができる．

写真2　線虫　1 mmに満たない線虫（*C. elegans*）の体は，このように透明で体内の組織や細胞が光学顕微鏡で観察できる．

また多くの遺伝子が発生・分化過程に機能しているため，こうした点でも，ショウジョウバエは発生・分化過程を観察することができる動物として優れている．

一方，線虫（正確には線虫の一種，学名 *Caenorhabditis elegans*，写真2）はゲノムサイズが小さく（約 1×10^8 塩基対），一個体を構成する細胞も約1000個と少ない．また体が透明で発生・分化過程の細胞が観察しやすく，どの細胞からどの組織・器官を生じるかという細胞の系譜をたどることができる．25年ほど前からDNAの機能を目に見える形で明らかにする成果が出されている．

ショウジョウバエや線虫の研究からわかった重要なことは，これらを用いた実験研究から得られた基本原理は，たんにこれらの動物における生物現象を説明するだけではなく，ヒトも含めたもっと複雑な多細胞動物にも当てはまることである．たとえばつぎのような例がある．昆虫の体はさまざまな形と機能をもつ体節が集まってできているが，どの体節になるかを決める遺伝子として，ホメオティック遺伝子とよばれる一群の遺伝子が見いだされている（p.92のコラム参照）．これらと同じようなタンパク質をコードする一連の遺伝子が，体の構造がまったく異なる哺乳類にも存在することが，その後見いだされたのである．さらにまた，昆虫と脊椎動物の目ができ始めるときに働く遺伝子に非常に似た遺伝子（*Pax 6* とよばれる遺伝子）があることがわかった．しかも哺乳類の *Pax 6* 遺伝子をショウジョウバエに導入すると，ショウジョウバエの遺伝子と同じように働き，目が形成されたのである（もちろん形成されたのは哺乳類の眼球ではなく，ショウジョウバエの複眼である）．このように進化的・形態学的には，一見，大きく離れた生物の間でも，遺伝子の構造と機能を比較すると，そこには驚くべき類縁性があることが近年の研究からわかってきている．

したがってショウジョウバエや線虫を研究することは，たんにこれらの生物を知るだけにとどまるものではなく，人（ヒト）を生物として知ることにつながっているのである．この観点から，ショウジョウバエと線虫ではゲノムプロジェクト（p.71のコラム参照）が早くから計画・実行された．さらに突然変異体の系統的な単離を含めたポストゲノム解析においても，ショウジョウバエと線虫の系は先んじている．

は，DNA分子が細胞分裂せずに複製して同じクロマチンが横に集まったものであり，**多糸染色体**とよばれている（図6・5）．

6・4・2　DNAの複製

DNAの複製は通常，細胞周期（p.163）のなかで限定された時期（S期）に一度だけ行われ，2倍となったDNA分子が細胞分裂によって生じた2個の娘細胞に分配される．DNAの複製の際には，DNA分子の特定の位置（これを**複製起点**とよぶ）から順次ほどけて一本鎖部分を生じる．ほどけた鎖がそれぞれ鋳型となって，新しく合成された鎖と水素結合をつくり，二本鎖（二重らせん）がつくられる．それがつぎつぎに広がって最終的に元の分子と同じものが2分子できる（図6・6）．複製してできた2分子の二本鎖DNAは，それぞれ鋳型となった鎖と新しい鎖から構成されるので，これを**半保存的複製**とよぶ．

複製が済んだ部分が大きくなるに従って，さらに二本鎖DNAがほどかれて一本鎖の鋳型が露出し，それに応じて新しい鎖がつくられていくが，DNAの二本鎖は逆平行であり，合成の方向は 5′ から 3′ 方向に決まっているので，一方の鎖の合成は断片的にならざるをえない．このとき生じる複製中間体の断片を発見者にちなんで**岡崎断片**（岡崎フラグメント）とよぶ．このように，DNA断片がまず合成されて後からつなぎ合わされる様式を**不連続複製**とよぶ．

このようなDNA複製の様式は原核細胞も真核細胞も同じである．また，いずれにおいても複製装置とよばれる，鋳型DNAといくつかの酵素活性をもつタンパク質がつくる複合体が複製反応を行う点でも同じである．しかし，詳しく機構をみていくといくつか違いもある．一つには先にも述べたように，真核生物のDNAはクロマチン構造をとっていることがある．もう一つの重要な違いは，原核生物のDNA分子は環状

◇ **クロマチンの状態とエピジェネティクス** ◇

真核生物の遺伝子の活性（転写の有無や量）を決める要素として，ヌクレオソーム構造や，それをもう少し広くみたクロマチンの状態が重要である．ショウジョウバエの多糸染色体（図6・5）に観察されるパフ（ほどけた構造）と遺伝子の働きの関連が古くから知られているように，クロマチンの状態と転写活性を調べる研究は随分以前からある．ショウジョウバエ以外でも，クロマチンがどのような状態にあるか，特にその凝縮度と転写活性が関係することは以前から知られていた．たとえば**動原体**（**セントロメア**, p.158）付近やテロメア付近のクロマチンは，分裂期以外の細胞周期においても凝集している．このような状態は**ヘテロクロマチン**とよばれ，（転写が）不活性である．一方，これに対して転写可能な状態のクロマチンは**ユークロマチン**とよばれるが，ユークロマチンは不変のものではなく状況によって変化することは知られていた．

このような定義や初期の解析は光学顕微鏡で細胞を観察していた時代に生まれたものであるが，近年になって再びクロマチンの状態と遺伝子の機能状態の関係が注目されるようになった．以前の研究と今の研究との大きな違いは，顕微鏡で観察できるようなマクロな状態ではなく分子レベルでの研究になっていることである．こうした研究の成果から脊椎動物では，① DNA 中にある **CpG 配列のメチル化**〔脊椎動物では，CpG（CG）という塩基配列があると，原則として CpG メチル化酵素によってシトシンがメチル化される〕と，② ヒストンの特定のアミノ酸残基における**アセチル化やメチル化**などの修飾，という二つの要素が関連しあいながらクロマチンの状態を規定していることがわかった．この二つは互いに影響しあうのでどちらが優先事項とはいえないが，たとえば転写が盛んな状態のクロマチンでは DNA（の CpG 配列）は低メチル化状態でヒストンは高アセチル化状態，転写を行わない不活性なクロマチンでは DNA は高メチル化でヒストンは低アセチル化（および高メチル化）というような関連がみられる．実際にはもっと複雑でありDNA のどこの CpG 配列がメチル化あるいは脱メチル化されたか，ヒストンのどの分子種のどこのアミノ酸残基がどのような修飾（アセチル化，メチル化，リン酸化）を受けたかにより転写への影響は異なる．つまり，一概に DNA メチル化およびヒストン修飾と転写活性との関係を決められない．またこうしたクロマチンの状態による遺伝子機能の調節は，遺伝子一つ一つにおいても，また多数の遺伝子を含む染色体の比較的広い領域に対しても働いていることがわかっている．

クロマチン状態と転写活性との関係は脊椎動物に限られるものではない．この現象は CpG メチル化がない生物（酵母など）でもみられ，そこではヒストンの修飾状態とそれに結合するタンパク質が重要である．つまり DNA の塩基配列は同じでもクロマチンの状態によって転写の有無や量は異なっており，**クロマチン状態は真核生物の一般的な遺伝子機能の調節機構の一つといえる**．簡単にいうなら，転写を促進する因子が結合できるかできないかをクロマチン状態があらかじめ決めているといえる．しかもこうしたクロマチン状態は，細胞分裂を経ても原則的に娘細胞にそのまま伝わって維持される．したがって細胞分裂によって同じ性質の細胞が生まれる場合には，ほとんどのクロマチン状態は継承されると考えてよい．つまり，クロマチン状態は DNA の塩基配列以外で次世代に伝達されうる遺伝子機能ということができる．このクロマチン状態が定める遺伝子機能（の維持と変化）に関する現象，あるいはこれを研究する分野は**エピジェネティクス**とよばれ，近年注目されている研究分野の一つである．またエピジェネティクスは，クローン生物や遺伝子治療などの遺伝子応用分野にも深く関係している（7章）．

であり末端がないのが一般的であるが，真核生物の DNA 分子は線状であり末端があることである．また，DNA 合成を行う酵素の多くの要素においても違いがみられるので，それぞれの複製方法について少し詳しくみてみよう．

a. 原核細胞の DNA 複製　原核細胞（細菌）の DNA は，多くの場合1本の環状分子であり，その中に1箇所の複製開始点がある．図6・6と図6・7に示したように，複製の際には，まず二重らせん DNA を開くタンパク質（DNA ヘリカーゼ）や一本鎖 DNA に結合するタンパク質の働きで，泡のように DNA が開いた部分ができる．そこで**プライマーゼ**とよばれる酵素が，複製起点の DNA の塩基配列に相補的な短い RNA（**プライマー RNA** とよばれる）を合成し，それ

製フォークとよぶ．この複製フォークで行われているDNA複製反応を酵素反応としてみたときには，鋳型側の塩基に相補的な塩基をもつデオキシリボヌクレオシド5′-三リン酸 (dNTP) を，すなわち鋳型側の塩基がAであればdTTPを，CであればdGTPを，GであればdCTPを，TであればdATPを伸長途中のポリヌクレオチドに加水分解しながら付加していく反応である．

複製フォークにおいて，一方の連続的に合成される鎖，**リーディング鎖**とよばれる鎖はどんどん伸長してゆく．もう一方の不連続に合成される**ラギング鎖**とよばれる鎖では，ある程度鋳型二重らせんがほどかれるたびに，およそ1000から2000塩基ごとに新たなDNA合成が始まり，岡崎断片を生じる．最終的にはリーディング鎖の開始部分とラギング鎖の1000から2000塩基ごとの開始点では，プライマーRNAと若干のギャップができる．これらの部分は，**DNAポリメラーゼⅠ**の働きでプライマーRNAの除去と隙間の充填が同様にdNTPを基質として行われ，**DNAリガーゼ**の働きで断片同士がつながれる．

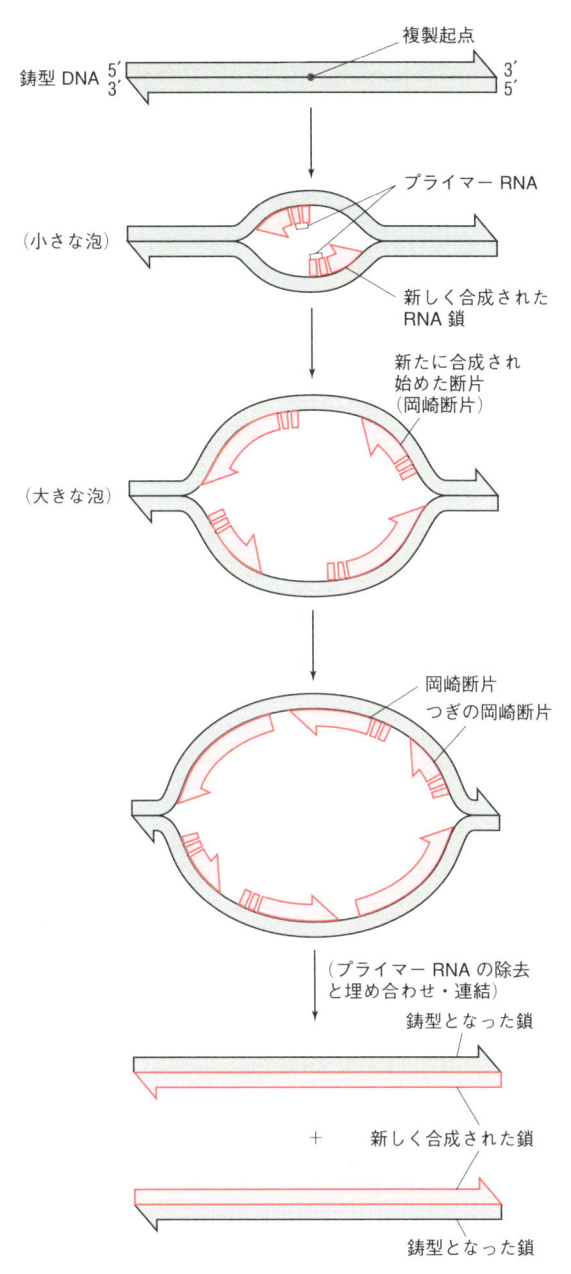

図 6・6 DNAの半保存的複製と岡崎断片

に分子量が100万程度で10種類ものサブユニットから成る巨大な**複製酵素（レプリカーゼ）である DNA ポリメラーゼⅢ**が，鋳型DNAと相補的なDNA鎖を付加して複製を進めていく．このように最初に生じた小さな"泡"は，複製反応の進行に従って両方向へ進み，しだいに大きな"目玉"となり，最終的に2分子のDNAができる．複製が起点から両方向へ進むとき，Y字形の複製中の領域が二つできるが，この部分を複

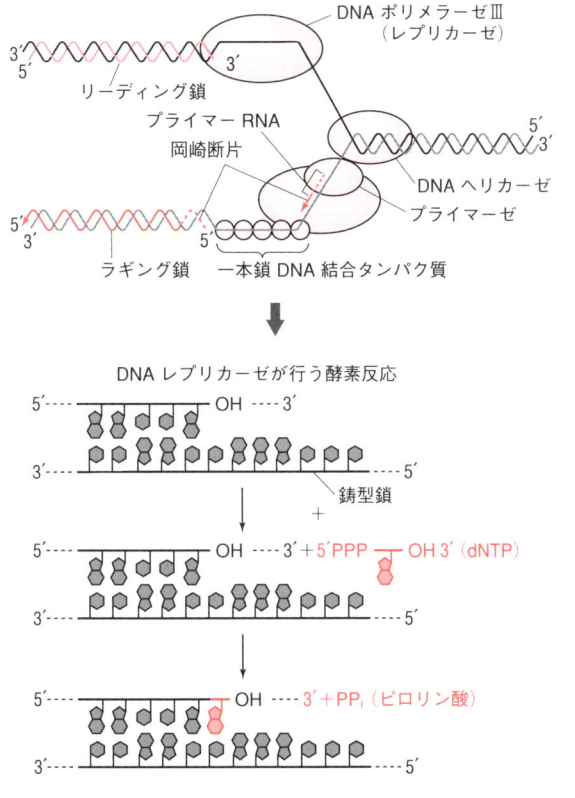

図 6・7 DNAの複製装置と複製フォーク（大腸菌）

このほかにDNAの複製の際に行われる反応として，DNAのよじれを調節する反応がある．つまりDNAはいつもよじれをもっており，複製の開始のときにはDNAヘリカーゼによって巻き戻され，そして複製反応に従ってよじれはまた変化する．したがって複製中や複製した後で，元のよじれの状態に戻るためにはDNA鎖を切断しながらよじれを変える反応が必要であり，この反応は**トポイソメラーゼ**とよばれる酵素によって行われている．

DNAポリメラーゼⅢが行う複製反応は非常に正確で，間違った塩基，つまり鋳型に相補的ではない塩基を基質としてしまう頻度は 10^{-8} 以下である．この反応の正確さによって遺伝情報は正確に伝えられるのである．

b. 真核細胞のDNA複製 真核細胞のDNA複製反応もプライマーRNAから始まることや，リーディング鎖とラギング鎖があって一部不連続に複製反応が進むことなど，基本的な仕組みは上に述べた原核細胞の場合と同じである．しかし複製装置の構成要素はもう少し多く，DNAポリメラーゼ一つとっても少し複雑である．たとえば大腸菌のDNAポリメラーゼⅢに相当する酵素は，真核細胞では2種類の酵素，リーディング鎖を合成するDNAポリメラーゼδと不連続なラギング鎖を合成するDNAポリメラーゼαが別々に受けもっている．また，複製起点も1本のクロマチンの中に複数存在しており，複数の複製起点では，複製反応がS期に一度だけ協調しながら行われるように制御されている．

真核細胞のDNA複製について，原核細胞との大きな違いは先にも述べたように末端の問題である．原核細胞のように環状であれば，複製フォークが一周して元に戻れば特別な機構を考えなくとも複製は完了する．しかし，DNA分子が線状であれば話は違う．つまりDNA分子の合成方向は必ず 5′→3′方向であり，プライマーRNAの合成から開始するので，プライマーRNAが除かれると，線状のDNA分子の末端は隙間となって 5′から 3′方向へ進む反応では埋めようがない部分が生じ，新しく複製したラギング鎖の 5′末端がしだいに短くなってしまうはずである（図6・8 a）．この問題の解決には，線状DNA分子の末端に特有の繰返し配列（これは**テロメア**とよばれ，ヒトでは GGGTTA の繰返しである）をもつこと，およびこの配列を鋳型に依存せずに合成する酵素（これを**テロメラーゼ**とよぶ）が関与している（図6・8 b）．細胞

(a) 線状DNAの複製反応（テロメラーゼがないとき）

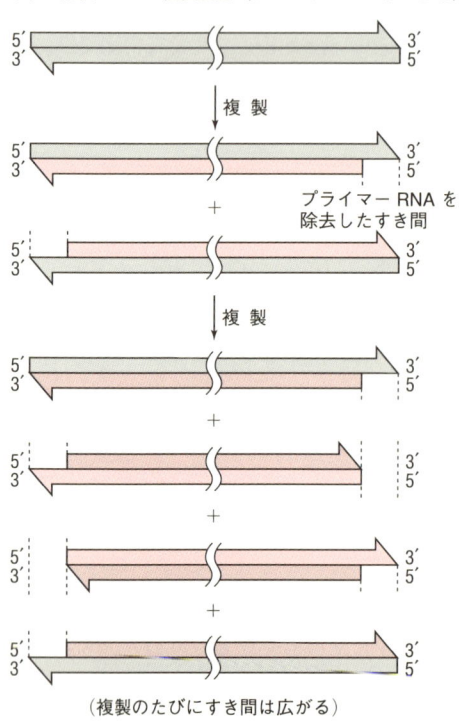

（複製のたびにすき間は広がる）

(b) テロメラーゼによる末端の修復

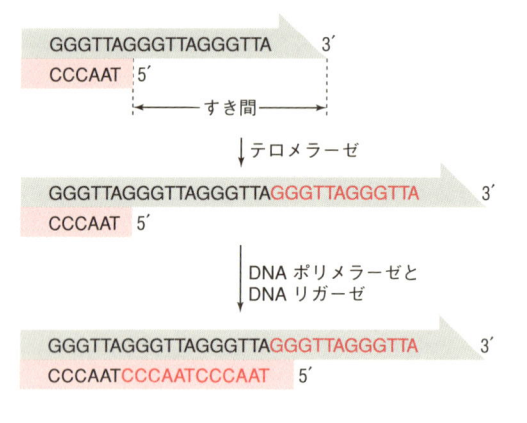

図6・8 真核細胞のDNAの末端（テロメア）とその複製

のDNAは，複製に伴って短くなる反応とテロメラーゼによる延長反応とのバランスをとり，結果としてほぼ一定のテロメア長を維持するようにしている．またテロメラーゼの活性をもたない細胞は分裂の回数に制約があり，一定の回数分裂すると細胞死に至る．

また，DNA分子はクロマチンとしてヌクレオソーム構造をとっていることはすでに述べたが，真核細胞ではこうした構造の中でDNA複製を行っているはずである．それでは，そこを複製フォークが過ぎるときはどのようになっているのだろうか．まず一方の鎖では，図6・9に示したようにヒストン複合体が壊れて複製フォークを通過させ，その後，また元に戻って複製した一方の二重らせんにヌクレオソームをつくる．そして，もう一方には直ちに新しくつくられたヒストン複合体が加わると考えられている．

このときヒストンの修飾やCpG配列のメチル化の状態に代表されるクロマチンの状態（p.76のコラムを参照）も，原則的に受継がれる．しかしこれらの状態が複製に際して変化し，娘細胞（娘染色体）が異なる性質（遺伝子発現）を示す場合もある．

6・5　DNAの修復

DNAの塩基配列に変化が起こると突然変異をもたらす可能性があることは，DNAが遺伝情報であることから当然である．進化というマクロの現象は突然変異の積み重ねによって起こる現象であるが，むやみやたらにDNAが変化しては生命を維持できないのはいうまでもない．そのためDNAの複製を行う酵素は，合成する鎖が鋳型と相補的であるように反応を非常に正確に触媒している．しかし，細胞の外から直接DNAに損傷を与える紫外線やX線をはじめ，細胞内に生じた，あるいは入り込んだ化学物質によって，DNAが修飾されるなど，DNA分子が損傷を受けることがある．そのため生物は，DNA情報の複製を正確に維持する仕組みのほかに，DNA分子に生理的ではない化学的変化が起こったときには，これを元のDNA分子に戻す機構をもっている．この現象を**DNAの修復**とよぶ．

DNAの修復で有名なのは，紫外線によって隣り合ったチミン塩基同士がつながってできるチミン二量体の修復であるが，このほかにも上に述べたような何らかの事情で正しく二重らせんをつくっていない部分がDNA分子に生じたときには，① DNAの変化を検出して傷んだ部分を分解して除く仕組みと，② それを元に戻す仕組みが働く（図6・10）．①の過程にはDNA分解酵素が，②の過程にはDNAポリメラーゼとDNAをつなぐDNAリガーゼがかかわっている．多くの生物ではこうしたDNA修復をおもに行うために，専用のDNA分解酵素やDNAポリメラーゼをもっている．

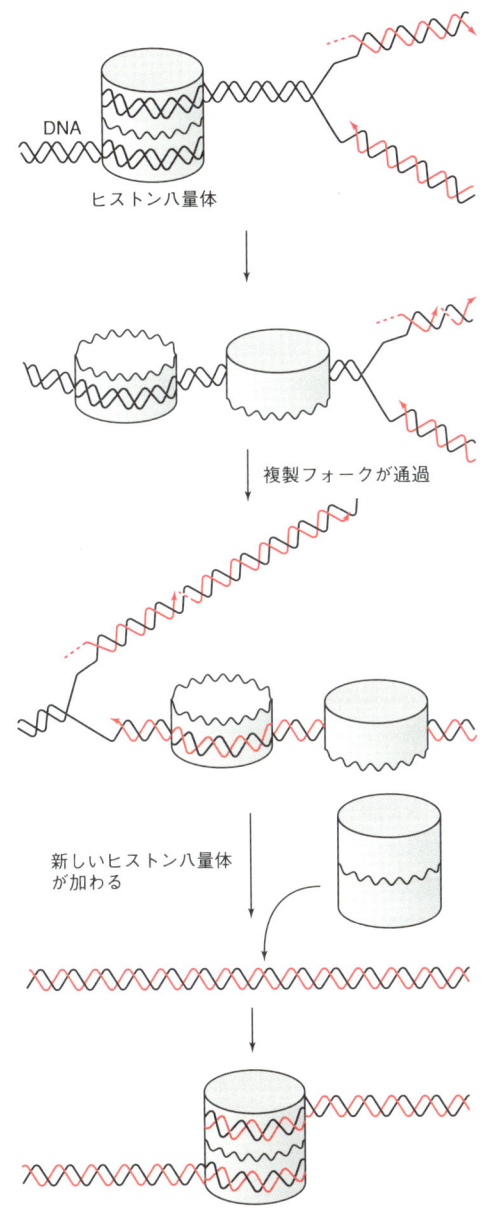

図6・9　ヌクレオソームとDNA複製

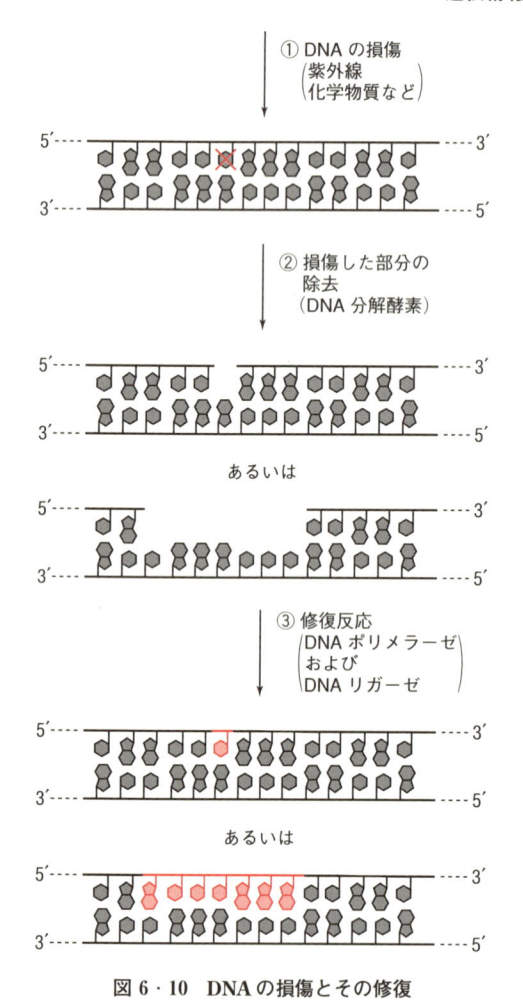

図 6・10 DNA の損傷とその修復

6・6 核外 DNA と動く遺伝子・ウイルス

真核細胞の中には，核に存在する染色体 DNA のほかにも DNA（遺伝子）が存在する．細胞小器官（§8・4）であるミトコンドリアや植物の葉緑体には環状の DNA が存在し，小器官で行われる呼吸や光合成にかかわるいくつかのタンパク質の遺伝子や，それらのタンパク質合成に必要な固有の遺伝子を含んでいる．これらは，小器官の分裂とともに原核細胞に似た仕組みで複製・維持されている．

また，細胞質にも環状の DNA 分子が存在するが，これらにはウイルスやウイルス様の複製可能な粒子に由来するものがある．**ウイルス**は，細胞にとっては寄生する遺伝子要素ということができる．ウイルスはときに宿主に重大な影響を与え，現在人類を脅かしているエイズ（HIV 感染症）やエボラ出血熱をはじめとする治療困難な疾病にはウイルスによるものが多い．図 6・11(a) に示したように，ウイルスの遺伝子には二本鎖 DNA のほか，一本鎖 DNA や一本鎖 RNA，あるいは二本鎖の RNA もある．RNA を遺伝子とするウイルスは，DNA を RNA 遺伝子の複製中間体にするレトロウイルスを除いて独自に RNA 遺伝子を複製したり，RNA 遺伝子に依存した mRNA をつくるシステムをもっている（図 6・11 b，左）．レトロウイルスはウイルス粒子に含まれる逆転写酵素を用いて DNA をつくって，それをもとに mRNA の合成や遺伝子 RNA の複製を行う（図 6・11 b，右）．また DNA を遺伝子とするウイルスは，宿主の細胞内でウイルスの遺伝子を，ウイルス独自の DNA ポリメラーゼあるいは宿主の DNA 複製装置を一部用いて複製し，自己の遺伝子のコードされた RNA やタンパク質を宿主のさまざまな酵素や装置をうまく利用してつくっている．またレトロウイルスや DNA を遺伝子とするウイルスの一部は，自己の遺伝子を宿主の染色体 DNA の中に組込んでしまう．こうしたウイルスの遺伝子は細胞の遺伝子として受け継がれることになる．

原核生物においても，ウイルス（原核生物のウイルスを**バクテリオファージ**または**ファージ**とよぶ）が真核生物と同じように存在するほか，**プラスミド**とよばれる比較的小さな環状 DNA 分子が存在する．プラスミドの多くは増殖や細胞に必須な機能には必要ではないが，接合（細菌などの有性生殖）にかかわったりある種の薬品に抵抗性を与えたりすることが知られている．これらのプラスミドは細胞の DNA 複製装置を一部利用して，遺伝子 DNA とはやや異なる仕組みで複製している．

また，真核生物においても原核生物においても，通常は遺伝子 DNA の中に存在して，何らかのきっかけで切り出されたり遺伝子の複製とは別に複製したりするものがある．これらは**転位性遺伝因子**（**動く遺伝子**）とよばれる．そのなかには**トランスポゾン**とよばれる，自分自身の DNA のなかに DNA を動かすために必要なタンパク質をコードしているものがある．その一部はレトロウイルスに由来しており，ウイルスのようには細胞から細胞へと増殖できなくなったものである．

以上述べてきた染色体外遺伝要素の多くは通常の遺伝子 DNA とは別のふるまいをするので，一般的な遺

(a) ウイルスの成り立ち

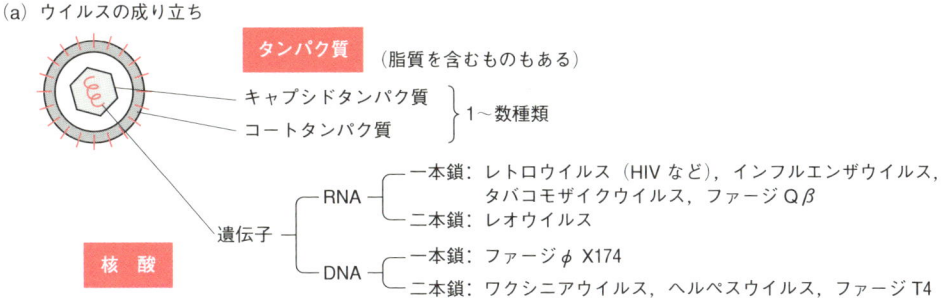

タンパク質（脂質を含むものもある）
- キャプシドタンパク質
- コートタンパク質　　　　　1〜数種類

核酸
- 遺伝子
  - RNA
    - 一本鎖：レトロウイルス（HIV など），インフルエンザウイルス，タバコモザイクウイルス，ファージ Qβ
    - 二本鎖：レオウイルス
  - DNA
    - 一本鎖：ファージφX174
    - 二本鎖：ワクシニアウイルス，ヘルペスウイルス，ファージ T4

(b) RNA を遺伝子とするウイルスの複製方法の例

［インフルエンザウイルスなど］
① 吸着と侵入
② RNA 遺伝子依存 RNA 合成
　mRNA の合成　ウイルス遺伝子の複製
　タンパク質合成
核
③ ウイルス RNA とタンパク質の会合
⑥ ウイルスの放出

［レトロウイルス］
① 吸着と侵入
② RNA 依存 DNA 合成（逆転写酵素）
③ 宿主細胞の DNA への侵入
④ RNA 合成とタンパク質合成
⑤ ウイルス RNA とタンパク質の会合
⑥ ウイルスの放出

図 6・11　ウイルスの遺伝子と複製

伝的法則（DNA が親から子へと，配列もコピー数も変化せずに遺伝するという法則）に従わない DNA 要素の総称である**利己的 DNA** の一種ということができる．また，トランスポゾンやプラスミドなどの染色体外 DNA，またウイルス（バクテリオファージ）の一部は，その性質をうまく利用しさらに人工的に改変して，組換え DNA 実験や，ときには遺伝子治療に応用されている（7 章）．

6・7　転写とその調節

6・7・1　転写とその意義

　DNA の塩基配列として記録・保存されている遺伝情報は，RNA に読み取られて初めて機能する．DNA の塩基配列が RNA に写される過程を**転写**という．先にも述べたように DNA 遺伝情報の中には，転写される領域のほか，転写を調節する領域，複製にかかわる

領域, 昔は転写されていたが進化の過程で転写されなくなってしまった領域, 一見無意味に同じ配列を繰返している領域, ウイルスの侵入によって加えられた領域などがあるので, すべての遺伝情報が転写されるわけではなく, 転写されないからといってまったく意味がないわけではない. また, 転写される領域の中にも生成した RNA が RNA 分子として機能するもの（このなかには後述の rRNA や tRNA などがある）, さらにタンパク質のアミノ酸配列に読み取られて意味をもつものがある. このタンパク質の情報を担う RNA を**メッセンジャー RNA（伝令 RNA, mRNA）**とよび, mRNA の情報を基にタンパク質を合成する過程を**翻訳**とよぶ. 転写あるいは mRNA を経て遺伝情報が働くものに関しては, 転写と翻訳を合わせて**遺伝子発現**（あるいは**遺伝情報の発現**）という.

転写によって生成した RNA 分子は, 二重らせん DNA の一方の鋳型となったポリヌクレオチド鎖（これを**鋳型鎖**とよぶ）と相補的である. したがって, DNA の鋳型とならない鎖（これを**コード鎖**とよぶ）と基本的に同じ配列をもつ. しかし転写で生成した RNA 分子は, DNA とは, デオキシリボヌクレオチドがリボヌクレオチドに変わり, 塩基の T（チミン）が U（ウラシル）に変化している点で, まず化学的に異なる. また転写で生成した RNA 分子がそのままの形で, rRNA, tRNA, mRNA として機能することは少な

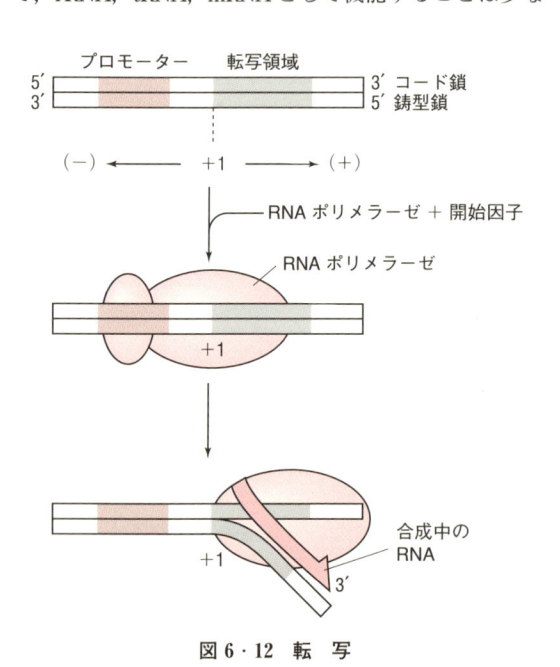

く, 多くの場合, RNA として機能する前に切断や修飾を受けて変化していることが多い. これを RNA の**転写後修飾**, あるいは **RNA プロセシング**とよぶ. 特に, 後に詳しく述べるように, 真核細胞の mRNA が転写されてから翻訳の鋳型となるまでには, 切断と再結合によって長さも情報も変化する. つぎにこの転写（RNA 合成）の過程を詳しくみてみよう.

6・7・2 RNA ポリメラーゼ

RNA の合成は, この反応を触媒する酵素である **RNA ポリメラーゼ**が**プロモーター**とよばれる特定の配列をもつ領域に結合し, そこの近くから鋳型鎖 DNA に相補的なヌクレオチドをつなげる反応である（図 6・12 と図 6・13）.

細胞の遺伝子を転写する RNA ポリメラーゼは多量体タンパク質であり, 分子量が数十万である. 大腸菌などの原核生物の RNA ポリメラーゼでは, コア酵素として 3 種類のサブユニットが 4 個（α サブユニット 2 個, β および β' サブユニット各 1 個）集まった複合体があり, これに開始因子である **σ サブユニット**が加わる. コア酵素を形成するサブユニットは 1 種類であるが, プロモーターに結合する働きをもつ σ サブユニットには何種類かの分子種がある. この分子種によって働くプロモーターが異なる. σ サブユニットは, 転写開始点を +1 とし, 転写が進む方向を +, 反対（上流）方向を − としたとき, −35 と −10 の位置の近くにある配列を認識して結合する. 一つの σ サブユニットが認識するプロモーターの塩基配列は非常によく似

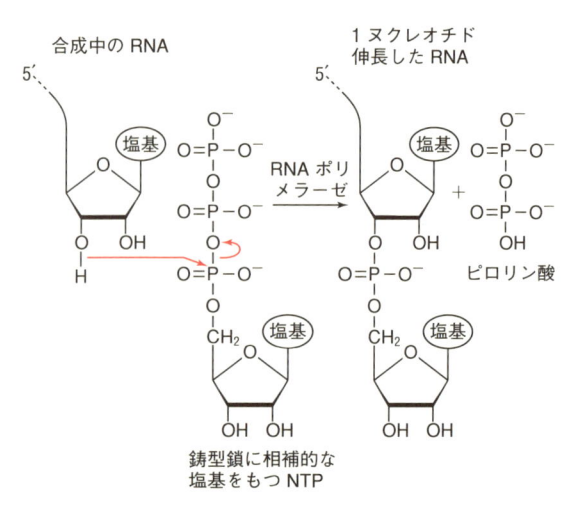

図 6・12 転　写

図 6・13 転写（RNA の生合成）の酵素反応

ている．つまりプロモーターには共通の配列が存在するので，それらを位置関係から**-35領域**および**-10領域**（あるいは**プリブナウ配列**）とよんでいる．

真核細胞では3種類の異なるRNAポリメラーゼが存在する．rRNAを合成する**RNAポリメラーゼI**，mRNAを合成する**RNAポリメラーゼII**，そしてtRNAなどの低分子RNAを合成する**RNAポリメラーゼIII**である．これらのRNAポリメラーゼはいずれもいくつかのサブユニットから成る大きな分子である．サブユニットの多くは互いに異なるが，比較的低分子のサブユニットのなかには三つのRNAポリメラーゼに共通なものもある．一方，原核細胞のα，βおよびβ'サブユニットに相当するサブユニットも存在し，ポリメラーゼごとに異なる．しかし3種のRNAポリメラーゼのα，βおよびβ'サブユニットに相当するサブユニットの間や，これらと原核細胞のα，βおよびβ'サブユニットとの間には，それぞれアミノ酸配列に類似性がある．また，原核細胞のσサブユニットに当たるプロモーターに結合する分子もそれぞれ存在する．たとえばRNAポリメラーゼIIが転写する遺伝子の場合には，TFIIDとよばれる複合体に含まれるTBP（TATA配列結合因子）というタンパク質が，RNAポリメラーゼIIが転写を行う遺伝子の多くのプロモーターに共通にみられる配列である**TATA配列**（あるいは**TATAボックス**）に結合する．

RNAポリメラーゼは，開始因子の結合から始まるポリヌクレオチドの合成を鋳型DNA上を移動しながら続ける．転写反応はDNA上，あるいは生成したRNA上の特定の構造がシグナルとなったり，DNAやRNAに結合するタンパク質が転写を終わらせる因子（転写終結因子）として働いたりして終結し，RNAポリメラーゼは鋳型DNAから離れる．

6・7・3 転写後修飾

RNAポリメラーゼは，鋳型鎖の転写開始点から終結点までの配列に相補的な連続したポリヌクレオチドを合成するので，生成したばかりのRNA分子はDNAの一部を写し取ったそのままである．RNAのなかには原核細胞のmRNAのように生成したままの分子で機能するものもあるが，多くの場合，転写されてできたRNA分子はさらに修飾（**プロセシング**）を受ける．

たとえばリボソームRNA（rRNA）は，原核細胞・真核細胞いずれにおいても，図6・14に示したような長い前駆体（大腸菌では2個のtRNAも含む前駆体）として合成される．前駆体はRNAを切断する酵素の作用を受けて初めて，リボソームに含まれるrRNA分子になる．

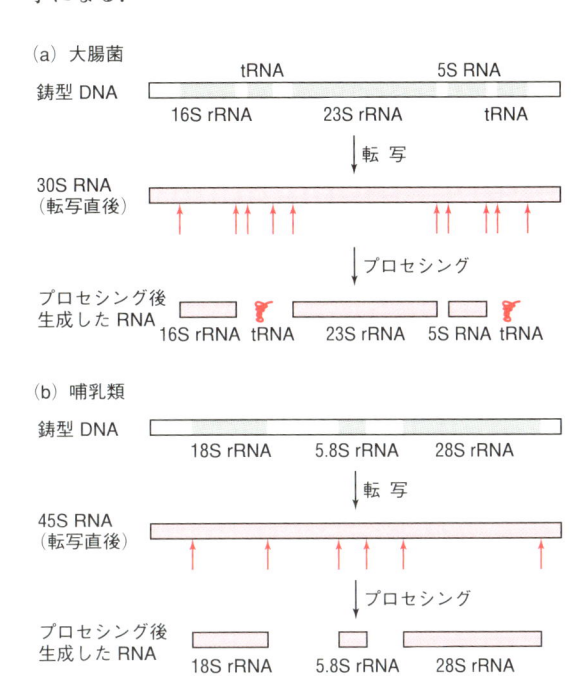

図6・14 リボソームRNA（rRNA）の転写後のプロセシング　赤矢印は最終的な切断点を示す．

tRNA（p.99）の生合成過程では，生成したRNA分子の塩基が化学的に修飾を受けてタンパク質合成に働くtRNA分子となる．原核細胞・真核細胞いずれにおいても細胞内には数十種類のtRNAが存在するが，それを構成するヌクレオチドの塩基には，RNAに普通に含まれる塩基（A,C,G,U）ではない塩基（これを**修飾塩基**とよぶ）が多くみられる（図2・15）．これらは転写後に修飾されてできたものであり，tRNAの働きに重要であることがわかっている．

最も顕著な転写後修飾を受けるのは真核細胞のmRNAである．まず，真核細胞のmRNAの構造をその鋳型となっているDNAと比べて見てみよう（図6・15）．まず5'末端には，鋳型にはないメチル化を受けたグアニン（^{7}mG）が逆方向に（5'末端同士を3個のリン酸基を挟んで）結合しており，これは**キャップ構造**とよばれている（p.17）．そして3'末端には，これも鋳型DNAにはないAの繰返し〔**ポリ(A)配列**〕が

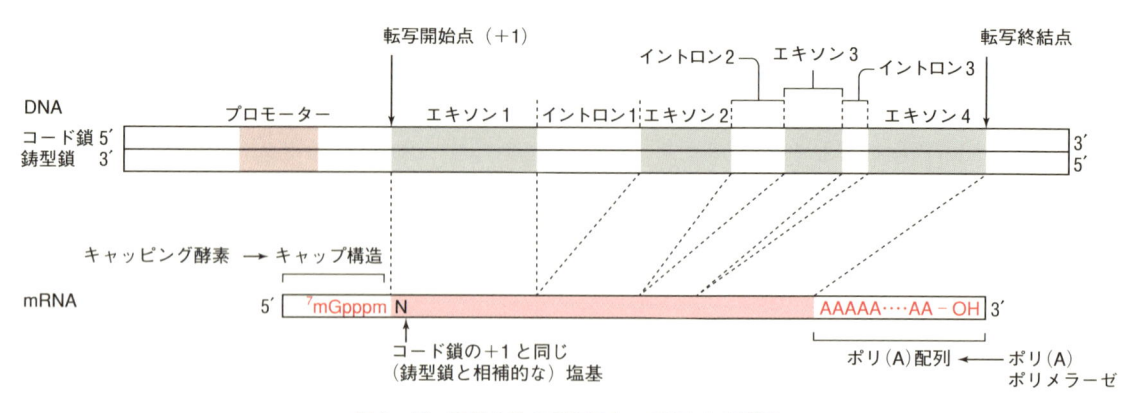

図 6・15　真核生物の遺伝子と mRNA との関係

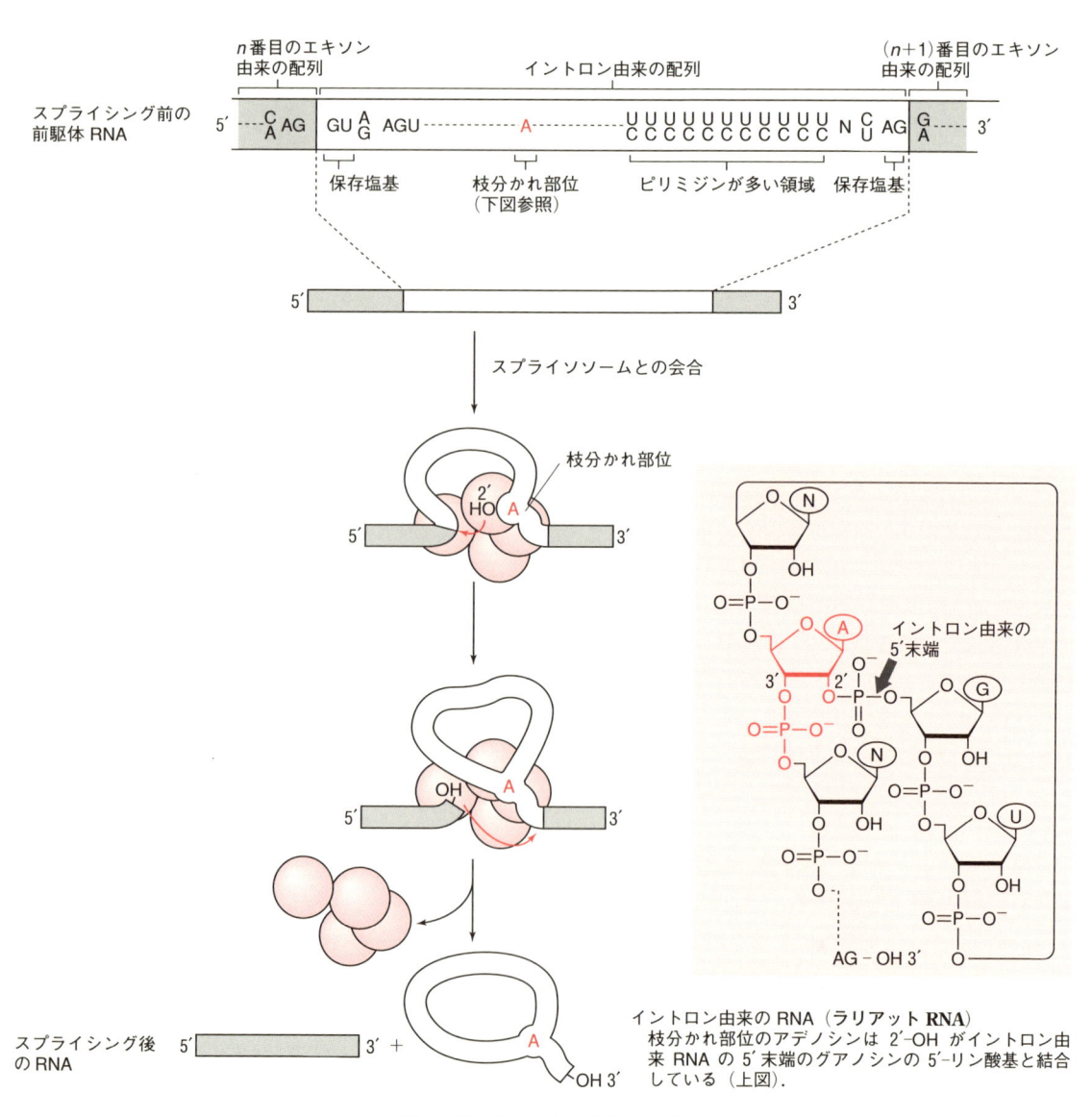

図 6・16　スプライシング

イントロン由来の RNA（ラリアット RNA）
枝分かれ部位のアデノシンは 2′-OH がイントロン由来 RNA の 5′ 末端のグアノシンの 5′-リン酸基と結合している（上図）．

存在する．これらはいずれも転写後すぐに，転写と共役してそれぞれ 5′-キャッピング酵素とポリ(A)ポリメラーゼという酵素によって鋳型とは無関係に付加されたものであり，ほとんどの真核細胞のmRNAに共通な構造である．そして両末端に挟まれた部分は，化学的には通常のポリヌクレオチドであるが，鋳型DNAと対応させてみると，図のようにmRNAでは連続している配列が遺伝子DNA上では飛び飛びに存在している．これはRNA合成の際にRNAポリメラーゼが飛び飛びに転写を行っているのではなく，いったん前駆体として鋳型と同じ長さで合成されたRNA分子が，途中を切り取られると同時につなぎ合わされているのである．この切り取られる部分は**イントロン**とよばれ，mRNAなどの成熟したRNAに残る部分は**エキソン**とよばれる（図 6·15，図 6·21）．この過程を**スプライシング**とよび，この反応を行っているタンパク質と低分子RNAの会合体は**スプライソーム（スプライセオソーム）**とよばれる（図 6·16）．真核細胞のmRNAは，このスプライシングが完了して初めてタンパク質合成の鋳型として機能できる．

また，mRNAのヌクレオチドそのものが変化する場合がある．これは**RNA編集（RNAエディティング）**とよばれ，ヌクレオチド（塩基）の置換のほか，挿入・欠失をひき起こす．RNA編集によって，開始コドン，終止コドン，コードされるアミノ酸に変化がもたらされる．

6·7·4 転写の制御

a. 転写制御の意義　転写は遺伝情報の発現の第一歩であり，最も有効にかつ正確に調節されている過程である．生体あるいは細胞がそれまでとは異なる環境にさらされたとき，たとえば熱や光などの物理的情報がもたらされたとき，あるいは周りを取囲むイオンや栄養物質の濃度が変化したときには，細胞はそれに適応するように応答する．このとき多くの場合には遺伝情報の発現が必要である．また，多細胞生物の発生・分化過程では，遺伝情報の発現のプログラムが自律的に正確に行われることが必須である．こうした過程で発現する遺伝子は，特定の状況で発現することがDNAのなかに仕組まれている，誘導される遺伝子である．

また一見，静的にみえる定常状態においても，つねにタンパク質やその他の生体物質は一定の割合の置き換わり（代謝回転，ターンオーバー）が起こっており，また恒常性の維持のためにはエネルギーはつくり続けられていなければならない．そこには当然ある種の遺伝子（これらは**ハウスキーピング遺伝子**とよばれる）の発現が必要である．つぎに，細胞がどのような仕組みで転写を制御しているか，またそれにかかわる因子にはどのようなものがあるかをみてみよう．

b. 原核細胞の転写制御

i) オペロンと転写制御

大腸菌は 1960 年代に分子遺伝学・分子生物学が生まれてから今日に至るまで，原核生物における重要な実験系として用いられている．このなかで遺伝子発現に関する有力な概念も多く提出されており，その一つが**オペロン**の概念である．当初は遺伝子（DNA）や発現に関する分子的な知識が不足していたので，オペロン説とよばれていたが，現在ではオペロンに関する記述は，DNAの塩基配列と特定のタンパク質の働きという実体に基づいて詳しく調べられている．まず最初に代表的なオペロンの一つであるラクトースオペロンにおける遺伝子発現制御の仕組みをみてみよう．

大腸菌のラクトースオペロンには，ラクトース（二糖の一種，p.6，図 2·4）の分解や細胞への取込みなどに関与する 3 個のタンパク質をコードする遺伝子（これを**構造遺伝子**とよぶ）が存在し，1 本のmRNAが転写される（図 6·17）．つまり，ある代謝に関連した一群の遺伝子が一つの転写単位（これをオペロンとよぶ）のもとで調節されているのである．そして，この構造遺伝子の発現を調節するために別の遺伝子

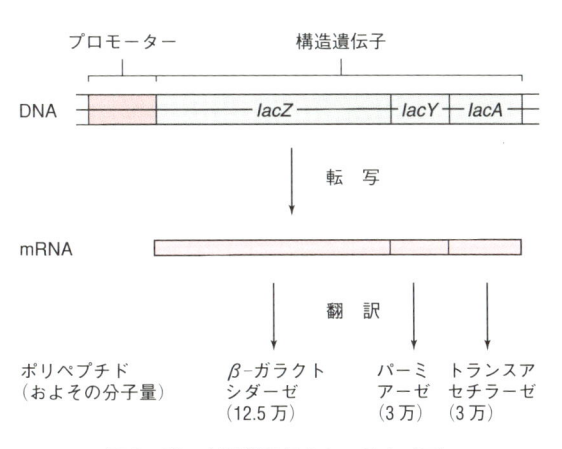

図 6·17　大腸菌のラクトースオペロン

（これを**調節遺伝子**とよぶ）が働いている．ラクトースオペロンではこの調節遺伝子はつねに発現しており，そのmRNAから**リプレッサー**とよばれるタンパク質がいつもできている．リプレッサーは構造遺伝子のプロモーターの近く（この部分のDNA領域を**オペレーター**とよぶ）に結合することができ，結合していると発現は抑制される（図6・18 a）．

ラクトースオペロンは，ラクトースがないときにはオペレーターにリプレッサーが結合していて転写されないが，グルコース（単糖の一種，p.6, 図2・2）の代わりにラクトースが存在すると，ラクトースが変化した物質（アロラクトース）がリプレッサーに結合してオペレーターに結合できなくさせる．そうするとプロモーターにRNAポリメラーゼが結合してラクトースオペロンの転写が始まり，大腸菌はラクトースを栄養源として利用できるようになる（図6・18 b）．このリプレッサーに作用してオペレーターへ結合できなくする物質を**誘導物質**（**インデューサー**）とよぶ．

では，グルコースもラクトースもあるときはどうなるのであろうか．大腸菌ではそのとき，より代謝しやすいグルコースを先に利用し，ラクトースオペロンを用いない仕組みをもっている（図6・18 c）．つまり，ラクトースがあるとリプレッサーは結合できなくなるが，それだけではラクトースオペロンのプロモー

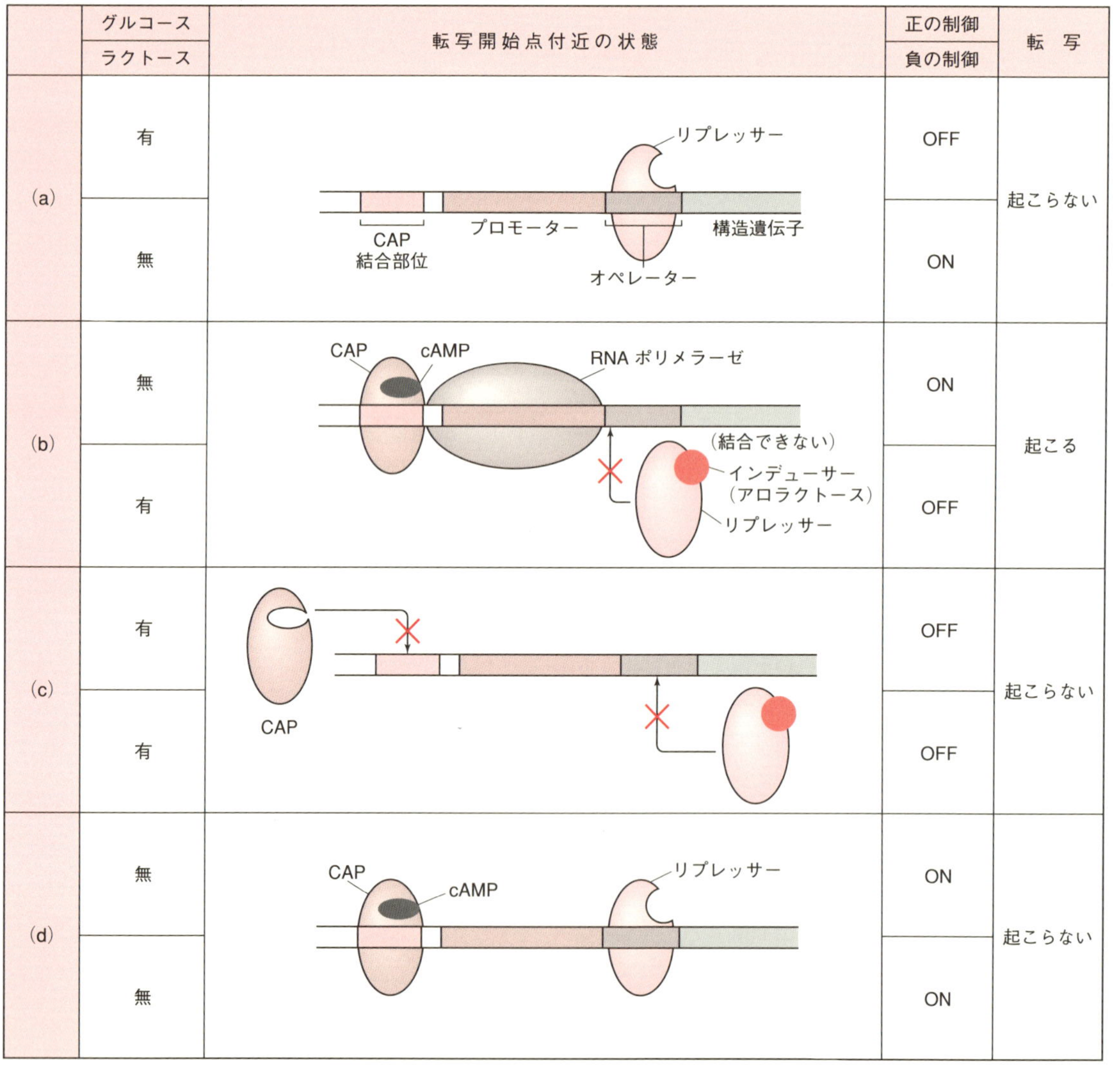

	グルコース / ラクトース	転写開始点付近の状態	正の制御 / 負の制御	転写
(a)	有 / 無	リプレッサーがオペレーターに結合．CAP結合部位・プロモーター・オペレーター・構造遺伝子	OFF / ON	起こらない
(b)	無 / 有	CAP・cAMP・RNAポリメラーゼが結合，インデューサー（アロラクトース）がリプレッサーに結合してオペレーターに結合できない	ON / OFF	起こる
(c)	有 / 有	CAPは結合せず，リプレッサーも結合できない	OFF / OFF	起こらない
(d)	無 / 無	CAP・cAMP結合，リプレッサーがオペレーターに結合	ON / ON	起こらない

図6・18　大腸菌ラクトースオペロンの転写調節

ターは転写されにくい構造になっているのである．そこにはグルコースがないという情報を伝える仕組みがあり，これを仲介するタンパク質が存在している．それは **CAP**（**カタボライト活性化タンパク質**あるいは **cAMP受容タンパク質**）とよばれるタンパク質である．CAPはグルコースがなくなって大腸菌内のcAMPの濃度が上がるとCAP・cAMP複合体をつくり，これがプロモーターの近くに結合し，RNAポリメラーゼが転写しやすくするのである．すなわちグルコースが存在するときには，CAPは不活性でラクトースオペロンの転写は抑えられている状態であり，グルコースが存在しないときには，CAP・cAMP複合体の結合が転写を正に制御して，転写を開始させる働きを示すのである．

以上のように大腸菌のラクトースオペロンにおいては，リプレッサーによる**負の制御**とCAPによる**正の制御**が作用しており，グルコースの有無とラクトースの有無に応じて，大腸菌の増殖には非常に都合がよく効率的な遺伝子発現を行っているのである．

原核細胞の転写制御は，上に述べたラクトースオペロンにみられる方法がオペロンのすべてではない．たとえば大腸菌のトリプトファン合成を行う酵素群は，

◇ **発生・分化と転写因子** ◇

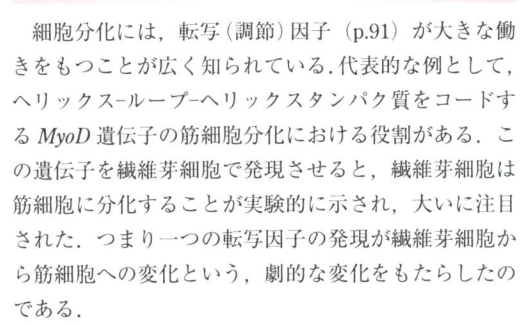

細胞分化には，転写（調節）因子（p.91）が大きな働きをもつことが広く知られている．代表的な例として，ヘリックス-ループ-ヘリックスタンパク質をコードする *MyoD* 遺伝子の筋細胞分化における役割がある．この遺伝子を繊維芽細胞で発現させると，繊維芽細胞は筋細胞に分化することが実験的に示され，大いに注目された．つまり一つの転写因子の発現が繊維芽細胞から筋細胞への変化という，劇的な変化をもたらしたのである．

しかし，多細胞生物の正常な発生分化過程は細胞間相互作用を複雑に行いながら，つまり転写因子だけが働くのではなく，その間に，細胞外因子，細胞膜成分，細胞内のシグナル伝達系の因子（9章）などの多くの因子を介しながら，個体や組織全体で協同的に進められている．したがって上記の実験のように，突然一つの転写因子が出現して，急激に細胞群全体がAからBへと変わることは少ない．

ところが発生過程のある段階では，転写因子自身が仲介者をあまり介さずに分化における独占的な役割を果たす場合もある．ショウジョウバエ（*Drosophila melanogaster*, p.74のコラムを参照）の初期発生過程がその例である．ショウジョウバエ初期胚では，最初のうち細胞質分裂は起こらず核分裂だけが繰返し行われるので，胚は1個の多核細胞のようになり，胚1個に含まれる数千個の核は，位置関係に応じて異なる遺伝子発現の様相を示す，すなわち核が個々に分化していくことが知られている．このとき一つの胚（多核細胞）のなかでは，細胞間の伝達系を経ることなく，転写因子同士が直接相互作用しながら核の分化が行われる．

胚の前後軸が決まり，体節ができるまでの過程の大筋をみてみよう（図）．まずホメオドメインをもつ転写因子をコードする *bicoid* 遺伝子の母性由来のmRNAは，卵形成過程においてすでに前端に局在しており，翻訳されたbicoidタンパク質は前端に最大値をもつ濃度勾配を形成する．同じく母性由来の *nanos* 遺伝子のmRNAは後端に局在し，nanosタンパク質は後端が高い逆の濃度勾配をつくる．一方，*hunchback* 遺伝子の母性由来のmRNAは胚の前端から後端まで均一に存在するが，nanosタンパク質が *hunchback* mRNAの翻訳を阻害するのでhunchbackタンパク質の濃度は図の ① のようになり，結果として3種類のタンパク質は，胚の前後軸にしたがって異なる分布を示すようになる．

つぎに，これら3種類の転写・翻訳にかかわる因子の分布によって，ギャップ遺伝子とよばれる一群の遺伝子の発現が誘導される（図の ②）．このときギャップ遺伝子が前後軸上のある場所で転写されるか否かは，そこに存在する母性由来の転写因子の種類と濃度とによって決められる（実際には，さらに前端と後端だけに存在する因子などがかかわっており，もう少し複雑である）ので，前後軸に沿ってさまざまなギャップ遺伝子が異なる発現様式を示すようになるのである．ギャップ遺伝子にコードされるタンパク質もまた，さまざまなタイプの転写因子である．

だいたいこの時期に細胞化という現象が起こり，胚は数千個の一つずつの核をもつ細胞から成る胞胚となる．細胞化以降には細胞ごとの分化がはじまる．ここでペアルール遺伝子とよばれる一群の遺伝子が，先に述べた母性由来の遺伝子とギャップ遺伝子の働きで，それぞれ将来の体節の基になる領域（擬体節）の奇数か偶数番目の位置に発現するようになる（図の ③）．ペアルール遺伝子にも転写因子がコードされている．

この結果，将来の15体節の基になる擬体節の位置情報は，ギャップ遺伝子とペアルール遺伝子の発現様式を組合わせたものとして表現されるようになるのである．最終的な各体節の分化は，これを決定しているホメオティック遺伝子が上述した転写因子の存在に応じて選択されて，部位特異的に発現することから始まる（図の④）．ホメオティック遺伝子にもまた転写因子がコードされており，体節の分化を実際に決める遺伝子としてそれぞれ特異的な遺伝子の発現を誘導している．

要するにショウジョウバエの初期胚では，bicoid タンパク質に始まる多くの因子が分化誘導の鍵となる転写因子として働くと同時に，それ自身の分布（濃度勾配）によってつぎの分化段階を担う転写因子の発現調節を行っているのである．別の表現をすると，ショウジョウバエ初期胚では数多くの核が細胞膜で仕切られずに存在しているため，転写因子自身が組織における成長因子のように，細胞（核）と細胞（核）をつなぐ因子の働きをもつことができる特異な例である．ショウジョウバエのこれ以降の分化過程や変態時，さらには他の一般的な多細胞生物の発生分化においては，転写因子だけでは進まない．一般的には転写因子が分化誘導における遺伝子発現に中心的な役割を果たし，一方，細胞内シグナル伝達系（9章）や細胞外因子が細胞間で情報をやりとりしながら，細胞に固有な性質を具現化しているのである．

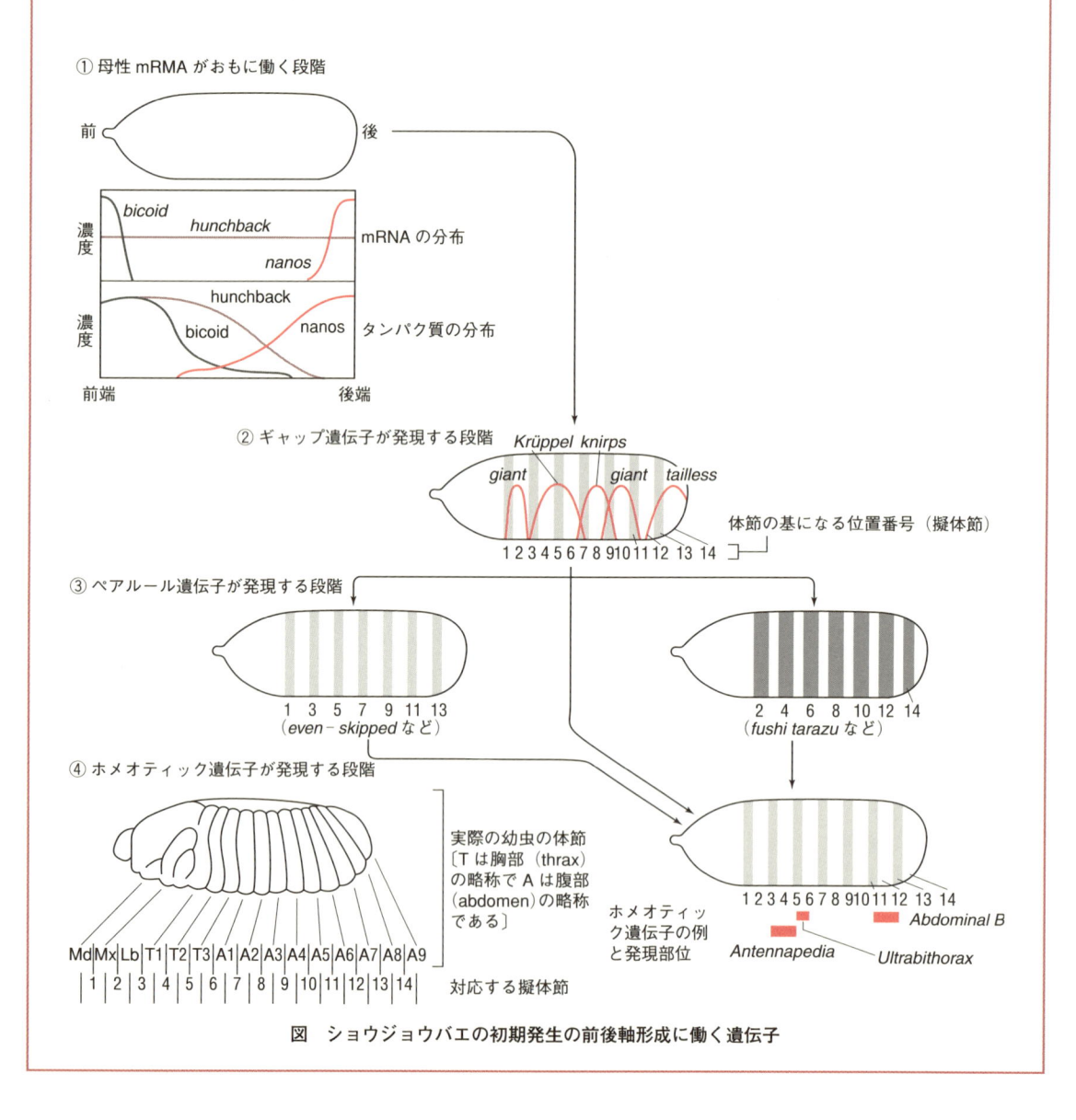

図 ショウジョウバエの初期発生の前後軸形成に働く遺伝子

やはりラクトースオペロンと同様に一つのオペロンを形成しているが，その制御方法は異なる．トリプトファンオペロンでは，原核細胞では RNA 合成とタンパク質合成が共役している〔つまり原核細胞では，真核細胞のように RNA 合成の場（＝核）とタンパク質合成の場（＝細胞質）とに分かれていないため，タンパク質合成は合成されつつある mRNA の 5′ 末端から RNA 合成が終了する前に始まる〕ことを利用して，トリプトファンの量が十分であるときにはこの mRNA は合成するとすぐに止まってしまい（これを**アテニュエーション**または**転写減衰**とよぶ），トリプトファン合成に必要な酵素をコードする mRNA はできなくなるような調節をしている．

ii) その他の原核生物の転写制御

オペロンにおけるオペレーターはプロモーターの近くにあるのが原則であるが，このようなオペレーター-プロモーターの概念に当てはまらない原核細胞の遺伝子もある．大腸菌は窒素源の存在量に応じてグルタミンとグルタミン酸の量を調節しているが，これはグルタミンシンテターゼという酵素の働きによる．この酵素の遺伝子に作用し，その転写量の調節をしている因子として，NtrC タンパク質がある．NtrC タンパク質がグルタミンシンテターゼ遺伝子に結合する領域は，そのプロモーターよりもずっと上流にあり，後述の真核細胞のエンハンサーに近い仕組みとなっている．

また，原核生物もたんに与えられた環境の中で一定の状態で増殖するだけではなく，環境の変化に応じて手もちの遺伝子を有効に用いて適応している．その代表的な例が，枯草菌とよばれる細菌の胞子形成である（図 6・19）．枯草菌は栄養状態などの環境が増殖に適さなくなると，それに応じて乾燥や熱に強い胞子をつくることができる．この過程では当然，よく増殖しているときとは異なる特有の遺伝子発現が行われる．そのときには何種類もの異なる σ サブユニットが，胞子となる細胞（前胞子）とその覆いをつくる細胞（母細胞）でそれぞれ逐次的につくられ，その働きで胞子形成に必要な遺伝子がつぎつぎに発現していく．前胞子と母細胞は，隔壁を隔てて胞子形成の進行を互いに連絡しながら σ サブユニットを変えていき，胞子形成の各段階で必要な遺伝子を順次発現する仕組みになっている．

この過程に関してはさらに興味深いことがある．母細胞において σ^K 遺伝子は免疫グロブリン遺伝子のような組換え（p.95 のコラムを参照）を起こして機能的な構成になるという"高等"で複雑な仕組みが含まれているのである．

c. 真核細胞の転写制御

i) 真核細胞の転写制御に関する基本的要素

真核生物，特に真核多細胞生物は，遺伝子の構成が原核生物よりはるかに複雑であり，構成する細胞も多細胞生物では多様である．それぞれの細胞は，おかれた状況や環境の変化に応じて遺伝子発現を変化させて対応している．これを真核細胞の DNA に含まれる遺伝子の立場からみたときには，つぎのように考えることができる．まず，細胞膜の構成成分やエネルギー生産などの細胞の基本的な代謝，あるいは基本的な RNA 合成およびタンパク質合成装置にかかわる遺伝子（ハウスキーピング遺伝子）にとって，転写は量的な差異はあってもほとんどの細胞でいつも行われている現象である．一方，限られた細胞の固有の性質にかかわる遺伝子の転写は，個体を構成する細胞のごく一部でしか行われていない，あるいは発生過程のなかで一過的にしか行われないまれな現象である．具体的な例を出せば，細胞骨格を形成するアクチン（p.138）の mRNA や rRNA の合成はほとんどの細胞で行われているが，グロビン（ヘモグロビンのタンパク質部分）の mRNA 合成は血球系の細胞の一部に限られる．

このような真核細胞の RNA 合成の制御すなわち転写制御は，これまでみてきた原核細胞とはかなり異なる．原核細胞では，転写とその制御は RNA ポリメラーゼの結合部位とその周辺とそれに作用する因子で行われるのがほとんどである．しかし真核細胞ではこのほかに，DNA を一次元のひもと考えたときにははるかに離れた位置，ときには別の DNA 分子の状況が伝えられて転写が変化することもある．またすでに学んだように，真核細胞の DNA にはつねにヒストンをはじめとするタンパク質が結合したヌクレオソーム構造をとっており，これらの染色体構造の局所的な変化や染色体全体の凝縮度も転写に影響を与えている（§ 6・4・2）．こうした真核細胞の転写制御にかかわる多くの要素は今もつぎつぎに明らかにされているところであり，したがって現段階ですべての仕組みが明らかにされているわけではない．しかし，これまでに得られている知見だけからも，真核生物は実にさまざまな方法

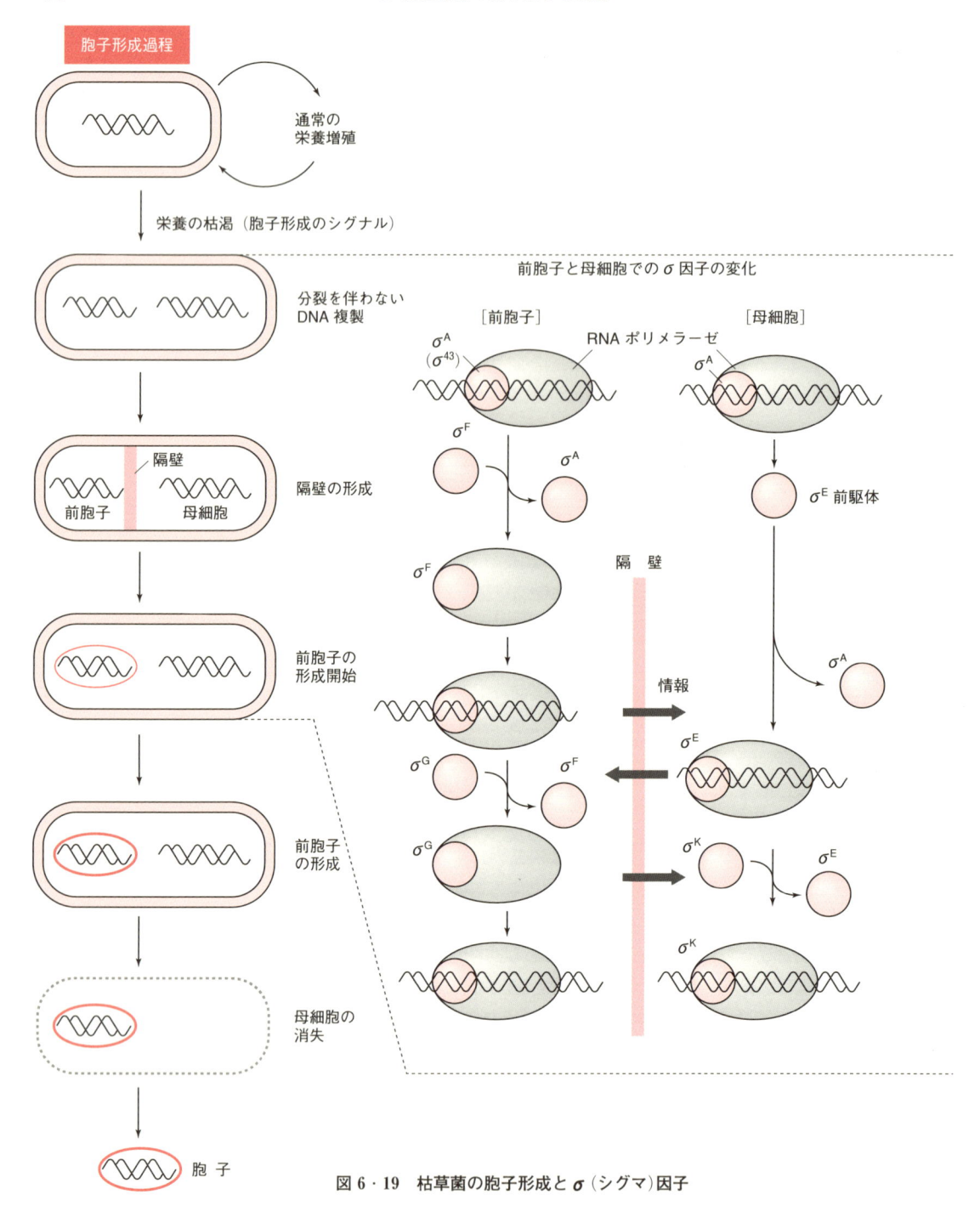

図 6・19 枯草菌の胞子形成と σ（シグマ）因子

　で多数の遺伝子の転写を巧みに制御していることが示されてきている．ここではまず，転写制御の仕組みを以下のように二つの因子（シス因子とトランス因子）に分けて考えてみることにする．
　転写を調節する方法の多くはその開始にある．転写開始は，基本的に RNA ポリメラーゼがプロモーターに結合するか否かにかかっている．それにはプロモーターをはじめとする遺伝子の転写を開始するための情報が DNA 分子上にあることと，RNA ポリメラーゼとそれに結合してプロモーターを働かせる因子があるこ

6・7 転写とその調節　　91

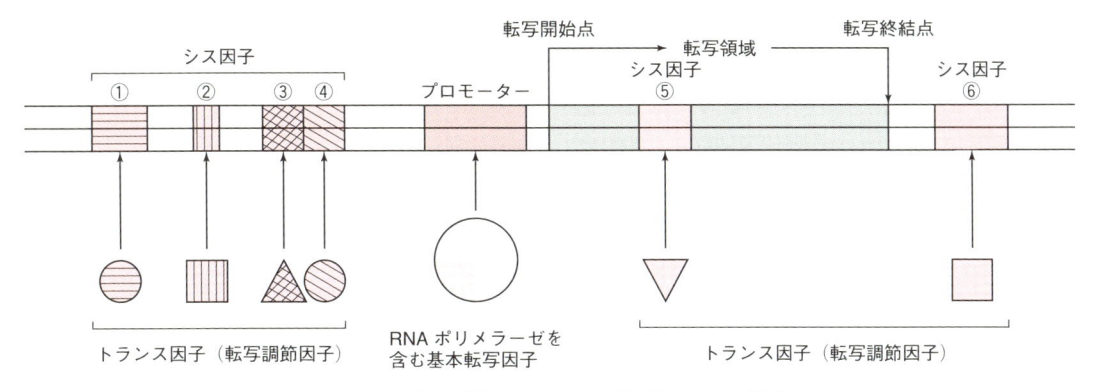

図6・20　転写制御におけるシス因子とトランス因子

との，二つの要因が必要である．前者は遺伝子と同列の因子であることから**シス因子（シス領域，シス配列）**とよばれ，広義にはプロモーターも含めることができるが，以下に解説するようなエンハンサーなどがこれにあたる（図6・20）．後者は外からDNA分子に働きかける因子であることから**トランス因子**とよばれ，広義にはRNAポリメラーゼも含めることも可能だが，プロモーターやエンハンサーに結合する因子や，RNAポリメラーゼに結合して転写開始のための複合体をつくったり，安定化させたりする因子をさす．またトランス因子は**転写因子**ともよばれ，転写因子はさらに，プロモーターを認識する因子のように多くの遺伝子の転写に共通に作用して直接転写の反応にかかわるような**基本転写因子**と，特定の遺伝子のエンハンサーに結合して遺伝子ごとの転写を制御する**転写調節因子**とに分けることができる．

ⅱ）シス因子（シス領域）

さまざまな真核生物の遺伝子が単離・解析されるようになり，その遺伝子の細胞や組織に特異的な発現が近年の分子生物学の進展によって明らかにされるようになった（7章，9章）．そのなかで，いつ，どのような細胞で，どのような仕組みで特定の遺伝子が転写されるかも明らかとなり，最終的に遺伝子およびその周辺のどの領域が，さらにはどのような配列が転写の誘導や抑制に必要かも明らかになった．それらの結果，真核細胞の遺伝子はプロモーターがあって，その下流の転写開始点から転写終結点までRNAが合成され，スプライシング（p.85）によって成熟した機能的RNAができるという図式に加えて，転写開始点の周辺やそれよりもはるかに上流の領域（ときには数万塩基対も離れた領域），イントロンのなか，あるいは転写終結点よりも下流域にも転写を制御する配列が存在することが知られるようになった（図6・21に真核生物の仮想的な遺伝子を示した）．また遺伝子ひとつひとつに関してこうした知識が蓄積すると，同じような状況で転写される遺伝子には共通の配列が存在し，それが発現に大切であることもわかり，上に述べたような考えに当てはまるシス因子の実体が明らかになった．その結果，真核細胞の遺伝子は，図に示したようにRNAとして転写される領域よりは，ずいぶん広い範囲にわたって転写制御にかかわる配列が存在し，大腸菌のラクトースオペロンにみられたオペレーターやCAP結合部位をはるかに複雑にした多くの転写制御領域が存在することが明らかになっている．このよう

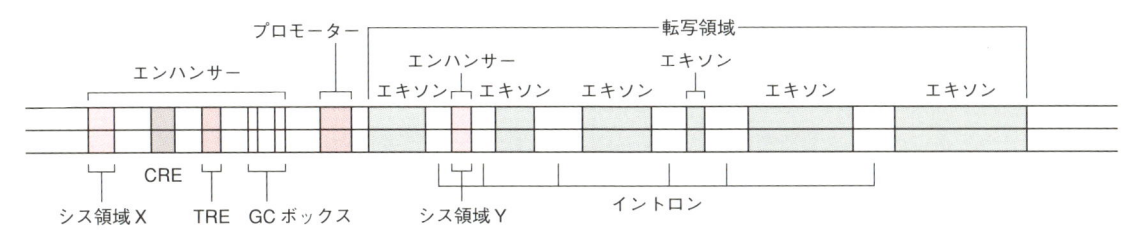

図6・21　真核生物の遺伝子構造（転写領域と転写制御領域）

なシス因子のなかには，GCボックスとよばれるハウスキーピング遺伝子を含めた多くの遺伝子にみられる配列がある．また一方，細胞内cAMPの濃度を上げたときに発現する遺伝子の調節領域にみられるCREとよばれる配列（§9・4・3）や，TPA（12-O-テトラデカノイルホルボール13-アセテート）というがん誘発にかかわる薬剤を作用させたときに発現する遺伝子の調節領域にみられるTREとよばれる配列など，何かの作用で発現が誘導されるときに必要なシス因子も知られている．このような因子は同じような状況で転写が誘導される複数の遺伝子の調節領域に共通にみられる，いわゆる遺伝子発現の誘導にかかわる共通配列である．こうしたシス因子が一つ含まれる，あるいは複数集まっている領域は，近くの遺伝子（転写される領域）にとって発現誘導や発現量の増加をもたらすという意味で，**エンハンサー**という名でよばれることも多い．

エンハンサーの存在と実体がわかると，遺伝子組換え法（7章）によって，支配している転写領域（遺伝子）からエンハンサーだけを取出すことができるようになった．そして，エンハンサーは他の転写領域と組合わせても機能するという性質や，プロモーターとは異なり転写領域との相対位置や方向性を選ばないという性質を利用して，取出したエンハンサーを別の転写領域につなげて真核細胞や多細胞生物個体に導入し，そのなかでさまざまな遺伝子を望んだ状況で人為的に発現させることもできるようになった．これは，大腸菌で遺伝子操作によって別の生物のタンパク質を生産させる技術（§7・6）の発展版の一つともいえる．

iii）トランス因子

シス因子は遺伝子の周辺にあればどのような細胞でも自動的に働くわけではない．同じ生物であればすべての細胞の遺伝子は基本的に同じであるから，細胞による遺伝子発現（転写）の違いはシス因子を機能させるものがあるか否かに依存している．つまり細胞においてはシス因子に作用する因子，すなわちトランス因子が存在して初めて転写が起こるのである．したがってトランス因子は，多くの場合，直接あるいは間接的にDNAに結合できるタンパク質である．

これまでに数多くのトランス因子が，エンハンサーなどのシス因子に特異的に結合するタンパク質として，あるいは発生や分化に重要な遺伝子座にコードされるタンパク質として見いだされている．トランス因子が多く知られるようになると，一次構造上の類似性，特に以下に述べるようにDNAに結合する領域の構造に共通性が見いだされ，いくつかのグループに分けることが可能になった（図6・22）．また，このなかのあるものはX線結晶構造解析もなされ，DNAにどのように結合するかもしだいに明らかにされている．つぎに，トランス因子にみられるDNA結合領域について代表例をいくつかみてみよう．

① **ジンク（Zn）フィンガー構造**（図6・22a）は最初，RNAポリメラーゼIIIの補助因子TFIIIAに見いだされたものであるが，今ではその他の多くのトランス因子に見いだされている．中心に亜鉛イオンを配位した約二十数アミノ酸残基から成るこの構造は，1個のタンパク質のなかに複数みられることが多い．フィンガーのC末端側半分はαヘリックス構造をとって二重らせんDNAがつくる溝に入り込むことができ，特定の塩基（配列）と相互作用すると考えられている．グルココルチコイドやプロゲステロンなどのステロイドホルモン（ファミリー）の受容体はそれ自身が転写因子であるが（§9・2・4），これもジンクフィンガー構造に似た構造を含んでいる．これらは，図6・22(a)で各フィンガーのC末端側のヒスチジン2個もシステインになった変形であり，これらは典型的なジンクフィンガーとはやや違った様式ではあるがDNAに結合することができる．

② **ホメオドメイン構造**（図6・22b）は最初，ショウジョウバエの発生異常の原因となるいくつかの遺伝子にコードされるタンパク質に共通にみられる領域として見いだされたものである．ホメオドメインは約60アミノ酸残基から成り，構造的にはN末端側の短い塩基性の領域と3個のαヘリックスが特徴である．このうち第三のヘリックスが，DNAの溝に入り込んでリン酸基や特定の塩基と相互作用しているほか，N末端の塩基性領域もDNAと相互作用している．ホメオドメインのうち，第二と第三のαヘリックスがつくる領域は**ヘリックス-ターン-ヘリックス構造**とよばれ，最も簡単なDNA結合ユニットの一つである．このようなヘリックス-ターン-ヘリックス構造は，大腸菌のラクトースオペロンのリプレッサーやCAPのような原核細胞のDNAに結合する転写因子のなかにも見いだされている．

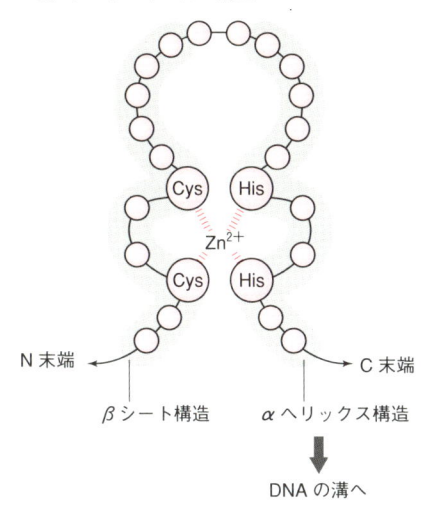

(a) ジンクフィンガー構造
(b) ホメオドメイン構造
(c) ヘリックス-ループ-ヘリックス構造（二量体）
(d) ロイシンジッパー構造（二量体）

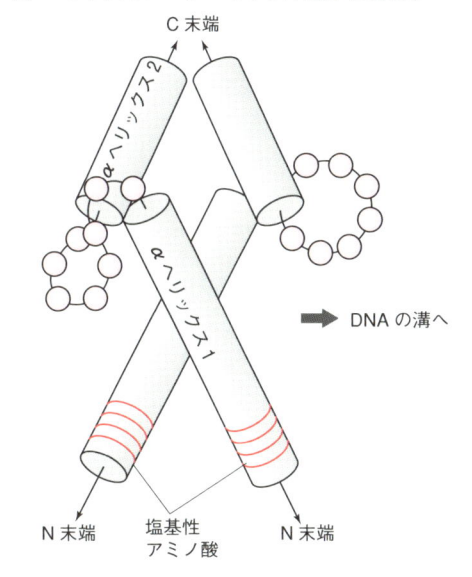

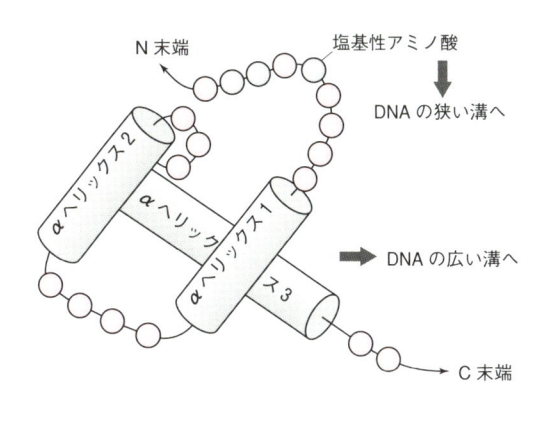

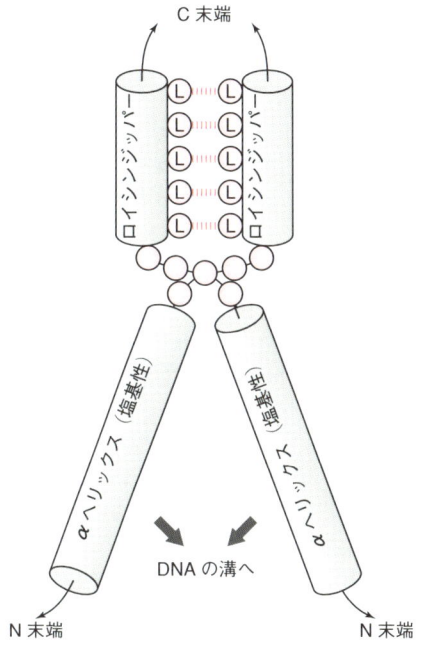

図 6・22　代表的な真核細胞のトランス因子

③ **ヘリックス-ループ-ヘリックス（HLH）構造**（図6・22 c）は最初，細胞の分化にかかわる因子に見いだされたものである．40～50アミノ酸残基から成るこの構造には，二つの両親媒性の α ヘリックス（つまり α ヘリックスを筒に見立てたとき，片側には親水性のアミノ酸残基の側鎖が現れ，もう片側には疎水性のアミノ酸残基が現れる構造）とそれをつなぐループから成っており，α ヘリックスが DNA の溝に入り込む．HLH 構造の近くには塩基性の領域がみられることが多く，このときには**塩基性 HLH（bHLH）構造**とよばれる．また HLH あるいは bHLH 構造をもつトランス因子は，二量体として機能することが特徴であり，同じものが二量体をつくる場合（ホモ二量体）と異なるものが二量体をつくる場合（ヘテロ二量体）がある．もし類似した因子が複数あると，その間でさまざまな組合わせが可能となり，微妙に異なる働きを組合わせによって示すことができる．

④ **ロイシンジッパー構造**（図6・22 d）は最初，いくつかの発がんの原因となる遺伝子（がん原遺伝子）にコードされるタンパク質に見いだされた構造であ

る．ロイシンジッパー自身は直接的にDNA結合する要素ではなく，二量体をつくるための構造であるが，DNA結合性を与えるのに重要である．つまりロイシンジッパーをもつ同じ分子，あるいはロイシンジッパーをもつ異なる2個のタンパク質は，この部分で二量体をつくることができ，もしそれに隣接して塩基性の領域があれば，2個の分子の働きでDNAに結合するようになる．

iv) 真核細胞の転写制御の空間的な仕組み

真核細胞では，プロモーターとそれに作用するRNAポリメラーゼやいくつかの基本転写因子，そしてプロモーターとは離れた位置にあるシス因子とそれ

◇ 免疫と遺伝子 ◇

免疫系はさまざまな病原体や異物などを排除し，われわれの体を守っている大切な機能である．一方，最近いくつかの重篤で治療困難な疾病が，自分自身の成分を異物と認識してしまう自己免疫疾患であることが示され，免疫の重要性と同時にその機構の複雑さが知られるようになっている．

脊椎動物の免疫系には大きく分けて二つの種類がある．一つめは**獲得免疫**とよばれ，脊椎動物に特有であり，遺伝子の再構成という観点から非常に興味深い事象が数多く知られている（後述）．二つめは**自然免疫**とよばれる．獲得免疫が動物が生きていくなかで出合った外来の"敵"に応答して発達するのに対して，自然免疫は生来備わった防御機構である．自然免疫は無脊椎動物にもあるほか，植物にも類似の機構が存在し，生物の基本的な自己防衛システムといえる．

獲得免疫は互いに関連する二つの系統，**体液性免疫**と**細胞性免疫**とに分けられる．これら二つの免疫系を担うリンパ球はそれぞれB細胞とT細胞であり，おもに骨髄にある造血幹細胞からつくられる．B細胞では抗体（免疫グロブリン）が，T細胞では細胞受容体が多様な抗原に対応する分子（タンパク質）となっている．

B細胞が抗原に特異的な免疫グロブリンをつくるようになるまでの増殖・分化過程，そしてT細胞が抗原と自己・非自己を同時に認識するようになるまでの分化と選別の過程には，非常に複雑な仕組みがある．B細胞でつくられる抗原認識分子は**免疫グロブリン**とよばれ，図1に模式的に示したようなタンパク質である．免疫グロブリンは同じH鎖2本とL鎖2本がつながった分子であり，H鎖とL鎖の可変（V, variable）領域がつくり出す抗原を認識する部位が2箇所ある．V領域は認識する抗原に応じて異なり，C末端側の定常（C, constant）領域は一定である．ただし以下に述べるように，H鎖のC領域には数種類のクラスがある．免疫グロブリンの大部分は体液中に分泌され，可溶性物質を含めた広い存在様式の抗原を認識する．

免疫グロブリンがB細胞で発現するようになるまでの過程には，DNAの再構成という，他の系ではあまりみられない現象を伴っており，これによって無限とも思える抗原を特異的に認識する分子をつくり出している．また，T細胞にあって抗原および"自己"を認識するT細胞受容体も，同様に複雑な機構をもっている．ここではマウスの免疫グロブリンH鎖を例にとって，この過程を簡単にみてみよう．

ヒトの免疫グロブリンH鎖をコードする遺伝子座は，1箇所である．分化していないB細胞および生殖細胞や一般の体細胞の遺伝子（つまり分化したB細胞以外の細胞の遺伝子）をみてみると，まずそこにはV領域をコードするエキソンが数多くみられる．V領域のうち，N末端の最も長いV_H断片には50以上の連なったエキソンが対応している（図2）．その下流には，短いD断片とJ_H断片に対応するエキソンがそれぞれ27個と6個存在している．一方V領域につながるC領域は，免疫グロブリンのクラスによって異なるだけであるが，これも11種類のC領域をコードするエキソン（図ではC領域を一つにまとめて代表

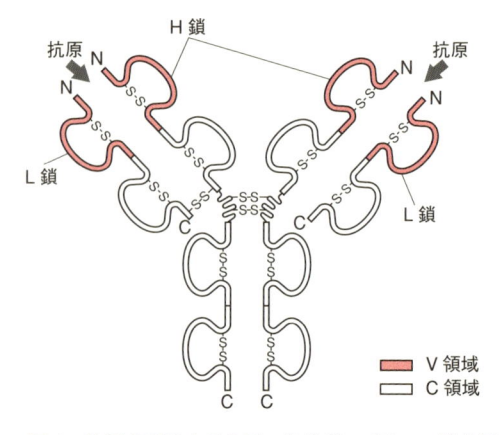

図1 抗原を認識する分子 免疫グロブリンの模式図．

に作用するトランス因子などがあり，これらが総合的に働くことによって転写は制御されている．プロモーターとその周辺で起こることは基本的には原核細胞でみられる調節と同じと考えることができるが，DNAを一次元のひもととらえたとき，ずいぶん離れたところで行われるシス因子とトランス因子の相互作用は，どのようにして最終的にRNAポリメラーゼの働きに影響を与えるのであろうか．

一つの可能性は，真核細胞のDNAがヌクレオソーム構造（p.74）をとっていることから推測できる．つまりトランス因子がシス因子に結合することは，その周辺のヌクレオソーム構造に影響を与えることに

例のみを示しているが，実際にはC領域も複数のエキソンによってコードされている）が並んで存在している．

H鎖遺伝子はこの状態では発現せず，B細胞の分化に伴ってVDJ組換えとよばれる遺伝子の再構成が起こって初めて発現するようになる．図2にはV_H断片の4番と，D断片の5番，J_H断片の3番が組換えによって連結した例を示しているが，どのV, D, J領域が組合わされるかは原則的に任意であり，膨大な種類のH鎖を発現する可能性を生み出している．またB細胞の増殖の過程では，V領域の遺伝子の一部が一般の遺伝子よりはるかに高頻度で変異を起こすことが知られており，これも多様性を増加させている．

VDJ組換えによって転写開始部位（プロモーター）C領域（C_H遺伝子）周辺のエンハンサーが近づくと，H鎖遺伝子は発現するようになり，C_μ領域をもつmRNAがつくられる．これからつくられる免疫グロブリンはIgMとよばれ，分化の初期段階で発現する分子である．さらに他のクラスの免疫グロブリンがつくられるためには，第二段階の組換え，クラススイッチが必要である．図2には最も多く一般的な免疫グロブリンであるIgGへのクラススイッチを示してある．

このような分化に伴う遺伝子の再構成が行われることによって，H鎖のみならずL鎖も，さらにはT細胞受容体も，機構は多少異なるものの同様に多様な分子をつくり出している．複雑な遺伝子構造とそれを最大限に利用する組換え・体細胞突然変異・選択的スプライシングの機構によって，われわれの免疫系は多様な病原体や異物をそれぞれ非常に特異的に排除する可塑性を生み出しているのである．

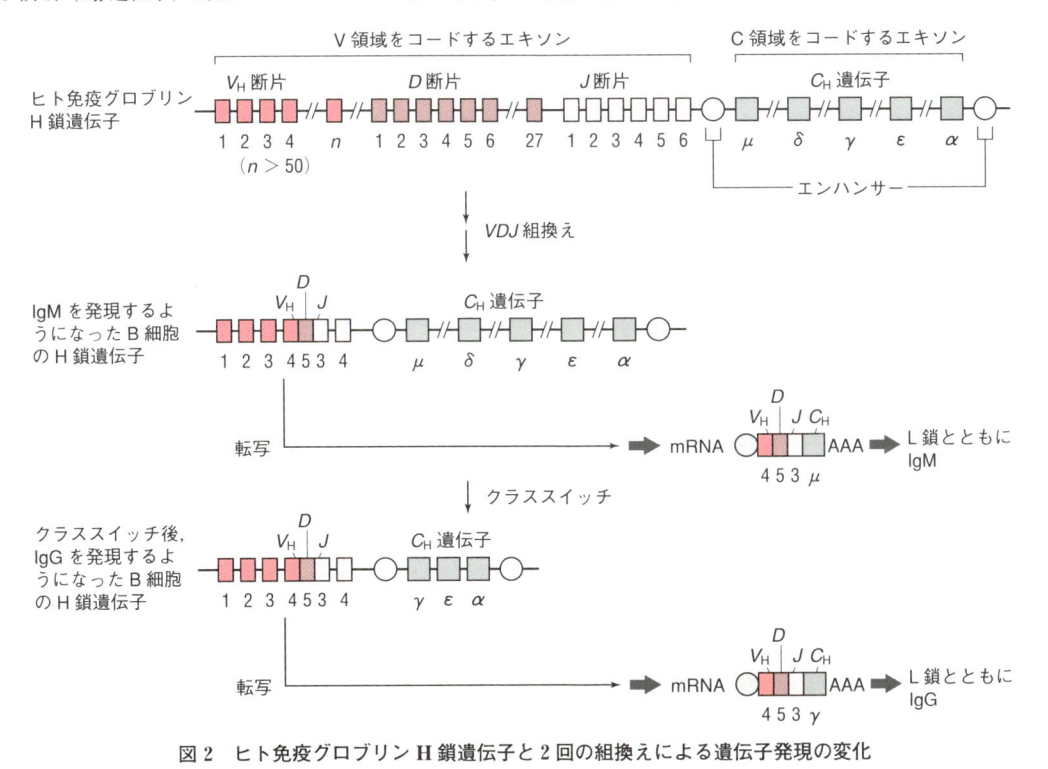

図2 ヒト免疫グロブリンH鎖遺伝子と2回の組換えによる遺伝子発現の変化

なる．それが，DNA という一次元ひもの上を順次伝わるのであれば，結合した位置が遠くであってもプロモーターの周辺の染色体（ヌクレオソーム）構造に変化を与え，最終的に RNA ポリメラーゼや基本転写因子の働きに影響を与えるというものである（図6・23）．

しかし実際にはこれだけでは説明できないことも多く，他の可能性も考える必要がある．たとえばそれは，DNA を一次元に限定しないことで解決可能である．つまり一次元の世界では遠く離れていても，二次元あるいは三次元としてみると図6・24のように互いに近づきうると考えるのである．これが実現するには，DNA（あるいはクロマチン）が空間的に曲がること，そしてシス因子に結合した転写調節（トランス）因子とプロモーター周辺の基本転写因子とを結合させることが必要となる．トランス因子には DNA 結合領域のほかの部分があり，それが RNA ポリメラーゼのサブユニットや基本転写因子と直接相互作用したり，仲介するタンパク質を結合したりすることも知られている．このようにトランス因子の分子中で，DNA 結合以外の方法で転写反応の活性化にかかわる領域を，**転写活性化領域**とよぶ．トランス因子の結合やトランス因子と基本転写因子との相互作用は，DNA を曲げたり転写にかかわる多くの因子を近づけたりして（近接効果），その構造や活性を変化させることで転写の開始を促す，ときには抑制するのである．

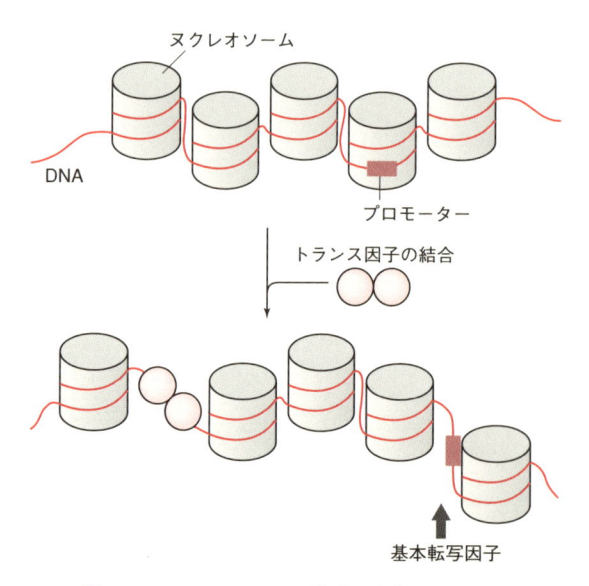

図6・23 ヌクレオソーム構造の変化と転写制御

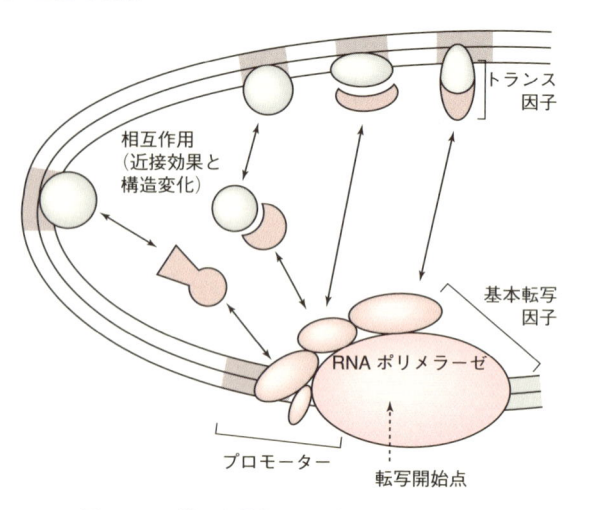

図6・24 離れた部位からの転写制御のモデル

いずれにしても，真核細胞では細胞の状態の変化や発生・分化過程，細胞外からのシグナルに応じて，遺伝子一つ一つが実に多くの調節機構によって制御されているのである．そこには，実際に転写を触媒する酵素である RNA ポリメラーゼや基本転写因子のほか，クロマチンの構造とその変化 (p.76)，そして DNA 上の多くのシス因子とそこに作用するさまざまなトランス因子とが，転写のオン・オフや転写量に影響を与えている．

v) その他の真核細胞の転写制御

真核細胞では以上述べたような転写の開始を制御する調節方法のほかに，RNA のスプライシングが行われるので，この段階での調節も最終的にどのような機能的 RNA をどれだけつくるかということに影響を与えている．特にエキソンが多数ある場合には，一部のエキソンをとばしてスプライシングすることによって，異なるタンパク質をコードする mRNA を生成することが知られている．実際この現象は数多く知られており，**選択的スプライシング**あるいは**択一スプライシング**とよばれている．たとえばショウジョウバエの性（雌雄）決定にかかわる遺伝子発現において，選択的スプライシングが重要な反応である（雌雄を分けている）ことも知られている．また，細胞や状況によって異なるプロモーターから，したがって異なる第一のエキソンから転写を開始する現象も知られている．このように一つの遺伝子から転写や転写後修飾の方法を変えることによって，さまざまな種類の RNA をつくり出す仕組みも知られている．

6・8 翻　訳

6・8・1　RNA の機能と翻訳

ここまでに DNA の塩基配列の情報が RNA に転写され，転写後修飾を受けた後に機能的な RNA 分子ができる過程をみてきた．つぎに，RNA が活躍する場合である翻訳の過程をみることにするが，その前にまず RNA 分子の機能を概観してみよう．RNA のなかには rRNA や tRNA のように RNA 分子として細胞のなかで機能するものと，mRNA のように情報の仲介者としてタンパク質のアミノ酸配列にさらに情報交換されて機能するものがある．この mRNA の情報がタンパク質に変換される過程を**翻訳**とよぶ．したがって，翻訳は細胞の代謝過程としてみたときには，**タンパク質合成反応**である．タンパク質合成反応において，rRNA や tRNA は機能分子として非常に重要な役割をもっている．

RNA は翻訳の鋳型となったり翻訳過程にかかわるばかりではなく，単独の RNA 分子あるいはタンパク質と複合体を形成して，別の機能を行うものがある．たとえば酵素のような触媒活性をもつ RNA 分子があり，**リボザイム**とよばれている．リボザイムは RNA を塩基配列特異的に切断する活性をもっている．また最近になって，細胞内には低分子量（21～30 ヌクレオチド）の RNA 分子が多種類・多数存在し，クロマチンの構造と転写調節という核内での現象や，mRNA の分解・翻訳の抑制といった細胞質での現象にかかわっていることが見いだされた．発見のきっかけの一つは，遺伝子機能の抑制手法である **RNAi（RNA 干渉，§7・7・4）** の分子機能の解析である．この解析手法では **siRNA**（small interfering RNA，低分子量干渉 RNA）とよばれる短い二本鎖 RNA 分子を用いるが，RNAi の現象は人為的にひき起こすことができるだけではない．生きた細胞内でも DNA から短い RNA（の前駆体）がつくられ，同じような現象をひき起こしていることが発見された．このような RNA 分子は **miRNA（マイクロ RNA）** とよばれている．これまでに，miRNA がどのようにしてつくられ，そして RNAi という現象が起こされるのか，また RNAi にかかわるタンパク質にはどのようなものがあるかが研究されている．その結果，miRNA は鋳型 DNA から転写されたのち，プロセシングを経てつくられること，また RNAi という現象は線虫・ショウジョウバエ・ヒトなどの多細胞動物のほか，種子植物にもみられるものであることがわかった．さらにこの現象にかかわる RNA やタンパク質は，さまざまな複合体を形成して mRNA の切断や翻訳抑制を担うのみならず，クロマチンの状態（p.76 のコラムを参照）にもかかわっていることがわかった．そして低分子量 RNA がかかわる遺伝子機能の調節は，発生・分化過程や細胞の分化能の維持などに重要であることも解明されている．

6・8・2　タンパク質合成（翻訳）の流れ

タンパク質合成は，転写の過程と並んで遺伝情報の発現において鍵となる過程であり，登場する分子の多さや巧妙な仕組みも転写と同様である．原核細胞と真核細胞のタンパク質合成を比較したとき，主要な道具や進み方は同じであるが，基本的な違いが二つある．まず第一はタンパク質合成が行われる場所の違いである．原核細胞では RNA 合成もタンパク質合成も同じコンパートメントで行われ，共役した状態にある．つまり完全に mRNA 分子ができあがる前に翻訳を開始することができるのである．そのため，タンパク質合成の進行の状況が直接 RNA 合成に影響を与えることができる．たとえば大腸菌のトリプトファンオペロンの転写減衰（アテニュエーション）は，これを利用した翻訳過程からの転写調節である．一方，真核細胞では核というコンパートメントの中で mRNA 合成（鋳型の生成）は行われ，タンパク質合成は細胞質で行われるという場の区分がある．そのため，RNA 合成過程とタンパク質合成過程を切り離して考えることができる．

もう一つの大きな原核細胞と真核細胞のタンパク質合成の違いは，鋳型分子，つまり mRNA の違いである（図 6・25）．mRNA には，タンパク質のアミノ酸に対応するコドンが連なっている翻訳の鋳型となる領域（**タンパク質コード領域**，あるいは**翻訳領域**）と，アミノ酸に対応していない領域（**非翻訳領域**）があるが，その数が異なる．原核細胞では，一つのオペロンから機能的に関連したいくつかのタンパク質をコードする 1 本の mRNA ができることに代表されるように，mRNA には複数のタンパク質コード領域が存在する．別の言い方をすると，タンパク質合成の開始点は 1 本の mRNA に複数存在しているのである．これを

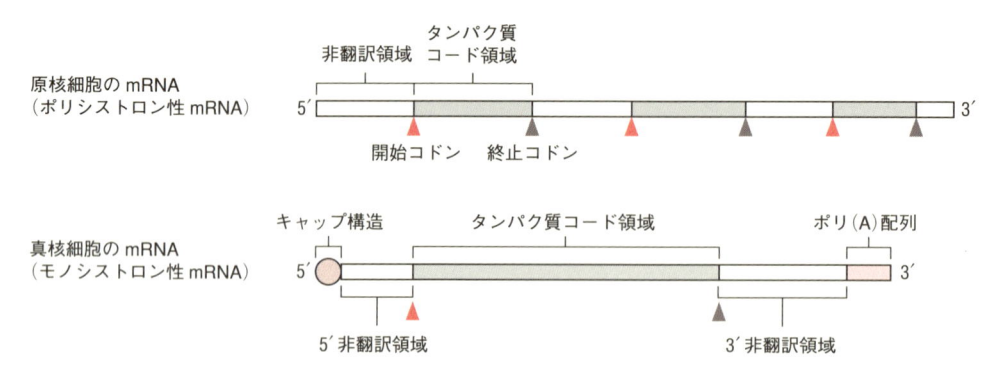

図 6・25 原核細胞と真核細胞の mRNA の構成と翻訳

ポリシストロン性 mRNA とよんでいる．しかし真核細胞の mRNA には，例外はあるが，原則的に一つのタンパク質コード領域しかなく，1本の mRNA からは1個のポリペプチド鎖しかできない．これを**モノシストロン性 mRNA** とよんでいる．

また真核細胞では，二重膜に囲まれた細胞小器官，すなわちミトコンドリアと葉緑体においては，細胞質とは別の仕組みでタンパク質合成が行われている．その仕組みはむしろ原核細胞に近い．このような二重膜構造の細胞小器官でのタンパク質合成に用いるコドン表には，図 6・3 とは少し異なる遺伝暗号の方言があることも知られている．

6・8・3 リボソーム――タンパク質合成の工場

mRNA の鋳型情報をもとに翻訳を行うのは，リボソームというタンパク質合成工場である．この工場では，鋳型 mRNA にある開始 AUG コドンから始まるタンパク質コード領域を 5′ から 3′ 方向に順に通過させて，コドンに対応したアミノ酸 (p.72) をアミノ (N) 末端からカルボキシ (C) 末端へとつなげていく，ペプチド結合の形成反応を行っている．

リボソーム（図 6・26）は大きな分子集合体であり，原核細胞のリボソームでも分子量が全体で約 250 万，沈降係数〔遠心力をかけたときに沈降する速度(の値)〕が約 70S である．70S リボソームは 50S と 30S の大小二つのサブユニットに分かれる．50S サブユニットには 23S（約 2900 塩基）と 5S（120 塩基）の二つの**リボソーム RNA (rRNA)** と 36 種類のタンパク質が含まれ，30S サブユニットには 16S（約 1500 塩基）の rRNA と 22 種類のタンパク質が含まれている．

真核細胞のリボソームは原核細胞よりもやや大きく複雑だが，基本的には原核細胞のリボソームに似ている．分子量は約 420 万，沈降係数は約 80S である．大きい 60S サブユニットには，28S（約 4700 塩基）と 5.8S（160 塩基）と 5S（120 塩基）の rRNA とおよそ 49 種類のタンパク質が含まれている．小さい方の 40S サブユニットには，18S（約 1900 塩基）の rRNA とおよそ 33 種類のタンパク質が含まれている．

リボソームの中では，構成するタンパク質と RNA が複雑に，規則正しく会合しており，分子集合のよいモデルである．後に述べるようにリボソームがつくり出す場のなかには，アミノ酸をもった tRNA が入る場所が 2 箇所 (P 部位と A 部位) 存在するほか，大サブユニットにはアミノ酸がはずれた tRNA が結合する E 部位がある．さらにタンパク質合成にかかわる因子が

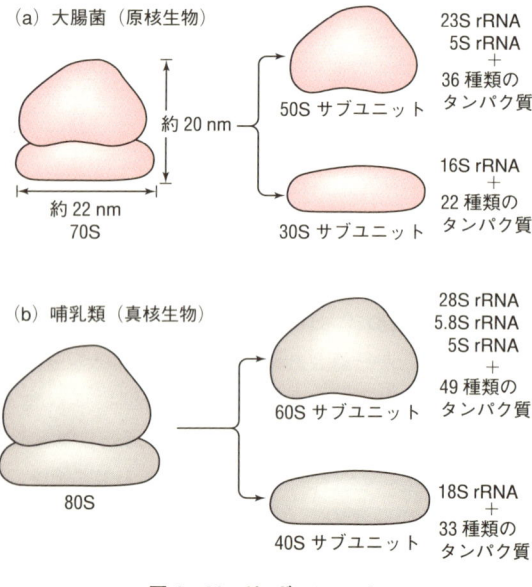

図 6・26 リボソーム

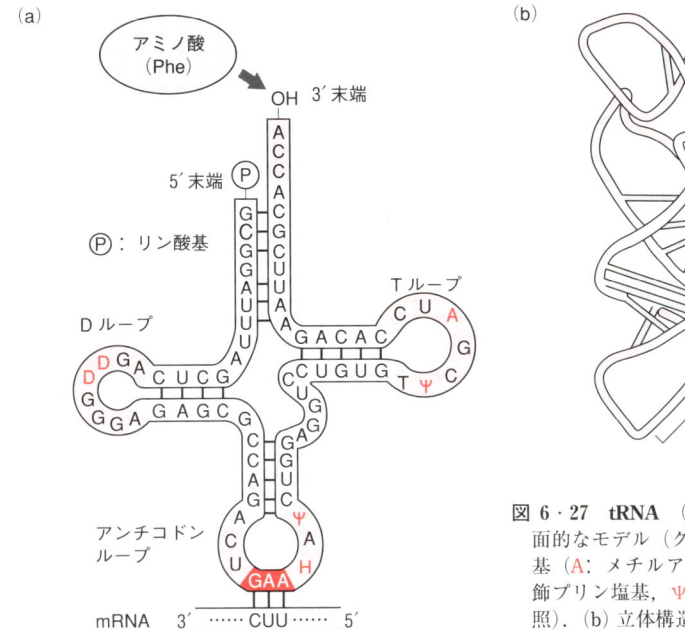

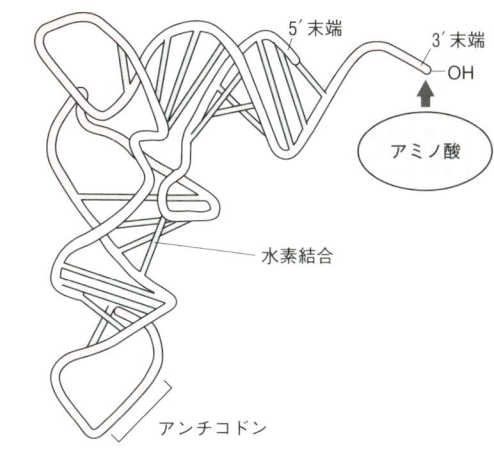

図 6・27 tRNA (a) 二次構造（水素結合）に基づいた平面的なモデル（クローバーリーフモデル）．赤字は修飾塩基（A: メチルアデニン，D: ジヒドロウリジン，H: 修飾プリン塩基，Ψ: プソイドウリジン．p.14, 図2・15 参照）．(b) 立体構造を反映した三次元モデル（L字形構造）．

それぞれ結合する領域もあって，きちんとした構造をとる一方，ある程度の可塑性を保ちながらタンパク質合成反応を進める場となる．

6・8・4 tRNA ── アミノ酸の運び屋

転移 RNA（トランスファー RNA, tRNA）はリボソームと並んで翻訳過程の主役であり，この 70 から 90 ヌクレオチドの小さな RNA 分子は，非常に特徴的な構造をもっている（図 6・27）．まず tRNA には，RNA に普通みられる 4 種類の塩基（A,C,G,U）とは異なる塩基（修飾塩基）をもつヌクレオチドがいくつか存在する（図 2・15）．つぎに塩基同士の水素結合のつくり方（二次構造）をみたときには，図 6・27 (a) のように分子内の塩基対の形成によっていくつかのドメインを形成している．ドメインのなかには，mRNA のコドンに相補的で水素結合をつくる配列を含むアンチコドンループや，アミノ酸が付加される 3′ 末端側のアミノ酸アームなどがある．そして立体構造（三次構造）的にみると，tRNA 分子はドメイン間のヌクレオチドの間の相互作用などによってさらに折りたたまれて，リボソームの P 部位や A 部位に入るときや，アミノ酸を付加する酵素（**アミノアシル tRNA シンテターゼ**）の基質となるときに適合した構造になっている（図 6・27 b）．アミノアシル tRNA シンテターゼは tRNA とアミノ酸と ATP を基質として，アミノ酸の C 末端が tRNA の 3′ 末端と結合したアミノアシル tRNA を合成する酵素である．この酵素は，tRNA のアンチコドンとタンパク質に取込まれるアミノ酸とを正しい組合わせにする重要な役割をもっており，反応の過程には，類似した構造をもつアミノ酸と tRNA をそれぞれ間違いなく基質として組合わせる仕組みがある．

6・8・5 コドン表

最初に述べたように，遺伝情報である DNA の塩基配列の並びは，タンパク質のアミノ酸の並びと対応している（p.72, 図 6・3）．ここでは，逆にアミノ酸（あるいはタンパク質）からコドン表をもう一度見直してみよう（図 6・28）．タンパク質に含まれる 20 種類のアミノ酸を 4 種類の文字（A,C,G,U）で表記するには 2 文字（$4×4=16$）では足らず，3 文字必要である．逆に 3 文字からは 64（$4×4×4$）通りのコドンが可能であり，図 6・3 と図 6・28 に示したように 64 種類のコドンと 20 種類のアミノ酸との対応が決まっている．実際には 21 種類目の対応として，終わりの暗号に 3 個のコドン（これを**終止コドン**あるいは**ナンセンスコドン**とよぶ）を用いているので，結果として 20 種類のアミノ酸は 61 の暗号にコードされている．メチオ

ニンやトリプトファンには1個のコドンしか対応していないが,ほかのアミノ酸は2～6個の暗号によってコードされている.これを**縮重**とよび,コドンの3文字目で縮重が著しい.縮重の意味はさまざまにとらえることが可能であるが,まず,このコドン表はタンパク質合成という現在の生物が個々に行っている生物過程の暗号表という機能面のほかに,原則的に原核細胞・真核細胞のすべてに共通であるという普遍性を考慮に入れなければならない.つまり,コドン表の起源は生命の起源にまでさかのぼることになるのである.したがって,コドン表とその縮重の意味を本当に理解するためには生命の起源を知る必要があることになる.

アミノ酸	Ala	Arg	Asn	Asp	Cys	Gln	Glu
対応するコドン	GCA GCC GCG GCU	AGA AGG CGA CGC CGG CGU	AAC AAU	GAC GAU	UGC UGU	CAA CAG	GAA GAG
アミノ酸	Gly	His	Ile	Leu	Lys	Met	Phe
対応するコドン	GGA GGC GGG GGU	CAC CAU	AUA AUC AUU	UUA UUG CUA CUC CUG CUU	AAA AAG	AUG	UUC UUU
アミノ酸	Pro	Ser	Thr	Trp	Tyr	Val	終止
対応するコドン	CCA CCC CCG CCU	AGC AGU UCA UCC UCG UCU	ACA ACC ACG ACU	UGG	UAC UAU	GUA GUC GUG GUU	UAA UAG UGA

図6・28 **20種類のアミノ酸からみたコドン表**
暗号は図6・3と同じである.

縮重は,コドンの3文字目とtRNAのアンチコドンの1文字目との対合には**ゆらぎ**がある,すなわちAとUあるいはCとGの塩基対をつくっていなくても機能することに関連する.ゆらぎを許す仕組みには,tRNA全体の構造(図6・27)やアンチコドン1文字目の修飾塩基の存在などがかかわっているが,結果的に一つのtRNAで複数のコドンに対応することが可能になっている.つまりタンパク質合成のシステムとして,61種類のコドンすべてにtRNAを一つずつ対応させなくてもよくなっており,tRNAやアミノアシルtRNAシンテターゼの省力化をしているのである.すなわち生物過程の効率化や生命の起源を考えたとき,縮重は20というアミノ酸の種類と64というコドンの可能性とを結びつけるのに都合がよく,コドン表はそれらを反映した合理性を示していると考えることができる.

現在の生物のタンパク質に存在するアミノ酸をみたとき,含まれるアミノ酸の頻度とコドンの縮重度は,わずかではあるが相関している.これから,アミノ酸それぞれが示す異なる縮重度はコドン表ができたとき,つまり生命の発生時におけるアミノ酸の使用頻度を反映しているのかもしれないと考えることもできる.

また,1個の塩基の変化を生じるような突然変異によっては,コードされるアミノ酸にあまり大きな性質(疎水性や側鎖の大きさなど)の変化がないようになっている.これをみたとき,コドン表は突然変異に備えている,あるいは突然変異がタンパク質の働きに与える作用を穏やかにしていると考えることもできる.たとえば2個のカルボキシ基を含むアミノ酸(アスパラギン酸とグルタミン酸)のコドンは,それぞれ最初の2文字は同じであり,もしタンパク質内で置換してもタンパク質の機能への影響が重大でない,あるいは緩やかな変化をもたらすことが予想される.このような穏やかな突然変異の効果は,タンパク質の進化,ひいては生物の進化を考えるうえで重要である.もちろん,すべての場合において塩基の変化がコードされるタンパク質の機能のレベルで吸収されるわけではなく,1文字の変化がタンパク質にとって致命的あるいは逆に画期的な変化をもたらすことも多い.

いずれにしても,コドン表は生物の歴史のなかでほとんど変わることなく用いられてきた生命の知恵の一つであり,遺伝子とタンパク質を結びつけるさまざまな合理性を内包している.

6・8・6 タンパク質合成反応

実際のタンパク質合成の反応には,鋳型mRNAと上に述べたリボソーム,tRNAのほかにも多くの因子が必要である.以下に,原核細胞と真核細胞のタンパク質合成の開始・伸長・終結反応についてみることにする.

a. タンパク質合成の開始

i) 原核細胞のタンパク質合成の開始

タンパク質合成の開始となるコドンには GUG などを用いることもあるが、原則としてはメチオニンの暗号の AUG である．しかしタンパク質のなかにも AUG にコードされるメチオニンは存在するので，すべての AUG が開始コドンではない．原核細胞の mRNA の開始 AUG の前には，**シャイン・ダルガーノ配列**とよばれる 16S の rRNA に相補的な配列が存在し，これが 30S リボソームとの結合に機能し，実質的なタンパク質合成開始のシグナル，つまりこれから下流（3′ 側）にタンパク質コード領域があることを示すシグナルとなっている．そして AUG に対合する開始 tRNA にはメチオニンではなく，ホルミルメチオニンが結合したホルミルメチオニル tRNA が用いられる．シャイン・ダルガーノ配列は，1本の mRNA のなかにタンパク質コード領域の数だけ，開始コドンそれぞれの少し上流に存在する．タンパク質合成が実際に始まるまでの段階は，mRNA，リボソーム，そして開始 tRNA のほか，いくつかの**タンパク質合成開始因子**（IF）を必要としながら以下のように進む（図 6・29）．

① 30S リボソームがシャイン・ダルガーノ配列に結合する．このとき，開始因子 1 および 3（IF-1, 3）が必要である．

② mRNA-30S リボソーム複合体に，ホルミルメチオニンを結合した開始 tRNA（ホルミルメチオニル tRNA）と IF-2 が結合し，開始 tRNA は 30S リボソームの P 部位（ペプチジル部位）に入る．この結合には GTP が必要である．

③ そこに 50S リボソームが加わり，開始複合体ができる．そのとき IF-1〜3 は離れ，GTP は GDP と無機リン酸（P_i）とに加水分解される．

④ 開始複合体の A 部位（アミノアシル部位）につぎのコドンに対応したアミノアシル tRNA が結合し，伸長反応へと進む．

ii) 真核細胞のタンパク質合成の開始（図 6・30）

真核細胞のタンパク質合成の開始は基本的には原核細胞と似ているが，いくつかの違いがある．まず，真核細胞の mRNA はモノシストロン性（1本の mRNA に1個のタンパク質コード領域）なので開始コドンは1個しかなく，多くの場合，5′ 末端に近いところにある．また，原核細胞のシャイン・ダルガーノ配列のようなリボソーム結合部位はない．その代わり mRNA の 5′ 末端に，CBP（キャップ結合タンパク質）とよばれるタンパク質が結合し，そこに真核細胞のタンパク質合成開始因子（eIF）のうちの eIF-4A と B が結合する（図 6・30 ①）．一方，開始 tRNA であるメチオニル tRNA は，eIF-2 および GTP と結合し，さらに 40S のリボソームサブユニットと複合体をつくる（②）．これが先の mRNA の 5′ 末端にできた複合体に結合して，いくつ

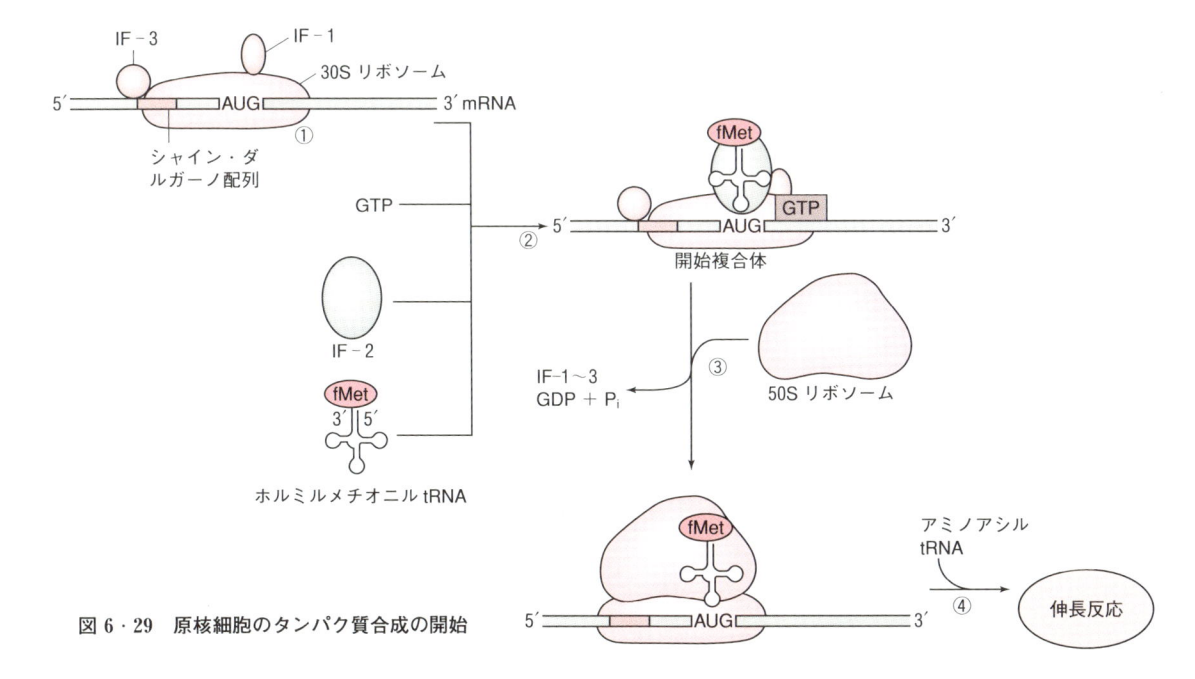

図 6・29 原核細胞のタンパク質合成の開始

かの因子をはずしながら，mRNA 上を 3′ 方向に開始コドンまで移動して，開始複合体となる（③）．開始コドンには 5′ 末端に一番近い AUG がなる場合が多いが，そうでないこともあり，40S リボソームと開始因子から成る複合体が開始コドンであると認識するためには，AUG の周辺の配列が重要である．このリボソームが移動する mRNA の領域（5′ 非翻訳領域）の長さや構造は，mRNA の翻訳効率（mRNA 当たりどれほどタンパク質ができるか）に影響する．

また開始 tRNA に結合するアミノ酸は，原核細胞のようなホルミルメチオニンではなく，通常のメチオニンである．さらにメチオニル tRNA が開始因子（eIF-2）と複合体をつくる過程に，GTP が必要なことも原核細胞との違いである．

b. ペプチド鎖の伸長反応　N 末端のホルミルメチオニンあるいはメチオニンから始まったペプチド鎖が，mRNA の AUG に続くコドンに従ったアミノ酸をつぎつぎに付加してポリペプチド鎖ができる反応を**伸長反応**（あるいは**延長反応**）とよぶ．この反応はリボソーム上で鋳型 mRNA を動かし，一方でアミノアシル tRNA をアミノ酸の輸送道具として用いて，ペプチド鎖の形成を行う反応である．この反応にもいくつかの因子と GTP が必要で，それらの因子を**伸長因子**（原核細胞では **EF**，真核細胞では **eEF**）とよぶ．つぎに，順を追ってこの過程をみてみよう（図 6・31）．

① つぎのコドンに対応するアミノアシル tRNA は，GTP が結合した EF-Tu（真核細胞では eEF-1）と複合体をつくり，タンパク質合成中のリボソームの A 部位に入る．EF-Tu（あるいは eEF-1）は離れると同時に GTP が加水分解されて GDP を結合した EF-Tu になる．

② P 部位の tRNA に結合したペプチド（あるいは P 部位に開始 tRNA がある場合にはホルミルメチオニンかメチオニン）の C 末端と，A 部位のアミノアシル tRNA のアミノ酸のフリーの N 末端とが，リボソームに含まれている**ペプチジルトランスフェラーゼ**活性によってペプチド結合をつくる．

③ 別の伸長因子（原核細胞では EF-G，真核細胞では eEF-2）が，GTP の加水分解とともに P 部位の tRNA（②の過程でペプチドがはずれている）を除いて，A 部位のペプチドが結合した tRNA を P 部位に移動させる．この間にリボソームの二つのサブユニットは，1 コドン（3 塩基）分だけ mRNA に対して移動する（この過程を**トランスロケーション**とよぶ）．このとき，アミノアシル基を失った tRNA はいったん E 部位（図では省略）に移動した後，解離する．

以上でタンパク質合成は 1 サイクル，すなわちペプチド鎖の 1 アミノ酸の伸長ができることになる．この繰返しによって長いペプチドが合成される．ここ

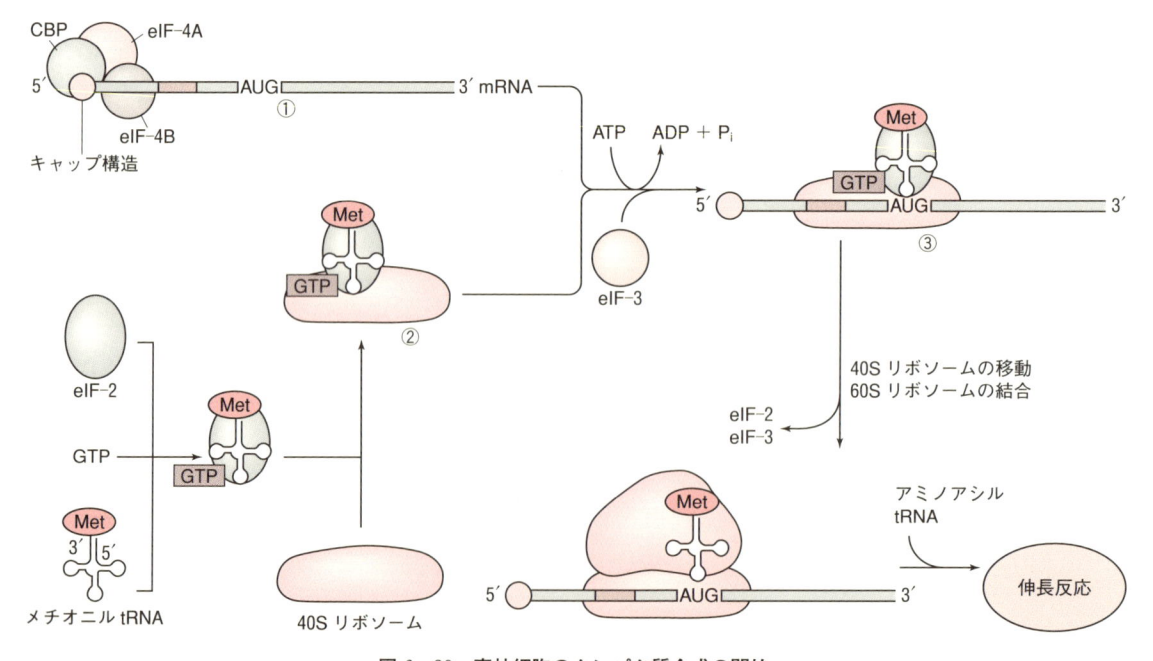

図 6・30　真核細胞のタンパク質合成の開始

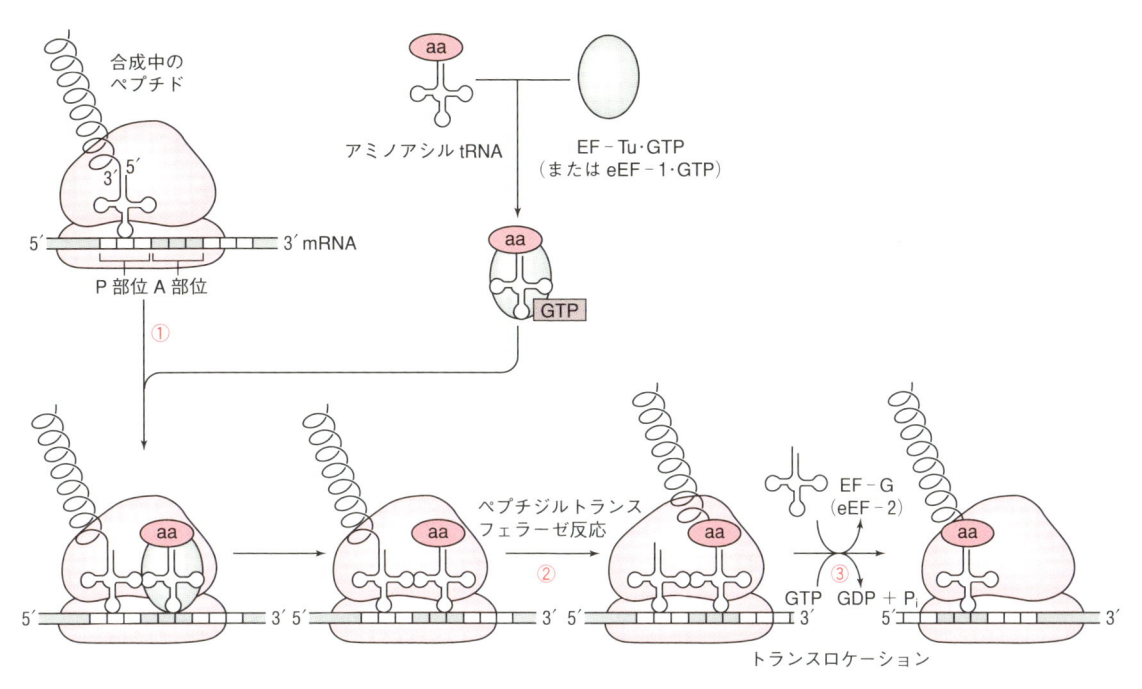

図6・31 タンパク質合成の伸長反応

で注目しなければならないことは，エネルギーとしてGTPの加水分解をしばしば用いることである．これはATPのエネルギーを多く用いる生物の他の過程とは異なり，タンパク質合成過程の一つの特徴となっている．

c. タンパク質合成の終結（図6・32）　最後にmRNAの終止コドンがA部位にくると，**解離因子**（**RF**）がアミノアシルtRNAの代わりにA部位に入る（図6・32 ①）．そうするとP部位のペプチジルtRNAは加水分解されて（②）遊離のペプチドができ，tRNAが解離する（③）．リボソームのサブユニットやmRNAも解離してタンパク質合成は完了する．

通常は1本のmRNAにリボソームを中心としたタンパク質合成装置が複数結合して，1個の鋳型から数多くのタンパク質分子をつくり出しているが，mRNAは最終的にはRNA分解酵素によって壊される．したがってmRNAが分解されるまでの時間（寿命）は，合成されるタンパク質の量に直接かかわっている．一般に原核細胞のmRNAの寿命は短く，例外を除いて数分以内である．一方，真核細胞ではmRNAの種類や細胞の状態によって寿命は異なるが，一般に原核細胞よりは長く，数分から数十時間にわたる．寿命の違いを生じさせている原因にはさまざまなことが考えられるが，ある種の真核細胞のmRNAの寿命が，終止コドンからポリ(A)配列までの3′非翻訳領域の配列によって変化する例が知られている．

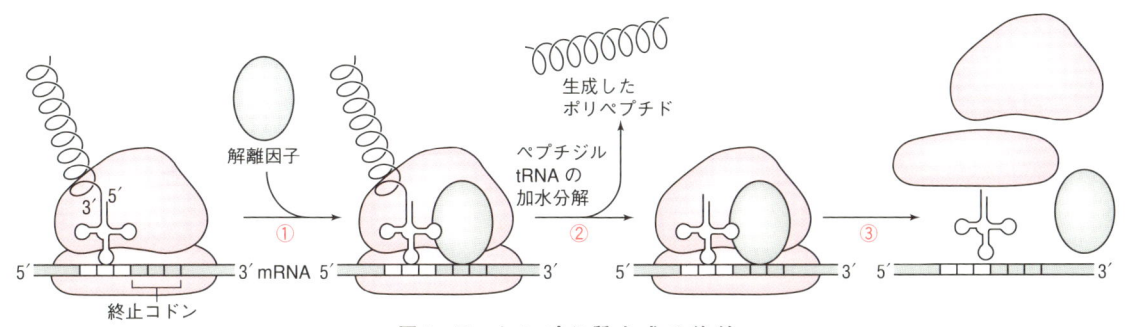

図6・32 タンパク質合成の終結

6・9 翻訳後修飾とタンパク質の局在化

6・9・1 タンパク質の機能発現とフォールディング・翻訳後修飾・局在化

タンパク質が酵素やその他の細胞の構成成分として機能するためには，多くの場合，翻訳後にいくつかの段階を経る必要がある．そのなかには，① ポリペプチド鎖が三次元的に正しく折りたたまれて特有の高次構造を形成すること（これを**フォールディング**という），② **翻訳後修飾**によって，ペプチド結合の一部が切れたりアミノ酸の側鎖が化学的に変化したりすること，③ そのタンパク質が機能する場所へ運ばれること（これを**局在化**あるいは**ソーティング**という），などがある．これらについては3章ですでに学んでいるが，もう一度みてみよう．

① フォールディングを助けるタンパク質が知られており，**分子シャペロン**（シャペロンとは介添え人の意味である）とよばれている．シャペロンは原核細胞にも真核細胞にも存在する．**熱ショックタンパク質**とよばれる細胞外からストレスがかかったときに発現が亢進するタンパク質のいくつかは，ストレスによって乱れた他のタンパク質のフォールディングを元に戻す働きがあり，分子シャペロンの一種ということができる．また，分子シャペロンは単量体ではなく，タンパク質を包み込むような大きな複合体をつくって機能する．フォールディングは，分子シャペロンがなくてもそのタンパク質自身がもつ性質（熱力学的安定性など）によってある程度自動的に起こりうる．分子シャペロンはそれを助ける，あるいは熱力学的に安定ないくつかの高次構造の可能性のうち，機能的な1種に整える作用をもつと考えることができる．また，フォールディングや構造の安定にはシステイン残基同士で形成される**S-S結合**（ジスルフィド結合）も重要であり，この反応が正しく行われることを促進するジスルフィドイソメラーゼという酵素も存在する．

② 翻訳後修飾には，アミノ酸の側鎖の修飾とペプチド結合の部分的切断による修飾がある．側鎖の化学的修飾としては，セリン，トレオニン，チロシン（ときにはヒスチジンやアスパラギン酸）のリン酸化や，リシンやアルギニンのメチル化，ADPリボシル化などがある（p.11）．また糖鎖の付加も重要な修飾である（p.52）．最初に付加された糖鎖は，さまざまな酵素によってさらに変化される．糖鎖の修飾状態は，局在化や分解などのタンパク質の運命を決定する重要な要素となっている．ペプチド結合の切断については局在の変化と共役したものはつぎに詳しくみることになるが，酵素の活性化などにおいても自己触媒的に，あるいはプロテアーゼ（タンパク質分解酵素）の部分消化によって起こることも知られている．

③ 局在化は，特に多くの細胞小器官というコンパートメントをもつ真核細胞で複雑である．また原核細胞でも，細胞膜および細胞膜の外で機能するタンパク質は，そこへ運ばれることが必要となる．これらの局在化の問題は次節で詳しくみることにする．

こうしたタンパク質が翻訳された後に起こる現象は一つだけ起こる場合もあるが，互いに関連して，つまりアミノ酸の側鎖の修飾と局在性の変化が共役していたり，ペプチド結合の切断と膜の透過が同時に起こることもある．

6・9・2 小胞体膜の通過とリーダーペプチド

原核細胞で細胞外へ運ばれるタンパク質および真核細胞の小胞体・ゴルジ体・リソソーム内および細胞外へ分泌されるタンパク質は，タンパク質合成の場から膜を通過しなければ目的の場所に到達することはできない．したがってこのようなタンパク質や細胞膜に存在するタンパク質の一部は，タンパク質合成と同時に，原核細胞では細胞膜を，真核細胞では小胞体膜を通過することになる．このとき，N末端の20アミノ酸残基程度の疎水性のアミノ酸残基に富む部分（これを**リーダーペプチド**とよぶ）が，膜を通過させるために機能し，通過と同時に切断される．このリーダーペプチドは膜を通過するシグナルとなっているので，**シグナルペプチド**あるいは**シグナル配列**ともよばれる．膜を通過するタンパク質の合成は粗面小胞体（p.160）の表面で行われるが，これはリーダーペプチドを含むタンパク質を合成しているリボソームが膜へ結合した状態を反映している．それではつぎにこのタンパク質の膜通過とリーダーペプチドの働きを，真核細胞の小胞体膜の通過を例にとって順を追ってみよう（図6・33）．

① リボソーム上でリーダーペプチドをもつタンパク質のmRNAの翻訳が始まって少しすると，合成されたN末端側のリーダーペプチドを含む部分がリボ

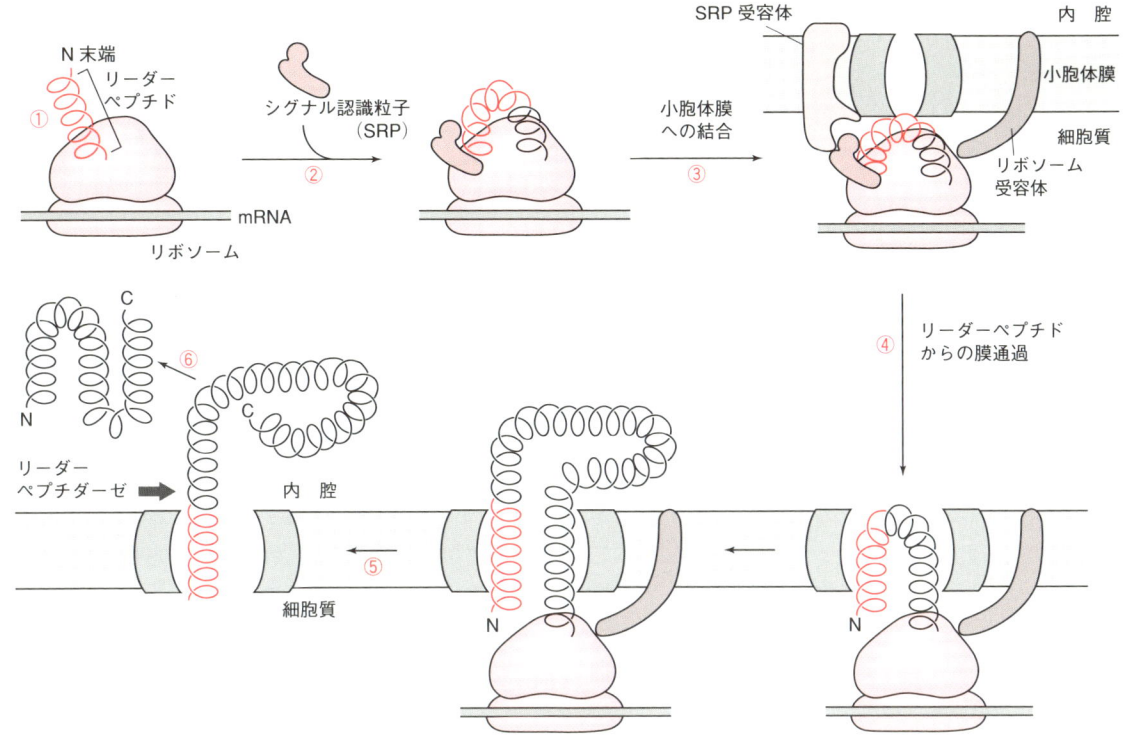

6·9 翻訳後修飾とタンパク質の局在化

図 6·33 小胞体膜の通過とリーダーペプチド

ソームから出てくる．

② リーダーペプチドを認識する**シグナル認識粒子**（**SRP**）とよばれるタンパク質と RNA から成る複合体が，リーダーペプチドに結合する．

③ リーダーペプチドに結合した SRP は，タンパク質合成途中のリボソームとともに小胞体膜上の SRP 受容体に結合する．

④ 疎水的なリーダーペプチドは，N 末端を細胞質側に残しながら小胞体膜を貫通し，それより C 末端側は小胞体内腔へと送られる．

⑤ タンパク質合成が進むに従って，合成されたポリペプチド鎖が順に小胞体内腔へと送り込まれ，リーダーペプチドは**リーダーペプチダーゼ**（あるいは**シグナルペプチダーゼ**）とよばれるプロテアーゼによって，リーダーペプチドの C 末端側で切断される．

このとき，もしリーダーペプチドの部分がこのプロテアーゼによって切断されない構造であると，リーダーペプチドに相当する部分を小胞体膜に残して，それより C 末端側の大部分のポリペプチド鎖が小胞体内腔にあるような膜に結合したタンパク質となる．すなわちこの場合は，N 末端側の疎水的な領域が内腔へ

の移動ではなく，膜への局在化のシグナルとなっているのである．

またリーダーペプチドのほかに，同じポリペプチド鎖の中間に 20 アミノ酸残基程度の疎水的な領域が存在すると，そこで小胞体内腔への移行が止まり，残りの C 末端部分を細胞質側に残すことになる．そうするとこのタンパク質は，リーダーペプチドの切断の後には N 末端を内腔に，C 末端を細胞質に出した**膜貫通型タンパク質**となる（図 6·34）．そしてこれが細胞膜へと運ばれると，細胞表層で細胞外から細胞内（細胞質）へと貫通したタンパク質となる．

リーダーペプチドの働きで小胞体内腔へと運ばれたタンパク質が，そのままそこにとどまるか，あるいはゴルジ体，さらには細胞外へと運ばれるかは，タンパク質によって異なる．たとえば小胞体内腔にとどまるタンパク質の C 末端には Lys‐Asp‐Glu‐Leu の配列，あるいはこれに類似した配列が存在するなど，それぞれの局在性を示すシグナルとなる構造がある．また糖鎖が付加されるか否か，あるいはどのような糖鎖が結合しているかなどによっても局在性や分泌のされ方は変わる．

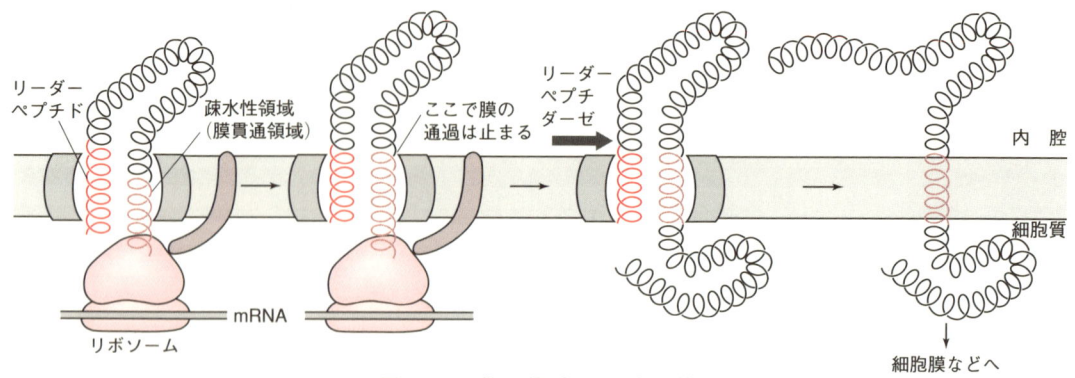

図6・34 膜貫通型タンパク質

6・9・3 タンパク質の核への移行

真核細胞の**核**は，遺伝情報の倉庫であると同時にここで遺伝子発現をつかさどる遺伝情報の窓口でもあり，細胞の中枢となっている．ここにはDNAのほかに，ヒストンなどのクロマチンを構成しているタンパク質や，RNAポリメラーゼをはじめとする転写にかかわるタンパク質などが存在する．これらのタンパク質は，タンパク質合成の場である細胞質から核膜によって仕切られているコンパートメントである核に運ばれてこなければならない．

核膜には，**核膜孔複合体**とよばれる大きな複合体が存在し，ここにある穴（**核膜孔**）を通って物質は核の内外に移動する．この複合体には，50種類以上ものタンパク質が含まれていて，これがいわば関所を形成して物質の出入りを制御している（これを模式的に図6・35に示した）．分子量の小さい物質（数百から数千）は大体自由に通過するが，数万以上のもの，したがってタンパク質などは，特定のシグナルがないと通過できない．タンパク質では**核移行シグナル**とよばれる塩基性のアミノ酸が並んだ配列（表6・1）が，シ

表6・1 核移行シグナルの例　下線部の塩基性アミノ酸の並びが重要であり，そのN末端側にはしばしばプロリンが含まれる．

タンパク質	核移行シグナルを含む配列
SV40 T抗原	Pro <u>Lys Lys Lys Arg Lys</u> Val
ポリオーマT抗原	Pro Val Ser <u>Arg Lys Arg</u> Pro <u>Arg</u> Pro
ヌクレオプラスミン	Gln Ala <u>Lys Lys Lys Lys</u> Leu Asp

グナルとして機能することが知られており，これがタンパク質の表面にあると手形として通用して核内へと入ることができる．しかし，このような配列をもつタンパク質はいつも核内に存在するとは限らない．核移行シグナルがそのタンパク質自身のフォールディングの状態，あるいは他のタンパク質との会合によって隠れていたり，強い相互作用をする相手が細胞質や細胞膜に存在するときには核外に存在する．そしてこれが何らかのきっかけで解除されて，核移行シグナルが働くようになって初めて核へと入ることがある．たとえば，ステロイドホルモンの受容体の一部は，通常は別のタンパク質と会合して核外（細胞質）にあるが，ステロイドホルモンと結合すると，受容体がもつ核移行シグナルが働いて核内へと移行することが知られている（§9・2・4）．

図6・35 核膜孔とその通過

6・9・4 ミトコンドリアや葉緑体への タンパク質の移行

ミトコンドリアや葉緑体は二重膜に囲まれた細胞小器官で，それぞれ特有の機能をもっている (p.160)．ここで機能するタンパク質の一部はミトコンドリアと葉緑体がもつDNAにコードされていて，そこでつくられるが，大部分のタンパク質は核のDNAにコードされており，細胞質で合成されたのちに運ばれてくる．ミトコンドリアは二つの膜（内膜と外膜），その間隙（膜間腔），および内区画（マトリックス）という四つのコンパートメントにさらに分けられ，一方，葉緑体は包膜やチラコイド膜，ストロマなどに分けられる．したがって，細胞質でつくられたタンパク質は，それぞれ機能する場所に局在する必要がある．そのためミトコンドリアや葉緑体に運ばれるタンパク質には，固有のシグナルとなる構造（シグナル配列）が存在する．たとえばミトコンドリアのマトリックスに移行するタンパク質は，小胞体膜通過のリーダーペプチドとは構造が異なる特有のシグナルとなる配列をもち，シグナル配列が切断を受けながら二つの膜を通過する．

6・9・5 その他の局在化とタンパク質の 機能解除

上に述べた以外にも，酸化酵素を多く含むペルオキシソームへの局在化には特有の短い配列がシグナルになっていることが知られている．また，その他大勢のタンパク質は細胞質にとどまることになるが，そのなかには局在化しそこなったものやフォールディングしそこなったものもある．また，不要になったタンパク質や変性したタンパク質もやがて出てくる．したがって，以上の過程を経てようやく機能するようになったタンパク質もいずれ除く必要がある．つまりタンパク質にも寿命があり，分解する系が必要である．すでに3章に詳しく述べたように，**ユビキチン-プロテアソーム系**が細胞内でタンパク質を分解する主役である．この系は小胞体で不要になったタンパク質を，小胞体から細胞質への逆輸送を経て分解することも知られている．また**オートファジー**という現象によって，細胞質内のタンパク質をリソソームへ取込んで分解することも知られている．

6・10 遺伝情報の複製・発現の阻害剤と薬

これまで述べてきた遺伝情報の構造と発現の仕組みは，あらゆる生物および生物性の遺伝情報であるウイルスが，複製・増殖するときの基本過程である．**抗生物質**はヒトや動物にとって有害な生命体や細胞（がん細胞）の増殖を防ぐための薬であるが，この一部は遺伝情報の複製・発現をターゲットとして作用し，効能をもつことが知られている（表6・2）．逆に細菌やウ

表6・2 遺伝情報とその発現に作用点をもつ抗生物質

作用点	抗生物質	具体的な作用
DNA複製	アジドチミジン	レトロウイルスのDNA合成阻害
	ブレオマイシン	DNA複製阻害とDNA切断作用
RNA合成	リファマイシン	原核細胞のRNA合成阻害
	αアマニチン	真核細胞のRNA合成阻害 （特にRNAポリメラーゼIIの阻害）
	アクチノマイシンD	原核細胞・真核細胞のRNA合成阻害
タンパク質合成	クロラムフェニコール	原核細胞のタンパク質合成阻害 （ペプチジルトランスフェラーゼ活性の阻害）
	テトラサイクリン	原核細胞のタンパク質合成阻害 （アミノアシルtRNAのリボソームへの結合阻害）
	ストレプトマイシン	原核細胞のタンパク質合成阻害 （伸長反応の阻害）
	エリスロマイシン	原核細胞のタンパク質合成阻害 （トランスロケーションの阻害）
	アニソマイシン	真核細胞のタンパク質合成阻害 （ペプチジルトランスフェラーゼ活性の阻害）
	シクロヘキシミド	真核細胞のタンパク質合成阻害 （トランスロケーションの阻害）

◇ バイオインフォマティクス ◇

　バイオインフォマティクス（生物情報科学）は，生命科学の問題を"情報"として読み解く分野である．情報はコンピューターが取扱う．情報としてはDNAの塩基配列やタンパク質のアミノ酸配列のような配列情報のほか，タンパク質の立体構造，代謝マップやシグナル伝達系（多くの場合，パスウェイと表現される），遺伝子やタンパク質の名前や機能を表現する言語（用語，オントロジーという）なども対象となりうる．コンピューター上での方法論には，バイオインフォマティクス独自のものもあるが情報科学一般の手法が適用される．また数値解析，統計学的解析やデータベースに関する手法が汎用される．目指すものは当然，生物・生命現象の理解であるが，イメージしやすい成果にはDNA塩基配列やタンパク質構造に関するデータベースの構築と検索システムや（生命現象の）シミュレーションがある．また創薬などの応用を指向する傾向も強い．

　バイオインフォマティクスが生まれたのは，DNAの塩基配列データが従来の生物学的手法だけでは解析できなくなったからである．研究室ではつぎつぎに新たな遺伝子やcDNAの塩基配列が決定され，また当時壮大と思われたゲノムプロジェクト（p.71）が立案・遂行され，さらにこれらのデータが集積するゲノム・データベースが構築された．こうした動きによって情報科学（コンピューター科学）と生物学は深くかかわりをもつようになった．その後，生物学・情報科学の両方向で二つの分野のかかわりは広がり，さまざまな分野や手法での関連が生まれた．これを示す用語・分野はバイオインフォマティクス以外にもある．たとえば生物情報科学という比較的広い分野をカバーする表現があるほか，情報生物学，情報生命科学などともよばれる．また情報科学を用いた生物学としてシグナル伝達系のシミュレーションなどを行う分野があるが，こちらはシステム生物学とよばれる．ここではバイオインフォマティクスという言葉を周辺分野を含めた広義に用いているが，狭義のバイオインフォマティクスは生物学のための情報科学と定義される．現在発展中の分野であり，収束してそれぞれ定義がきちんとされるまでには多少時間がかかると思われる．

　バイオインフォマティクスあるいは生物情報科学がこれからどのような発展をみせ，どのような成果をあげるのかはまだ未知数である．しかしトランスクリプトームやプロテオームなどの新しい網羅的解析の解析手法や，そこから得られるデータの解釈と利用においては，コンピューターを切り離して考えることはできない．また，タンパク質の立体構造の解析（構造生物学，3章）や得られたデータの蓄積・利用（検索）はコンピューターに依存する．数十年前の生物学はアナログ，画像的（古くはスケッチ，やがて写真），そして言語記述的な分野であったが，DNAの登場と塩基配列解析によって様変わりした．その一つの到達点あるいは通過点にバイオインフォマティクスが位置づけられよう．

イルスなどの感染性の病原体は，宿主の遺伝子発現を阻害しながら自己増殖している．たとえば多くのウイルスは宿主細胞の転写や翻訳を抑える仕組みをもっていることが知られている．また細菌が出す**毒素**のなかには，赤痢菌やある種の病原性大腸菌の毒素（ベロ毒素）のように，宿主のrRNAを修飾することでタンパク質合成を破壊するものもある．

　抗生物質（表6・2）にはDNA複製を作用点とするもの，転写（RNA合成）を作用点とするもの，そして翻訳（タンパク質合成）のさまざまな段階を作用点とするもの，というようにさまざまな生物過程をターゲットとするものがある．しかしこれらの薬には，薬に耐性となった病原体（耐性菌）の出現などの問題点がある．また原核細胞の増殖を抑える抗生物質は，原核細胞と真核細胞の仕組みの違いを利用しているので副作用は少ないはずだが，アレルギー反応を起こすものもある．一方，ヒトと同じ真核生物やヒトの細胞に由来するがん細胞やウイルスに作用する抗生物質に関しては，さらにヒトの生物過程への影響が大きくなることが多い．したがって，ヒトにはできるだけ害を及ぼさずに病原体や有害な細胞の増殖を抑えるように，検定された処方で薬として用いる必要がある．

　また抗生物質は，遺伝情報の複製と発現を研究するための試薬として用いられることが多い．もはや耐性菌の出現などによって薬としての効能は少なくなったものでも，生物学を研究するための試薬として用いられつづけているものがある．つまり抗生物質は，遺伝情報の複製と発現の仕組みをよりよく知るためにも利

用されている.

6・11 ま と め

　遺伝子の本体は DNA であり，DNA は生命の設計図である．DNA は世代から世代へ，親細胞から娘細胞へと正しく伝えられるのに都合がよい二重らせん構造をとっており，DNA ポリメラーゼを含む複製装置によって細胞周期の S 期に倍化する．DNA の遺伝情報は転写の過程において，RNA ポリメラーゼの働きで RNA 分子に写し取られて機能する．転写された RNA はタンパク質のアミノ酸配列を規定する鋳型となるほか，転写・翻訳の制御などの細胞内の現象に広くかかわる．転写・翻訳過程によってつくられたタンパク質は，さまざまな生命現象において中心的な機能を果たしている．遺伝情報の複製，転写，翻訳の過程には非常に多くの酵素とその他の因子がかかわっており，それぞれの反応の進行は巧妙に制御されている．

7 組換え DNA 技術とその利用

DNA は単一分子を出発点として生化学や物理化学の方法で解析できる例外的な生体分子である．これを可能としたのが，**組換え DNA 技術**であり，その出発点が DNA 分子のクローン化である．クローン化した DNA を用いて DNA の塩基配列を決定できる．これを利用して，多数の生物種のゲノム DNA や cDNA の塩基配列が決められ，データベースに登録されている．クローン化した DNA やその塩基配列情報は，遺伝子の構造と機能を解析する基盤となっている（表7・1）．

7・1 組換え DNA に用いる酵素

組換え DNA 技術の基本は試験管内での DNA 分子の組換えと，大腸菌を利用した組換え体 DNA のクローニングにある．これにより，DNA 分子を自在に操作することができる．試験管内での DNA 分子の組換え

表7・1 組換え DNA 技術とその利用の概要

```
(DNAのクローン化)
ゲノム DNA                          mRNA など RNA
  ↓ 断片化                            ↓ 逆転写酵素による cDNA への変換
  ↓ ベクターへの挿入   ←──────
  ↓ 大腸菌を用いた DNA 分子のクローン化
クローン化 DNA
  ↓ 塩基配列決定
  ↓ ゲノム DNA データベース   ──→   ↓ cDNA 配列データベース
                                    ↓ mRNA 塩基配列の予測
                                    ↓ コードされたタンパク質のアミノ酸配列の予測
                                    ↓ タンパク質データベース

(データベース上の塩基配列の情報を元に，PCR により生体中の任意の DNA を試験管内で増幅できる)
ゲノム DNA                          mRNA など RNA
                                    ↓ 逆転写酵素による cDNA への変換
  ↓ PCR による増幅   ←──────
特定の（任意の）DNA 断片（試験管内での DNA クローン化）

(クローン化 DNA のハイブリダイゼーションプローブとしての利用)
  ↓ 未知の DNA（ゲノム DNA など）  ↓ 未知の RNA（細胞全体の RNA など）
  ↓ サザン分析                       ↓ ノーザン分析                     ↓ DNA マイクロアレイ
  ↓ 相同性解析，制限酵素地図作成     ↓ 遺伝子発現解析                   ↓ 遺伝子発現解析

(クローン化 DNA の遺伝子機能解析への利用)
  ↓ 組換え DNA 技術による改変
  ↓ クローン化   ──────────────
  ↓ 無細胞合成系           ↓ 大腸菌への導入   ↓ 細胞や生体への導入
  ↓ 組換えタンパク質                           遺伝子操作細胞，個体
  ↓ タンパク質の構造や機能の解析               ↓ 遺伝子機能の解析
```

には，生体から抽出，精製された特別な酵素群を用いる．試験管内での組換え DNA 分子の作製効率は生体内に比してけっしてよくはないが，クローニング操作を用いて設計図どおりにできた1個の分子に由来するDNA クローンを選別し単離することにより，この問題は解決される．試験管内での組換え DNA 分子の作製に用いられる代表的な酵素の性質をみてみよう．

7・1・1 制限酵素と DNA リガーゼ

制限酵素は，二本鎖 DNA に作用してその特別な塩基配列を認識し，ホスホジエステル結合を切断する酵素である．切断で生じた 5′ 末端にはリン酸基が残り，3′ 末端はヒドロキシ基となる．

制限酵素は 4〜8 塩基対の特有の塩基配列を認識するが，その認識配列は多くの場合，回転対称構造をとる．これは制限酵素が二量体として作用することに起因している．

たとえば EcoR I は 6 塩基対の塩基配列を認識し，5′ 末端が突出する断片を生じる．平滑末端を生じる酵素や 3′ 末端が突出した断片を生じる酵素もある（表 7・2）．

表 7・2　制限酵素の認識配列と切断部位(↓)

制限酵素	認識配列
EcoR I	5′-G A A T T C-3′ 3′-C T T A A G-5′
Pvu II	5′-C A G C T G-3′ 3′-G T C G A C-5′
Pst I	5′-C T G C A G-3′ 3′-G A C G T C-5′

DNA リガーゼは二本鎖の DNA 断片の末端同士を ATP を用いて結合する．この際，5′ 末端にリン酸基が存在し，3′ 末端がヒドロキシ基となっていることが必要である．つまり，制限酵素で切断した末端は DNA リガーゼにより結合させることが可能である．ただし，突出末端の場合には突出部の塩基配列が相補的であることが必要である．平滑末端の結合効率は多少悪いが，周囲の塩基配列は影響しない．

7・1・2 DNA ポリメラーゼ

DNA ポリメラーゼは鋳型 DNA に相補的な塩基配列の合成を行う酵素である（§6・4・2）．その反応の開始にはプライマーを必要とし，これを利用すると，特定の場所から DNA 合成を開始させることが可能である．DNA の塩基配列の解析（サンガー法）や，PCR にはなくてはならない酵素である．これ以外にもさまざまな目的で用いられる．たとえば大腸菌の DNA ポリメラーゼ I は，5′ から 3′ 方向への鎖の伸長反応に加え，5′ から 3′ 方向へのエキソヌクレアーゼ活性，3′ から 5′ 方向へのエキソヌクレアーゼ活性をもつ．5′ から 3′ 方向への鎖の伸長反応は，すでに述べたように一本鎖 DNA を鋳型とした DNA の伸長反応により，任意の場所から DNA を合成するのに用いられる．大腸菌 DNA ポリメラーゼ I の C 末端側の断片（ラージフラグメント，あるいはクレノウ断片）は，DNA 鎖伸長活性と 3′→5′ エキソヌクレアーゼ活性をもち，5′→3′ のエキソヌクレアーゼ活性を欠く，これを用いると，伸長反応による 5′ 突出末端の平滑化（フィルイン）や，3′→5′ エキソヌクレアーゼ活性による 3′ 突出末端の平滑化が可能である．DNA の塩基配列決定に際しても，この 5′→3′ エキソヌクレアーゼ活性を欠く DNA ポリメラーゼが用いられる（サンガー法，§7・3・2）．

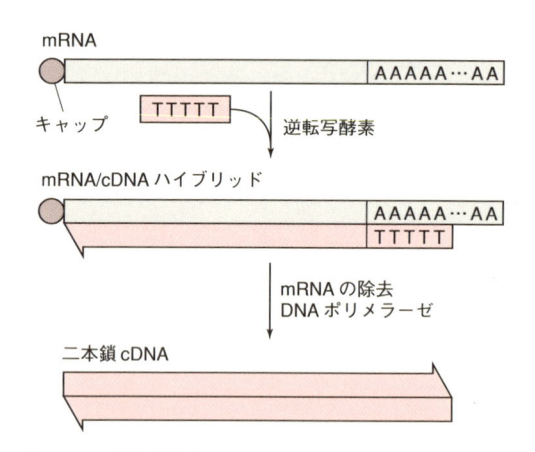

図 7・1　逆転写酵素を用いた cDNA の合成　逆転写酵素も DNA ポリメラーゼと同様，DNA 伸長反応を触媒する．つまり DNA 鎖の伸長には種となるプライマーを必要とする．一本鎖 RNA 分子を二本鎖 cDNA 分子に変換する反応の第一段階は cDNA と RNA とのハイブリッド分子の作製である．RNA/DNA のハイブリッド分子は，つぎにハイブリッド分子中の RNA 鎖を切断する RN アーゼ H，DNA ポリメラーゼなどにより二本鎖 DNA に変換される．

7・1・3 逆転写酵素とcDNA合成

逆転写酵素はレトロウイルスにコードされたRNA依存性の（RNAを鋳型とする）DNAポリメラーゼである．RNA分子を人為的に操作することは現状ではできないが，RNAの塩基配列は逆転写酵素を利用してDNAに変換され，DNAとして操作される．RNAを鋳型として逆転写酵素により合成されたDNAを，RNAに相補的（complementary）なDNA，**cDNA（相補的DNA）** とよぶ．逆転写酵素で生じた一本鎖DNAをcDNAとよぶこともあるし，二本鎖としたcDNAをcDNAとよぶこともある．cDNAをクローニングする場合には，二本鎖DNAとする（図7・1）．

7・2 DNAライブラリーとDNAのクローニング

7・2・1 DNAのクローニング（分子クローニング）

DNA分子はその配列に無限の可能性があり，どの配列も物理化学的には同様の性質を示す．したがってこれらをタンパク質分子のように物理化学的に分離することは不可能である．**DNAクローニング（分子クローニング）** は，生物学的なクローニングというトリックを用いて，1個のDNA分子（断片）に由来する純化DNA（断片）を得るために開発された技術であり，組換えDNA技術における最も基本的な操作である（図7・2）．

DNAのクローニングでは，組換えDNA技術を利用して，特定のDNA分子断片のみが異なった大腸菌のクローンを作製する．具体的には，まず試験管内でプラスミド（あるいはファージ）のDNA（**ベクター** とよばれる）と目的のDNA断片との組換えDNA分子を作製し，これを再び大腸菌に導入する．この操作で，さまざまな組換えDNA分子をもつ大腸菌（あるいはファージ）が生まれる．つぎに，大腸菌にコロニー（ファージの場合にはプラーク）をつくらせる．ベクターに抗生物質の耐性遺伝子をあらかじめ組込むことにより，組換えDNA分子を取込んだ大腸菌（あるい

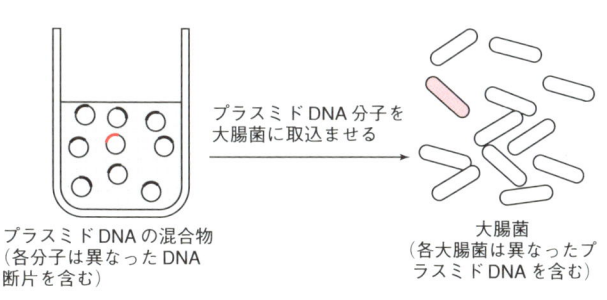

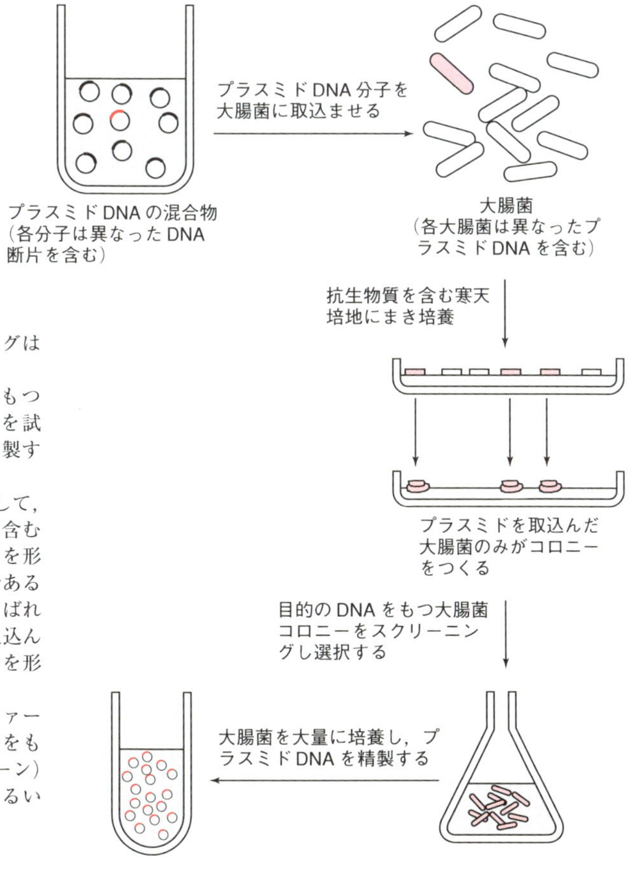

図7・2 **DNAのクローニング** クローニングは以下の手順で行われる．
　①DNA断片（さまざまな配列鎖長をもつDNA断片の混合物）とベクターDNAとを試験管内で結合させ，組換えDNA分子を作製する．
　②大腸菌（あるいはファージ）を利用して，おのおのの組換えDNA分子を1種類ずつ含む大腸菌のコロニー（ファージのプラーク）を形成させる．クローニングは概念的な言葉であるが，実際の均一な生体集団はコロニーとよばれる．（ここで，1個の組換えDNA分子を取込んだ1個の大腸菌が，一つの大腸菌コロニーを形成する点が重要なポイントである．）
　③たくさんの大腸菌コロニー（またはファージプラーク）の中から，目的のDNA断片をもつ大腸菌クローン（あるいはファージクローン）を選択し，増幅後，プラスミドDNA（あるいはファージDNA）を精製する．

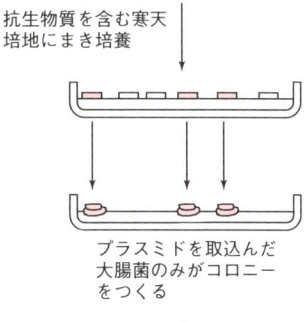

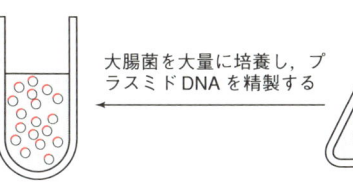

はファージ）のみにコロニー（ファージの場合にはプラーク）をつくらせる．このようにして得た大腸菌（あるいはファージ）のクローンのそれぞれは，自身のゲノム DNA に加え，各クローンに特有の組換え DNA 分子をもっている．これを単離すれば，化学的に均一な DNA 分子を得ることができる．

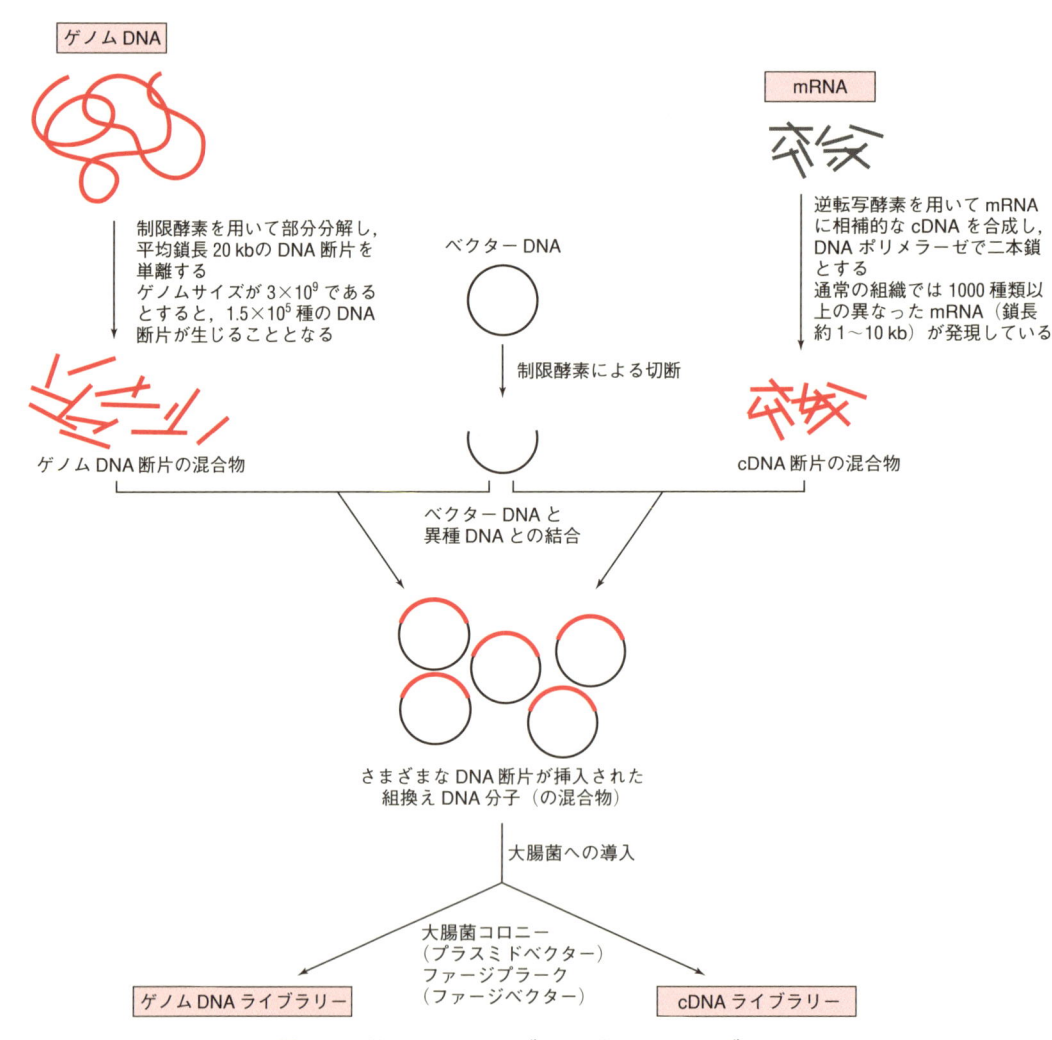

7・2・2　ゲノム DNA ライブラリーと cDNA ライブラリー

a. DNA ライブラリーは DNA クローニングの出発点である　DNA 断片の混合物とベクター DNA とを用いて，各ベクター分子がそれぞれ 1 種の DNA 断片と結合した組換え DNA の混合物，あるいはこれを大腸菌やファージに導入して得られた大腸菌やファージの集団を **DNA ライブラリー**，または**遺伝子ライブラリー**とよぶ．

DNA 断片としてゲノム DNA の断片を用いる場合は**ゲノム DNA ライブラリー**，DNA 断片として mRNA から試験管内で合成した二本鎖 cDNA 断片を用いる場合は **cDNA ライブラリー**とよぶ（図 7・3）．

DNA ライブラリーから，目的の DNA 断片（あるいはそれを含む大腸菌クローンやファージクローン）を得て初めてクローニングが完了する．目的の DNA 断片やそれを含むクローンなどを選び出すことを**スクリーニング**という．大腸菌のコロニーあるいはファージプラークを選択するさまざまな手法が開発されている．

最も基本的な方法は核酸のハイブリッド形成能を利

ゲノム DNA		mRNA
制限酵素を用いて部分分解し，平均鎖長 20 kb の DNA 断片を単離する　ゲノムサイズが 3×10^9 であるとすると，1.5×10^5 種の DNA 断片が生じることとなる	ベクター DNA　制限酵素による切断	逆転写酵素を用いて mRNA に相補的な cDNA を合成し，DNA ポリメラーゼで二本鎖とする　通常の組織では 1000 種類以上の異なった mRNA（鎖長約 1〜10 kb）が発現している
ゲノム DNA 断片の混合物		cDNA 断片の混合物

ベクター DNA と異種 DNA との結合

さまざまな DNA 断片が挿入された組換え DNA 分子（の混合物）

大腸菌への導入

大腸菌コロニー（プラスミドベクター）
ファージプラーク（ファージベクター）

ゲノム DNA ライブラリー　　　cDNA ライブラリー

図 7・3　ゲノム DNA ライブラリーと cDNA ライブラリー

◇ **クローンとクローニング** ◇

　複雑な生命現象の解析をするにあたって，均一な集団，特に遺伝的な背景の均一な集団を用いることは決定的に重要である．古くから，さまざまな動植物が人間の手によってかけ合わされ，戻し交配を繰返すことによって純系化され，利用されてきた．純系の生物株では，その遺伝的な背景がほとんど（完全ではない）均一である．

　クローンという言葉はその遺伝的な背景が同一である生物個体の集団の意味で用いられる．細胞レベルでは1個の細胞に由来する株化細胞の集団，1個の細菌からできたコロニーなどがこれに対応する．1個のウイルス粒子に由来するプラークの中のウイルス集団もこれに相当する．すなわち，クローニングは増殖能をもつ単一の細胞あるいは個体を選択し，これを増殖できることがその前提であり，生命の自己増殖能を利用し，遺伝的な背景が均一な個体，あるいは細胞を多量に，再現的に得るための手段である．

　1個の細胞からの増殖が不可能な動物個体については，クローニングは容易ではない．上述の純系の系統（株）は実質的にはクローンに近いが，厳密な意味ではクローンとはいえない．植物では1個の体細胞に由来する個体を作製することが可能であり，これはクローン個体である．動物でも，胚の操作により1個の受精卵に由来する複数の動物個体をつくることが可能となってきている．これはクローンといえる．1個の受精卵に由来する一卵性双生児はクローンである．

用するものであり，コロニーやプラーク中のDNAをナイロン膜などに転写し，膜上でハイブリッド形成反応を行い，目的のクローンを選択する方法である（§7・4）．これ以外に，cDNAにコードされたタンパク質の性質を利用したり（発現ライブラリー），大腸菌の系で増幅したDNAライブラリーを酵母や動物細胞に導入し，機能的にスクリーニングする手法もある．

　b. 宿　主　　宿主とは元来寄生生物の対象となる生物のことをさすが，組換えDNA実験においては組換えDNA分子を導入する生物をさす．DNAをクローン化する場合，通常は大腸菌が宿主として用いられる．調査対象の生物のゲノムを操作する場合には，生殖細胞や，体細胞に，組換えDNA分子を導入するが，この場合にはこれらが宿主となる．

　c. ベクター　　大腸菌にDNAを導入する際に，一般的にはごく一部の細胞にしかDNAは導入されない．また，導入されたDNAが宿主内で複製することが必要な場合もある．したがって，導入したいDNAを適当なDNA（**ベクター**）と結合して導入する．宿主に異種DNAを運搬するという意味でベクター（運び屋）とよばれる．大腸菌に対しては，**プラスミドベクター**（図7・4）と**ファージベクター**とがある．

　数百 kb の巨大な DNA 断片をクローニングする目的で，酵母を宿主とするYAC（酵母人工染色体）や，大腸菌を宿主とするBAC（細菌人工染色体）とよばれる**人工染色体ベクター**が開発されている．これを用いてYACの場合には数百 kb の，BACの場合には100 kb の異種DNA断片をクローニングすることが可能である．〔核酸の鎖長は塩基（base）の数で表すのが一般的である．DNAは一般に二本鎖なので，その

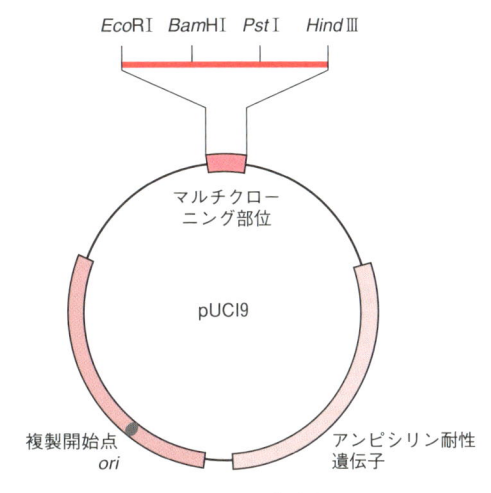

図7・4　ベクター　最も基本的なプラスミドベクターは，ここに示したpUC19のように大腸菌内での複製に必要な塩基配列と抗生物質耐性を与える遺伝子に加え，外来DNAを挿入するための制限酵素切断部位をもつ．複数の制限酵素部位をもつ（マルチクローニング部位とよばれる）ベクターも多い．プラスミドベクターには数 kb 以下の異種DNA断片を挿入できる．λファージを利用したベクターは，20〜40 kb の異種DNA断片を挿入できると同時に，このようにしてできた組換えDNA分子をλファージ粒子の形に試験管内で再構成することが可能であり，細胞へのDNAの導入効率が飛躍的に上昇する．

鎖長は塩基対（base pair）で表す．たとえば2000塩基対は2000 bp あるいは2 kbp と表す．kbp は kb と省略されることが多い．〕

7・3 塩基配列決定法

7・3・1 DNAの塩基配列（一次構造）の決定法

均一な DNA 断片を用いることにより初めて DNA の塩基配列を決定することができる．**マクサム・ギルバート法**（塩基を化学的に修飾し，DNA 鎖を化学的に切断する方法）と**サンガー法**という原理的に異なる二つの手法が存在する．最近はもっぱらサンガー法が用いられている．いずれの決定法においても，DNA 分子をその鎖長に応じて分離して配列を決定する．この分離はポリアクリルアミドゲル電気泳動で行われるが，これにより1000塩基程度以下の DNA 断片を分

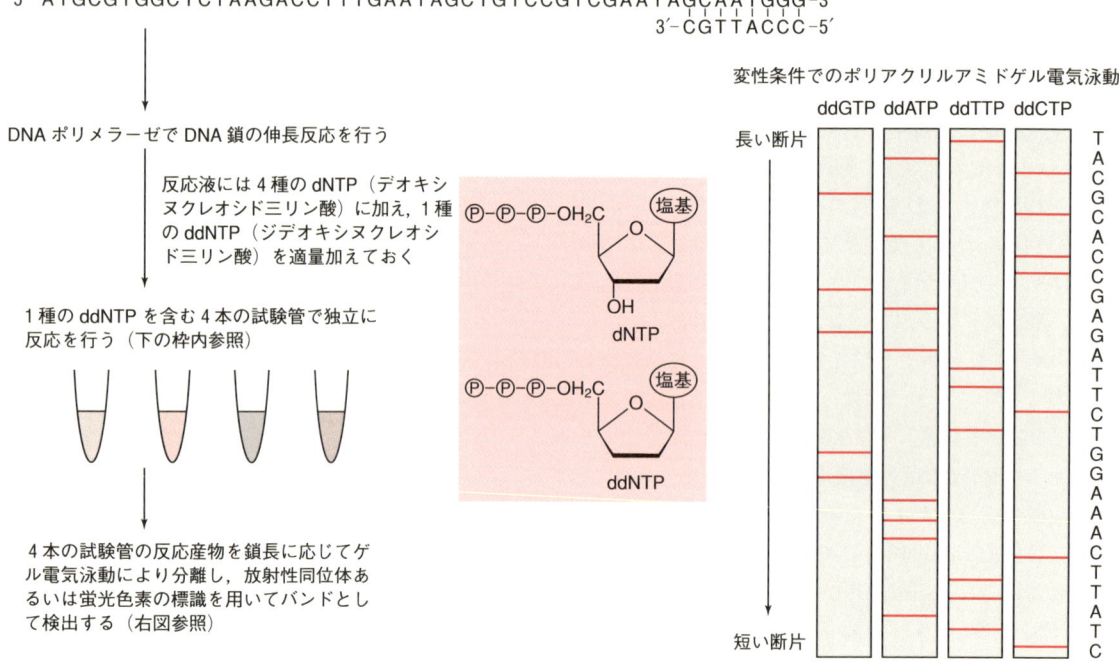

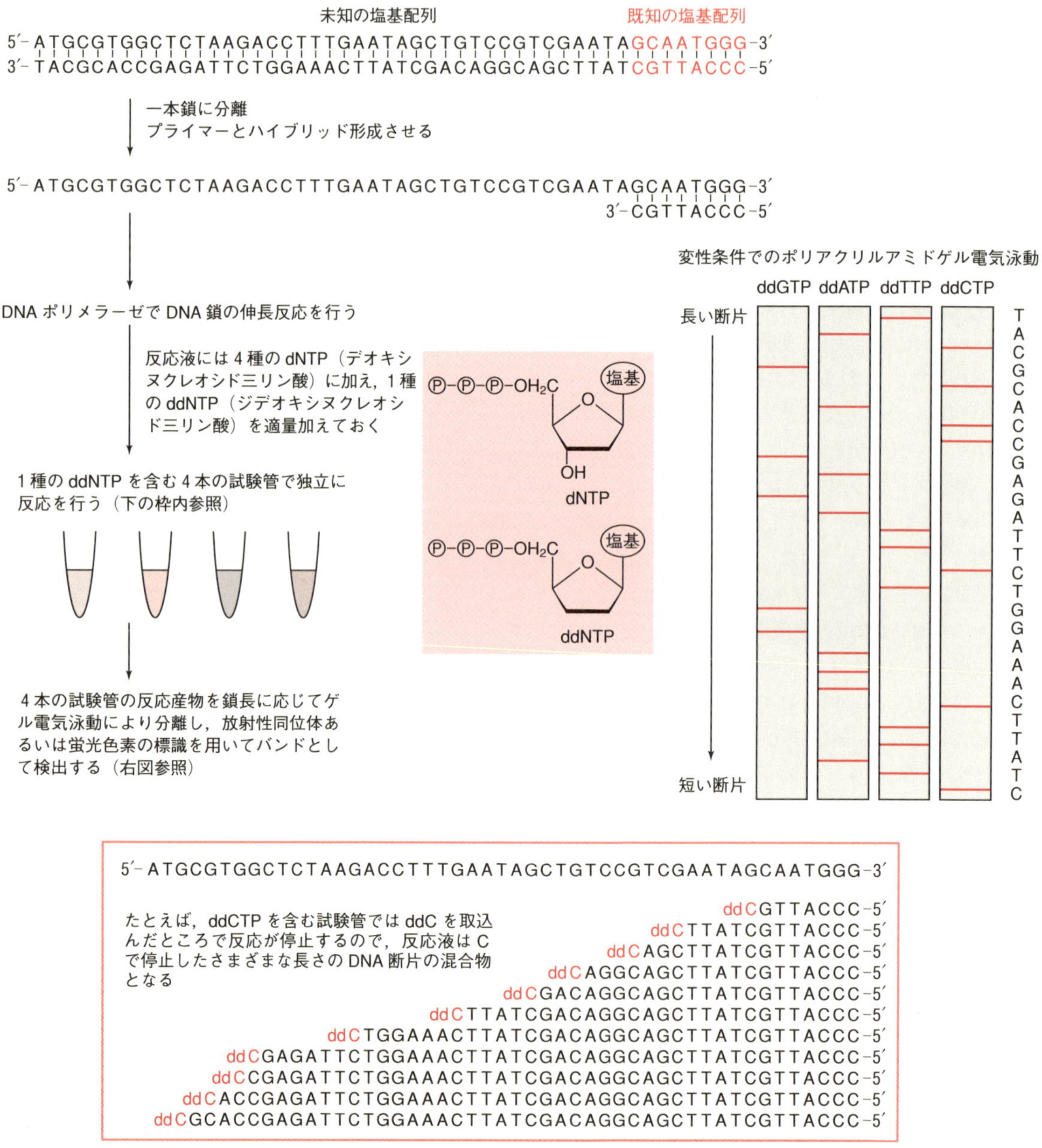

```
                    未知の塩基配列                          既知の塩基配列
5´-ATGCGTGGCTCTAAGACCTTTGAATAGCTGTCCGTCGAATAGCAATGGG-3´
3´-TACGCACCGAGATTCTGGAAACTTATCGACAGGCAGCTTATCGTTACCC-5´
```

　　↓ 一本鎖に分離
　　　プライマーとハイブリッド形成させる

```
5´-ATGCGTGGCTCTAAGACCTTTGAATAGCTGTCCGTCGAATAGCAATGGG-3´
                                          3´-CGTTACCC-5´
```

↓

DNA ポリメラーゼで DNA 鎖の伸長反応を行う

反応液には4種の dNTP（デオキシヌクレオシド三リン酸）に加え，1種の ddNTP（ジデオキシヌクレオシド三リン酸）を適量加えておく

1種の ddNTP を含む4本の試験管で独立に反応を行う（下の枠内参照）

↓

4本の試験管の反応産物を鎖長に応じてゲル電気泳動により分離し，放射性同位体あるいは蛍光色素の標識を用いてバンドとして検出する（右図参照）

変性条件でのポリアクリルアミドゲル電気泳動
ddGTP　ddATP　ddTTP　ddCTP

長い断片 ↓ 短い断片

T A C G C A C C G A G A T T C T G G A A A C T T A T C

```
5´-ATGCGTGGCTCTAAGACCTTTGAATAGCTGTCCGTCGAATAGCAATGGG-3´

たとえば，ddCTP を含む試験管では ddC を取込んだところで反応が停止するので，反応液は C で停止したさまざまな長さの DNA 断片の混合物となる

                                           ddCGTTACCC-5´
                                        ddCTTATCGTTACCC-5´
                                      ddCAGCTTATCGTTACCC-5´
                                   ddCAGGCAGCTTATCGTTACCC-5´
                                ddCGACAGGCAGCTTATCGTTACCC-5´
                             ddCTTATCGACAGGCAGCTTATCGTTACCC-5´
                          ddCTGGAAACTTATCGACAGGCAGCTTATCGTTACCC-5´
                       ddCGAGATTCTGGAAACTTATCGACAGGCAGCTTATCGTTACCC-5´
                      ddCCGAGATTCTGGAAACTTATCGACAGGCAGCTTATCGTTACCC-5´
                     ddCACCGAGATTCTGGAAACTTATCGACAGGCAGCTTATCGTTACCC-5´
                    ddCGCACCGAGATTCTGGAAACTTATCGACAGGCAGCTTATCGTTACCC-5´
```

図7・5　サンガー法（ジデオキシ法）による DNA の塩基配列決定法の原理

離することができる．つまり，1回の操作で1000塩基程度以下の塩基配列を決定できる．

7・3・2 サンガー法（ジデオキシ法）

均一な DNA 断片を鋳型として，その特定部位に相補的なオリゴヌクレオチドを用意する．オリゴヌクレオチドの作製には自動合成機が利用される．これをプライマーとして用い，試験管内で DNA ポリメラーゼによる DNA 合成反応を行わせる．この際，基質の dNTP (dATP, dGTP, dTTP, dCTP) に加え，微量の ddNTP (2′,3′-ジデオキシ NTP) を加えておくと，ddNTP が取込まれたところで鎖の伸長反応は停止する．ddNTP の量を適度に設定することにより，たとえば A を取込んだところで停止したさまざまな鎖長の DNA 断片が生じる．これを尿素存在下ポリアクリルアミドゲル電気泳動で鎖長に応じて分離する．合成された DNA 断片は，プライマーまたは基質 dNTP を標識しておき，検出する（図 7・5）．自動化された DNA シークエンサーでは，放射性同位体の代わりに蛍光色素で標識し，電気泳動を行いつつ蛍光を検出している．〔標識についての補足：核酸の標識は歴史的には ^{32}P を用いて行われてきた．最近はこれに代わる種々の方法が開発されている．標識の目的は，混合物の中から特定のプローブ分子のみを識別することにある．^{32}P は高エネルギーの β 線を放射し（半減期 2 週間），たとえば X 線フィルムを用いてオートラジオグラフィーを行うことができる．〕

すでに述べたように，1回の操作で決定できる塩基配列の限界は，ポリアクリルアミドゲルの分離能に依存しており，その限界は 1000 塩基程度である．しかし，少しずつ重複した DNA 断片の塩基配列を決定することにより，どんなに長い DNA の塩基配列をも決定することができる．

7・4 ハイブリッド形成を利用した DNA と RNA の塩基配列の検出

7・4・1 ハイブリッド形成の原理とプローブ

a. 核酸の相補的塩基対形成反応は可逆的である 核酸（DNA および RNA）の塩基間の相補性に基づく分子内，分子間の塩基対形成反応は可逆的である．試験管内で人為的に塩基対を解いたり（**変性**），再び形成（**再生**）させたりすることができる．これにかかわる因子として，温度，溶液のイオン強度，pH が重要である．温度を変化させて DNA を変性させると DNA は一定の温度で急激に変性し，一本鎖となる．この状態で温度を下げると再び二本鎖が生じる．半分の分子が一本鎖に変性している温度を DNA の**融解温度**（T_m）とよぶ（図 7・6）．

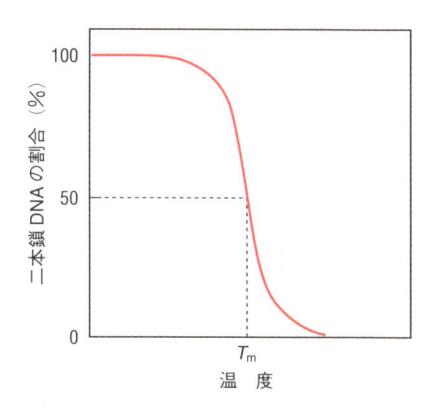

図 7・6 DNA の変性曲線と融解温度 二本鎖 DNA は温度の上昇に伴い変性し，一本鎖となる．半分の DNA 分子が一本鎖になる温度を T_m（融解温度）とよぶ．温度を下げることにより相補的な塩基対を再び形成し，二本鎖となる．

b. ハイブリッド形成とプローブ 二本鎖 DNA や RNA を変性させたのち，溶液の状態を元に戻すと徐々に相補的な塩基対が再生する．この際，相同な塩基配列をもつ他の分子があれば，合いのこ分子（ハイブリッド）が形成される．これを**ハイブリッド形成**（**ハイブリダイゼーション**）とよぶ．この性質は，核酸中の特定の塩基配列の識別に広く利用される．

ハイブリッド分子を検出するためには特定の DNA 断片に放射性同位体などで標識をつけておくが，これを**プローブ**（探針）とよぶ．クローン化した均一な DNA 断片や化学合成した均一なオリゴヌクレオチドを標識してプローブとして用いる（図 7・7）．これを用いることにより，配列未知の核酸（あるいはその混合物）中にプローブと相同な塩基配列があるかないかを調べることができる（サザン分析，ノーザン分析）．また，ハイブリッド形成の速度の塩基濃度依存性を解析することにより（速度論的解析あるいはコット解析とよばれる）ゲノム DNA の塩基配列の複雑さ，すなわちゲノムサイズを推定することができる．

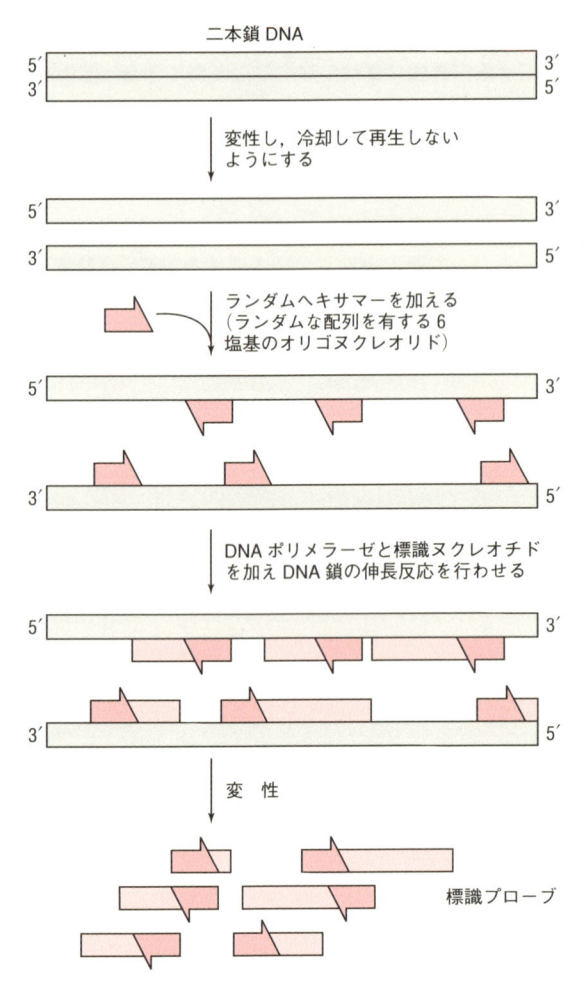

図7・7 プライマー伸長法による標識プローブ作製の原理 DNAポリメラーゼを用いて試験管内でDNAを合成する際に, 放射性同位体や蛍光色素で標識したヌクレオチドを基質として用いることにより, DNA分子を標識することができる. これをプライマー伸長法とよぶ. プライマーとして, ランダムな配列をもつ6塩基の合成オリゴヌクレオチドを用いることにより, いかなる配列のDNAをも鋳型としてそれに相補的な塩基配列をもつ標識プローブを作製することが可能である.

c. ハイブリッド形成の特異性 通常の実験条件では, ハイブリッド形成反応は濃度依存的な数塩基の相補性の領域の対合により開始し, これが核となって分子内の長い領域で塩基対の対合が起こる. 期待される T_m よりも少し低い温度でハイブリッド形成反応を行う. T_m は塩基配列と鎖長に依存するので, これを利用してハイブリッド形成反応の特異性をある程度制御することが可能である.

数十塩基の配列がまったく一致していないとハイブリッド形成しないような条件や, 10塩基程度の塩基配列が一致していればハイブリッド形成するような条件を設定することが可能であり, これを利用して構造類似の遺伝子 (関連遺伝子や他の生物種の遺伝子) を検出することも可能である.

7・4・2 サザン分析とノーザン分析

a. 制限酵素地図 制限酵素はDNA中の4～10個の特定の塩基配列を認識して切断する酵素である. DNAを制限酵素で切断し, その鎖長をポリアクリルアミドゲル電気泳動で測定することにより, DNA分子上の制限酵素認識部位の位置関係を知ることができる. このようにして作成された地図を**制限酵素地図**とよぶ. 異なったDNA断片は異なった制限酵素地図を生じるので, これを用いてDNA断片の特性を大まかに知ることができる.

たとえば EcoRⅠは6塩基の塩基配列を認識するが (表7・2参照), このような配列は平均的には 4^6 塩基対 (約4 kb) に1回出現する. 実際にゲノムDNAを EcoRⅠで切断して生じるDNA断片の鎖長の平均値は数kb程度である.

クローン化したDNAの制限酵素地図ができ上がれば, サザン分析を併用することにより, クローン化していないDNAについての解析も可能となる (例, ゲノムサザン分析).

b. サザン分析 ゲル電気泳動で鎖長 (分子量) に応じて分離したDNAをニトロセルロースやナイロンの膜に転写後, 標識したDNAプローブと膜上でハイブリッド形成を行う方法を**サザン分析**, **サザンブロット**などという (図7・8).

サザン分析を用いることにより, 生体から取出したゲノムDNAを用いて, 特定の遺伝子の制限酵素地図やその変異を, クローン化せずに容易に検出することができる.

c. サザン分析の利用 サザン分析により, 特定の塩基配列をもつ (プローブがハイブリッド形成する) 制限酵素断片の鎖長を決定できる. 複数の制限酵素を用い, その二重消化物の鎖長を決定することにより, その塩基配列を決定する前に制限酵素地図を作成することができる. さらに, 生体から抽出したゲノムDNAを材料として, それに含まれる特定の遺伝子領域の制限酵素地図を作成したり, 比較したりすること

が可能である．このようにして，いったんプローブが得られた（クローン化された）遺伝子については，さまざまな個体や細胞でその変化や変異を検出することができる．

d．ノーザン分析 DNAの代わりにRNAを電気泳動で分離後，膜に固定する方法を**ノーザン分析**，**ノーザンブロット**などという．それ以降はサザン分析と同様，標識したDNAプローブと膜上でハイブリッド形成を行う．

ノーザン分析を用いることにより，生体から抽出したRNA画分を用いて，特定のmRNA分子の鎖長，組織分布，量の変化などを検出することができる．サザン分析やノーザン分析で用いられるハイブリッド形成法はきわめて高感度であり，ゲノムDNAや粗RNA画分中の微量な核酸分子を検出することができる．

7・4・3 DNAマイクロアレイ

DNAマイクロアレイ（**DNAチップ**）とは，スライドガラスまたはシリコン基盤の上に，数万種以上のDNAの部分配列（人工合成された20〜60塩基のオリゴヌクレオチドあらかじめ調製されたDNA断片）を高密度に配置し固定したものである．この高密度アレイ上には，ゲノムやトランスクリプトーム（下のコラムを参照）などの大量の遺伝子配列が配置され，これに対してハイブリッド形成を行うことにより，一挙に特定配列の有無や同一性を検出できる．たとえばこれを用いることにより，全ゲノム中の遺伝子の発現も一網打尽に調べることができる．この場合には，細胞から抽出したRNAを逆転写酵素でcDNAに変換したものを標識してプローブとして用いる．

◇ **オームとオミクス** ◇

ゲノム（genome）という言葉はある生物種の遺伝子（gene）の総体を表す．ゲノムを解析する方法論を**ゲノミクス**とよぶ．同様に，特定の生物種，組織あるいは細胞で発現しているタンパク質の総体を**プロテオーム**（proteome），その解析の方法論を**プロテオミクス**とよぶ．同様に，転写物であるRNAの総体を**トランスクリプトーム**（transcriptome），代謝物の総体を**メタボローム**（metabolome）とよぶ．これらの手法は網羅的解析ともよばれ，生物や細胞の全体像の把握をめざす新しい方法論として注目されている．

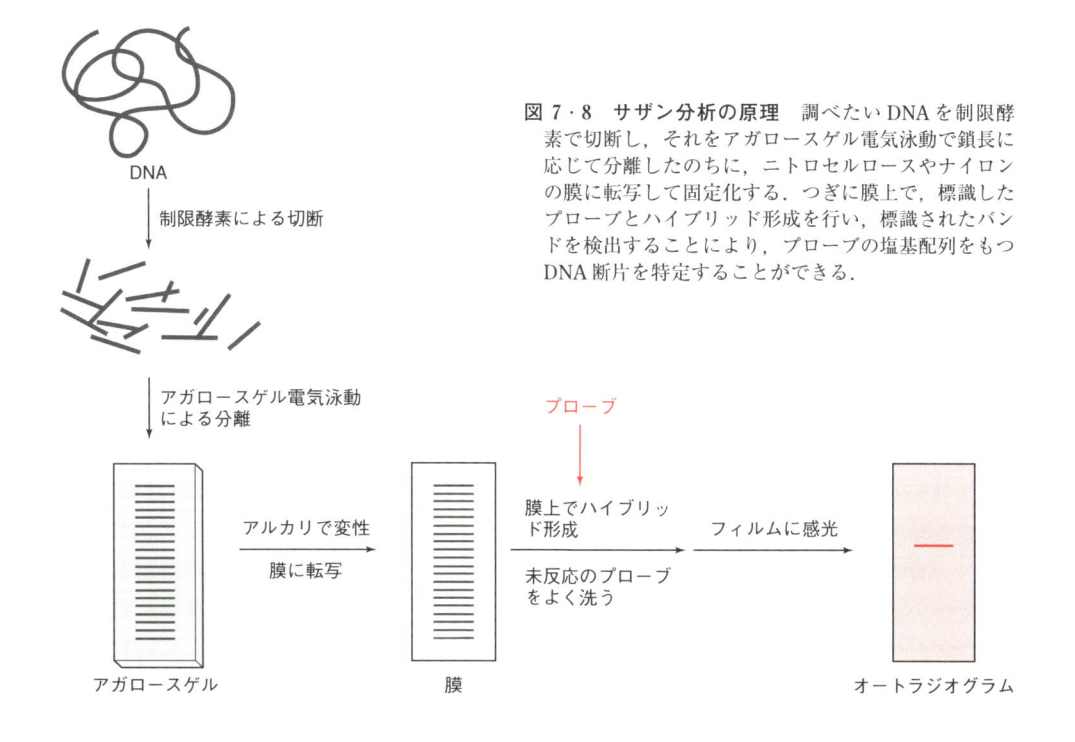

図7・8 **サザン分析の原理** 調べたいDNAを制限酵素で切断し，それをアガロースゲル電気泳動で鎖長に応じて分離したのちに，ニトロセルロースやナイロンの膜に転写して固定化する．つぎに膜上で，標識したプローブとハイブリッド形成を行い，標識されたバンドを検出することにより，プローブの塩基配列をもつDNA断片を特定することができる．

7·5 PCR

7·5·1 PCRによる試験管内での特異的DNA断片の増幅

PCR（polymerase chain reaction, ポリメラーゼ連鎖反応）は，DNAポリメラーゼを用いて，試験管内でDNAを多量に増幅する手法である．図7·9に反応のサイクルを示す．

PCRによるDNA断片の増幅反応は，試験管内でのクローニングともいえる画期的な方法である．クローニングとの最も大きな差異は，最初にプライマーを設計する必要がある点，つまり増幅したいDNA断片に関する塩基配列の情報が必要である点にある．新規の遺伝子は通常のクローニング操作でクローン化され，その塩基配列が決定される．この段階で，PCRを利用することが可能となる．

7·5·2 PCRの応用

PCRの応用範囲は組換えDNA技術のあらゆる領域に及ぶ．

a. 微量の生体試料中のゲノムDNAの増幅と検出 サザン分析やノーザン分析で用いるハイブリッド形成は，きわめて特異的かつ高感度に特定の塩基配列を検出することができる．PCRは，ハイブリッド形成と増幅反応とを組合わせた手法ともいえ，これを用いて増幅したDNAをサザン分析やノーザン分析で検出することにより，その感度はさらに飛躍的に上昇する．また，このPCRで増幅したDNA断片をクローン化することにより，DNA分子に対する量的な制限は消失する．

b. 試験管内変異導入 PCRは，試験管内での組換えDNAの操作をきわめて簡便なものとした．その応用法はとどまるところを知らず，日進月歩で進歩している．

c. DNAのタイピング PCRを利用することにより，微量の生体試料を用いてそのゲノムDNAの特定の領域の塩基配列の情報を簡便に知ることが可能である．たとえば，塩基配列の変化のパターンがすでにわかっている場合には，PCRを用いて簡単に変異の有無を調べることが可能である．遺伝性の疾患のDNA診断，あるいは遺伝マーカーの検出手段として，広範に利用されている．

d. cDNAの試験管内クローニング（RT-PCR） mRNAを逆転写酵素でDNAに変換し，これを鋳型としてPCRを行うことにより，mRNAの塩基配列の情報をcDNAとして簡便に知ることが可能である．これを**RT-PCR**とよぶ．

7·6 組換えタンパク質

組換えDNA技術を用いてcDNAの塩基配列を自在に操作し，適当な宿主に再び導入することにより，任意のアミノ酸配列をもつタンパク質（**組換えタンパク質**）を大量に発現する大腸菌や細胞などをつくり出すことが可能である．

この技術を用いることにより，生体中には微量にしか存在せず，精製はおろか同定することも困難であったタンパク質を，多量に純粋な形で得ることができる．この技術はまた，タンパク質の特定の領域のみを取出して発現させ，精製することをも可能とし，タンパク質の機能と立体構造の解析を大きく進歩させている．

組換えDNA技術の進歩により，その機能がまったく未知の遺伝子やcDNAが続々と単離されているが，そのような遺伝子の機能をそのコードするタンパク質の機能として理解する際にも，このタンパク質の発現系を用いたタンパク質の精製が必要となる．

7·6·1 大腸菌を用いたタンパク質発現系

組換えDNA技術が大腸菌を宿主とした系で行われることを反映して，組換えタンパク質の発現系として大腸菌が最もよく用いられている（図7·10）．特に立体構造の解析などのように多量のタンパク質が必要な場合には，大腸菌を利用したタンパク質発現系はなくてはならないものとなっている．

7·6·2 真核細胞を用いたタンパク質発現系

大腸菌を用いたタンパク質発現系は，きわめて効率的で優れているが，大きな問題点を含んでいる．それは，真核生物の多くのタンパク質が，翻訳後の修飾を受けており，それがタンパク質の機能発現に大きくかかわっている場合があるからである．大腸菌では翻訳後修飾が起こらないので，このような場合には，真核細胞を宿主としたタンパク質発現系を用いることが必

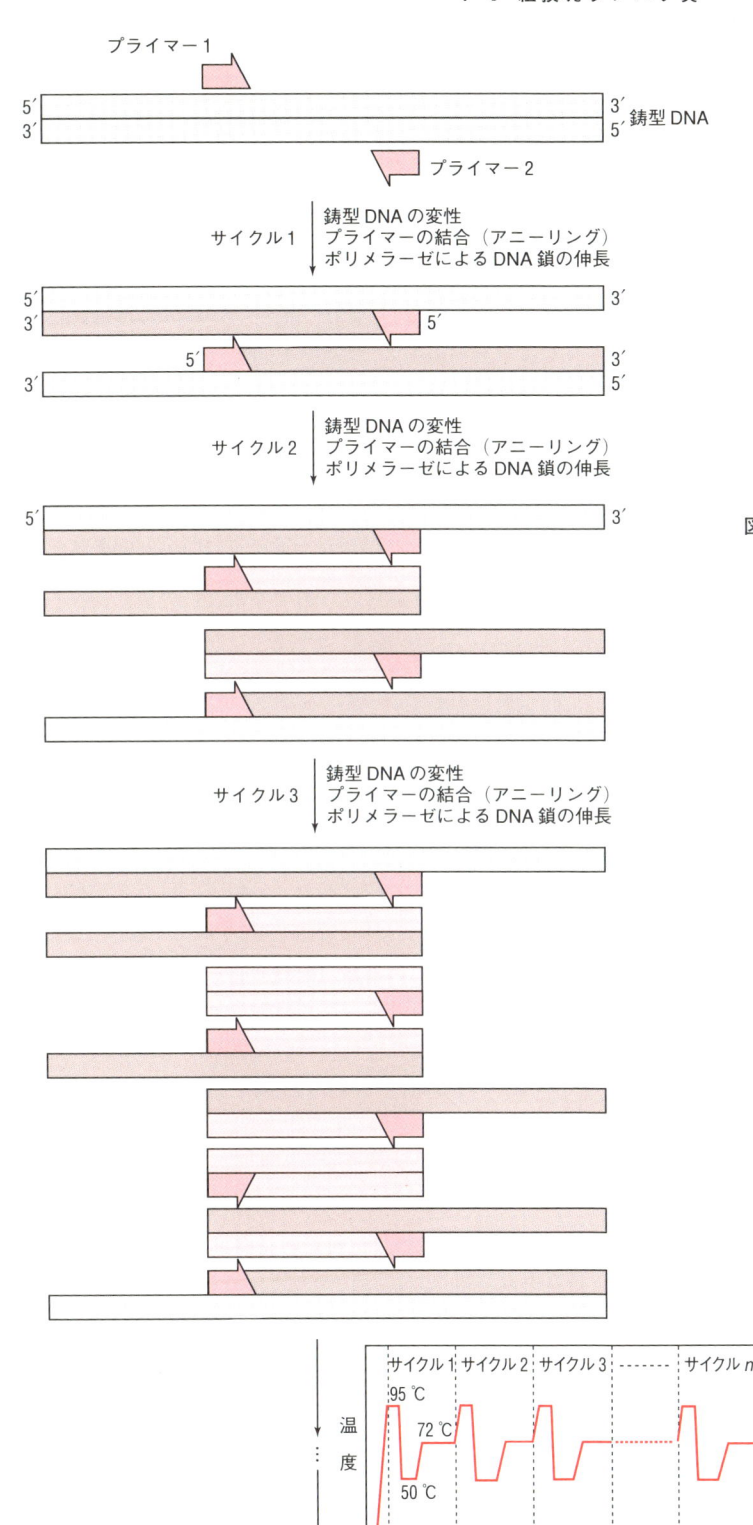

図7・9 PCR PCRは，鋳型となる二本鎖DNA，プライマーとなるオリゴヌクレオチド，4種のデオキシヌクレオチシド三リン酸，およびDNAポリメラーゼをあらかじめ混合しておき，温度の変化を利用してDNA合成反応を繰返す．まず，高熱（95℃）にして鋳型DNAを一本鎖に分離する．つぎに温度を適度に下げ（50℃）プライマーを鋳型にハイブリッド形成させる．つぎに，DNAポリメラーゼの酵素反応の最適温度（72℃）に一定時間静置することにより，プライマーに挟まれたDNA領域は2倍に増幅する．これが1サイクルの反応である．同様の温度変化を繰返すことにより，結果的に，当初反応液中に存在していたDNA分子の中で，二つのプライマーで挟まれた特定の領域のみが大量に増幅されることとなる．25サイクルの繰返し反応により，計算上DNAは2^{25}倍に増幅される．実際には25サイクル程度の反応でDNAは$10^5 \sim 10^6$倍に増幅される．この反応は，1回の反応サイクルごとに，熱をかけてDNAを一本鎖にする必要がある．DNAポリメラーゼは熱により失活するので，好熱細菌から単離された耐熱性のDNAポリメラーゼが用いられる．

プライマー1とプライマー2に挟まれた配列のみが2^n倍に増幅する

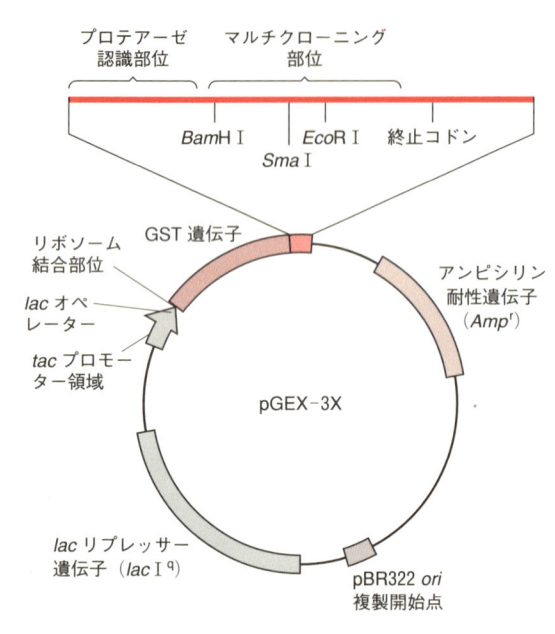

図 7・10 大腸菌を利用した組換えタンパク質発現系
クローン化した cDNA にコードされたタンパク質を大腸菌の装置を利用して大量に生産することが可能である．このような目的のために設計されたベクターは発現ベクターとよばれる．発現ベクターは転写に必要な塩基配列，翻訳に必要な塩基配列などを含む．また，異種タンパク質の大量発現が大腸菌にとって毒性をもつ場合があり，これを克服する目的でラクトース (lac) オペロンの誘導発現系が広く用いられている．また，発現させた後の精製段階を効率化する目的で，既知のタンパク質との融合タンパク質として発現させることも広く行われている．大腸菌由来のグルタチオントランスフェラーゼ (GST) との融合タンパク質がよく用いられる．図の発現ベクターは，複製開始点，抗生物質耐性マーカー遺伝子に加え，mRNA の誘導的な発現に必要な仕掛けとしてラクトースリプレッサーの構造遺伝子，ラクトースオペロン由来のオペレーター，ラクトースオペロンのプロモーターとトリプトファンオペロンのプロモーターの融合プロモーター (tac プロモーター) をもつ．さらに，翻訳に必要なリボソーム結合部位，発現したタンパク質を安定化させると同時に精製を簡単にするための GST の構造遺伝子をもち，その下流 (3′側) に外来 cDNA 断片を挿入するための制限酵素部位をもつ．発現したタンパク質はGST の性質を利用してアフィニティー精製が可能であり，部位特異的なプロテアーゼを用いて精製後 GSTと外来タンパク質とを切り離すことも可能である．

要となる．

　酵母，昆虫細胞，動物細胞などの真核細胞を用いたさまざまな発現系がその目的に応じて用いられている．なかでも，昆虫にのみ感染するバキュロウイルスをベクターとして用い，昆虫細胞に組換えタンパク質を発現させる方法が広く用いられている．

7・7 細胞の遺伝子操作

　すでに述べたタンパク質の発現系は，タンパク質の分子としての性質や構造の解析に用いられる．組換え DNA 技術は，これ以外にも遺伝子の機能をあらゆるレベルで解析することを可能とした．

　第一は，ゲノム DNA 上のさまざまな塩基配列の役割の解析である．転写や組換えにかかわるシス因子 (プロモーターやエンハンサー) の同定はこの一例である．

　第二は，操作したタンパク質や RNA を人為的に細胞に導入することにより生じる細胞 (生体) の変化を調べることにより，タンパク質や RNA の細胞内 (生体内) での機能を調べる手法である．従来の遺伝学が表現型の変異から出発した遺伝子の同定と変異部位の同定に進んできたのとはまったく逆の方向をたどるアプローチであり，**逆遺伝学**とよばれることがある．このような手法の導入により，遺伝子機能の解析が飛躍的に進むこととなった．

7・7・1 外来遺伝子の一過性発現と安定的発現

　真核細胞に人為的に導入された DNA の一部は導入された細胞の核にまで到達し，転写され，コードされたタンパク質の発現に至る．一般に，このような外来 DNA は細胞分裂に伴い希釈され，消失する．しかし，ごくまれにではあるが，宿主細胞の染色体に安定に取込まれる場合がある．外来 DNA が取込まれる染色体上の位置はまったくランダムである．ごくまれに生じたこのような細胞 (形質転換細胞) を選択し，クローニングすることにより，外来 DNA を安定に保持し，それを発現する細胞クローンを得ることができる．このような細胞では，元々もっていたゲノム由来の遺伝子に加え，外来 DNA に由来する遺伝子をもつこととなる．

7・7・2 遺伝子導入を利用した DNA の機能の解析

　外来 DNA を導入された細胞では，一過的ではあるが導入遺伝子の発現が起こる．これを利用することにより，導入された DNA 上の塩基配列や，それにコードされたタンパク質の機能を解析することが可能である．これは，人為的に変異を起こした DNA 断片の機能を検定できることを意味している．たとえば，転写

のプロモーターやエンハンサーの配列はこのようにして同定されたものである（図7・11）.

7・7・3 遺伝子導入を利用したがん遺伝子の同定

クローン化されたDNA断片のみならず，クローン化されていないDNAの混合物でもまれに宿主染色体に取込まれる．この頻度はきわめて低いが，これを積極的に選択する手法があれば，外来DNAとしてクローン化したDNAを用いる必要はない．この最も典型的な例を，ヒトがん細胞のゲノムDNAからがん遺伝子を同定しクローン化した先駆的な実験に見ることができる（図7・12）.

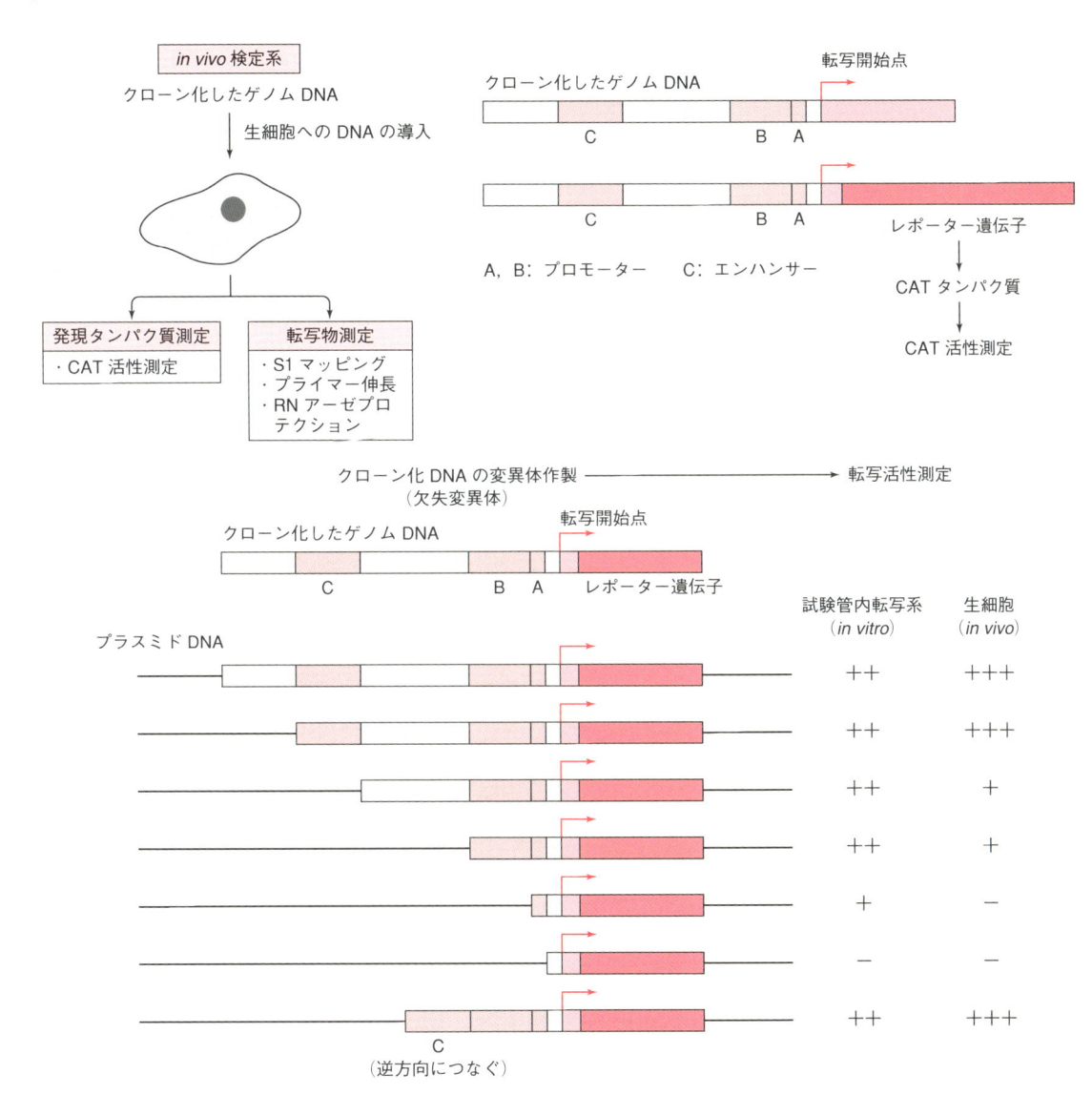

図7・11 レポーター遺伝子を用いた転写プロモーターの同定 遺伝子の転写プロモーターの同定に広く利用されているのがレポーター遺伝子を用いる方法である．レポーター遺伝子とは，外来遺伝子につけた目印であり，これにより内在性の遺伝子と区別ができる．たとえば，大腸菌のクロラムフェニコールアセチルトランスフェラーゼ（CAT）や，ホタルの化学発光タンパク質であるルシフェラーゼの遺伝子は，その発現を簡単に検出できることから広くレポーター遺伝子として用いられる．目的のDNA中にある転写プロモーターを同定するためには，これをたとえばCAT遺伝子のコード領域と接続したキメラDNA分子を作製し，細胞に導入する．外来DNA中にある転写プロモーターの活性はCATの活性として検出できる．さまざまな欠失変異体や点変異体などをCAT遺伝子に接続して細胞に導入することにより，転写に必要な塩基配列を詳細に調べることが可能である．

マウス繊維芽細胞の一つである NIH3T3 は，正常な細胞に近く，試験管内で培養すると一層に広がった段階で接触阻止を起こして分裂が停止する．がん細胞ではこのような接触阻止は起こらず，細胞は幾層にも増殖する（p.150 のコラム参照）．これを**トランスフォーム（悪性形質転換）**した細胞とよぶ．ヒト膀胱がんから抽出した高分子のゲノム DNA をこの NIH3T3 細胞に導入すると，きわめて低頻度ではあるが，トランスフォームした細胞が出現し，細胞が幾層にも重なって増殖したフォーカスを形成する．正常細胞のゲノム DNA を導入してもこのようなことは起こらないので，ヒト膀胱がんの細胞では，ある種の遺伝子に変異が起こっており，これが NIH3T3 細胞の染色体に取込まれて発現し，がん遺伝子として作用して NIH3T3 細胞をトランスフォームしたことが予想された．

つぎに，このフォーカスから細胞を培養しゲノム DNA を抽出し，これをあらためて正常な NIH3T3 細胞に導入すると，再びトランスフォーメーションを示すフォーカスが形成された．この現象はヒトがん細胞のゲノム DNA 中のがん遺伝子が，NIH3T3 細胞の染色体に安定に取込まれていることを示すと同時に，このサイクルを繰返すことにより，NIH3T3 細胞中の染

図 7・12 がん遺伝子の同定 がん細胞由来の DNA を用いた細胞のトランスフォーム（悪性形質転換）を利用して，がん遺伝子 *ras* が同定され，クローン化された．

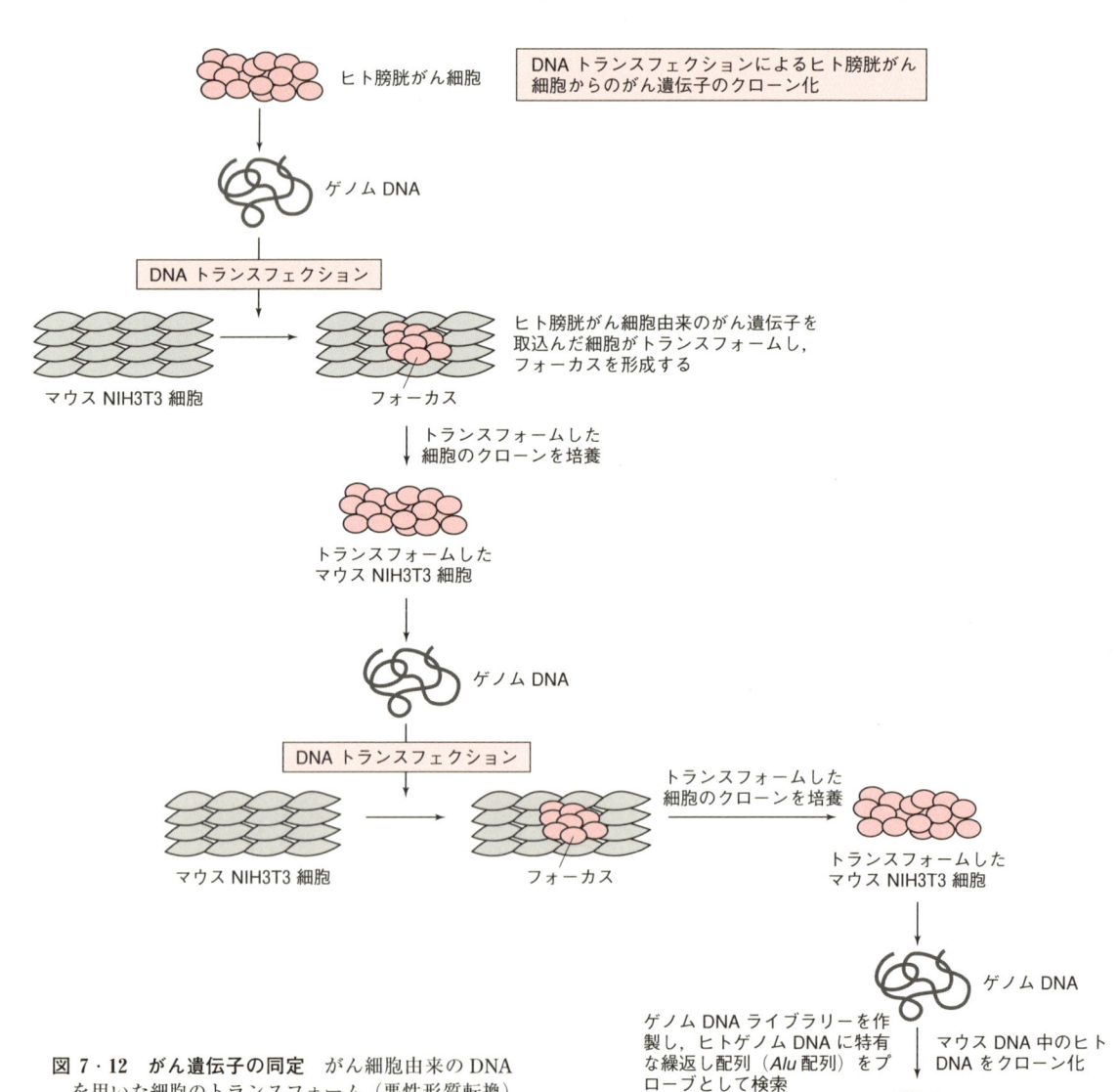

色体に取込まれたヒトゲノム DNA を減らし，最終的にがん遺伝子を含む DNA 断片だけにすることができることを示している．実際にこのようにして，マウス NIH3T3 細胞のゲノム DNA から，ヒト膀胱がん細胞に由来する活性型 *ras* 遺伝子がクローニングされた．この *ras* 遺伝子は正常型の遺伝子に対し 1 個のアミノ酸残基が変異しているだけであった．

7・7・4 RNA 干渉を利用した遺伝子発現抑制

RNA 干渉（RNA interference, **RNAi**）とは，細胞に導入された二本鎖 RNA が，それと同じ配列をもつ遺伝子の発現（タンパク質合成）を抑制する現象であり，遺伝子の機能解析に有効である．二つの方法がある．一つは **siRNA**（small interfering RNA）とよばれる，3′末端側に 2 塩基の突出末端をもつ 23 塩基の二本鎖 RNA を合成し，これを細胞に導入する．もう一つの方法は，**shRNA**（short hairpin RNA）とよばれる，短鎖のヘアピン構造をとる RNA を発現するように設計したプラスミド DNA を細胞に導入することにより，細胞内で siRNA を発現させる（図 7・13）．

遺伝子の人為的な機能阻害の方法として，染色体上の遺伝子を破壊することが行われるが，特に高等生物では煩雑な操作が必要である（§7・8・2 参照）．これに対し，RNA 干渉法は遺伝子の機能を簡便な手法で調べることができる．一方，問題点としては，完全な機能喪失とはならないことや，非特異的な影響を考慮する必要があることがあげられる．

7・8 個体の遺伝子操作

7・8・1 トランスジェニック生物

生物個体内での遺伝子機能を調べるためには，個体の生殖細胞のゲノム DNA を操作する必要がある．原理的に最も優れた方法は，内在性の一対の遺伝子セットを取除いたり（**遺伝子破壊**），その代わりに人工的に操作した変異遺伝子を組込む（**遺伝子置換**）ことであり，酵母ではこれが可能である．マウスでも可能である（**遺伝子ノックアウトマウス**とよばれる）．より簡単なものとして，たんに外来遺伝子を生殖細胞に導入し，安定に保持させた**トランスジェニック生物**がある．

マウスの受精卵の前核に DNA を注入し，これを仮親の腹に戻すと，数匹に 1 匹の割合で，注入した DNA が染色体に取込まれた子が生まれてくる．このようなマウスはトランスジェニックマウスとよばれ，すべての体細胞に，導入された遺伝子 DNA が存在すると同時に安定に子孫に伝達される（図 7・14）．このようなマウスの細胞では，元々もっていた二つの内在性の遺伝子に加え，外来の DNA に由来する導入遺伝子をもつこととなる．導入遺伝子のプロモーターを選択することにより，特定の細胞でのみ導入遺伝子が発現するようなマウスを作製することが可能である．

トランスジェニック生物における最大の欠点は，外来 DNA が宿主染色体中のどの位置に組込まれるかを指定することができない点にある．その結果，同一の DNA を注入して作製したトランスジェニック生物が，その外来 DNA の染色体中への組込み位置の違いにより，異なった表現型を示すことがある．

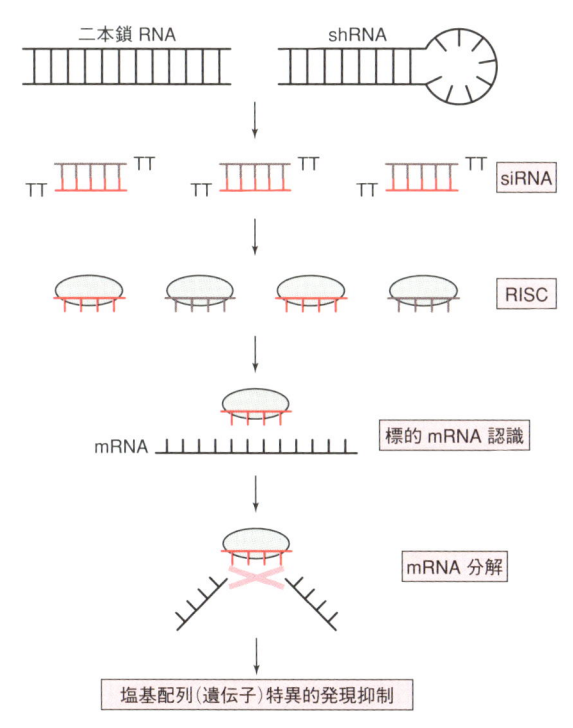

図 7・13 RNA 干渉を用いた遺伝子発現抑制 二本鎖 RNA や shRNA は，細胞内で siRNA に分解される．siRNA は細胞内でタンパク質複合体と結合し，RISC（RNA-induced silencing complex）を形成する．この siRNA-タンパク質複合体が，siRNA と相同性をもつ mRNA に結合し，RISC がもつヌクレアーゼ活性により mRNA が切断される．

7・8・2 遺伝子ターゲッティングによる遺伝子破壊生物の作製

遺伝子ターゲッティングによる遺伝子の置換や破壊は，生体の遺伝子を操作する最も優れた手法である．これは細胞が自然に行う相同組換えを利用して，内在性の遺伝子と外来の遺伝子とをそっくり取替える技術である．つまり，内在性の遺伝子をねらって(ターゲット)，破壊 (ノックアウト) し，その位置に新たな遺伝子を挿入する．代わりに遺伝子を挿入しない場合には遺伝子破壊が起こるし，代わりに変異遺伝子を挿入した場合には遺伝子置換が起こる．この方法は遺伝子ターゲッティングあるいは**遺伝子ノックアウト**などとよばれる．

細胞は相同な塩基配列をもつ DNA 分子間で組換えを起こす能力を備えている．しかし，クローン化した DNA をたんに細胞に導入した場合，仮に染色体に安定に組込まれた場合でもその組込み位置はほとんどランダムである．きわめてまれに内在性の遺伝子との相同組換えが起こり，この細胞を選択することが必要となる (図 7・15)．

マウスを用いた遺伝子ターゲッティングには，**胚性幹細胞**(**ES 細胞**, embryonic stem cell) を用いる．ES 細胞は胚盤胞の内部細胞塊由来の未分化細胞であり，試験管内で培養することができると同時に，再び胚盤胞に導入することにより，胚細胞と混ざり合ってその後の個体発生に参加し，キメラマウスを生じる．

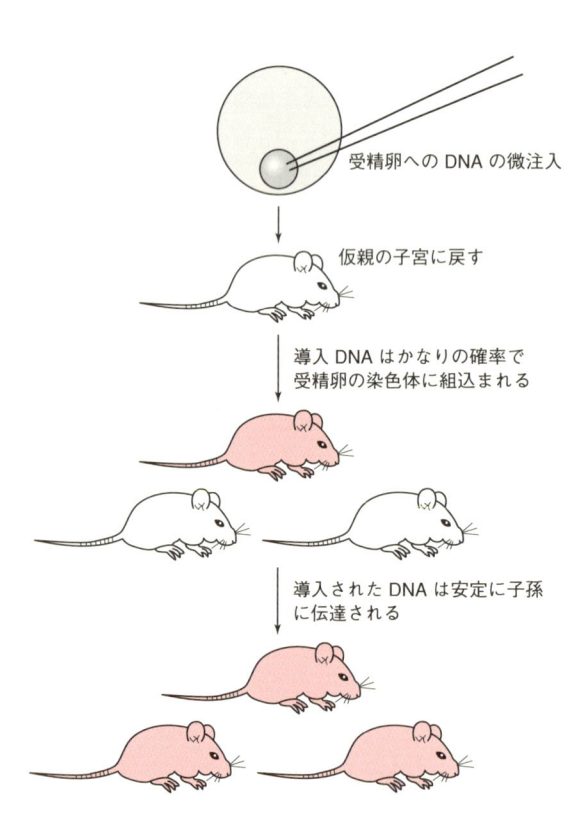

図 7・14 トランスジェニックマウス 最もよく用いられているのがトランスジェニックマウスであり，これはクローン化した DNA を受精卵に微注入 (マイクロインジェクション) し，これを仮親の子宮に戻して個体を発生させる．受精卵に導入された DNA は低頻度でしか安定に染色体に組込まれないので，最初に生まれたマウスはキメラ個体となる．この中から，生殖細胞のゲノム DNA に外来遺伝子を安定に組込んだ動物個体を選択し，さらにかけ合わせることにより，純系化する．

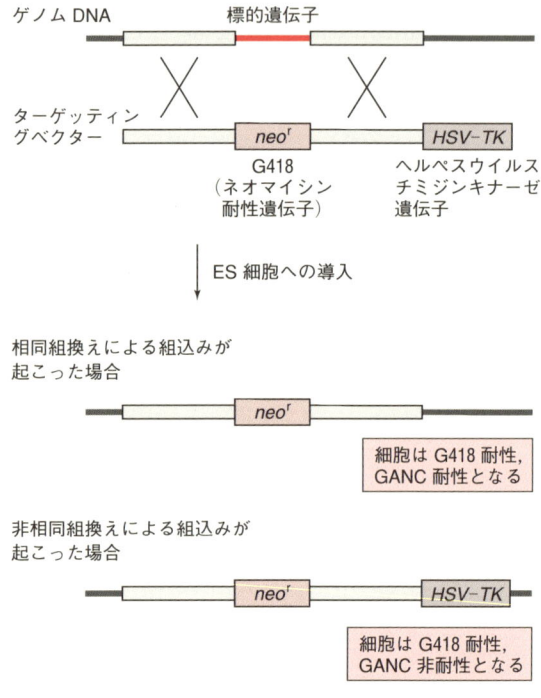

図 7・15 遺伝子ターゲッティング 細胞に導入された DNA はごく低頻度で染色体中のゲノム DNA に組込まれる．この組込まれ方は基本的にランダムであるが，ごくまれに相同組換えにより，細胞に元々あった内在性の遺伝子と導入 DNA 断片との交換が起こる場合がある．この場合には，内在性の遺伝子は破壊され，その位置に外来の DNA 断片が挿入される．このような組換えを起こした細胞のみが生育できる培地が開発されている．導入 DNA はターゲッティングベクターともよばれ，G418 とよばれるネオマイシン誘導体に対する耐性を与える遺伝子, *neo*^{r} と，ガンシクロビル (GANC) に毒性を与える遺伝子, *HSV-TK* をもつ．このような二重の細胞選択法を用いることにより，きわめてまれに生じる相同組換えを起こした細胞をクローン化することができる．

7・8　個体の遺伝子操作　　　　127

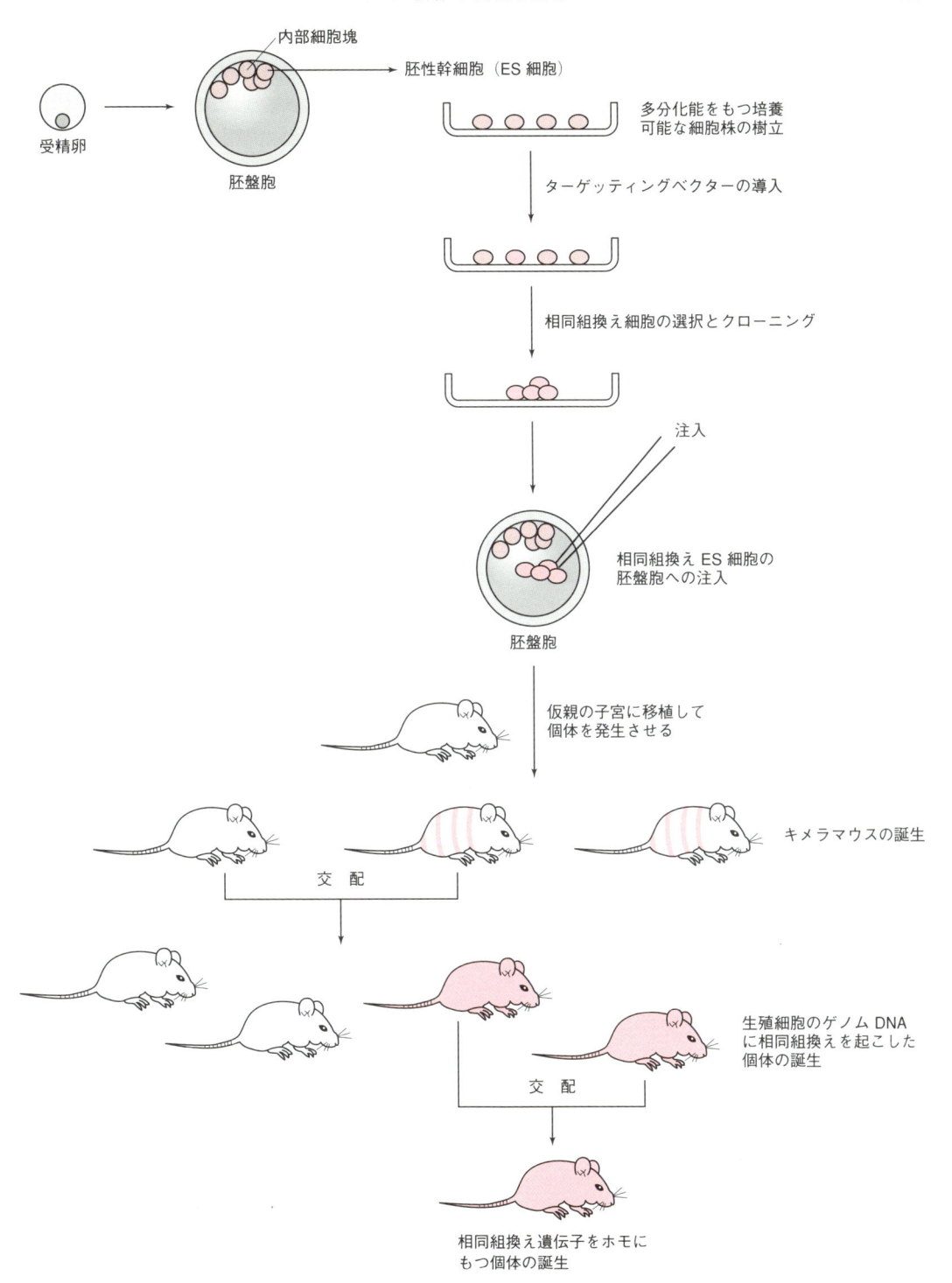

図 7・16　遺伝子ノックアウトマウス　マウスでの相同組換えは ES 細胞（胚性幹細胞）を用いて行われる．ES 細胞は多分化能を有する細胞であり，試験管内でこれに DNA を導入し，内在性のゲノム DNA と外来 DNA との間で相同組換え（遺伝子ターゲッティング）を起こした安定な ES 細胞をまず樹立する．これを発生初期の胚に注入してキメラ個体を作製する．生殖細胞のゲノム DNA に相同組換えを起こした個体を選択し，それをさらにかけ合わせることにより，内在性の一対の遺伝子の両方を破壊したノックアウトマウスを得ることができる．

このときに，ES細胞が始原生殖細胞系列に取込まれた場合には，このキメラマウスをかけ合わせることにより，ES細胞由来のマウス個体をつくることができる．つまり，ES細胞は1個の個体の形成が可能な多分化能をもった細胞である．

したがって，ES細胞に試験管内でDNAを導入し，相同組換えを起こした細胞クローンをまず確立することができれば，この相同組換え細胞に由来する個体を作製することができる（図7・16）．

遺伝子ターゲッティングにより遺伝子のたんなる破壊にとどまらないさまざまな工夫が考案されている．たとえば，発生過程の特定の時期に遺伝子破壊が起こるように設計したり，特定の組織でのみ遺伝子破壊が起こるように設計することも可能である．

◇ **細胞融合と細胞の選択――モノクローナル抗体の作製法** ◇

樹立細胞株を用いて，変異細胞を分離しようという細胞遺伝学的な研究の過程で，細胞の選択培地が開発された．選択培地は種々の人為的な処理により融合させた細胞を選択し，クローン化する目的で用いられたり（モノクローナル抗体の作製），またクローン化したDNAを再度細胞ゲノムに導入する際に，DNAが導入された細胞を選択し，クローン化するために必須の技術となっている．最近は，野生型細胞に毒性を発揮する薬剤とそれに耐性を与える遺伝子が多数開発されている．たとえば，図7・15のG418耐性遺伝子やヘルペスウイルスのチミジンキナーゼ遺伝子は，細胞への遺伝子導入にも必須の選択マーカー遺伝子となっている．

培養細胞や血球などの体細胞を人為的に融合し，2種の細胞の染色体の混在した雑種細胞（ハイブリドーマ）として生きながらえさせることができる．この技術を用いて種々の細胞機能の細胞遺伝学的な解析が可能である．ヒト遺伝子の各染色体への帰属は最近までもっぱらこの方法で行われてきた．ヒト遺伝病の相補性テストによる分類もこの方法によって行われている（例，色素性乾皮症）．その他，核と細胞質の相互作用を知るためのいくつかの重要な実験が行われてきた（例，細胞周期の調節因子の存在）．また，現在各方面で広範に利用されている**モノクローナル抗体**もこの技術の応用である（図）．

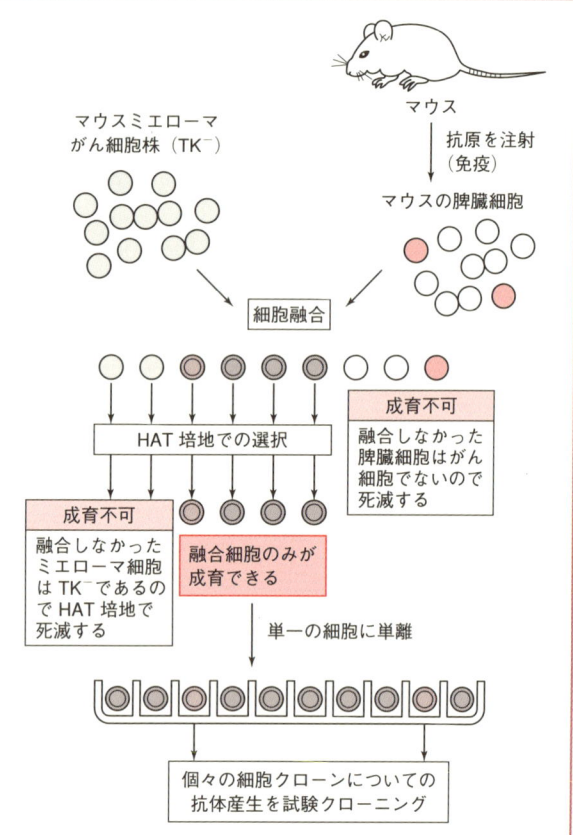

図 **細胞融合とモノクローナル抗体** マウスの脾臓にはさまざまな抗原を認識するB細胞が存在する．このなかから特定の抗原に対する細胞をクローン化し，株化細胞として樹立することができる．このような細胞クローンが産生した抗体を**モノクローナル抗体**とよぶ．モノクローナル抗体は特定の立体構造（抗体が認識する構造をエピトープとよぶ）のみを認識して結合する抗体（免疫グロブリン鎖）である．

8 細胞の構造と機能

8·1 生体膜

細菌, 酵母や原生動物から動物や植物の体を形成する個々の細胞に至るあらゆる細胞には, 共通の構造体が存在する. それは膜である. 特に, 細胞をすっぽり包み, 細胞と外界とを隔てる**細胞膜**(原形質膜ともよばれる)は, 細胞にとって最も重要な膜である. 細胞内には, タンパク質や核酸などの高分子および細胞が生きていくために必須な多種類の低分子が高濃度に詰まっている. もし細胞膜がなければ, 生命活動に必須な分子は外界に拡散して, 細胞はその生命を維持することができなくなってしまう. したがって細胞という一つの閉じた系を形成する細胞膜こそ, 生命の基本構造ということができる. 重要な点は, あらゆる細胞の細胞膜が共通の構造をもつということである. さらに多くの細胞の内部には, 核, ミトコンドリア, 小胞体, ゴルジ体, 葉緑体(植物)などの膜構造体が存在するが(p.160, 図8·37), これらを形成する膜の構造も細胞膜の構造と同じである. それらを総称して**生体膜**とよぶ.

この節では生体膜の構造と機能を, それを形成する分子に焦点を当てて説明する. さらに, 生体膜を形成する分子のダイナミックな動きについて述べる.

8·1·1 膜脂質

生体膜は, 脂質とタンパク質とから成り立つ. まず脂質について述べる.

生体膜中に含まれる脂質はリン脂質, 糖脂質, コレステロールなどで, トリアシルグリセロールなどの貯蔵脂質は生体膜には含まれない(§2·2). 代表的なリン脂質の構造を図8·1(a)にあげる.

トリアシルグリセロールが脂肪酸とアルコールのみからできている(**単純脂質**とよばれる)のに対し, リン脂質や糖脂質分子はそれ以外にリン酸や糖などを含み, **複合脂質**とよばれる. トリアシルグリセロールはグリセロール(三つのヒドロキシ基をもつ)と三つの脂肪酸とがエステル結合した分子であるが, **グリセロリン脂質**はグリセロールの二つのヒドロキシ基が2分子の脂肪酸と, 残りの一つのヒドロキシ基がリン酸とそれぞれエステル結合しており, さらにリン酸基には糖やアルコールなどの分子がエステル結合している(図8·1a).

グリセロールを含まないリン脂質である**スフィンゴリン脂質**の構造を図8·1(b)に示す. このリン脂質は, スフィンゴシンとよばれるアミノアルコール(長い炭化水素の鎖とアミノ基とヒドロキシ基とから成る)のアミノ基に脂肪酸が結合し, ヒドロキシ基にはリン酸がエステル結合しており, さらにそのリン酸に種々の糖やアルコールなどが結合した構造をもつ.

グリセロリン脂質とスフィンゴリン脂質とは構成要素が異なるにもかかわらず, 全体としての形は非常に似ている. すなわち両者とも, リン酸基を含む頭部と2本の長い炭化水素鎖から成る尾部とからできている. ここで注意すべきは, 頭部が親水性(極性)で尾部が疎水性(非極性)であるということである. この構造上の特徴が以下に述べる生体膜の形成にとって重要である.

糖脂質はリン脂質のリン酸の位置に糖鎖(糖が連なったもの)が結合したものであり, 糖鎖を含む頭部(親水性)と脂肪酸から成る尾部(疎水性)の構造は

リン脂質と同じである．

コレステロールは平面的で硬い構造をもつ環状部分と，柔軟な鎖状部分とから成る．コレステロール分子の大部分は疎水的であり，わずかに，環状部分に結合したヒドロキシ基のみが親水的な性質をもつ（図8・1c）．

電子顕微鏡による観察から，あらゆる細胞の生体膜はほぼ同じ厚さで（約5 nm，1 nmは1 mmの1/1,000,000），二重の層から成り立っていることがわかった．この構造は**脂質二重層**とよばれる．二重層中で，脂質分子は親水性の頭部を水層に接し，疎水性の尾部を内部に向けて存在している（図8・1d）．脂質二重層から成る膜は**単位膜**とよばれる．

8・1・2 人工膜

細胞から抽出した脂質と水とをただ混ぜただけでは膜はできない．できるのは水中に分散した油滴である（牛乳が典型的な例である）．このような混合物は時間がたつと（あるいは遠心分離器にかけると）簡単に脂質と水とに分離してしまう．一方，脂質と水との混

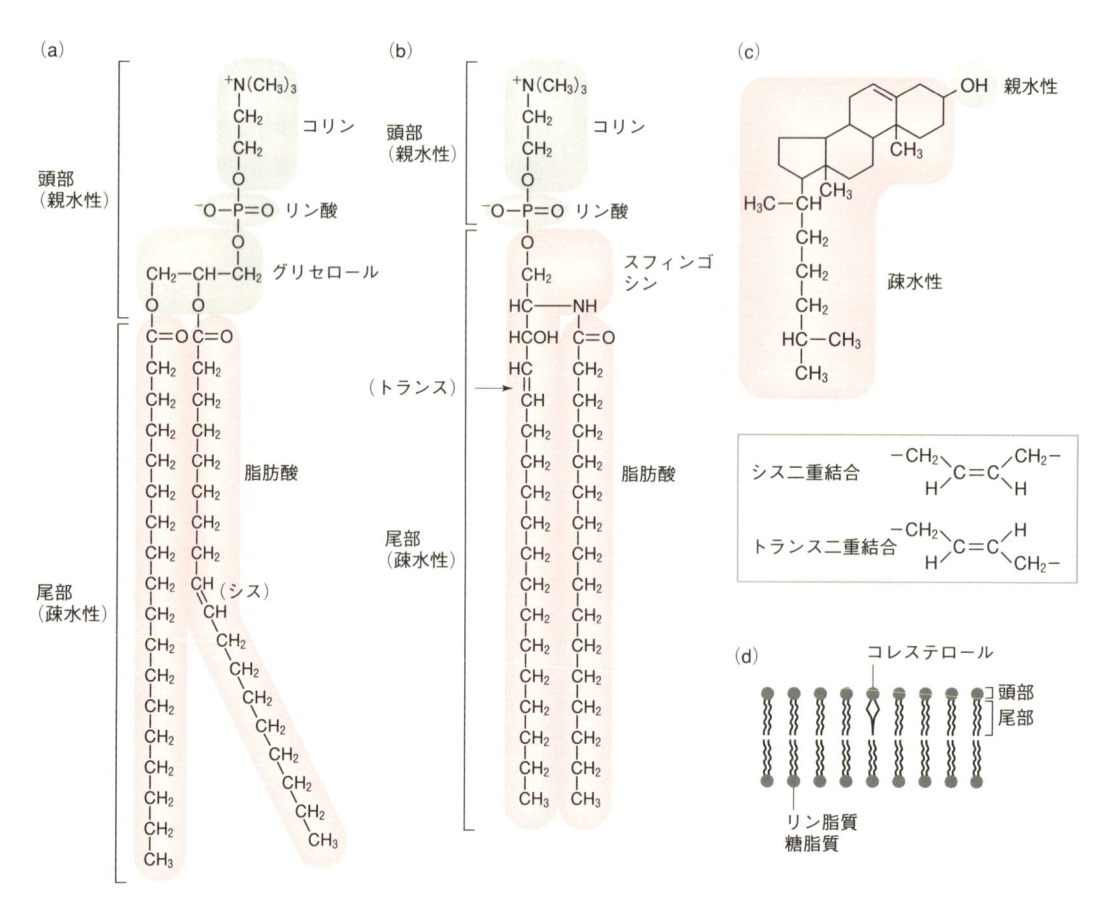

図8・1 代表的なリン脂質の構造 (a) **グリセロリン脂質**の構造．ここにはホスファチジルコリンをあげてある．コリンの代わりにエタノールアミン，イノシトール，グリセロールなどを結合したグリセロリン脂質も存在する．二つの脂肪酸のうち一方が，シス二重結合をもつ不飽和脂肪酸である場合が多い．このシス二重結合により，折れ曲がった炭化水素鎖が形成される．グリセロール，リン酸，コリンから成る部分は親水性の頭部を，炭化水素鎖の部分は疎水性の尾部を形成する．ここには飽和脂肪酸としてステアリン酸，不飽和脂肪酸としてオレイン酸が結合したものをあげたが，このほかに種々の鎖長の脂肪酸が結合したものも存在する．(b) **スフィンゴリン脂質**の構造．ここには，スフィンゴミエリンの構造を示す．このリン脂質はアミノ基，ヒドロキシ基および長い炭化水素鎖から成るスフィンゴシンのアミノ基に脂肪酸（飽和脂肪酸である場合が多い）が結合し，ヒドロキシ基にリン酸およびコリンが結合したものである（コリンの代わりに他のアルコールや糖を結合したスフィンゴリン脂質も存在する）．リン酸，コリンから成る部分は頭部を，炭化水素鎖の部分は尾部を形成する．ここにはパルミチン酸が結合したものをあげたが，このほかに種々の鎖長の脂肪酸が結合したものも存在する．(c) **コレステロール**の構造．コレステロール分子の大部分は疎水性で，ヒドロキシ基の部分だけが親水性である．(d) **脂質二重層**．

8・1 生体膜

合物を超音波処理したり，多孔性のフィルターを通すことによって強く混ぜ合わせると，一見透明な液ができる．これは脂質が水に溶けたのではなく，脂質が数十〜数百 nm 程度の非常に小さな構造体をつくって水中に分散している状態である．この構造体は袋状の膜から成り，**リポソーム**とよばれる（図 8・2 a）．この膜を電子顕微鏡で観察すると，生体膜と同じ二重層構造をもつことがわかる．ここで注目すべきは，すべてのリポソームは閉じた袋状の形態をとり，水中に平面的な膜が存在するということはないという点である．その理由は，閉じた袋状構造がエネルギー的に安定なためである．つくられる個々のリポソームは非常に小さいが，比較的安定かつ多量に調製することができ，これを生体膜のモデルとして用いて生体膜の物理化学的性質などを調べることが行われている．

実験室でつくられるもう一種の人工膜は**黒膜**である．これはテフロンなどの疎水性素材でつくった板に 0.1〜0.5 mm の小さな穴を開け，これに単位膜を形成させたものである（図 8・2 c）．この方法では非常に小さい膜しかつくることができないが，テフロン板の両側に電極を置くことによって人工膜の電気的性質を調べることができる．

リポソーム中の脂質分子の運動を物理学的な方法を用いて計ると，脂質分子は非常に速く動きまわっていることがわかる．細胞膜中の脂質分子も同様に自由に動きまわることができ（図 8・3 a），その速さは，たとえば大腸菌の大きさは約 2 μm であるが，この長さを 1〜2 秒で移動してしまうほどである．ただし脂質二重層の一つの層から他の層へ脂質分子が乗り移ること（**フリップフロップ**とよばれる）はほとんどない．リン脂質分子が脂質二重層の一つの層から他の層に移動するためには，親水的な頭部がいったん疎水的な二重層の内側を通過する必要がある．これが大きな障害となっている．一般に，細胞膜の内側と外側の層を構

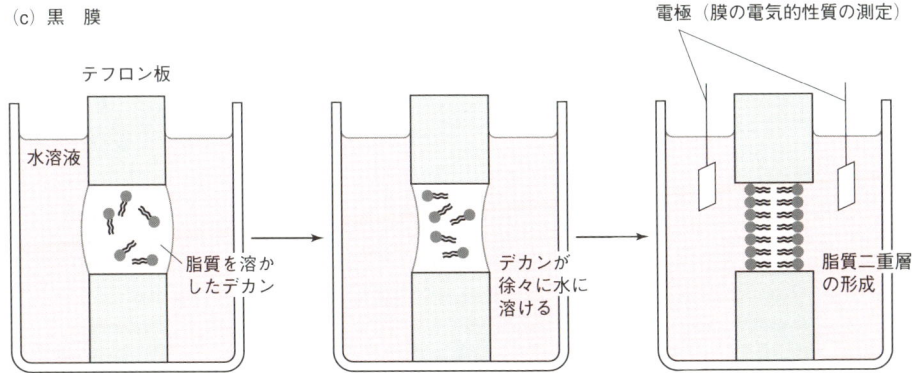

図 8・2 人工膜 (a) リポソーム．リン脂質と水を超音波処理したり，多孔性フィルターを通すと，閉じた脂質二重層構造をもつ単層のリポソームができる．(b) ミセル．通常の洗剤分子は一つの親水性頭部と，1 本の疎水性尾部から成る．2 本の尾部をもつリン脂質と異なり，洗剤分子はリポソームをつくることができず，洗剤分子の集合体であるミセルをつくる．(c) 黒膜．小さな穴を開けたテフロン板の穴の部分にリン脂質を溶かしたデカンの油滴を塗り，それを水溶液中に置くと，デカンが徐々に水溶液に溶け，残ったリン脂質は微小な膜をつくる．膜面に光を当てると光の干渉による色が見えるが，6〜7 nm の厚さの脂質二重層が形成されると干渉が観察されなくなり，灰黒色を呈するようになる．このため黒膜とよばれる．

成する脂質分子の組成は異なっている．たとえば，糖鎖を含む脂質の多くは細胞膜の外側の層に存在する．もしもフリップフロップが自由に起こるならば，このような不均一性は存在しないことになる．

膜の脂質分子の流動性は，温度によって変化することが知られている．低温では脂質分子の流動性が低く，多く含む膜の遷移温度は体温よりも低い．したがって37℃で膜は"液体"状態にある（図8・3b）．細胞が生きていくためには膜の脂質分子の流動性が高い必要がある．細胞膜に少量含まれているコレステロールは，低温では膜の流動性を高め，遷移温度を低くする作用がある．

8・1・3 膜タンパク質

これまで述べてきたように，細胞から抽出された脂質は，生体膜と同じ構造と性質をもった脂質二重層をつくることができる．一方，実際の生体膜は，脂質のほかにタンパク質を含んでいる．生体膜中のタンパク質の構造と機能および膜中での存在様式について以下に述べる．

a. 内在性タンパク質の構造　一般に細胞質内に存在するタンパク質の表面は，親水性アミノ酸残基で覆われている．一方，生体膜に含まれるタンパク質のあるものは，分子の一部が親水性環境にある細胞質および細胞外部に存在し，一部が疎水性環境にある膜の内部に存在するというかたちで膜を貫通している（図8・4aのA）．このことは，これらのタンパク質分子が膜を構成する脂質分子と同じく，親水性部分と疎水性部分を併せもつことを意味する．このようなタンパク質を**内在性（膜）タンパク質**と総称する．

膜貫通型タンパク質の多くは，疎水性アミノ酸残基が約20～30個連なる部分をもつ．多くの場合，この部分がαヘリックスをつくり，膜を貫通している．25個のアミノ酸残基がαヘリックスをつくると，その長さは膜の疎水性領域（脂質の脂肪酸鎖の部分）の厚さとちょうど一致する（図8・4b）．ある膜タンパク質はただ一つの膜貫通部分をもち，またあるものは複数個の膜貫通部分をもつ．後者の場合，膜貫通部分同士が集まって膜タンパク質の疎水性領域を形成し，一方，親水性アミノ酸残基に富む部分は，細胞内部あるいは細胞外部に突き出した領域を形成する（p.176，図9・6を参照）．

膜に洗剤を働かせると（洗剤分子も親水性部分と疎水性部分から成り立つ）脂質二重層構造は壊れ，内在性タンパク質はその疎水性部分を洗剤分子で保護された形で水に溶けるようになる（図8・5b）．内在性タンパク質の精製にはこのような操作が必要である．内在性タンパク質を可溶化するのに用いられる代表的な

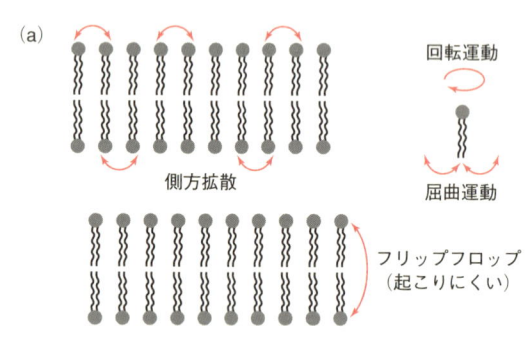

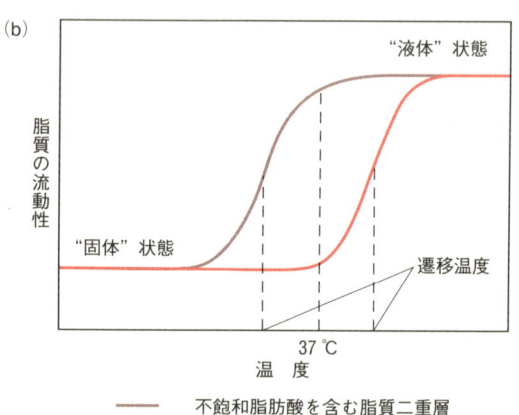

図8・3　脂質分子の流動性　(a) 脂質二重層中の脂質分子の動き．脂質分子の運動には側方拡散（水平方向の拡散），分子の回転，尾部の屈曲運動，フリップフロップなどが含まれる．(b) 温度による脂質の流動性の変化．温度を上げると脂質分子の運動性が高まり，脂質二重層は"固体"状態から"液体"状態に変化する．そのときの温度を遷移温度という．不飽和脂肪酸を含む脂質二重層（生体膜）の遷移温度は，含まないものの遷移温度よりも低く，37℃で"液体"状態である．

ある温度を境にして急激に流動性が増す．これはいわば固体状態から液体状態への変化に相当する．"固体"から"液体"への変化が起こる温度を**遷移温度**とよび，膜の遷移温度は脂肪酸の飽和度と密接な関連がある．飽和脂肪酸（鎖中に二重結合が存在しない脂肪酸）2分子を結合したリン脂質から成る膜の遷移温度は高く，37℃では"固体"状態である．一方，不飽和脂肪酸（鎖中に二重結合を含む）を結合したリン脂質を

洗剤の構造を図8・5(a)に示す．タンパク質の構造を保つためには，強い親水性および強い疎水性の部分をもたない洗剤を用いる必要がある．強い親水性部分（たとえばイオン化する部分）をもつ洗剤は，タンパク質全体の構造を壊してしまう（図8・5c）．

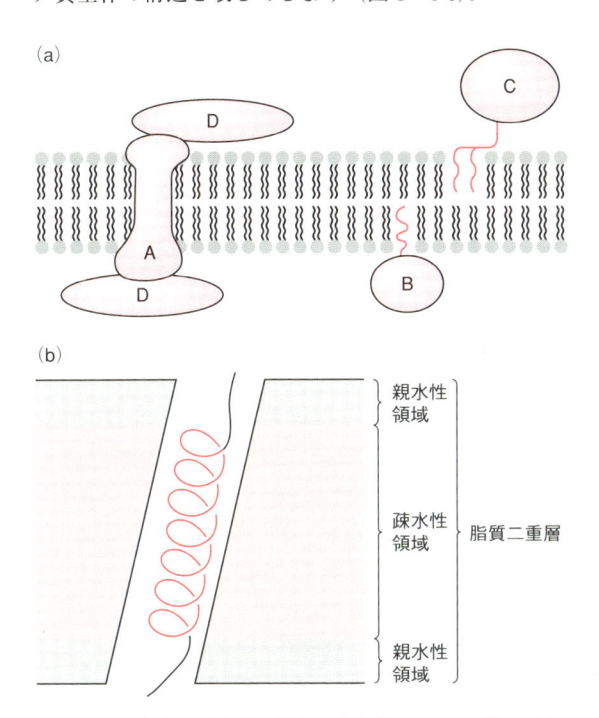

図8・4 膜タンパク質の構造 (a) 膜タンパク質の存在様式．A: 膜貫通型内在性タンパク質．B: 疎水性分子を結合し，その部分で脂質二重層につなぎ止められている表在性タンパク質．疎水性分子として，ミリスチン酸やパルミチン酸などの脂肪酸，ファルネソールやゲラニルゲラニオール（二重結合を多く含む炭化水素とヒドロキシ基とから成る一種のアルコール）などがあり，前者はタンパク質のN末端のアミノ基に，後者はC末端のシステインのチオール基に共有結合している．C: 糖を含むリン脂質の糖に共有結合している表在性タンパク質（細胞の外側に存在する）．D: 内在性タンパク質に結合して存在する表在性タンパク質．(b) 内在性タンパク質の膜貫通部位の構造．20〜30個の連続した疎水性アミノ酸残基から成るポリペプチド鎖がαヘリックスをつくり，膜貫通構造を形成する．25アミノ酸残基は約7回転したらせんを形成し，らせんの全長は約4nmになり，脂質二重層の疎水性領域の厚さとほぼ一致する．

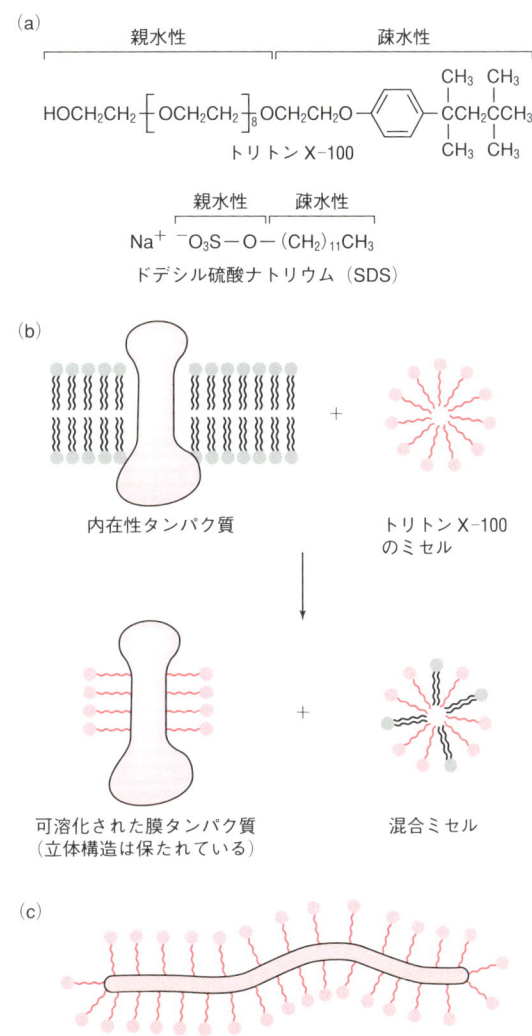

図8・5 洗剤による内在性タンパク質の可溶化 (a) 代表的な洗剤の構造．非イオン性の，穏和な洗剤としてトリトンX-100，イオン性の，強い洗剤としてドデシル硫酸ナトリウム（SDS）の構造を示す．(b) 内在性タンパク質の可溶化．生体膜にトリトンX-100を働かせると，脂質二重層は破壊される．脂質分子は洗剤との混合ミセルとなり，内在性タンパク質は，疎水性領域が洗剤分子で覆われた形で水に溶けるようになる．(c) ドデシル硫酸ナトリウムによるタンパク質の変性．タンパク質にドデシル硫酸ナトリウムを作用させるとタンパク質は完全に変性し，洗剤分子で覆われた形になる．

b. 表在性タンパク質の構造　生体膜中には内在性タンパク質のほかに，内在性タンパク質の親水性部分に結合して存在する一群のタンパク質が存在する．このようなタンパク質は**表在性（膜）タンパク質**とよばれる（図8・4aのD）．内在性タンパク質と表在性タンパク質の結合はそれほど強くなく，単離した膜を高濃度の塩を含む溶液やpHの高い溶液などで洗うと，表在性タンパク質の多くは簡単に膜からはずれる．このようにして可溶化された表在性タンパク質はその表面に疎水性アミノ酸残基に富む部分をもたないため，親水性環境で安定に存在することができる．

アミノ酸配列中に疎水性残基に富む部分をもたないにもかかわらず膜と強固に結合し，洗剤を用いて膜構造を壊さなければ可溶化できないような膜タンパク質が存在する．それらの多くはタンパク質中の特定のアミノ酸残基に脂肪酸などの疎水性分子を共有結合しており，この疎水性部分で膜に結合している（図8・4aのB，C）．このようなタンパク質はリボソーム上で合成されたのちに，酵素の働きによって疎水性分子を付加されたものである．

c. 膜タンパク質の運動 先に，生体膜中の脂質分子は常温では水平方向に自由に運動できるということを述べた．内在性タンパク質を埋め込んだ脂質二重層をつくり，人工膜中のタンパク質の運動について調べると，タンパク質分子も脂質分子と同様，自由に運動できることがわかる．ただし脂質分子よりも分子量の大きいタンパク質分子の拡散速度は，脂質分子よりも小さい．またフリップフロップはほとんど起こらない．

生体膜のモデルとして，流動性の高い液体状の脂質二重層中にタンパク質分子がモザイク状に存在しているという**流動モザイクモデル**（図8・4a）が確立している．

最近，生体膜中にスフィンゴ脂質やコレステロール（図8・1c）に富む部分が多数存在することがわかった．それらは脂質ラフトとよばれている（ラフトとはいかだのことで，流動性に富む脂質二重層中を漂うものという意味である）．脂質ラフトには多種類の膜タンパク質が存在し，それらは機能的な複合体を形成していることがわかっている．

d. 内在性タンパク質の機能 細胞膜は細胞の内外を隔絶するための構造体であるが，細胞が生きていくためには外界とコミュニケーションを行う必要がある．その役割は，主として膜を貫通した内在性タンパク質によって担われている．いくつかの内在性タンパク質の機能についてつぎに述べる．

① **イオンチャネルタンパク質**：分子中にイオンを通す細い穴（**チャネル**）をもった一群のタンパク質．この穴を通ることのできるイオンはチャネルタンパク質の種類によって決まっている．また通過できるイオンの選択性はチャネルによって異なり，神経細胞に存在するナトリウムチャネルやカリウムチャネルは選択性が高く，それ以外のイオンを通さない．一方，赤血球膜に存在する陰イオンチャネルは選択性が低く，多くの陰イオンを通過させる．また神経細胞に存在する多くのイオンチャネルは条件によって開閉する．たとえばナトリウムチャネルやカリウムチャネルは膜の電位によって開閉し，シナプス後膜に存在するチャネルはシナプス前膜から放出された神経伝達物質が細胞膜の外側から作用することによって開閉する．また細胞内部のcAMPやcGMPによって開閉するチャネルもある（§9・3）．一方，開きっ放しのチャネルも存在する．p.137，図8・8の赤血球膜の陰イオンチャネルがその例である．

現在いくつかのイオンチャネルタンパク質の一次構造が明らかにされており，それらの多くはαヘリックスが脂質二重層を何回も行ったり来たりして貫通したような構造をとることがわかっている．

② **ナトリウム-カリウムポンプ，カルシウムポンプ**：あらゆる細胞の内部のイオン環境は外部と非常に異なっている．すなわち細胞の外部はナトリウムイオン濃度が高く，カリウムイオン濃度が低い．一方，細胞内部にはナトリウムイオンが少なく，カリウムイオンが多い．また細胞外部にはカルシウムイオンが多いのに対し，細胞質中に遊離の形で存在するカルシウムイオン濃度は極端に低い（p.183，図9・16）．細胞内をこのようなイオン環境におくためにつねに働いているのが，ナトリウム-カリウムポンプやカルシウムポンプである．ナトリウム-カリウムポンプ（Na^+, K^+-ATPアーゼともよばれる）は細胞膜に存在し，細胞内のATPを分解して，そのエネルギーを用いてナトリウムイオンを細胞外に吐き出し，代わりにカリウムイオンを細胞内に取込む働きがある（図8・6）．ナトリウムイオン，カリウムイオンの濃度差に逆らってイオンの輸送を行うためにATP分解のエネルギーが必要なのである．ナトリウム-カリウムポンプは動物細胞には存在するが，植物細胞や細菌には存在しない．

神経細胞や筋肉細胞ではイオンチャネルが開くと，細胞内のイオンの状態が一過性に崩れる．この現象は**興奮**とよばれる．やがてイオンチャネルが閉じると，ナトリウム-カリウムポンプの働きで細胞内部のナトリウムイオンとカリウムイオンの濃度は元の状態に戻り，興奮は収まる．

細胞の内膜系である小胞体（p.160）には，細胞質からカルシウムイオンを小胞体内部に取込むカルシウ

ムポンプが存在する（p.155，§8·3·1 h）．カルシウム輸送にもナトリウム-カリウム輸送と同様 ATP の分解エネルギーが用いられる．

(a)

脂質二重層
細胞外 ($Na^+ > K^+$)
細胞質 ($Na^+ < K^+$)
β サブユニット
α サブユニット
ATP
ADP + P_i

(b)
$$Na^+ + ATP + E \longrightarrow E(Asp)\sim\!\!\text{\textcircled{P}} + ADP \quad (1)$$
$$E\sim\!\!\text{\textcircled{P}} + K^+ \longrightarrow E + P_i \quad (2)$$

E: ナトリウム-カリウムポンプ　　Ⓟ: リン酸基

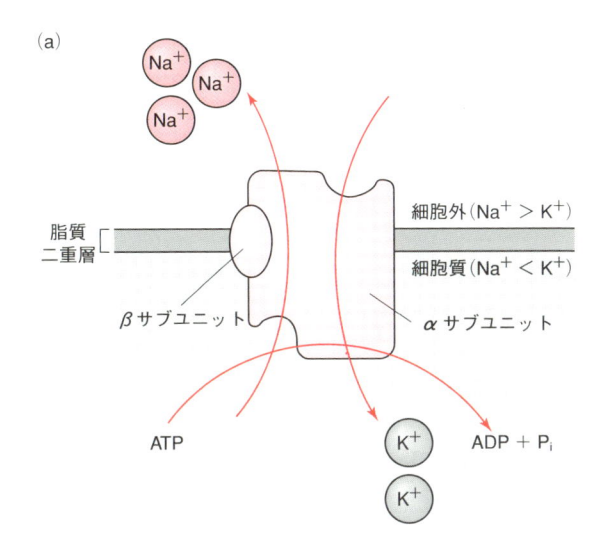

図 8·6　ナトリウム-カリウムポンプ　(a) ナトリウム-カリウムポンプによる Na^+ と K^+ の輸送の模式図．ナトリウム-カリウムポンプは α，β 2 種類のサブユニットからできている．触媒機能は α サブユニットにある．1 分子の ATP の分解に伴い，3 分子の Na^+ を細胞外に放出し，2 分子の K^+ を細胞内に取込む．(b) ナトリウム-カリウムポンプによる ATP 分解反応の素過程．Na^+ 存在下で，ナトリウム-カリウムポンプ (E) により ATP の分解が起こり，ナトリウム-カリウムポンプのアスパラギン酸残基に無機リン酸が結合した反応中間体ができ，ADP が遊離する (1)．K^+ 存在下で反応中間体は分解し，無機リン酸 (P_i) が遊離する (2)．K^+ が存在しないと反応中間体が集積し，反応は停止する．Na^+ および K^+ がともに存在するときに上記の反応が繰返される．

③ **ATP 合成酵素**: 真核細胞中に存在する細胞小器官であるミトコンドリアや好気性細菌（酸素中で呼吸をする細菌）の膜に存在する電子伝達系を電子が移動すると，それに伴ってプロトン（水素イオン）が膜外に放出される（p.46，§5·4）．その結果，膜の外部は内部に比べてプロトン濃度が高く（すなわち pH が低く）なる．ATP 合成酵素はミトコンドリアや好気性細菌の膜中に存在して，このプロトンの濃度差を利用して ATP をつくる働きをもつ酵素である．

ATP 合成酵素分子中にはチャネルが存在し，プロトンがここを通過して内部に流入するエネルギーを利用し，膜の内側で ADP とリン酸から ATP がつくられる（p.48）．この分子はプロトンポンプ ATP アーゼともよばれるが，その理由は，同じ分子が ATP を分解し，そのエネルギーを利用して，プロトンを外にくみ出すポンプとしての働きをもつからである．

④ **輸送体**: アミノ酸や糖質などの水溶性の低分子は，一般には脂質二重層を通りにくい．ところが細胞は，自分にとって有益なこれらの低分子を選択的に内部に取込むことができる．そのとき働くのが，細胞膜を貫通して存在する輸送体とよばれる一群のタンパク質である．運ばれる分子の種類によって，異なる輸送体が存在する．

輸送される低分子の濃度が細胞内部よりも外部の方が高ければ，輸送のために特別なエネルギーは必要ない（このような輸送は**受動輸送**とよばれる，図 8·7 a）．逆に輸送される分子の濃度が内部よりも外部の方が低い場合でも，濃度差に逆らって輸送を行うことができる（このような輸送は**能動輸送**とよばれる）．先に述べたナトリウム-カリウムポンプは，細胞内に存在する ATP の加水分解をエネルギー源として輸送を行う（図 8·7 b，ポンプ）．またナトリウム-カリウムポンプの働きによってつくられたナトリウムイオンの濃度勾配を利用するものもある．すなわち外部から一定のナトリウムイオンを細胞内に流入させ，そのエネルギーを利用して目的とする低分子を取込むのである（図 8·7 b，共輸送）．細菌の場合も動物細胞と同じように，外部に比べて内部のナトリウムイオン濃度が低い．細菌にはナトリウム-カリウムポンプが存在しないが，細胞内外のプロトンの濃度差を利用して，ナトリウムイオンを細胞外に輸送するタンパク質が存在する（図 8·7 b，対向輸送）．

輸送体のいくつかについて，立体構造が決定されている．それらは膜を貫通する多数の α ヘリックスを含むポリペプチドから成る．

⑤ **受容体**: 細胞内で合成された物質が細胞外に放出され，他の細胞に作用することによって細胞間のコミュニケーションがはかられる場合が多い．そのような物質には，ホルモン，増殖因子，神経伝達物質などがある．これらの物質のうち，タンパク質あるいはペプチドでできているものや水溶性の低分子の多くは，

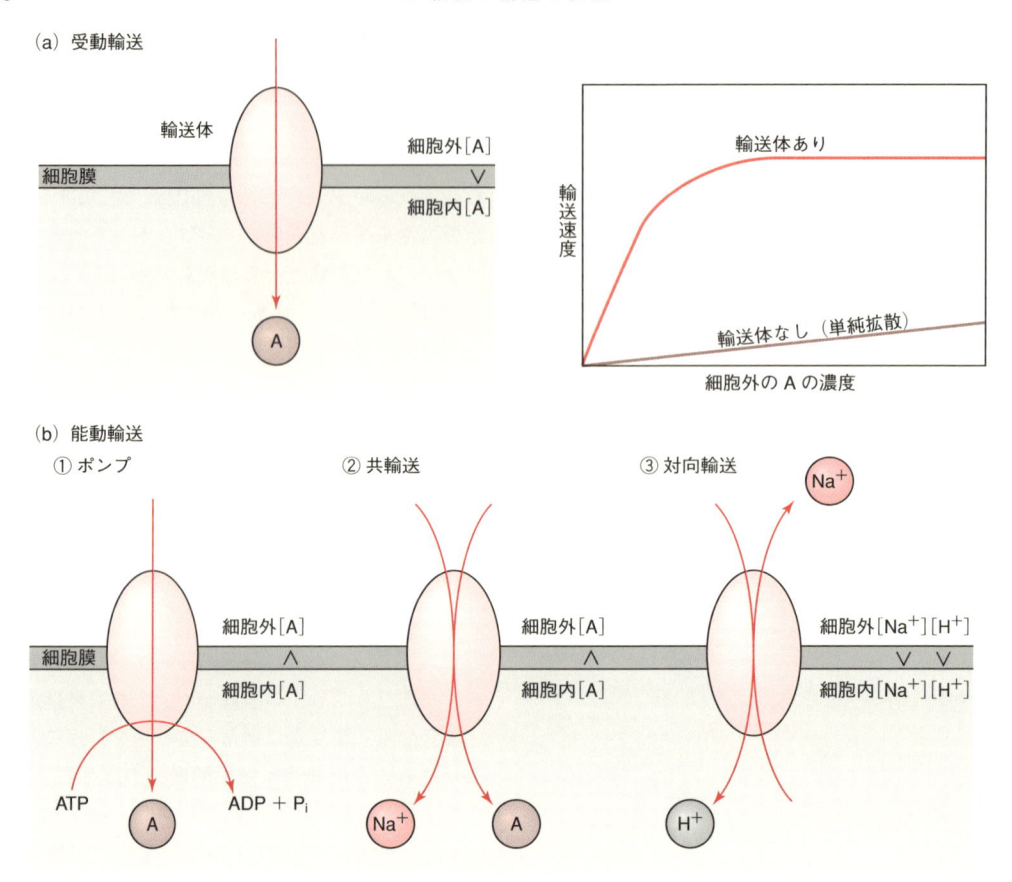

図 8·7 輸送体 (a) **受動輸送**. 細胞外の物質Aの濃度が細胞内よりも高い場合は、単純拡散により物質Aの細胞内への輸送が起こる. ただし通常は輸送速度は小さい. 細胞膜に輸送体が存在すると、Aの輸送が選択的に速まる. 細胞外のAの濃度を変化させて輸送速度を測ると、単純拡散の場合は細胞外のAの濃度が高ければ高いほど速度が増加する. 一方、輸送体が存在する場合は、輸送速度は飽和状態になってしまう. これは酵素反応の飽和曲線と同じである (p.34). (b) **能動輸送**. 膜内外の濃度差に逆らって行われる輸送を能動輸送とよぶ. この場合にはエネルギーの消費が必要とされる. 細胞内部のATP分解エネルギーを利用する輸送体はポンプとよばれる(①). このほかに、細胞内より細胞外の濃度が高いナトリウムイオンを細胞内に流入させ、そのエネルギーを利用して外部から目的物質を取込む輸送体が存在する. このような輸送を共輸送とよぶ(②). また、細胞内よりも細胞外に高い濃度で存在する水素イオンを細胞内に流入させ、同時に細胞内のナトリウムイオンを外部に排出する輸送体も存在する (細菌などにみられる). このようなタイプの輸送を対向輸送とよぶ(③).

情報の受け手の細胞の細胞膜を通過することができず、膜の表面に存在するタンパク質に結合することによって情報の伝達を行う. このようなタンパク質を**膜結合性受容体**と総称する (§9·1·3). 膜結合性受容体の例を、以下にいくつかあげる.

筋肉細胞の細胞膜に存在するアセチルコリン受容体は、膜を貫通して存在するタンパク質である. この受容体分子は、細胞外部に存在して神経伝達物質であるアセチルコリンと結合する部分と、膜を貫通して存在する開閉型イオンチャネルをもっている. つまり、受容体であると同時にイオンチャネルである. アセチルコリンが受容体に結合するとチャネルが開き、筋肉細胞内部のイオン状態が崩れて、それが刺激となって筋収縮が起こる (p.152, §8·3·1). 神経細胞に存在するグルタミン酸受容体の多くもまた、受容体であると同時に開閉型イオンチャネルである.

細胞増殖因子の受容体の多くは膜を貫通したタンパク質であり、そのうちのいくつかは細胞膜の外側に増殖因子を結合する部分をもち、細胞質側にプロテインキナーゼ部分をもつ. 増殖因子が受容体に結合するとプロテインキナーゼが活性化され、これが細胞内部へのシグナル伝達の引き金になる (§9·2·2).

細胞膜に存在する受容体の構造は、9章に詳しく述べられているので参照されたい. 膜結合性受容体につ

いて共通していえることは，それらが細胞の内外のコミュニケーションの窓口として機能しているということである．脂質二重層のみから成り立つ膜はこのような機能をもつことができない．膜結合性受容体は，細胞膜という閉じた袋に覆われた細胞が外部の情報を取入れるために獲得した，きわめて洗練された道具である．

e. 表在性タンパク質の機能　これまで最もよく研究されてきた生体膜に，赤血球の細胞膜がある．赤血球はガス交換に必要なタンパク質などを高濃度で

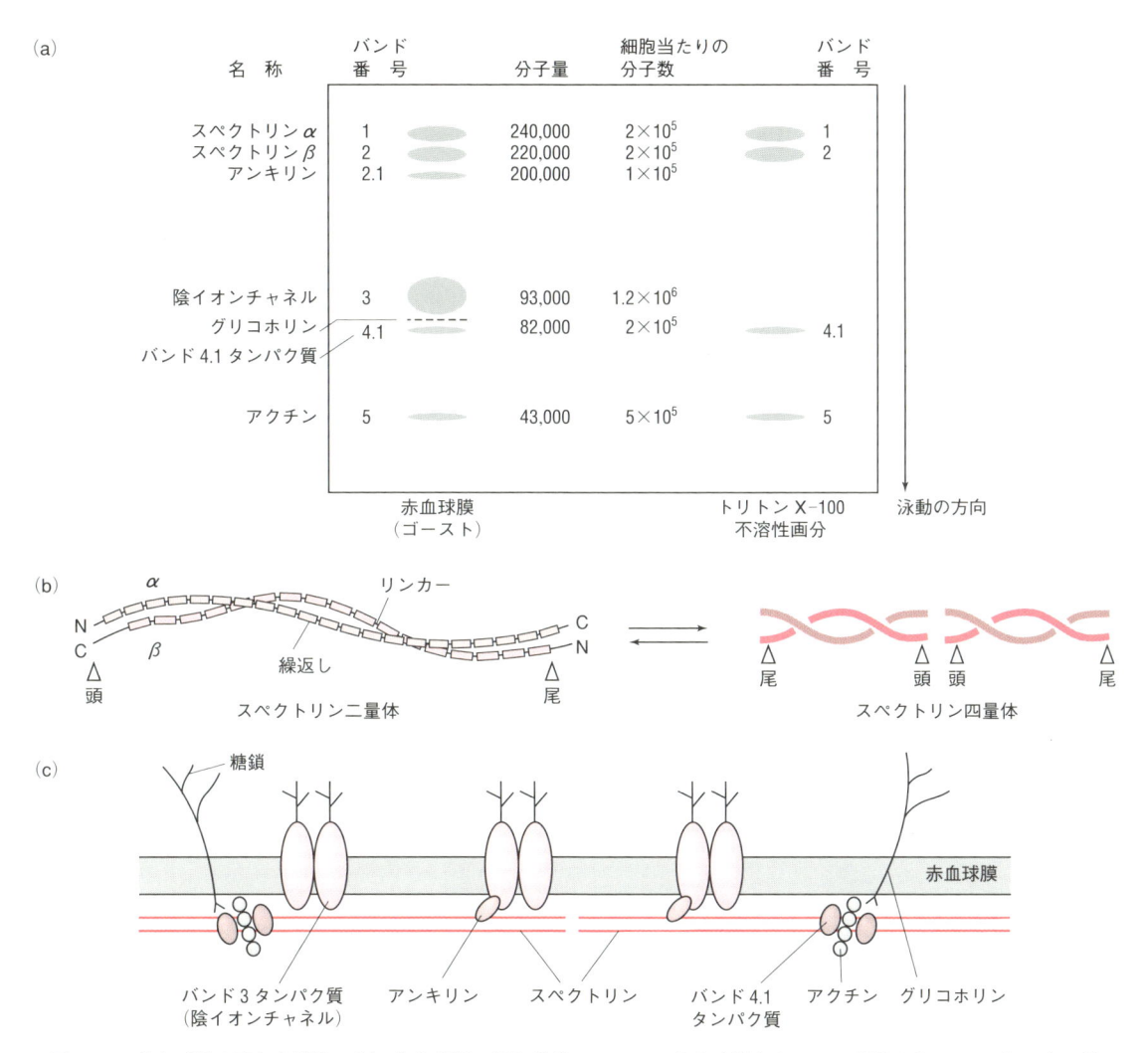

図 8・8　赤血球膜の裏打ち構造　(a) 赤血球膜の電気泳動パターン．赤血球膜をドデシル硫酸ナトリウム (SDS) に溶かした試料および赤血球膜をトリトン X-100 で処理して可溶化されるタンパク質を除いた試料を，SDS 存在下でポリアクリルアミドゲル電気泳動を行った．両者を比較すると，バンド 2.1 (アンキリン)，バンド 3 (陰イオンチャネル) が内在性タンパク質であり，バンド 1 (スペクトリン α サブユニット)，バンド 2 (スペクトリン β サブユニット)，バンド 4.1 タンパク質，バンド 5 (アクチン) が表在性タンパク質であることがわかる．(b) スペクトリン分子の形態．スペクトリン α サブユニット，β サブユニットともに，106 アミノ酸残基から成る繰返し (α サブユニットは 21 個， β サブユニットは 17 個) と，それぞれをつなぐ柔軟なリンカーとから成る．両サブユニットが互いにゆるくねじれ合うようにして二量体を形成し，さらに二量体同士が頭部と頭部を結合させて長いひも状の四量体が形成される．(c) 赤血球膜の裏打ち構造モデル．バンド 3 タンパク質 (陰イオンチャネル，糖鎖を結合しており二量体として存在) にアンキリンが結合している．裏打ち構造と結合してないバンド 3 タンパク質も存在する．スペクトリン四量体は，中央 (頭部) からやや尾部寄りの部分でアンキリンに，また，二つの尾部でアクチンオリゴマーに結合し，膜直下で網目状構造体を形成している．バンド 4.1 タンパク質は，スペクトリンとアクチンオリゴマーとの結合を強める働きをもっている．さらに，バンド 4.1 タンパク質にはグリコホリンとよばれる内在性タンパク質 (一つの膜貫通部分から成り，細胞外に長い糖鎖をもつタンパク質) が結合している．

含む細胞であり，他の細胞と比べてきわめて単純な構造をもっている．赤血球を低張溶液の中におくと，浸透圧のため細胞膜が破裂して内容物が流出する．残った細胞膜を低張溶液で何回も洗うことによって純粋な細胞膜を得ることができる．赤血球膜を構成するタンパク質を電気泳動で分析すると，かなり単純なパターンが得られる（図8・8a）．膜をあらかじめ低イオン強度や高イオン強度の溶液で洗うと，バンド1, 2, 4.1 および5が除かれる．一方，膜を洗剤で処理するとバンド 2.1, 3などが可溶化され，バンド1, 2, 4.1, 5 が残る．バンド1, 2, 4.1, 5は表在性タンパク質であり，バンド 2.1, 3は内在性タンパク質である．バンド1と2はそれぞれスペクトリン α サブユニット，β サブユニットと名づけられている〔スペクターというのはゴーストすなわちお化けのこと．袋だけで中身のない赤血球膜はゴーストとよばれる．その主要タンパク質としてスペクトリンという名がつけられた．最後のインはタンパク質（プロテイン）を意味する〕．スペクトリンはアンキリン（＝バンド 2.1．表在性タンパク質をアンカーすなわち錨のように膜につなぎ止めていることから名づけられた）に結合している．アンキリンは膜を貫通して存在するバンド3タンパク質（陰イオンチャネルタンパク質）とも結合している．一方，スペクトリンは他の表在性タンパク質であるアクチン，バンド 4.1 タンパク質などと結合して膜直下にネットワーク構造をつくっている（図8・8c）．このような膜を裏打ちするネットワーク構造は多くの細胞膜において認められ，細胞膜を裏側から補強し，膜に強度と柔軟性を与える役割をもつ．多くの細胞の細胞膜には，赤血球ほどの含量ではないが，スペクトリンおよびアンキリン（赤血球のものとはアミノ酸配列が多少異なる）が含まれる．

表在性タンパク質は膜構造の補強という機能のほかに，内在性タンパク質をそれが必要とされる場所に集積させ，表在性タンパク質と内在性タンパク質から成る高次構造体を形成させる役割がある．また膜の裏打ち構造は細胞骨格（次節参照）と相互作用して，細胞全体の構造維持に関与している．前に，脂質二重層中の脂質分子と同様，内在性タンパク質も二重層中を自由に運動することができると述べたが（p.134），実際は内在性タンパク質の運動はかなり抑制されている．この抑制は，主として表在性タンパク質との相互作用の結果として起こるものである．

8・1・4 ま と め

生体膜の構造と機能について以下にまとめる．まず生体膜は脂質二重層からできており，脂質二重層は自然に閉じた袋状構造をとる．このことは外界から区切られた閉じた空間をつくるのに適しており，細胞が生きていくうえで必要な物質を高濃度に閉じ込めるという目的に適している．ただし実際の細胞は完全に閉鎖された空間ではなく，外部から必要なものを積極的に取込んだり不要なものを外部に排出したりする．また外部からの情報を受取り，細胞内部に伝える．このような働きをするのは細胞膜に埋め込まれた多種類のタンパク質であり，それらの働きによって細胞は生きていくことができる．生体膜をつくる脂質およびタンパク質分子は流動性に富むが，この流動性は細胞がその形や機能を柔軟に変化させるために必要な性質である．

このように，あらゆる細胞に共通に存在する生体膜がもつ構造と機能は，細胞が生きるうえで必要不可欠なものであるといえよう．

8・2 細 胞 骨 格

長い間，細胞質中に存在する細胞小器官やタンパク質は，細胞質中に遊離の状態で存在すると漠然と考えられてきた．しかしながら近年，微小管，中間径フィラメントおよび微細繊維（ミクロフィラメント）という繊維状構造体（これらを総称して**細胞骨格**とよぶ）が細胞内部に張りめぐらされており，細胞のもつ多くの生理機能が細胞骨格と関連していることが明らかにされ，細胞に対するイメージは大きく変わった．この節では細胞骨格の構造と機能について，それらを構成するタンパク質分子との関連において説明する．

8・2・1 ミクロフィラメント
（アクチンフィラメント）

アクチンはミオシンとともに筋肉の主要なタンパク質であることがよく知られているが，このタンパク質はほとんどすべての真核細胞に主要タンパク質として含まれている．真核細胞には太さ約7nmの**ミクロフィラメント**とよばれる構造体が存在するが，これは筋

肉中の**アクチンフィラメント**と同じものである．アクチンフィラメント（**F アクチン**ともよぶ．F は fibrous より）は球状タンパク質（**G アクチン**とよぶ．G は globular より）が連なってできている．単位となる分子が多数集まることを**重合**とよび，ばらばらになることを**脱重合**とよぶが，タンパク質の重合の場合，たとえばアクリルアミド分子が重合してポリアクリルアミドができる場合と異なり，タンパク質分子同士は共有結合ではなく，イオン結合や疎水結合などの弱い結合で結ばれている．そのために，G アクチンと F アクチンとの間の変換（重合と脱重合）が比較的容易に起こりうる．

a．G アクチンと F アクチンの構造 G アクチンは分子量約 42,000 の球状タンパク質で，1 分子中に 1 分子の ATP あるいは ADP を非共有結合的に結合している．アクチンのアミノ酸配列は，真核細胞の種間で非常によく保存されている．G アクチンの結晶の X 線解析が行われ，アクチン分子の三次元構造が明らかにされている．アクチン分子は四つの領域から成り，その中心に ATP あるいは ADP を結合している（図 8・9 a）．F アクチンは，G アクチンが連なって二重らせんのような構造を形成したものである（図 8・9 b）．

b．アクチンの重合 G アクチンが重合して F アクチンが形成されるときには，特別な酵素などは不要である．G アクチンを適当な溶液条件下に置くと（生理的なイオン強度，生理的な pH，ATP，および低濃度のマグネシウムイオン存在下），アクチン分子は自動的にフィラメント構造を形成する．このような現象は自己集合とよばれる．アクチン分子が自己集合してフィラメントを形成するということは，アクチン分子の構造のなかに（言い換えると，アクチン遺伝子のなかに），重合してアクチンフィラメントを形成するという情報が含まれているということを意味する．

G アクチンに結合している ATP あるいは ADP は，溶液中の ATP あるいは ADP と容易に交換する．試験管内で G アクチン溶液に過剰の ATP を加えると，アクチン分子は ATP を結合した ATP 型となる（細胞内の ATP 濃度は ADP 濃度よりも高いため，細胞内のほとんどすべての G アクチンは ATP 型であると考えられる）．G アクチンが重合すると，アクチン分子に結合した ATP は加水分解され，ADP となる．この場合，アクチン分子そのものが ATP 分解活性をもつ．重合によって形成されたアクチンフィラメント中の ADP は，溶液中の ATP あるいは ADP とはほとんど交換されない．これは，重合によって ATP または ADP が結合するポケットのコンホメーションが変化したためである．F アクチンが脱重合して G アクチンが生じると，ATP または ADP の交換が可能になる（図 8・10）．

種々の濃度の G アクチンを試験管内で重合させ，平衡に達したところで遠心して F アクチンと G アクチンを分け（前者は沈殿に，後者は上清に回収される），それぞれのタンパク質量を量ると図 8・11 のようなグラフが得られる．この図からわかることは，G アクチン濃度が低い場合には重合は起こらず，ある濃度 C_1 以上の G アクチンが存在するときに，初めて重合が起こるということである．また重合が起こる濃度以上の G アクチンを用いた場合，はじめに存在した G アクチンの濃度にかかわらず上清中の G アクチンの濃度 C_2 は一定である．さらに C_1 と C_2 とは等しく，この濃度を**臨界濃度**とよぶ．この現象は，たとえばミョウバンの結晶化の場合と同じである．つまり飽和濃度

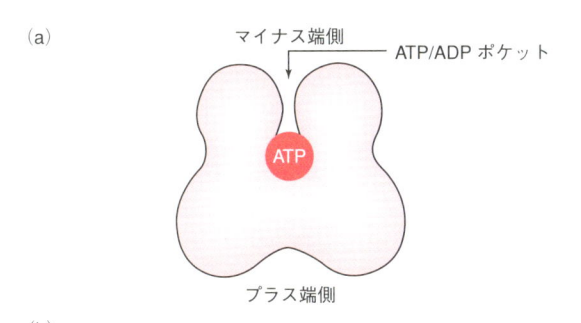

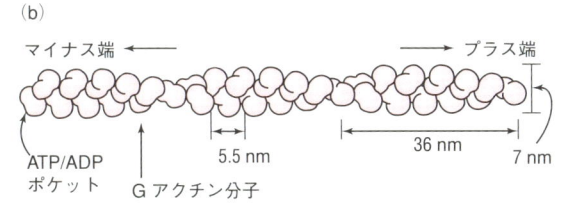

図 8・9 G アクチンと F アクチンの構造 (a) アクチン分子（G アクチン）の構造．アクチン分子は四つの領域からできており，分子の中央に ATP あるいは ADP を結合するポケットをもつ．(b) F アクチンの構造．F アクチンは G アクチンが重合して，太さ約 7 nm のフィラメントを形成したものである．一見，二重らせんのように見えるが，2 本のフィラメントがねじれ合ってできているのではなく，アクチン分子がジグザグに連なり，全体として緩やかに回転しているような状態をとっている．1 ピッチの長さは 36 nm で，13 個のアクチン分子から成る．

以下のミョウバンの水溶液では結晶化を起こさせることはできず，飽和濃度以上のミョウバン分子が溶けているときに初めて結晶化が起こる．さらに，平衡状態で結晶にならずに水に溶けているミョウバン分子の濃度は，生じた結晶の量にかかわらず一定で飽和濃度に等しい．このことからGアクチンの重合は結晶化と同じであり，Fアクチンは一種の結晶であるということができる．

アクチンが重合する場合，GアクチンはFアクチンの端に結合することによってフィラメントの伸長が起こる．このときフィラメントの両端は重合に関して同等ではなく，一方の端はもう一方の端よりも伸長速度が大きい．重合が速い方の端を**プラス端**，遅い方を**マイナス端**とよぶ．一方，アクチンに結合するタンパク質であるミオシンの頭部（ミオシンの構造についてはp.153を参照）をアクチンフィラメントに結合させて電子顕微鏡で観察すると，多数の矢じり状構造体がアクチンフィラメントに結合している像が観察される．矢じりの先端方向のアクチンフィラメントの端は**矢じり端**，反対側の端は**反矢じり端**とよばれ，前者はマイナス端と，後者はプラス端と同じである（図8・12）．

図8・10 重合，脱重合に伴うアクチンのヌクレオチド変換

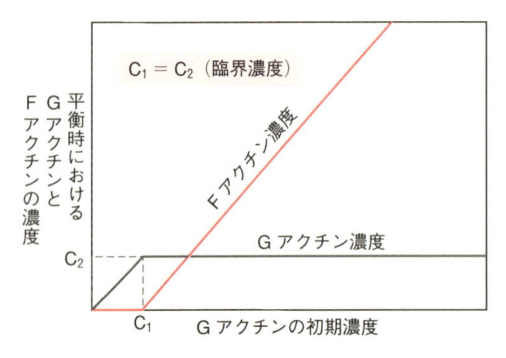

図8・11 アクチン重合の臨界濃度

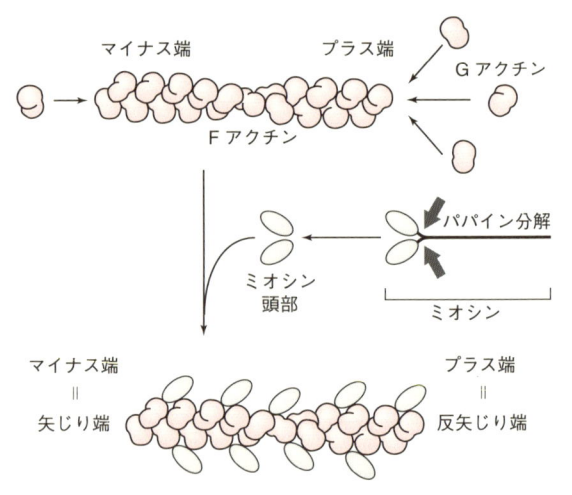

図8・12 アクチンフィラメントの極性 アクチンフィラメントの二つの端は重合に関して同等ではない．プラス端はマイナス端よりも臨界濃度が低く，重合速度が大きい．アクチンフィラメントにミオシン頭部を結合させると多数の矢じり状の構造体が形成される．矢じりの先端はマイナス端方向を向く．したがって，マイナス端は矢じり端，プラス端は反矢じり端ともよばれる．

c. アクチンと相互作用する分子 細胞内にはアクチンと結合するタンパク質が多種類存在する．以下，それらについて概説する．

① Gアクチン結合タンパク質：多くの真核細胞において，細胞内に存在する総アクチン濃度は試験管内

8・2 細胞骨格

での臨界濃度をはるかに超えている．したがって，細胞内のアクチンのほとんどはFアクチンの形であると予想される．ところが，実際はかなりの部分が脱重合状態で存在する．その原因の一つとして，Gアクチンと結合して重合を妨げるタンパク質の存在があげられる（図8・13a）．その例としてチモシンがある．

② アクチンフィラメント切断タンパク質：Fアクチンの側面に結合してアクチンフィラメントを切断するタンパク質に，ゲルゾリン，ビリン，フラグミンなどがある（図8・13b）．これらのタンパク質はアミノ酸配列が比較的よく似た部分を含み，共通の祖先から生じたと考えられる．アクチンフィラメントを切断した切断タンパク質は，フィラメントの反矢じり端に結合してアクチンフィラメントの伸長を阻害する働きをもっている（この作用はキャッピングとよばれる）．また，これらのタンパク質のアクチンフィラメント切断には，低濃度のカルシウムイオンが必要である．p.134, §8・1・3dで述べたように通常の細胞中の遊離カルシウムイオンの濃度はきわめて低い．何らかの刺激によって細胞内の遊離カルシウムイオン濃度が上昇すると，アクチンフィラメントの切断が起こると考えられる．イノシトールリン酸代謝系（9章）で生じるホスファチジルイノシトール 4,5-ビスリン酸（PIP_2）により，アクチンとゲルゾリンの結合がはずれることが見いだされている．細胞内でこの反応が起これば，アクチン重合が促進されることになる．PIP_2 は細胞内のシグナル伝達にかかわる分子であることから，PIP_2 を含むシグナル伝達系によってアクチン細胞骨格系が制御されていることがわかっている．

③ アクチンフィラメント結合タンパク質：フィラミン，αアクチニン，スペクトリン（p.138）など，アクチンフィラメントの側面に結合する一群のタンパク質が存在する．これらのタンパク質は，いずれも細長い分子である．フィラミンとαアクチニンは二量体として，スペクトリンは四量体として存在する．二量体あるいは四量体の両端にはFアクチンに結合す

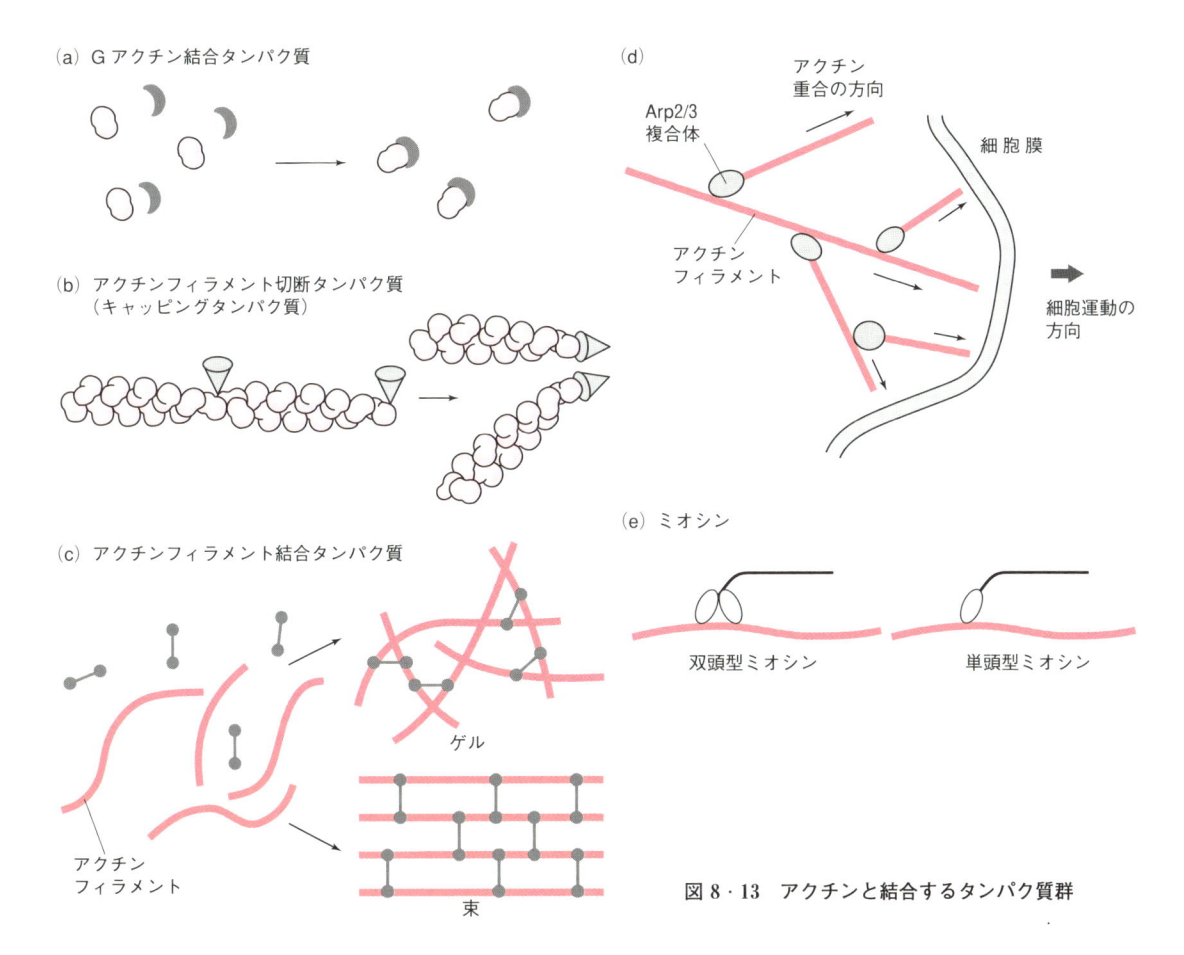

(a) Gアクチン結合タンパク質

(b) アクチンフィラメント切断タンパク質
 （キャッピングタンパク質）

(c) アクチンフィラメント結合タンパク質
 ゲル
 束
 アクチンフィラメント

(d) アクチン重合の方向
 Arp2/3複合体
 細胞膜
 アクチンフィラメント
 細胞運動の方向

(e) ミオシン
 双頭型ミオシン　単頭型ミオシン

図8・13　アクチンと結合するタンパク質群

る部位が存在し、それぞれが別のアクチンフィラメントに結合することによって、アクチンフィラメントはある場合はコンパクトな束を、またある場合は、網目状構造体（アクチンフィラメントのゲル）を形成する（図8・13c）。**ストレスファイバー**とよばれる細胞内の太い繊維状構造体や、細胞表面に存在する**微絨毛**とよばれる細い突起中に存在する繊維状構造体は、アクチンフィラメントがアクチン結合タンパク質によって束ねられたものである（p.149, 図8・22）。また多くの細胞の細胞膜直下にある網目状構造体も、アクチンとアクチン結合タンパク質からできている。αアクチニンのアクチンフィラメントへの結合は、低濃度のカルシウムイオンの存在によって妨げられる（ただし筋肉細胞のαアクチニンはカルシウムの影響を受けない）。したがって細胞内カルシウムイオン濃度の増減により、Fアクチンを含むゲル状構造体の形成、崩壊が制御されている可能性がある。アクチンフィラメントを架橋しないFアクチン結合タンパク質としてトロポミオシンがあるが、このタンパク質は細長い形状をもち、アクチンフィラメントに沿って存在する（p.154）。

④ Arp2/3 複合体: アクチンと類似の構造をもつArp2 と Arp3 というタンパク質を含む、数種類のタンパク質から成る複合体が存在する。この複合体が既存のアクチンフィラメントの側面に結合し、かつ、新しいアクチンフィラメント形成の核（種）となって、多数の枝分かれしたアクチンフィラメントが形成される（図8・13d）。

⑤ ミオシン: Fアクチンと相互作用することによって運動を行うタンパク質に**ミオシン**がある。ミオシンは筋肉細胞の主要タンパク質の一つであり、双頭構造をもった頭部と長い尾部とから成る（p.153, 図8・25）。近年、双頭構造をもつが筋肉のものとは長さが異なるミオシンや、単頭構造をもつミオシンが多数見つかってきており（図8・13e）、これらの新種ミオシンが筋肉運動以外の細胞運動や、細胞内の物質輸送に関与することが示されている。

d. 細胞内におけるアクチンの機能 アクチンを含む構造体として最も研究が進んでいるのは筋肉であるが、筋肉細胞以外では、細胞分裂期における収縮環の形成、およびその収縮による細胞質分裂がアクチンの重要な機能の一つである。これらについては次節で述べる。また細胞をガラス器内で培養すると、細胞膜の一部を動かしながらゆっくりと動きまわるが、細胞の運動方向の膜直下ではアクチンの重合が活発に起こっている。これは Arp2/3 複合体によって誘起されたもので、細胞膜直下で形成した多数のアクチンフィラメントによって細胞膜が前方に押し出される（図8・13d）。これが細胞運動の大きな要因となっている。さらに Arp2/3 複合体のアクチン重合核としての活性は、低分子量Gタンパク質やイノシトールリン脂質などのシグナル伝達系（9章）によって制御されている。

表在性タンパク質の項で述べたように、細胞膜直下に存在するアクチンを含む裏打ち構造体は、細胞膜の形態維持の役割をもつ。また培養細胞に含まれるストレスファイバー（アクチンフィラメントの束）も、細胞の形態維持に関与していると考えられる。

細胞内のアクチンの機能について研究する場合、アクチンに特異的に作用する物質が用いられる場合がある。サイトカラシンは真菌類から単離された低分子物質で、アクチンフィラメントの反矢じり端に結合することによってアクチンの重合を阻害する。この物質は細胞膜を透過するため、生きた細胞の外部から作用させることによって、細胞内のFアクチンを減少させることができる。細胞膜の運動や分裂時の収縮環の形成などは、サイトカラシンによって阻害される。ファロイジンは毒キノコから精製された物質で、Fアクチンに結合してFアクチンを安定化させる作用がある。この物質は膜を透過しないため、生きた細胞の外部から作用させることはできないが、細胞内に微量注射することによってFアクチンの機能について調べることができる。またファロイジンに蛍光色素を共有結合させ、これをFアクチンと結合させて蛍光顕微鏡で観察することによって、Fアクチンの細胞内における存在部位を知ることができる（図8・14）。

e. アクチン細胞骨格系の制御機構 増殖因子などを細胞に作用させると、アクチン細胞骨格の形態や機能が大きく変化することがある。この場合、Rho, Rac, Cdc42 などの低分子量Gタンパク質を含む複雑な情報伝達系が重要な働きをする。たとえば、外部からの刺激によって活性化された Cdc42 は、WASp ファミリータンパク質を介して Arp2/3 複合体を活性化し、アクチンの重合を促進する。Rac もまた WASp ファ

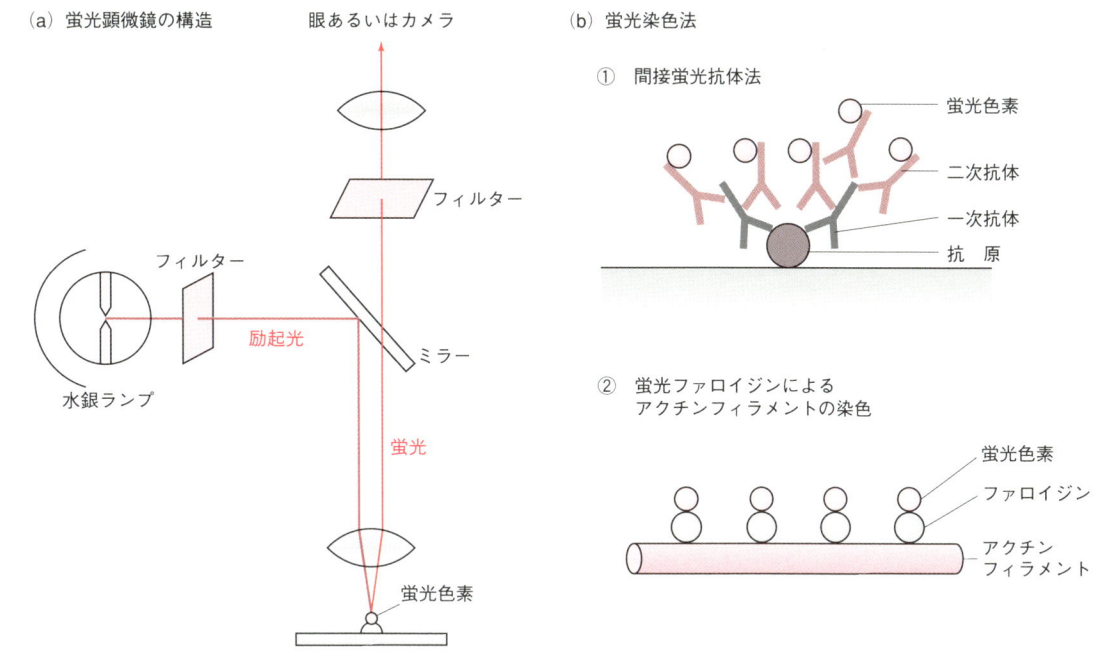

図 8・14 蛍光抗体法 (a) 蛍光顕微鏡の構造．蛍光色素をつけた物質を試料に結合させ，これにフィルターを通した励起光を当て，生じた蛍光（励起光よりも長い波長をもつ）を，励起光をカットするフィルターを通して観察する．(b) 蛍光染色法．細胞に存在する特定のタンパク質（抗原）をウサギに注射して抗体をつくらせ（一次抗体），この抗体を細胞中の抗原に結合させる．つぎにウサギの免疫グロブリン（抗体成分）に対するヤギの抗体（二次抗体．これに蛍光色素を結合させておく）を結合させる．このようにしてできた試料を蛍光顕微鏡で観察することによって，細胞内の抗原の存在位置を知ることができる．このような方法は，間接蛍光抗体法とよばれる(①)．一次抗体に直接蛍光色素を結合させる方法は，直接蛍光抗体法とよばれる．抗原当たりに結合できる色素の量は，直接法よりも間接法の方が多いため，間接法の方が感度が高い．また蛍光色素を共有結合させたファロイジンを用いることによって，抗アクチン抗体を用いた間接蛍光抗体法よりも簡単に細胞内のFアクチンを観察することができる(②)．

ミリータンパク質を介してArp2/3複合体を活性化するほかにPIP$_2$をつくる酵素も活性化する．その結果，p.141で述べた機構でアクチンの重合を促進する．Rhoはミオシンの形態を制御するプロテインキナーゼやPIP$_2$をつくる酵素，またアクチン重合を促進するタンパク質を活性化し，アクチン繊維の束であるストレスファイバーを増加させる．

8・2・2 微小管

a. チューブリンと微小管の構造 微小管は外径が約25 nmの管状構造体で，ミクロフィラメント（アクチンフィラメント）と同様，ほとんどすべての真核細胞に存在する細胞骨格成分である．微小管は**チューブリン**とよばれる球状タンパク質が重合することによってできあがっている（図8・15 a）．この点は，ちょうどFアクチンがGアクチンの重合によってつくられていることに対応する．Gアクチンが単量体であるのに対し，チューブリンはαとβの二つのサブユニットが会合したヘテロ二量体である．細胞内で両者が解離することはない．チューブリンのαサブユニットは1分子のGTPを，βサブユニットは1分子のGTPあるいはGDPを結合している（アクチンの場合はATPあるいはADPを結合している）．アクチンの場合と同様，重合に伴ってβサブユニットのGTPの加水分解が起こるが，αサブユニットはGTP結合型のままである．さらに，遊離チューブリンのβサブユニットのGTPあるいはGDPは溶液中のものと交換可能であるが，微小管中のβサブユニットのGDPは交換不可能である．一方，αサブユニットに結合したGTPは交換されない（図8・15 b）．

微小管はチューブリンα, βヘテロ二量体が縦に並んでできたプロトフィラメント13本が側面で結合し，管状構造をとったものである（図8・15 a）．

b. チューブリンの重合 細胞内の微小管の多くは37 ℃で安定に存在し，細胞を0 ℃にさらすと脱重合する性質をもっている（Fアクチンは0 ℃で脱

(a) 微小管の構造

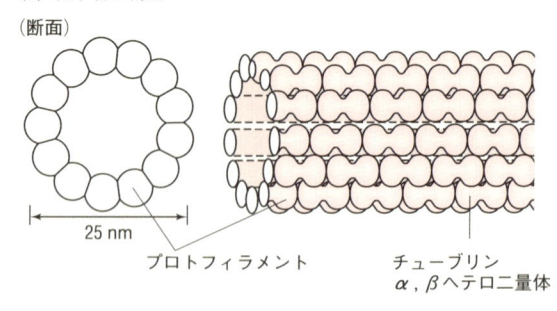

(b) チューブリンの重合に伴うヌクレオチド変換

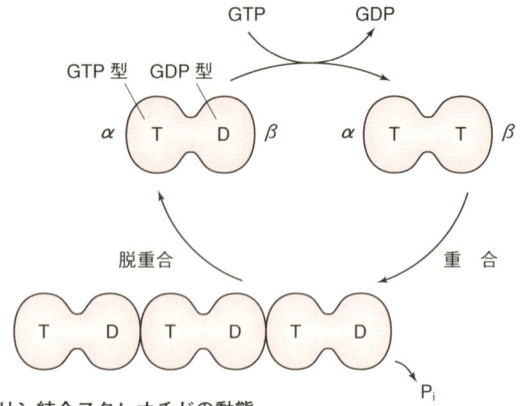

図 8·15 微小管の構造とチューブリン結合ヌクレオチドの動態

重合しない）．精製したチューブリンを 37 ℃に加温することによって，試験管内で微小管をつくらせることは可能であるが，アクチンの場合と異なり高濃度のチューブリンが必要である．すなわち，チューブリン重合の臨界濃度は高い．ところが，これに細胞内で微小管と結合して存在するタンパク質（**微小管結合タンパク質**，MAPs と総称される）を加えると，臨界濃度は著しく低下する（図 8·16 a）．微小管結合タンパク質は，細胞内で微小管を安定化させる働きをもつ．細胞内に存在する微小管を電子顕微鏡で観察すると，微小管壁から突き出し，微小管同士，あるいは微小管と他の細胞骨格成分をつなぐ細いひも状構造体が認められる（図 8·16 b）．このような構造体は微小管結合タンパク質分子の一部で，微小管結合タンパク質は微小管を安定化させる機能のみならず，微小管を含む高次な構造体を構築するのに役立っていると考えられる．チューブリンの一次構造が多くの生物種でよく保存されているのに対して，微小管結合タンパク質は細胞により変化に富んでいる．微小管のもつ多様な生理機能は，微小管結合タンパク質の多様性によって担われている可能性が高い．

微小管の伸長，短縮は，微小管の両端にチューブリンが結合する，あるいは両端から解離することによって起こるが，F アクチンの場合と同様，微小管の両端は同等ではない．それぞれの端へのチューブリンの結合と解離の速度を調べてみると，一方の端は他の端よりも盛んに重合と脱重合を行うことがわかった．重合・脱重合がより活発な端をプラス端，不活発な端をマイナス端とよぶ（図 8·17 a）．暗視野照明装置をとりつ

けた光学顕微鏡で平衡状態にある個々の微小管を観察すると，両端で伸長と短縮を繰返していることがわかる．変化の度合いはプラス端の方がマイナス端よりも大きい（図 8·17 b）．細胞内の微小管のほとんどはそのマイナス端を中心体（後述）に接し，プラス端を

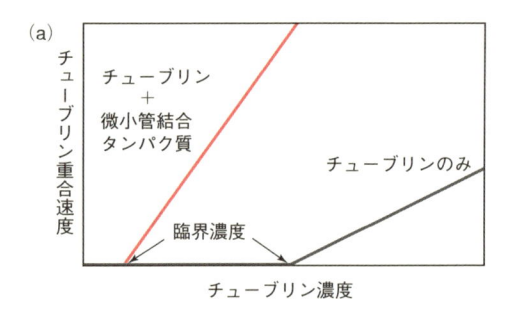

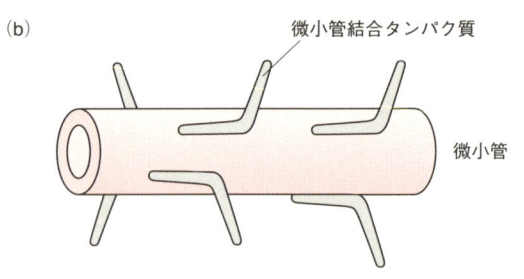

図 8·16 **微小管結合タンパク質の構造とそのチューブリン重合促進作用** （a）微小管結合タンパク質によるチューブリン重合の促進．チューブリンのみの場合はチューブリン濃度が高くないと重合しない（臨界濃度が高い）が，微小管結合タンパク質を加えると臨界濃度が減少する．（b）微小管結合タンパク質の構造．微小管結合タンパク質分子は，微小管に結合する領域と，微小管から突き出した状態で存在する突起領域とから成り立っている．前者は微小管壁に結合し，後者は他の構造体（他の微小管，他の細胞骨格成分など）と結合している場合がある．

細胞周辺に向けて存在している．細胞内の微小管のプラス端を観察すると，試験管内で形成された微小管と同様，伸長と短縮を繰返している（図 8・17 c）．微小管のこのような性質は**動的不安定性**とよばれている．

最近，EB1 や APC などの微小管のプラス端に結合するタンパク質が見いだされた．これらのタンパク質は微小管の動的不安定性を制御するとともに，微小管先端と細胞内の他の構造を結びつける働きをもつことがわかった．

c. 細胞内の微小管構造体 先に述べたように，増殖細胞内の微小管はマイナス端を中心体に接して存在している．**中心体**（図 8・18 a）は通常の細胞では核の近くに存在する球状の構造体で，その中央部に中心子あるいは中心小体（図 8・18 b）とよばれる短い微小管からできた構造体と（通常の中心体は二つの中心子をもつ．中心子をもたない細胞もある），その周囲の中心子周辺物質とよばれる不定形の構造から成る．細胞内で微小管が形成されるときは，中心体の中心子周辺物質を起点として重合が起こる（図 8・18 a）．中心子周辺物質にはチューブリン α，β サブユニットと類似した一次構造をもつ γ チューブリンとよばれるタンパク質が存在し，それが他のタンパク質とともに，微小管と同じ直径をもつらせん状構造体をつくり，そこから微小管が伸長する（図 8・18 c）．

間期（細胞周期の分裂期以外の時期，§8・5）の細胞は，一つの中心体とそれから放射状に長く伸びた多数の微小管を含む．この微小管構造体は間期微小管ネットワークとよばれる．細胞が分裂期に入ると間期ネットワークが崩壊し，二つの中心体と多数の短い微小管から成る紡錘体が形成される．このように，増殖細胞は細胞周期に伴って，きわめてダイナミックに微小管構造体の崩壊と形成を繰返す（図 8・19）．

d. 微小管の機能 微小管の機能の一つは，細胞骨格の一要素として細胞の形態形成と維持とにかかわっていることである．一般に神経細胞のように長い突起をもつ細胞には，微小管が非常に多く存在する．突起を形成しつつある培養神経細胞にコルヒチンを与えて微小管を壊すと，神経突起が収縮してしまう．このように，微小管は細胞の形を決めるうえで重要な働きをもっている．

アクチンとミオシンの場合と同じように，微小管と相互作用して微小管上を運動するキネシンや細胞質性

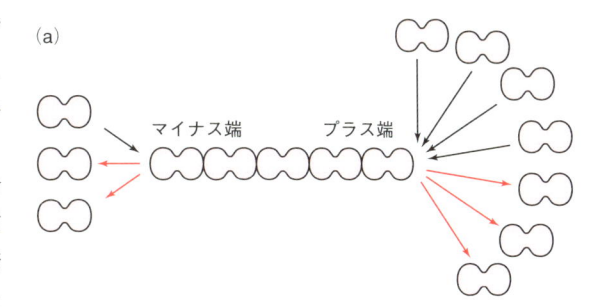

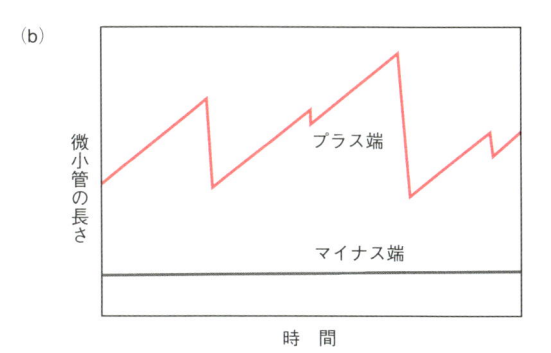

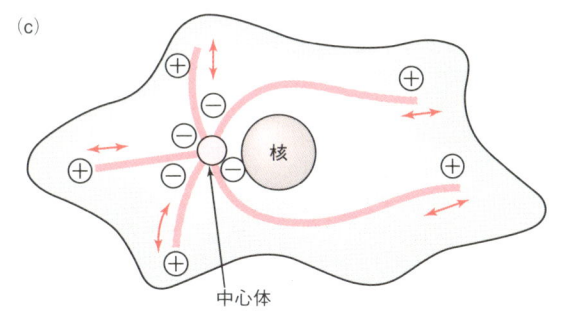

図 8・17 **微小管の両端における重合と脱重合** (a) プラス端とマイナス端における重合・脱重合速度の違い．種々の濃度のチューブリンを用いて微小管両端における重合速度を測定した結果，プラス端での重合速度＞プラス端での脱重合速度≫マイナス端での脱重合速度＞マイナス端での重合速度，であることがわかった．このことは，プラス端では重合，脱重合ともに活発で，全体としては重合側に平衡が傾いており，マイナス端では重合，脱重合ともに不活発で，全体としては脱重合側に平衡が傾いているということを意味する．(b) ガラス器内での微小管の動的不安定性．平衡状態における個々の微小管のプラス端，マイナス端での伸長，短縮を測定すると，プラス端ではゆっくりとした伸長と速い短縮が不規則に繰返されていることがわかる．一方，マイナス端での伸長，短縮はプラス端ほど激しくない．微小管のこのような性質は動的不安定性とよばれる．(c) 細胞内での微小管の動的不安定性．細胞内の微小管は，そのマイナス端を中心体（核の近傍に存在する場合が多い）に接し，そのプラス端を細胞周辺部に向けて存在している場合が多い．細胞内でも微小管のプラス端は伸長と短縮を繰返している．

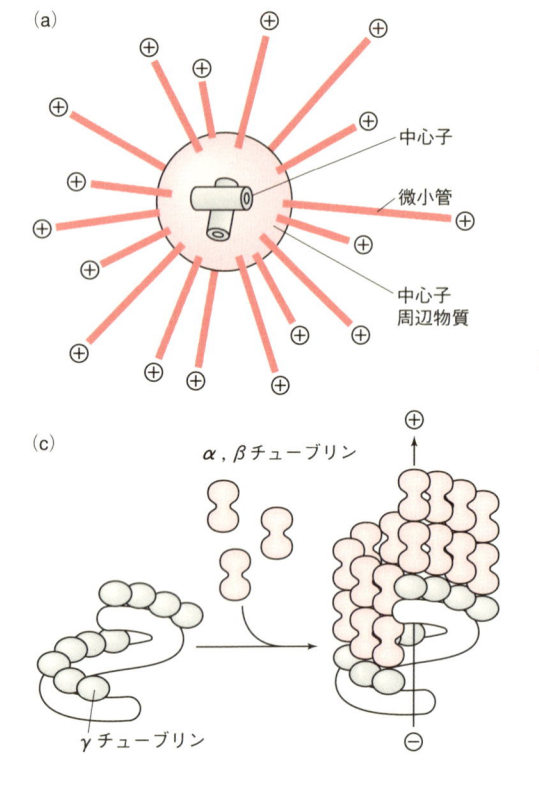

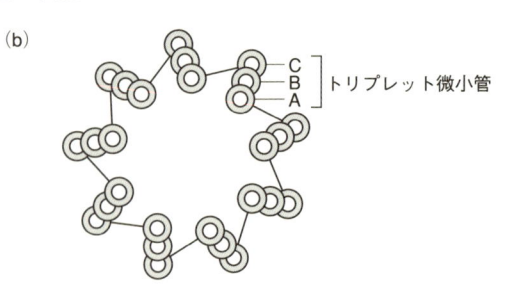

図 8・18　中心体の構造と機能　(a) 中心体．中心体の中央部には直交した1対の中心子（短い微小管から成る円筒状の構造体）が存在する．中心子の周りには中心子周辺物質が存在し，微小管はここを起点として細胞周辺に向かって伸びている．通常，細胞質に存在する微小管はすべてそのマイナス端を中心体に接している．(b) 中心子の断面．中心子は，管壁の一部を共有する形で側面同士が結合した3本の短い微小管（トリプレット微小管とよばれる）9個（27本）からできている．(c) 微小管重合核としてのγチューブリン複合体．中心子周辺物質にはγチューブリンと他のタンパク質から成るらせん状の構造体が存在する．この構造体が微小管重合の核となり，γチューブリンにα，βチューブリン二量体が結合することによって微小管形成が開始されると考えられる．

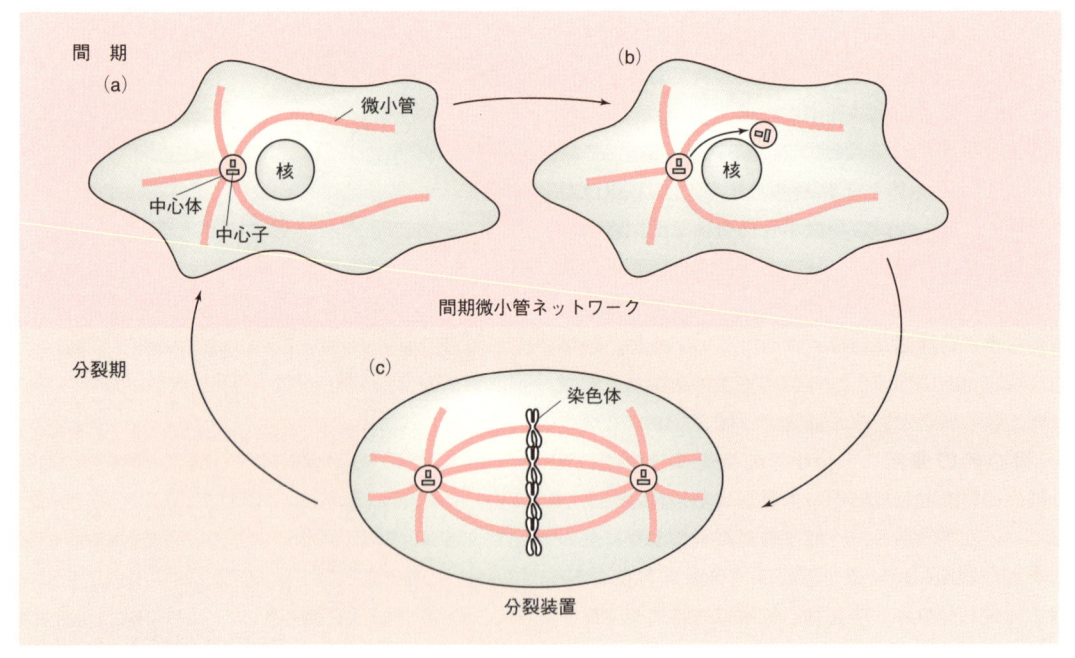

図 8・19　細胞周期に伴う微小管構造体の変化　間期の細胞は一つの中心体をもち，それを起点として長い微小管が細胞周辺に向かって放射状に伸びている．それら微小管の集合体は間期微小管ネットワークとよばれる(a, b)．間期の間に，中心体に含まれる一対の中心子のうちの一方が核の反対側まで移動する(b)．その間に中心子の半保存的複製が行われ，分裂期のはじめには一対ずつの中心子をもった二つの中心体ができる．細胞が分裂期に入ると間期微小管ネットワークが壊れ，二つの中心体を極とする分裂装置が形成される(c)．この時期の微小管は短く，数が多い．分裂期が終わると，また間期微小管ネットワークが形成される(a)．

ダイニンとよばれるタンパク質が存在し (p.157), それらは細胞内物質輸送にかかわっている. このことは, 微小管が物質輸送のレールとして機能するということを意味する. これらの分子による運動の機構と細胞における機能については, 次節で詳しく述べる.

8・2・3 中間径フィラメント

中間径フィラメントは微小管とミクロフィラメント (アクチンフィラメント) との中間の太さ (10 nm) をもつことから, このように名づけられた. 微小管やアクチンフィラメントを構成するタンパク質の構造が, 真核細胞全般にわたってよく保存されているのに対し, 中間径フィラメントの構成タンパク質は変化に富んでいる. 中間径フィラメントの仲間には, 繊維芽細胞などの間葉系細胞に存在するビメンチンフィラメントや, 上皮性細胞に多いケラチンフィラメント (一次構造が異なるタンパク質から成る多種類のケラチンフィラメントが存在する), 筋肉細胞に含まれるデスミンフィラメント, 神経細胞に含まれるニューロフィラメント (分子量が異なる3種類のポリペプチド鎖が共重合している), アストログリア細胞に含まれるグリアフィラメントなどがある (表8・1).

a. 中間径フィラメントの構造　中間径フィラメントを構成するタンパク質の一次構造を比較すると, アミノ酸配列の類似性はほとんどみられないが, 各構成タンパク質の全体的構造はよく似ている (図8・20 a). Gアクチンやチューブリンは球状タンパク質であるが, 中間径フィラメントタンパク質は細長い形状をもつ. その一次構造上の特徴として, 分子の中央部は α ヘリックスをつくりやすいアミノ酸配列から成り, N 末端および C 末端に α ヘリックスをつくりにくい配列をもつ. 両末端部分の構造は中間径フィラメントの種類によって非常に異なる. α ヘリックス部分には一定の間隔で疎水性アミノ酸残基が並び, 2分子のタンパク質の α ヘリックスの疎水性部分が相互作用しながら, 互いによじれ合って長く伸びた二量体を形成する. このような構造は**コイルドコイル**とよばれる (図8・21). この二量体16個が側面同士で結合しあって, 中間径フィラメントが形成される (図8・20 b). この点, 球状タンパク質が連なってアクチンフィラメントあるいは微小管が形成されるのと著しい相違をみせる.

中間径フィラメントを構成するタンパク質は非常に重合しやすく, 重合と脱重合の平衡は大きく重合側に偏っている. また微小管やアクチンフィラメントから成る構造体に比べて, 中間径フィラメントは非常に安定であり, 細胞内で重合・脱重合を頻繁に繰返すことはない. 微小管と異なり, 中間径フィラメントは形成中心をもたず, 間期にはほぼ細胞質全体にからみ合ったような状態で存在する. 分裂期になると中間径フィラメントはある程度脱重合し, 核の周辺に集まる. コルヒチンなどの微小管脱重合剤で間期の細胞を処理すると, 微小管が消失すると同時に, 中間径フィラメントの核の周辺への集積がみられることから, 中間径フィラメントと微小管との間には相互作用が存在すると考えられる. 神経細胞に存在する中間径フィラメントであるニューロフィラメントは, 軸索中で微小管と結合して高次構造体を形成している.

表 8・1　中間径フィラメントと構成タンパク質

名　称	構成タンパク質	分子量($\times 10^3$)	発現している細胞
ビメンチンフィラメント	ビメンチン	54	間葉系細胞
デスミンフィラメント	デスミン	53	筋肉細胞
グリアフィラメント	グリアフィラメント酸性タンパク質	50	グリア細胞
ケラチンフィラメント	ケラチン		
I 型 (酸性)		40〜70	上皮性細胞
II 型 (中性/塩基性)		40〜70	上皮性細胞
ニューロフィラメント	NF-L	68	神経細胞
	NF-M	160	
	NF-H	200	
核ラミナ	ラミン A/C (同一の遺伝子に由来), B	65〜75	真核細胞の核

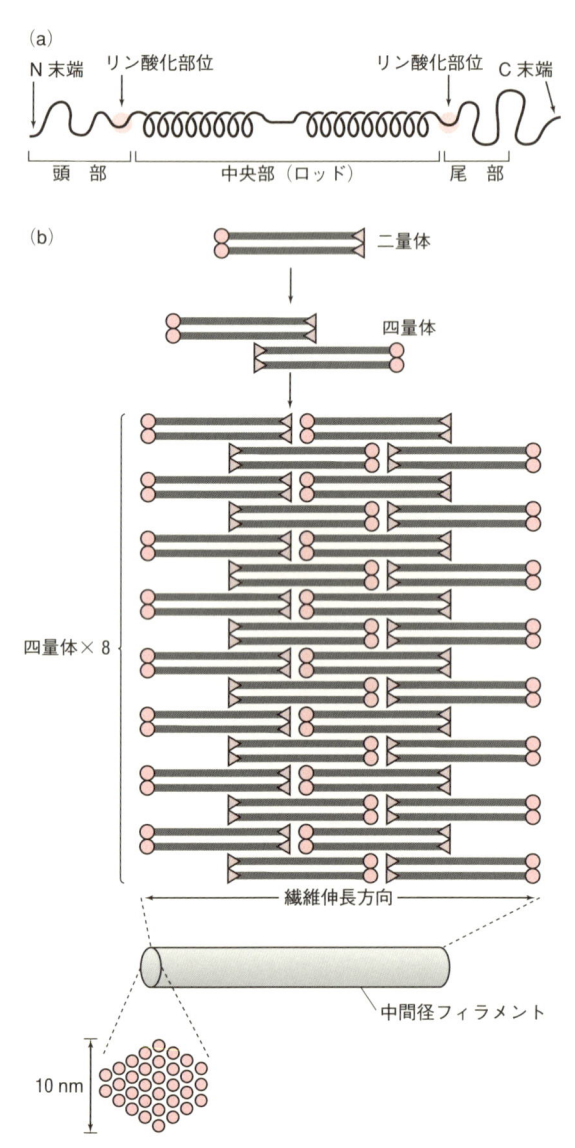

図 8・20 中間径フィラメントの構造 (a) 中間径フィラメントタンパク質の構造．(b) 中間径フィラメントの形成．2分子の中間径フィラメントタンパク質が同じ向きに並んで，コイルドコイル構造をとり，二量体を形成する．つぎに反対方向の二量体同士が側面で会合し，四量体をつくる．8組の四量体が側面同士で会合して，直径10 nm の中間径フィラメントができる．

b. 中間径フィラメントの機能　中間径フィラメントは，細胞骨格の一部として細胞の形態の形成や維持にかかわっていると考えられる．中間径フィラメントの機能に関しては，中間径フィラメントを選択的に破壊する薬剤がまだみつかっていないなどの理由から，研究が遅れている．最近，遺伝子操作によってビメンチンの遺伝子を欠失したマウスがつくられたが，

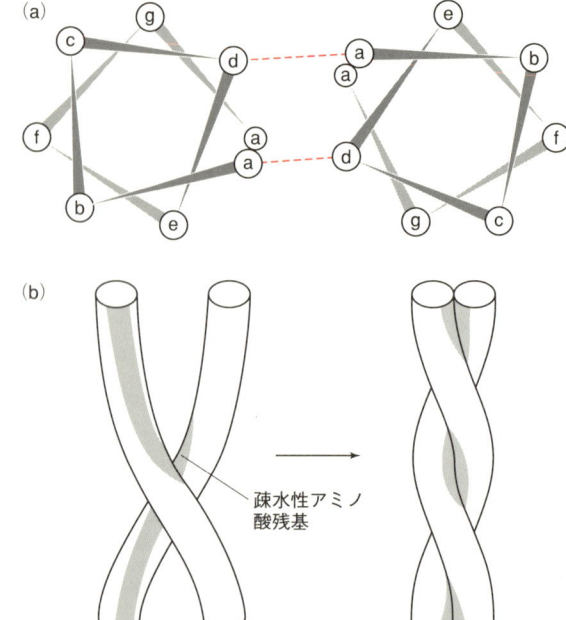

図 8・21 コイルドコイル構造　αヘリックスを形成するアミノ酸配列 -a-b-c-d-e-f-g- の a と d の位置に連続的に疎水性アミノ酸残基が出現する場合，それらのアミノ酸残基は αヘリックスによってできた円柱構造上の一つの面（円柱上を緩やかならせん状に取巻く面）に局在することになる(a)．このような性質をもつ2本の αヘリックスが，疎水性部分同士を結合させることによって，コイルドコイル構造が形成される(b)．コイルドコイル構造をもつ分子には，中間径フィラメントタンパク質，トロポミオシン，ミオシン(p.153)，キネシン(p.157) などがある．

ビメンチンの欠失はマウスの発生に影響を及ぼさなかった．このことは，中間径フィラメントのあるものは存在しなくても生物が生きていくうえで支障がないということを意味するが，一つの遺伝子が欠けてもその機能をバックアップする機構が存在している可能性が高い．

多種類存在するケラチン遺伝子のうちの特定の一種が欠損した結果，皮膚の細胞同士をつなぐ構造（図 8・23 参照）が弱くなり，皮膚が裂けやすくなるという病気が見いだされている．

8・2・4　核内の骨格構造

a. 核マトリックスの構造　これまでは，細胞質に存在する骨格構造について述べてきたが，核内にも骨格構造が存在することがわかっている．細胞核にはクロマチン（染色質）が高濃度に集積しており，電子

顕微鏡などを使って核の内部の構造を調べることはかなり難しい．核を洗剤で処理して核膜を壊し，クロマチンをDNA分解酵素で分解したのちに，高濃度の塩を含む緩衝液で洗うと骨格構造が残る．そのなかに含まれる主要なタンパク質としてラミンがある（表8・1）．ラミンは**核ラミナ**とよばれる核内膜の裏打ち構造をつくるタンパク質で，ラミン分子の構造は中間径フィラメントタンパク質の構造とよく似ており，核ラミナも中間径フィラメントの一種とみなすことができる．

細胞周期に伴う核ラミナの構造変化に関しては，よく研究されている．増殖中の多くの真核細胞では，細胞が分裂期に入ると核膜が崩壊する．このとき，核膜の裏打ち構造であるラミナも崩壊する．分裂期にはCdk1キナーゼ（p.164）が活性化され，ラミン分子の頭部と尾部のロッドに近い部分がリン酸化されるが（図8・20a），このリン酸化が核膜崩壊をひき起こす主要な要因となっていると考えられている．

核の内部にも繊維状構造体が張りめぐらされている（これも核マトリックスの一部である）が，それがどのようなタンパク質からできているかについては不明な点が多い．

b．核マトリックスの機能 核ラミナは細胞膜直下の骨格構造と同様，核膜の構造を支える役目をもつ．核がもつ重要な機能であるDNA複製，転写，RNAスプライシングなどを行う装置が核マトリックスに結合して機能しているということを示すデータが提出されているが，詳細については不明である．

8・2・5 細胞と細胞外部をつなぐ構造

多細胞生物を構成する細胞の多くは，他の細胞あるいは**細胞外マトリックス**とよばれる構造体と結合して存在している．それらの間には独特の構造が形成され，細胞同士あるいは細胞と細胞外マトリックスとを結びつけている．このような構造のおかげで，それぞれの細胞があるべき位置に存在し，個体全体の構造を維持することができる．ここでは，細胞と細胞，細胞と細胞外マトリックスとの結合の構造と，それを構成するタンパク質について述べる．

a．細胞と細胞外マトリックスの結合 多細胞生物の細胞外には，細胞から分泌された物質が複雑にからみ合った構造体（細胞外マトリックス，細胞外基質ともいう）が存在する．構成成分として，コラーゲンやフィブロネクチン，ラミニンなどの糖タンパク質やプロテオグリカン（糖含量が非常に多いタンパク質と糖の複合体）などがある．フィブロネクチンやラミニンには，細胞膜を貫通して存在するインテグリン（これも糖タンパク質である）の細胞外部分が結合している．

一方，インテグリンの細胞質側にはタリン，ビンキュリン，αアクチニン，パキシリンなどのタンパク質が複合体をつくっており，これにアクチンの束（ストレスファイバー）が結合している．この構造体は**フォーカルアドヒージョン**（細胞-マトリックス接着結合）とよばれる．培養細胞と培養皿表面にも同様な接着構造（培養細胞の場合**フォーカルコンタクト**とよばれる

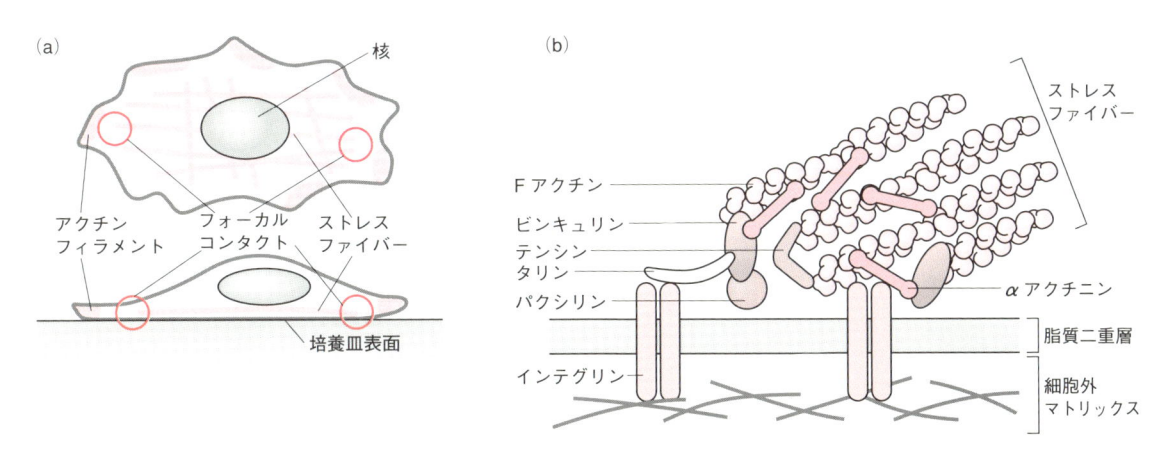

図8・22　フォーカルコンタクトの構造　(a) 培養細胞のアクチン構造体．繊維芽細胞などの培養皿表面に接着する細胞には，多数のアクチンフィラメントの束（ストレスファイバー）が発達している．ストレスファイバーの端は培養皿に接する側の細胞膜に結合して，フォーカルコンタクトという構造をつくる．また，細胞周辺部の膜直下にはアクチンフィラメントが集積している（図8・13d）．(b) フォーカルコンタクトの構造モデル．

が,本質的にフォーカルアドヒージョンと同じである)が形成されている(図8・22).フォーカルコンタクトには,がん原遺伝子産物であるc-SrcやFAK(フォーカルアドヒージョンキナーゼ)とよばれるプロテインキナーゼが存在している.これらキナーゼは,細胞がどのような状態で細胞外マトリックスと結合しているかという情報を細胞内部に伝える役目を担っている(コラム"細胞培養").

◇ 細胞培養 ◇

哺乳類細胞の培養には,アミノ酸,糖,ビタミン,各種の塩などを含む基礎培地に動物の血清(ウシ胎仔血清の場合が多い)を加えたものがよく用いられる.血清には種々の増殖因子が含まれている.血清の代わりに,精製した増殖因子を用いた無血清培地を用いる場合もある.必要な増殖因子は細胞によって異なる.増殖因子が細胞膜に結合すると,細胞内部に増殖シグナルが伝達され,細胞は増殖可能になる.細胞培養は主としてガラス製あるいは表面を加工して親水性にしたプラスチック製の培養皿中で行われる.実験によく用いられる繊維芽細胞(動物のほとんどすべての組織中に存在する紡錘形の細胞)や上皮細胞(動物の体の内外の境界面を覆う細胞.敷石状に一層に並ぶ性質をもつ)などは,培養皿の表面に接着して一層の細胞層をつくる.このような細胞の多くは,培養皿の表面に接着していないと増殖できない.これを**足場依存性**という.血球系の細胞やがん細胞には,足場依存性をもたないものがある.足場依存性をもつ細胞ががん化すると,柔らかい寒天を含む培地中で,培養皿面に接触せずに増殖してコロニーをつくるようになる.この場合,がん細胞は培養皿との接触による増殖調節機構を失ったことになる(図1).

正常細胞の場合,細胞と細胞が密に接触するまで増殖すると,増殖が止まる.この現象を**接触阻止**とよぶ.細胞ががん化するとこの調節機構が失われて,細胞は増殖を続け,培養皿面から盛り上がって遊離してしまう(図2).

正常なヒト繊維芽細胞などを培養すると,数十回分裂を繰返したのちに分裂を停止してしまう(若い個体から取った細胞は増殖停止までの分裂回数が多いが,年をとった個体からの細胞は分裂回数が少ない).多くの細胞が有限の寿命(分裂回数)をもつ理由の一つと考えられているのが,**テロメア**とよばれる染色体末端に存在する特殊なDNA配列から成る構造の存在である(p.78).染色体のこの部分はテロメラーゼという酵素によってつくられる.**テロメラーゼ活性は**生殖細胞や幹細胞において発現しているが,多くの正常な体細胞では検出されない.通常のDNA複製では染色体末端のDNAは完全には複製されないので,正常な体細胞が分裂を繰返すとテロメアが徐々に短縮される.もしも遺伝子をコードする部分にまで短縮が達すると,細胞にとって障害が生じる.細胞にはテロメアの長さを検知するチェック機構が存在し,テロメアの短縮が一定の限度を超えると細胞分裂を停止させる.これが細胞の寿命の主要な原因であると考えられている.がん細胞の多くはテロメラーゼを発現しており,無限に分裂することができる.

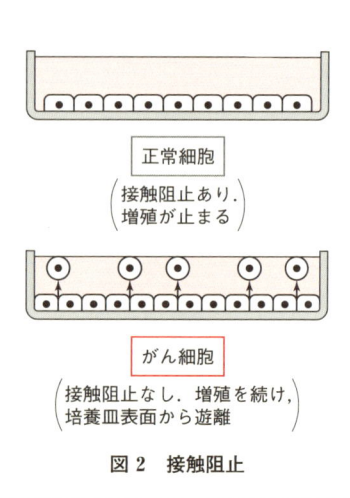

図1 足場依存性

図2 接触阻止

8・2 細胞骨格

b. 細胞と細胞の結合　ある組織の細胞をばらばらにしてから培養すると，細胞同士は結合して塊をつくる．ところが，2種類の組織の細胞をばらばらにしたのちに両者を混ぜ合わせて培養すると，同種類の細胞同士が結合して凝集塊をつくる．このことは，同種の細胞の表面には，それぞれ互いを認識して結合する物質が存在することを意味する．そのような機能をもつタンパク質として，**カドヘリン**と総称される一群の内在性タンパク質が知られている．同種の細胞膜には同種のカドヘリンが存在しており，分子の一部分を細胞外に突き出している．それらの分子同士が結合することによって，細胞同士が結合する（カドヘリン同士の結合にはカルシウムイオンが必要である）．異種の細胞，すなわち異種の接着分子をもつ細胞同士では結合が起こらない．

カドヘリンの細胞質側には，カテニンとよばれるタンパク質群が結合している．これが細胞膜直下のアクチンフィラメントの束と結合して（図8・23のアドヘレンスジャンクションの部分），全体として細胞外部から内部にわたって連続した高次構造が形成されているというモデルが提出されているが，カドヘリンに結合したカテニンは直接アクチン繊維と結合していないという説も提出されている．

細胞と細胞の接着にかかわるタンパク質として，免疫グロブリンと似た構造をもつことから免疫グロブリンスーパーファミリーと総称される一群のタンパク質や，レクチン様の構造をもつセレクチンスーパーファミリータンパク質などがある．

細胞と細胞との接着構造には，アクチンフィラメントの代わりに中間径フィラメントが結合している**デスモソーム**がある．デスモソームは細胞と細胞外マトリックスとの結合にも関与している．この場合，細胞と細胞をつなぐデスモソームの"半分"の形をしていることから**ヘミデスモソーム**とよばれる．また上皮性細胞には，隣合う細胞の細胞膜同士が非常に接近した**タイトジャンクション**（**密着結合**）や**アドヘレンスジャンクション**（**接着結合**）とよばれるコンパクトな結合が存在する．この結合が形成されることによって，小腸上皮組織にみられるような上皮性細胞の層が形成され，生体の外部（小腸の場合，腸管の内側）と内部との境界が形成される．互いに接する細胞と細胞との間には，**ギャップ結合**とよばれる構造体が形成される場合がある．この構造体には二つの細胞をつなぐチャネルが存在し，イオンや低分子物質が両細胞間を移動することを可能にしている．細胞と細胞，細胞と細胞外マトリックスとの結合構造を図8・23にまとめる．

これまで述べてきたように，真核細胞内部にはきわめて複雑なネットワーク構造が存在し，細胞の形態形

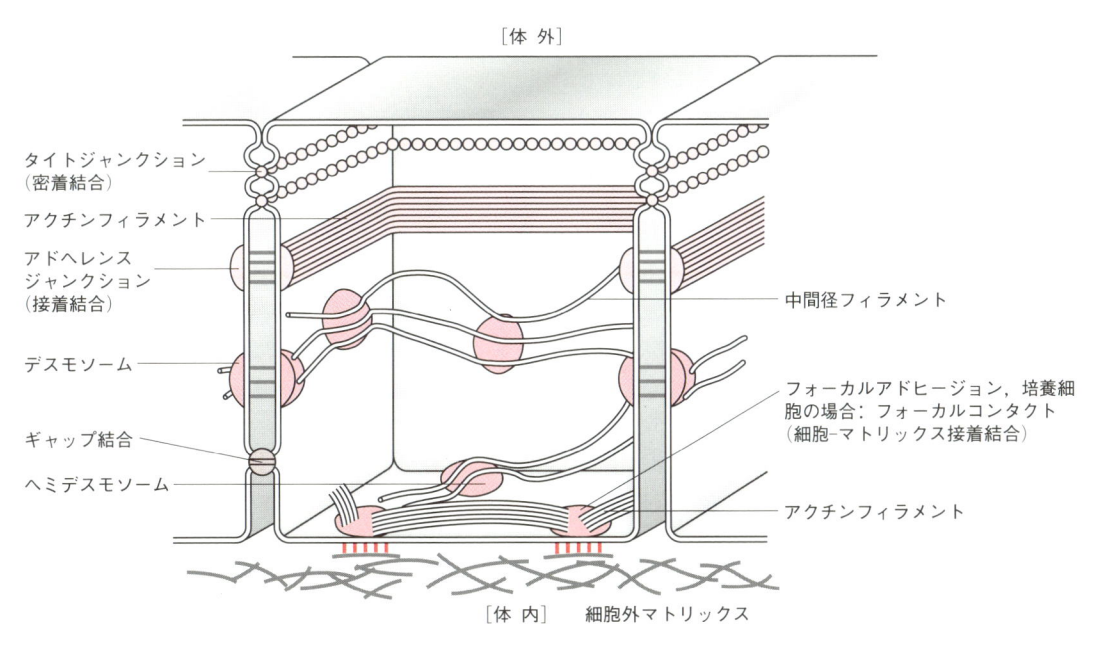

図8・23　上皮細胞の接着構造の模式図

成や形態維持にかかわっている。細胞骨格は、細胞周期や外部環境の変化に対応してその形態をダイナミックに変化させる。細胞骨格の機能の一つに細胞内の物質輸送（後述）があるが、細胞分裂期に存在する紡錘体は、染色体を分配するためにきわめて巧緻に構築された細胞内物質輸送装置ということができる。さらに核がもつ遺伝情報の複製、転写、プロセシングなどの機能は、核骨格と密接に関連している。このように、細胞骨格の機能は非常に多岐にわたっている。真核細胞がもつ構造と機能の多様性は、細胞骨格のもつ構造と機能の多様性によく対応しているということができよう。

8・3 細胞運動

細胞運動とは、精子やアメーバなどのように細胞全体が運動することや筋肉にみられるように細胞全体が収縮弛緩したりすること以外に、動物細胞の細胞質分裂にみられるような細胞の一部の収縮、さらに染色体の移動や軸索輸送にみられる細胞内物質輸送などの現象を含む。これらはすべて前節で述べた細胞骨格と密接な関連をもつ。この節では細胞運動にかかわる細胞内構造体の構造と運動の仕組みについて、それを構成するタンパク質分子に焦点をあてて解説する。

8・3・1 筋肉運動

筋肉は最も早くから研究されてきた運動構造体で、それを構成するタンパク質について詳細な研究が行われている。骨格筋細胞を中心に、筋肉の構造と運動の仕組みについて説明する。

a. 骨格筋細胞の構造 骨格筋細胞は、直径10〜100 μm、長さ数 mm から数 cm に及ぶ円筒形の多核細胞である。このような巨大な細胞は、**筋芽細胞**とよばれる細胞が多数融合することによって形成される。骨格筋細胞では核はすべて細胞周辺に押しやられ、細胞の中央部は**筋原繊維**（筋フィラメント）によって占められている（図8・24 a）。光学顕微鏡観察により、筋原繊維は規則正しい横紋構造をもつことが示される（図8・24 b）。心臓をつくる心筋も横紋構造をもち、骨格筋と心筋は**横紋筋**と総称される。心筋細胞の形態は骨格筋細胞と少々異なるが、収縮機構は骨格筋と基本的に同じである。これに対し、腸や血管などをつくる筋肉は**平滑筋**とよばれ、横紋構造をもたない（p. 154）。

b. 筋原繊維の構造 筋原繊維を電子顕微鏡で見ると、図8・24(c)のような基本単位（**サルコメア**とよばれる）が存在することがわかる。横紋はこの基本単位に由来する。

筋肉の収縮、弛緩に伴ってサルコメアの長さが変化するが、A帯の長さは一定である。サルコメアの各部分の横断面を観察すると、図8・24(c)のような非常に規則正しい模様が認められる。I帯の部分では細いフィラメントのみが、A帯の中央部（H帯）では太いフィラメントのみが、またA帯の中央部以外の部分では、1本の太いフィラメントを60°間隔で6本の細いフィラメントが取囲むという像がみられる。細いフィラメントはFアクチンであり、太いフィラメン

(a) 骨格筋細胞

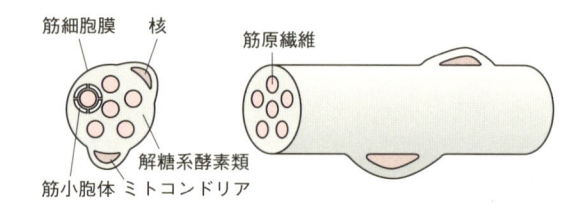

筋細胞膜　核　筋原繊維
筋小胞体　ミトコンドリア　解糖系酵素類

(b) 筋原繊維

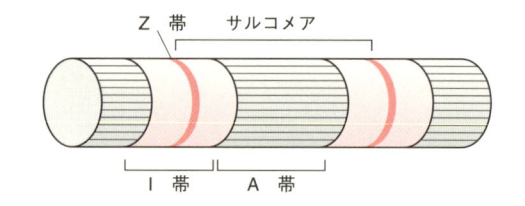

Z帯　サルコメア
I帯　A帯

(c) サルコメアの微細構造

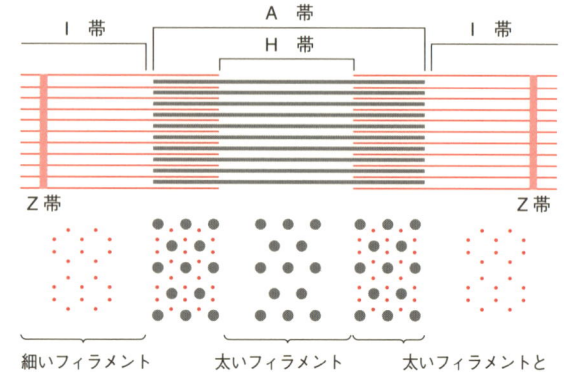

I帯　A帯　I帯
　　　H帯
Z帯　　　　　　　Z帯

細いフィラメント　太いフィラメント　太いフィラメントと
（アクチンフィラメント）（ミオシンフィラメント）　細いフィラメント

図8・24　骨格筋細胞と筋原繊維の構造

トはミオシンが重合したものである．二つのフィラメントの長さは筋肉の収縮，弛緩にかかわらず一定で，両者の重なり合う部分が増減することにより，収縮，弛緩が起こる．このことから，筋肉の運動の本質はアクチンフィラメントとミオシンフィラメントとの滑りであるということができる．つぎに両フィラメントの構造について述べる．

c. ミオシン分子とミオシンフィラメントの構造
筋肉のミオシン分子は，1種類の長いポリペプチド鎖（重鎖）2本と2種類の短いポリペプチド鎖（軽鎖）4本を含み，全体として双頭構造をとる頭部と1本の長い尾部からできている．重鎖のN末端領域は西洋梨型の構造を形成し（双頭の一つに対応する），それ以外の領域はαヘリックスを形成する．2本の重鎖のαヘリックス同士がコイルドコイル構造 (p.147) をとることにより，双頭構造と長い尾部が形成される

（図8・25 a）．尾部の頭部近くにはαヘリックスをつくりにくい部分が存在し，これが折れ曲がりやすい部分（ヒンジ）を形成する．4本の軽鎖は頭部の付け根の部分に結合している．ミオシンの尾部同士は生理的なイオン条件下で会合しやすい性質をもつため，図8・25 bに示すような太いフィラメントを形成する（高イオン強度下ではフィラメントは溶解してミオシン分子はばらばらになる）．フィラメントの中央を挟んで，両側のミオシン頭部の向きは逆である．p.140で述べたが，ミオシンをパパインで処理すると，生理的イオン条件下で可溶性のミオシン頭部（S1とよばれる）をつくることができる（図8・25 a）．

d. アクチンフィラメントの構造　筋肉のGアクチンのアミノ酸配列は一般細胞のものとわずかに異なっている（異なる遺伝子にコードされている）が，アクチンフィラメントの構造は一般細胞のミクロフィラメントと同じである．筋肉のアクチンフィラメントにS1を結合させると，プラス端（反矢じり端），すなわち重合が盛んな方の端がZ帯に接していることがわかる（図8・26）．Z帯はアクチンフィラメントをつなぎ止める役目をもつ構造体で，主要成分として，アクチンフィラメントを架橋する性質をもつαアクチニン (p.141) を含む．

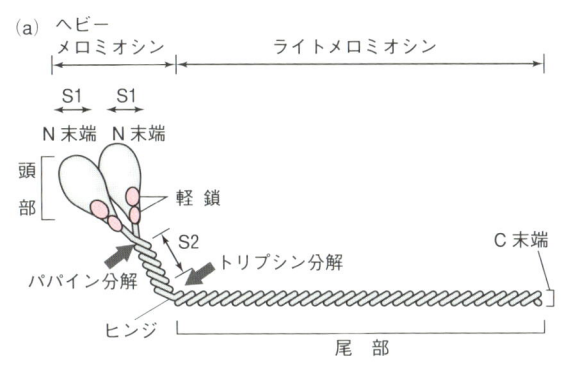

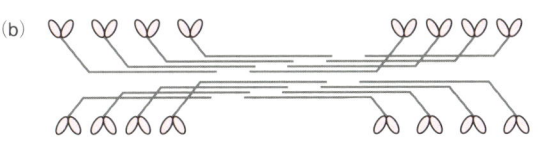

図8・25　ミオシン分子とミオシンフィラメントの構造
（a）ミオシン分子の構造．2本の重鎖がコイルドコイル構造をつくることによって，双頭と長い尾部をもつミオシン分子が形成される．重鎖のN末端は頭部に，C末端は尾部の先端に存在する．軽鎖は頭部の付け根の部分に結合している．ミオシンをトリプシン処理するとヒンジの部分で切断され，ヘビーメロミオシンとライトメロミオシンができる．前者をパパイン処理すると，頭部の付け根の部分で切断されS1とS2ができる．S1はアクチンフィラメントの極性を調べるのに利用される（図8・12）．（b）ミオシンフィラメントの構造．多数のミオシン分子の尾部同士が会合することによって，ミオシンフィラメントが形成される．ミオシン頭部は尾部の束から突き出た形で存在し，周辺のアクチンフィラメントと相互作用して筋収縮を起こす．

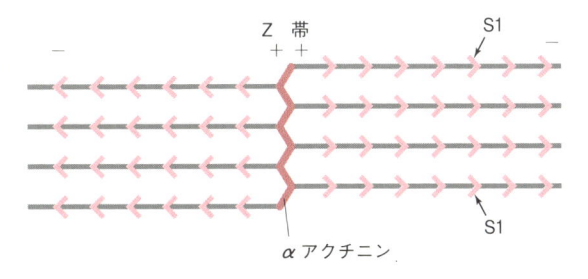

図8・26　筋原繊維中のアクチンフィラメントの方向性

e. ミオシンとアクチンの相互作用　ミオシンフィラメントから突き出して存在するミオシン頭部が近傍のアクチンフィラメントと結合し，アクチンフィラメントのプラス端方向に移動することによって両フィラメント間に滑りが生じ，その結果として筋肉の収縮が起こる．ミオシンの運動にはエネルギーが必要であるが，これはATPの加水分解によってまかなわれる．X線結晶解析により，ミオシン頭部の三次元構造が明らかにされている．ミオシンの頭部からヒンジの部分までは固い構造をもち，アクチンに結合したミ

オシン頭部がATP分解に伴ってコンホメーションを変えることによって，位置の移動が起こるという説が提出されている．頭部からヒンジまではレバーの役目をもち，頭部のわずかなコンホメーション変化を増幅させるという考えである（図8・27 a）．ATP分解のサイクルとミオシンの運動との関連について，図8・27(b)に示す．運動が起こるのは③の段階であると考えられている．ミオシンのもつATPアーゼはアクチン存在下で高い活性を示す．これは，アクチンが存在して初めてサイクルがまわるからである．

f. カルシウムによるミオシンとアクチンの相互作用の制御　生きた筋肉細胞にカルシウムを注射すると収縮が起こる．また遊離カルシウムイオンが存在すると発光するエクオリンというタンパク質（発光クラゲから精製される）を筋肉細胞に注射してから刺激を与えると，収縮に伴って発光が見られた．このことからカルシウムイオンが筋収縮の制御にかかわっていることがわかった．精製したミオシンのATPアーゼを試験管内で測定する場合，アクチンを加えるとその活性化がみられるが，このATPアーゼに対してカルシウムイオン濃度は影響を与えない．一方，単離した筋原繊維のATPアーゼを測ってみるとカルシウムイオン濃度が非常に低いときは活性が低いが，10^{-7}〜10^{-6} Mのカルシウムが存在するとATPアーゼの活性化が起こり，繊維が収縮する．この違いは何に由来するのだろうか．その答えを求めて種々の筋肉のタンパク質を分離解析した結果，ミオシン-アクチン複合体（ア

クトミオシンとよばれる）のATPアーゼに対してカルシウム感受性を与えるタンパク質として，トロポミオシンとトロポニンがみいだされた．**トロポミオシン**はコイルドコイル構造をもった細長いタンパク質で，筋原繊維中でアクチンフィラメントの溝に沿って結合している．トロポミオシン分子の端には三つのサブユニットから成る**トロポニン**が結合している．カルシウムイオンが存在しないとトロポミオシンはアクチンとミオシンの相互作用を阻害するが，カルシウムイオンが存在するとトロポニンのサブユニットの一つがカルシウムイオンを結合してコンホメーション変化が起こり，この信号がトロポミオシンに伝わってアクチンとミオシンの相互作用が可能となり滑りが起こる（図8・28）．

g. 平滑筋　胃，腸，血管などをつくる筋肉（**平滑筋**）は横紋構造をもたず，細胞内に不規則に存在するアクチンフィラメントとミオシンフィラメントの相互作用によってゆるやかな収縮を起こす．平滑筋にもカルシウムイオンによる収縮の制御機構が存在する．ただし，カルシウムイオンの標的はアクチンフィラメントではなく，ミオシン分子である．刺激により細胞内のカルシウムイオン濃度が上がると，**カルモジュリン**とよばれるカルシウム結合タンパク質が活性化され，これがミオシンの軽鎖をリン酸化する酵素（ミオシン軽鎖キナーゼ）を活性化してミオシン軽鎖がリン酸化される．その結果，ミオシンが活性化されてアクチンと相互作用し，収縮が起こる．カルモジュリンは

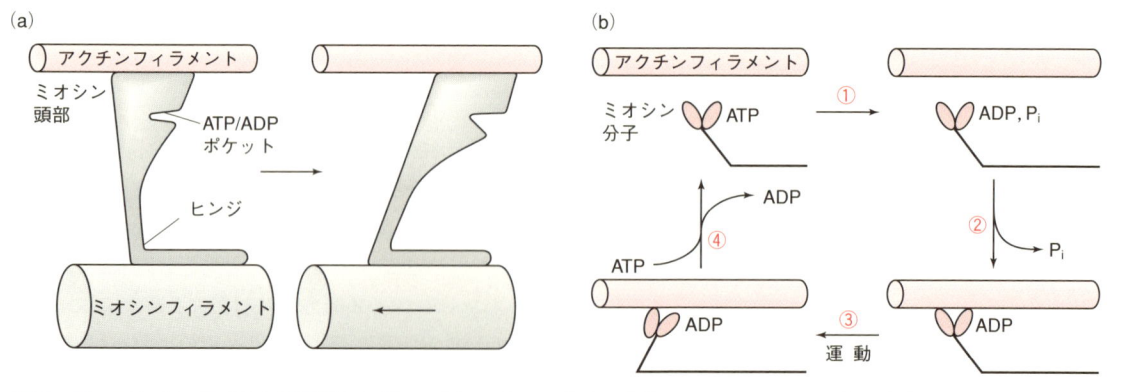

図8・27 アクチン-ミオシン系運動のモデル　(a) ミオシン分子の運動モデル．ミオシン頭部に存在するATP/ADPポケットのコンホメーションがわずかに変化し，その変化が増幅されることによって（頭部のアクチン結合部位からヒンジまでがレバーとして働く）ミオシンフィラメントが移動する．(b) ATP分解と運動のサイクル．① ミオシンに結合したATPの分解が起こり，ADPとPi（無機リン酸）ができる（ともにミオシンに結合したまま）．② Piが遊離し，ミオシンはアクチンに結合する．③ 頭部のコンホメーション変化により運動が起こる．④ ADPが遊離しATPが結合する．ミオシン頭部はアクチンフィラメントから離れる．

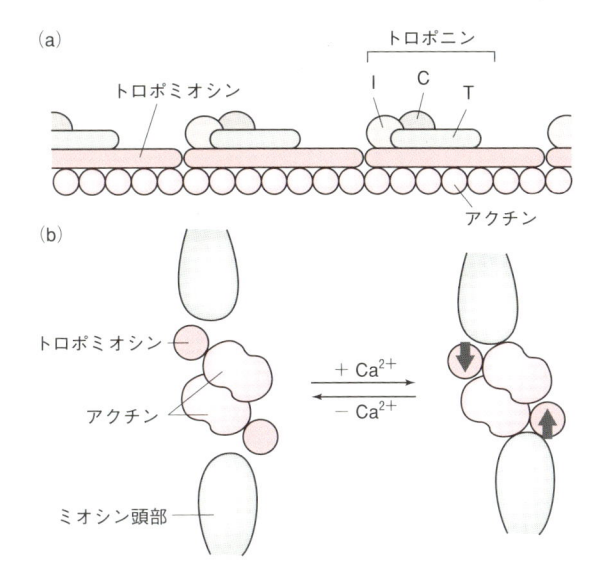

図 8·28 カルシウムイオンによるアクチン-ミオシン相互作用の制御 (a) トロポニン，トロポミオシンとアクチンフィラメントとの結合様式．細長いタンパク質であるトロポミオシンはアクチンフィラメントの側面に結合している．トロポミオシンにはトロポニン (T, I, C の三つのサブユニットから成る) が結合している．(b) カルシウムイオンによる制御．カルシウムイオンがないと，トロポミオシンがアクチンとミオシンとの相互作用を阻害し，筋収縮は起こらない．カルシウムイオン濃度が上昇すると，カルシウムイオンがトロポニン C に結合してトロポニンのコンホメーションが変化する．この変化はトロポミオシンに波及し，アクチンフィラメント上のトロポミオシンの位置が変化する．その結果，アクチンとミオシンとの相互作用が可能になり，筋肉は収縮する．

ミオシン軽鎖キナーゼだけでなく，種々の細胞で多数のタンパク質や酵素と相互作用して，カルシウムに依存した活性制御を行うことが知られている．

h. 筋小胞体 筋細胞中のカルシウム濃度はどのようにして調節されているのだろうか．骨格筋は非常によく発達した細胞内膜系 (小胞体の一種で**筋小胞体**とよばれる) をもち，これが筋原繊維を取囲んでいる．それとは別に，筋細胞の細胞膜から細胞内部にくびれ込んだ管状の膜構造体 (**T管**とよばれる) が筋小胞体の近傍まで達している (図 8·29 a)．

神経細胞の興奮により軸索末端からアセチルコリンが放出されると，それが骨格筋細胞膜に存在するアセチルコリン受容体に結合し，チャネル (p.134) が開く (図 8·29 b)．その結果，筋肉細胞の興奮が起こる．膜の脱分極は T 管の電位変化として T 管近傍の筋小胞体へ伝わり，筋小胞体の内部に取込まれていたカルシウムイオンが放出され，これがトロポニンに作用して筋収縮が起こる．神経の興奮が収まると，細胞内のカルシウムは筋小胞体に存在するカルシウムポンプによって小胞体内部に取込まれ，細胞内部の遊離カルシウムイオンが減少して弛緩が起こる (図 8·29 b)．一般の細胞においても，小胞体がカルシウムの細胞内貯蔵所として機能している場合が多い．

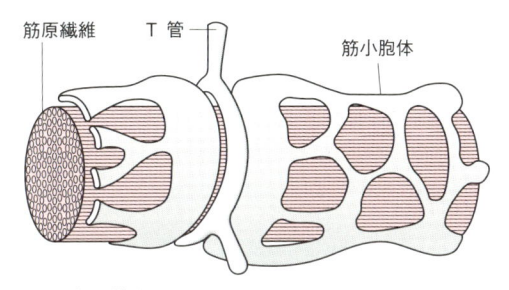

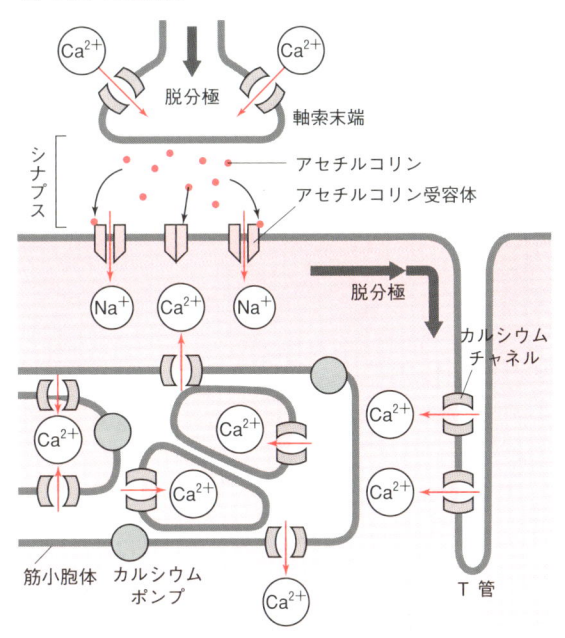

図 8·29 筋肉細胞のカルシウムイオン調節機構 T 管膜中の電位センサータンパク質が膜電位変化を感知し，これと相互作用している筋小胞体膜中の Ca^{2+} チャネルが開き，Ca^{2+} が細胞質中に放出される．この Ca^{2+} によって，筋小胞体膜に存在する別の Ca^{2+} チャネルが開き，筋肉細胞の細胞質内 Ca^{2+} 濃度が上昇するという説もある．

8·3·2 原形質流動

多くの植物細胞では，細胞膜に沿って細胞質が流れている．この運動は**原形質流動**とよばれる．原形質流動はアクトミオシン系によってひき起こされるこ

とがわかっている．原形質流動を行う細胞の細胞膜直下に葉緑体が一列に並び，さらにその内側に方向性がそろったアクチンの束が存在する．表面にミオシン分子を吸着させたプラスチックの微小ビーズを植物細胞内に注入してやると，アクチンフィラメントに沿ったビーズの運動が観察された．実際の細胞内では，表面にミオシンを結合させた膜小胞がアクチンフィラメント上を移動することによって細胞質の流れがひき起こされると考えられている（図8・30）．

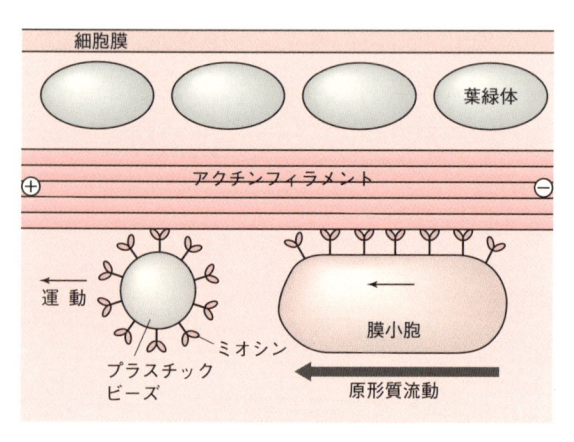

図8・30 原形質流動

8・3・3 真核細胞の鞭毛，繊毛

鞭毛は精子や鞭毛虫類の，**繊毛**は気管の上皮細胞や繊毛虫類の運動器官である（図8・31a）．両者の運動の形態は異なるが，構造は本質的に同じである．なお，細菌の鞭毛の構造と運動機構はこれらとはまったく異なっている（p.159）．

真核細胞の鞭毛および繊毛の運動構造体は，主として微小管とダイニンとから成る．微小管は，周辺に9対のダブレット（2本の微小管が微小管壁の一部を共有する形で側面で結合したもの）と中心部に2本のシングレット（通常の微小管）から成る構造（9+2構造とよばれる）をとる（図8・31b）．ダブレット微小管は鞭毛，繊毛の基底部にある中心子（基底小体）のトリプレット微小管（p.146，図8・18b）のうちの二つの微小管から伸びたものである．鞭毛，繊毛の基底小体がダブレット微小管の重合核となっているのに対し，鞭毛や繊毛をもたない細胞では中心子は微小管の重合核とはならず，中心体形成の核として働く．微小管の重合核となるのは中心子の周りに集積した中心子

周辺物質である（p.145，§8・2・2c）．このように，中心子は細胞内で異なる二つの機能をもつ．鞭毛や繊毛の微小管は細胞質中に存在する通常の微小管よりも安定で，低温にしても脱重合しない．

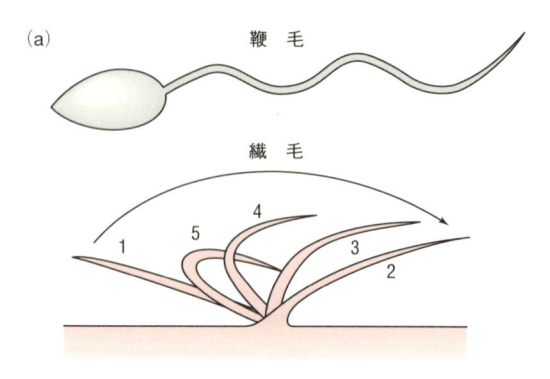

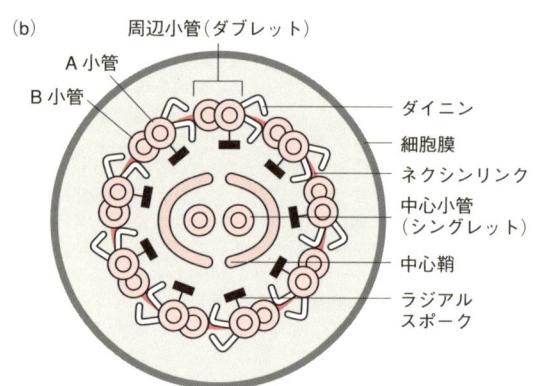

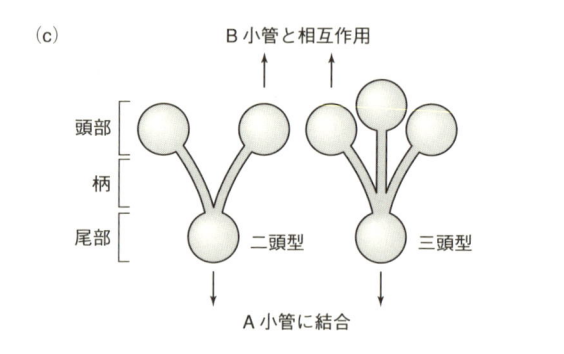

図8・31 真核細胞の鞭毛と繊毛 (a) 鞭毛と繊毛の運動様式．鞭毛は一つの細胞当たり少数（1ないし2本）存在し，魚のしっぽのような動きをすることによって細胞を前進させる．繊毛は1細胞当たり多数存在するか（繊毛虫類など），あるいは1本の繊毛をもつ細胞が多数集合している（気管上皮細胞など）．繊毛はオールをこぐような動きによって，水を後方に押しやる．(b) 鞭毛，繊毛の断面図．(c) ダイニン分子の構造．細胞の種類によって，二つの頭をもつものと，三つの頭をもつものがある．ダイニン重鎖は頭部，柄，尾部の一部を形成する．中間鎖と軽鎖は尾部に存在する．

ダイニンは微小管に結合して存在するATPアーゼである．ダイニン分子は分子量が非常に大きい2ないし3本の重鎖と，数本の中間鎖および軽鎖から成る．ダイニン分子は二つないし三つのサクランボが柄の付け根で結び合わされたような分子形態をとる（図8・31c）．ダイニンはダブレット微小管のうちのA小管に，柄の付け根の部分で結合して存在し，頭部で隣のダブレット微小管のB小管と相互作用する．ダイニンはATP分解エネルギーを利用して，B小管上をマイナス端の方向（鞭毛，繊毛の付け根の方向）へと運動する．その結果，2対のダブレット間に滑りが生じる．ただし滑りは局部的に起こり，その結果屈曲が生じる（図8・32）．鞭毛，繊毛の全体にわたって組織だった屈曲が起こり，その屈曲が伝播することによって，鞭毛，繊毛の運動が起こる．

8・3・4 軸索輸送

神経細胞は**軸索**とよばれる非常に長い突起をもっている（図8・33a）．軸索にはタンパク質合成系が含まれないため，軸索の構造と機能を保つのに必要な物質は細胞体で合成されたのちに，膜小胞に詰め込まれて軸索末端に運ばれる．この現象は**軸索輸送**とよばれる．軸索には，軸索の方向と平行に非常に多くの微小管が存在しているが，微小管を破壊する作用をもつコルヒチンで軸索を処理すると軸索輸送が止まる．このことから，軸索輸送には微小管が必要であることがわかる．ATPの分解エネルギーを利用して微小管上を移動し，軸索内の膜小胞を輸送するタンパク質が見いだされ，**キネシン**と名づけられた（図8・33b）．軸索中のすべての微小管は，そのプラス端を軸索末端の方向に向けて存在している．またキネシンは微小管のマイナス端からプラス端方向に運動する．したがって，キネシンは細胞体から軸索末端方向に物質輸送を行うタンパク質であることがわかる（図8・33c）．一方，神経細胞には軸索末端から細胞体方向の輸送も存在するが，この方向の輸送を行うタンパク質も見いだされている．このタンパク質は，鞭毛，繊毛の二頭型ダイニン（図8・31c）とよく似た構造をもち，**細胞質性ダイニン**とよばれる．

近年，キネシンと似た構造をもつ多種類のタンパク質が，種々の真核細胞で見いだされた（ヒトの場合45種存在することがわかっている）．これらはキネシンスーパーファミリータンパク質と総称され，いずれも微小管に依存した細胞内物質輸送にかかわる．間期に存在する微小管ネットワークのおもな機能は，それをレールとした細胞内物質輸送であると考えられる．輸送を行うタンパク質の種類によって輸送される物質が決められ，微小管の方向性と輸送タンパク質の運動の方向性によって，物質輸送の方向性が決められていると考えられる．キネシンスーパーファミリータンパク質やダイニンなどの微小管に依存して運動するタンパク質，およびミオシンなどのアクチンと相互作用して運動するタンパク質は，**モータータンパク質**と総称される．

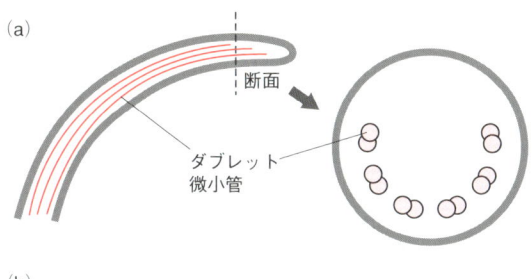

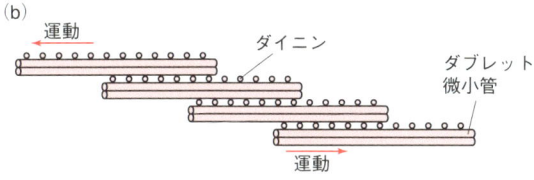

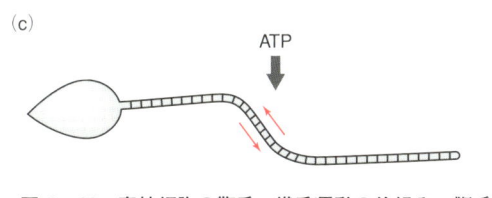

図8・32 真核細胞の鞭毛，繊毛運動の仕組み 鞭毛，繊毛の運動は微小管同士の滑りによって起こるということが，以下の研究により証明された．(a) 繊毛先端部の微小管の観察．屈曲した繊毛の先端部の断面を電子顕微鏡観察すると，9対のダブレット微小管のうちの一部（屈曲の外側の面）が欠けている．このことは，屈曲に伴うダブレット微小管の全体の長さに変化がないことを意味する．すなわち，屈曲は微小管同士の滑りによって起こることを意味する．(b) ダブレット微小管同士の滑りの直接的観察．精子鞭毛を切り取り，洗剤で膜を除き，これを低濃度のトリプシンで処理するとダブレット微小管同士をつなぐネクシンリンク（図8・31b）などの構造体が壊される．一方，微小管とダイニンは無傷のまま残る．これにATPを加えると，ダブレット微小管同士で滑りが起こることが観察される．(c) 屈曲の形成．洗剤処理によって除膜した精子鞭毛の一部分だけにATPを与えると，局部的な滑りが生じ，この部分に屈曲が生じる．

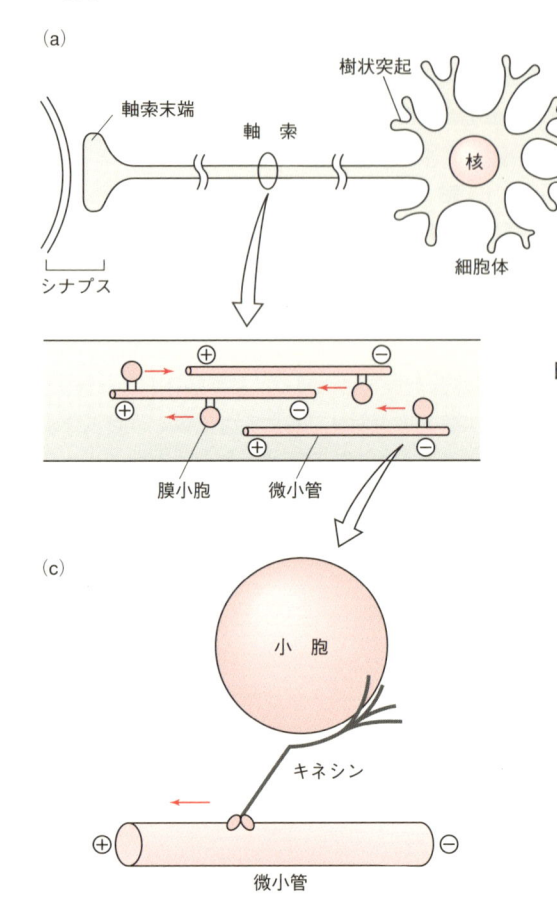

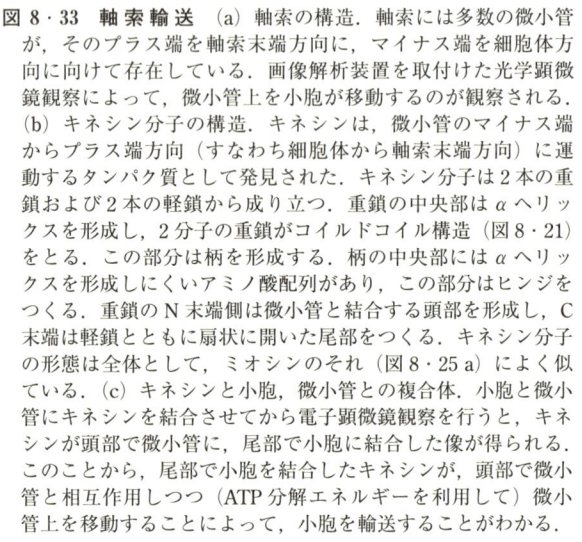

図 8・33 軸索輸送 (a) 軸索の構造. 軸索には多数の微小管が, そのプラス端を軸索末端方向に, マイナス端を細胞体方向に向けて存在している. 画像解析装置を取付けた光学顕微鏡観察によって, 微小管上を小胞が移動するのが観察される. (b) キネシン分子の構造. キネシンは, 微小管のマイナス端からプラス端方向 (すなわち細胞体から軸索末端方向) に運動するタンパク質として発見された. キネシン分子は2本の重鎖および2本の軽鎖から成り立つ. 重鎖の中央部は α ヘリックスを形成し, 2分子の重鎖がコイルドコイル構造 (図 8・21) をとる. この部分は柄を形成する. 柄の中央部には α ヘリックスを形成しにくいアミノ酸配列があり, この部分はヒンジをつくる. 重鎖の N 末端側は微小管と結合する頭部を形成し, C 末端は軽鎖とともに扇状に開いた尾部をつくる. キネシン分子の形態は全体として, ミオシンのそれ (図 8・25 a) によく似ている. (c) キネシンと小胞, 微小管との複合体. 小胞と微小管にキネシンを結合させてから電子顕微鏡観察を行うと, キネシンが頭部で微小管に, 尾部で小胞に結合した像が得られる. このことから, 尾部で小胞を結合したキネシンが, 頭部で微小管と相互作用しつつ (ATP 分解エネルギーを利用して) 微小管上を移動することによって, 小胞を輸送することがわかる.

8・3・5 染色体移動

増殖細胞にとって遺伝情報を正しく複製することと並んで重要なことは, それらを均等に二つの娘細胞に分けることである. そのための装置が**分裂装置**である. 分裂装置は二つの極 (中心体) と, これにマイナス端を接した多数の短い微小管から成る構造体である. 分裂装置は**紡錘体**および**星状体**の二つの部分から成り立つ (図 8・34). 紡錘体を構成する微小管の一部は, 染色体中の**動原体**とよばれる部分にそのプラス端を接している. また, 紡錘体中の微小管の一部は動原体と接することなく, もう一方の極から発する微小管と相互作用している. 染色分体の分配は, 2種類の運動 (図 8・34 の A と B) によって行われる. 動原体には微小管のプラス端を脱重合させるタンパク質が存在する. このタンパク質が微小管を短くすることによって (動原体は微小管のプラス端に結合したままである), 染色分体は極に近づく (図 8・34 の A). また, 紡錘体の中央部でオーバーラップしている微小管同士の間に滑りを起こさせ, 極同士をひき離す役割を担うモータータンパク質 (微小管のプラス端方向に運動するキネシンスーパーファミリータンパク質) が存在し, このタンパク質の働きによって二つの極の間が広げられる (図 8・34 の B). これら2種類の運動によって, 染色分体の分配が行われる.

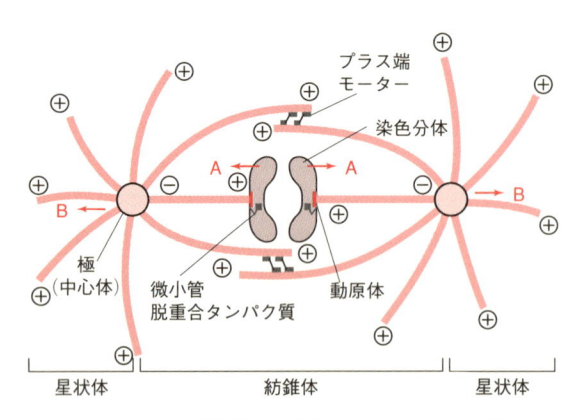

図 8・34 分裂装置の構造とモータータンパク質

8·3·6 細胞質分裂

動物細胞の細胞質分裂は，細胞膜直下に存在する**収縮環**とよばれる構造体の収縮によって行われる（図8·35）．収縮環はアクチンの束から成り，ミオシンや数種類のアクチン結合タンパク質がこれに結合している．ミオシンに対する抗体を分裂期の細胞に注射すると細胞質分裂が阻害されることから，収縮環の収縮は筋肉と同様，アクチンとミオシンの滑りによってひき起こされると考えられる．収縮環が筋肉と違う点は，この構造体が分裂期にのみ形成されて分裂が終わると消失するということである．収縮環が形成されるのは，紡錘体の長軸と直交し，二つの極から等距離にある細胞膜直下である（図8·35）．また，収縮環が収縮を始めるのは，娘染色体の分離が行われた後である．その結果，二つの娘細胞に染色体が均等に分配されることになる．

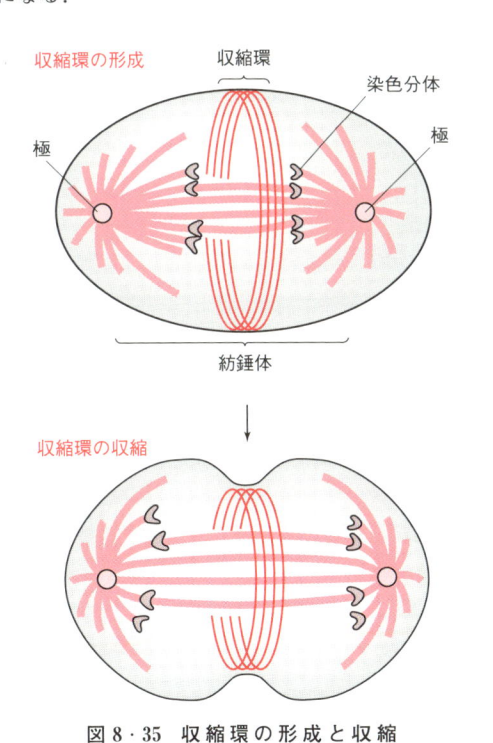

図 8·35 収縮環の形成と収縮

分裂後期に紡錘体の中央部に集積してきた一群のタンパク質から，紡錘体中央部に最も近い細胞膜直下の部位にシグナルが伝えられ，その部分に収縮環が形成されることがわかった．シグナルの実体として，アクチン重合を制御する低分子量Gタンパク質を活性化するタンパク質が想定されている．

8·3·7 細菌の鞭毛

細菌の鞭毛は真核細胞のものに比べてはるかに細く，構成成分もまったく異なっている．細菌の鞭毛は，**フラジェリン**とよばれる球状タンパク質がらせん状に重合したものである（図8·36a）．鞭毛の基底部には

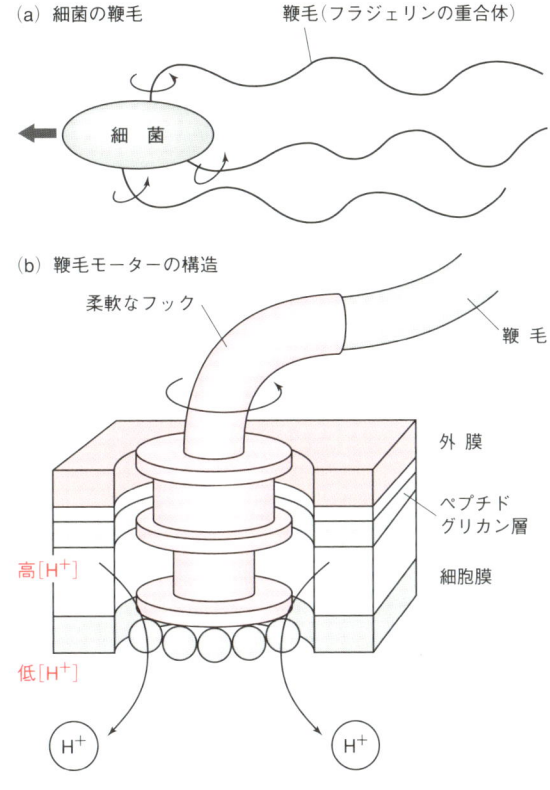

図 8·36 細菌鞭毛の構造

多重のリング状構造体が細菌の膜に埋め込まれた形で存在し，この部分と，フラジェリンから成るらせん状の部分との間には柔軟なフックが存在する．細胞膜内外の間に生じたプロトン勾配が運動の原動力となり，プロトンの流入に共役して鞭毛基底部で回転運動が起こる．この運動はフックを経て鞭毛全体の回転運動となり，細菌は運動する（図8·36b）．細菌の鞭毛は地球上に存在する最小の運動装置であるといえる．

8·4 膜系細胞小器官

§8·1でもふれたように，細胞内部には複雑な膜系が含まれている．以下，それらの構造体の構造と機能

について解説する（図8・37）．

8・4・1 ミトコンドリア，葉緑体

ミトコンドリアは二重の単位膜をもった細胞小器官で，p.46，§5・4で説明したように，酸化的リン酸化の反応場である．ミトコンドリアは自分自身を構成するタンパク質の一部をコードする遺伝子と，タンパク質合成系，さらに遺伝子の複製系を内部にもっている．それらの性質は真核細胞のものよりも原核細胞のものに近い．したがってミトコンドリアは，好気的原核生物の一種が真核細胞に住みついたものと考えることができる．ミトコンドリアがつくったATPは細胞で利用される．ミトコンドリアのタンパク質の一部は核内遺伝子によってコードされており，細胞質で合成されたのちにミトコンドリアに入って，ミトコンドリアに利用される．また，細胞内でのミトコンドリアの増殖は細胞によって制御されている．したがって，ミトコンドリアと真核細胞の関係は共生であるということができる．

葉緑体は植物細胞中で光合成を行う細胞小器官である．葉緑体も固有の遺伝子をもち（葉緑体を構成するタンパク質の一部をコードしている），遺伝子の複製，転写，翻訳を葉緑体内部で行う．葉緑体もミトコンドリアと同様，半自立的な細胞小器官である．

8・4・2 小 胞 体

小胞体は細胞質内に網目状に広がって存在する内膜系であり，核膜の外膜との連結がみられる．小胞体の細胞質側には多数のリボソームが付着した部分があり，この部分は**粗面小胞体**とよばれる．ここで膜タンパク質，分泌タンパク質，リソソーム中に含まれるタンパク質の合成が行われる（p.104，§6・9・2）．一方，リボソームが存在しない部分は**滑面小胞体**とよばれる．粗面小胞体で合成されたタンパク質の一部は，小胞体の内腔で限定的にペプチド鎖の切断を受ける．また，膜タンパク質や分泌タンパク質の多くは糖を結合しているが，一部の糖の付加は小胞体の内腔側で行われる．生体膜の成分であるリン脂質やコレステロールの合成も小胞体膜上で行われる．

また，小胞体は細胞内カルシウムのプールであり，カルシウムイオンを細胞質から小胞体内腔へくみ入れるポンプと，細胞外からの刺激によってカルシウムを細胞質に放出するチャネルが存在する（§8・3・1 h，§9・3・2）．

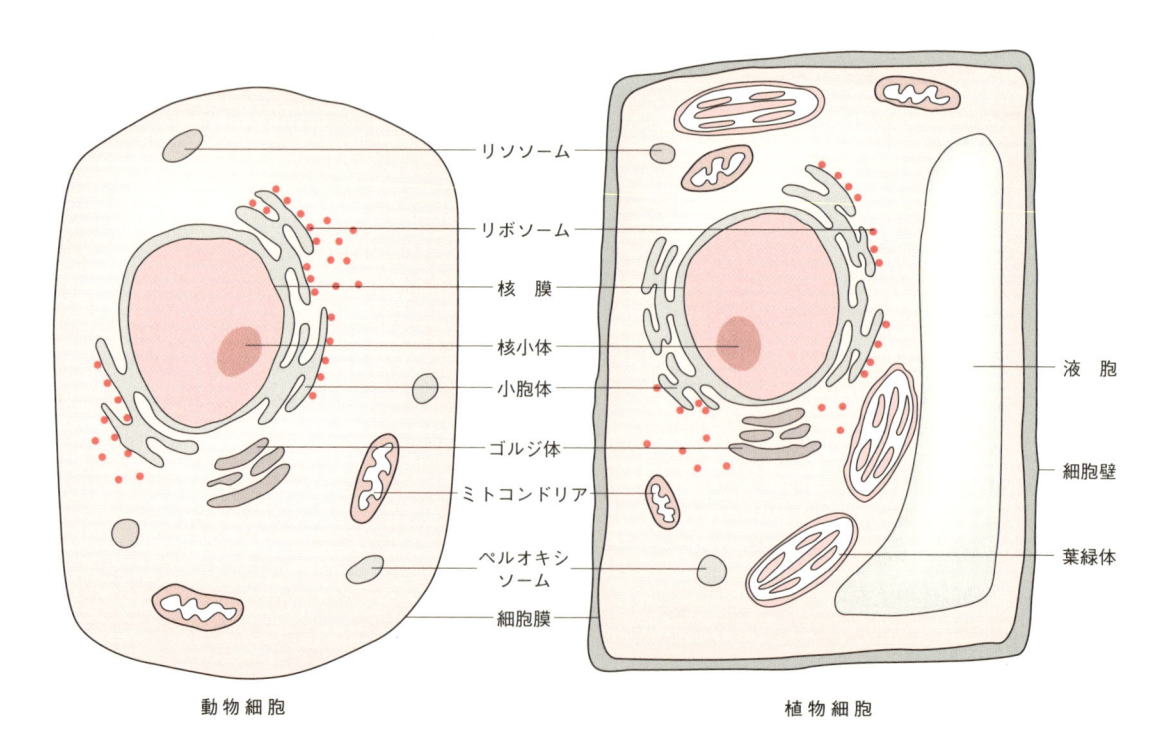

図8・37　細胞の模式図

8・4・3 ゴルジ体

ゴルジ体は扁平な袋状の槽（ゴルジ槽とよばれる）が集まったもので，核の近傍に位置する場合が多い．ゴルジ体は，小胞体でつくられた膜タンパク質や分泌タンパク質，およびリソソームタンパク質を受け取り，ペプチド鎖の一部を切断したり糖鎖を付加することによって，タンパク質の成熟を行わせる器官である．脂質への糖鎖の付加もゴルジ体で行われる．ゴルジ体のうち小胞体に近い面は**シス面**，その反対側は**トランス面**とよばれる（図8・38）．小胞体でつくられ一部の修飾を受けたタンパク質は，小胞体の一部が出芽した後，引きちぎられることによって形成された小胞中に閉じ込められた形で，ゴルジ体のシス面に運ばれる．小胞がゴルジ体の膜と融合することによって，内部のタンパク質がゴルジ槽内に取込まれる．それらのタンパク質はゴルジ体内を，シス槽からトランス槽の方向に移行しながら成熟する．ゴルジ体内における輸送もまた，小胞の出芽引きちぎりと融合という形で行われ，最終的に成熟したタンパク質は小胞に含まれた形で目的の部位へと運ばれる．

細胞分裂の間，ゴルジ体は断片化して細胞質中に分散する．細胞分裂終了後，ゴルジ膜は核の近傍に集積し，新たなゴルジ体が形成される．ゴルジ膜の輸送には微小管依存性モータータンパク質が関与している．

8・4・4 リソソーム

リソソームは単位膜に囲まれた0.5～数μmの大きさの小胞で，消化作用を行う小器官である．リソソームには酸性ホスファターゼ（低分子および高分子のリン酸エステル結合を切る酵素），リボヌクレアーゼ（RNA分解酵素），カテプシン（タンパク質分解酵素）などの分解酵素を含む．タンパク質の消化などに有利なように，リソソーム内部のpHは低く，かつ含まれている分解酵素も酸性pHで高い活性を示す．

8・4・5 ペルオキシソーム

ペルオキシソームは，過酸化水素を発生する化学反応を触媒するオキシダーゼ類や，生じた有害な過酸化水素を分解する酵素を含む細胞小器官である．

8・4・6 液　　胞

液胞は植物細胞にみられる膜に囲まれた大きな水溶液部分で，糖質，有機酸，色素などを含む．また各種分解酵素を含み，動物細胞のリソソームと同様の働きをする．

8・4・7 膜系細胞小器官の動態

細胞膜の一部が小胞化されることによって，細胞内に取込まれる現象を**エンドサイトーシス**とよぶ（図8・38）．たとえば増殖因子の受容体に増殖因子が結合すると，受容体同士が会合してシグナルが細胞内部に伝わるが（§9・2・2），細胞が増殖因子に過剰に反応しないように，細胞膜上の受容体を膜ごと細胞内に取込んで，有効な受容体の数を減らそうとする機構がある．この場合，増殖因子を結合した受容体の会合体が存在する細胞膜直下に，**被覆小孔**とよばれる細胞膜のくび

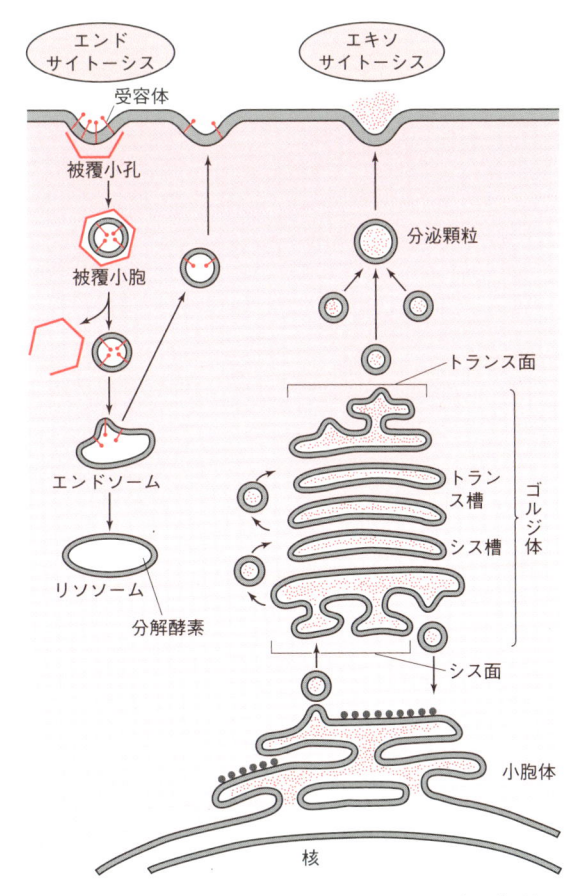

図8・38　細胞内膜系の動態　図に示された小胞の輸送経路のいくつかには，微小管および微小管依存モータータンパク質が関与している．

れ構造が形成される．被覆小孔が成長し，最後にダイナミンとよばれるタンパク質が頸部をくびれ切り，**被覆小胞**とよばれるかご状の構造体に覆われた小胞が形成される（図8・39）．かご状構造体は，クラスリンおよび他の数種類のタンパク質が正六角形あるいは正五角形に会合して球状構造をつくったものである．つぎに，細胞質内に取込まれた被覆小胞から被覆部分が除かれ，小胞同士が融合して**エンドソーム**とよばれる袋状構造体が形成される．ある場合にはエンドソームとリソソームが融合することによって，エンドソーム内部の物質が分解される．またある場合には，エンドソームは細胞膜と融合して受容体を細胞膜上に再出現させる．

小胞体でつくられゴルジ体で修飾を受けた膜タンパク質は，小胞の膜の一部として細胞膜に運ばれ，小胞膜が細胞膜と融合することによって細胞膜の一員となる．また小胞の内腔に取込まれたタンパク質は小胞と細胞膜の融合によって細胞外に放出され，分泌タンパク質となる．このような形での物質の放出を**エキソサイトーシス**とよぶ（図8・38）．典型的なエキソサイトーシスとして，神経細胞の軸索末端における神経伝達物質の放出がある．神経伝達物質を含む小胞（**シナプス小胞**とよばれる）の膜タンパク質およびシナプス膜（シナプスの細胞膜）を解析した結果，つぎのことがわかった．すなわち，シナプス小胞膜に存在する一群のタンパク質とシナプス前膜（神経伝達物質を放出する側のシナプス膜．神経伝達物質を受け取る側はシナプス後膜とよばれる）の一群のタンパク質が，細胞質中の因子の助けを借りて結合する．つぎにシナプス前膜に存在するカルシウムチャネルを通って流入したカルシウムイオンが，シナプス小胞膜上のシナプトタグミンとよばれるタンパク質に結合して，これが引き金となって融合が起こる（図8・40）．シナプス前膜とシナプス小胞の結合と膜融合にかかわるタンパク質

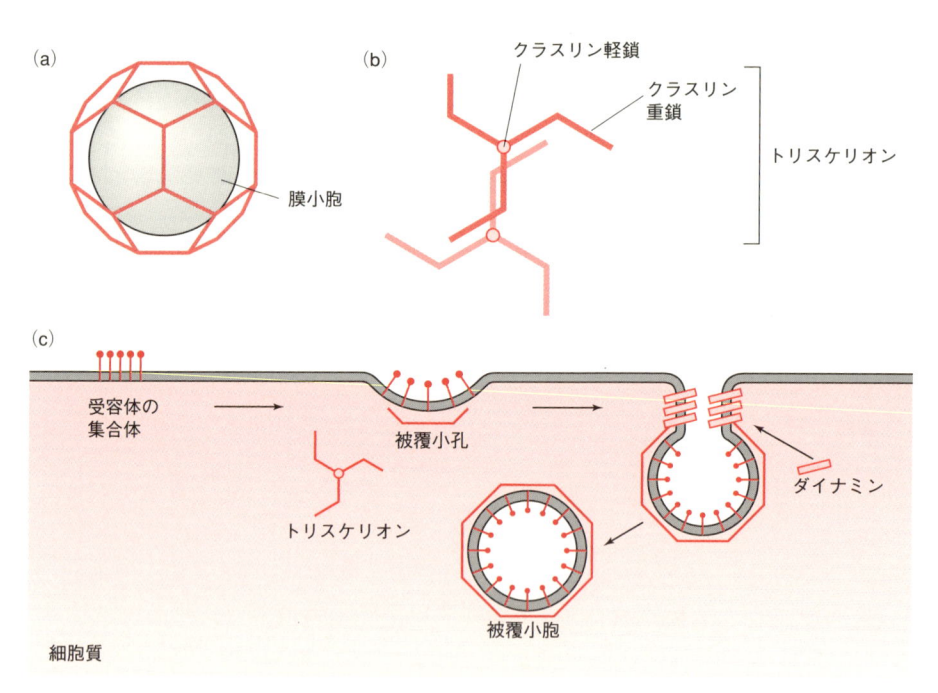

図8・39 被覆小胞 (a) 被覆小胞の構造．被覆小胞とは，網目状の構造体で覆われた膜小胞のことである．ここには，クラスリンというタンパク質を主成分とする被覆小胞の構造を示す．網目状構造体は正六角形および正五角形が組合わさったものである．エンドサイトーシスは主としてクラスリンを含む被覆小胞によって行われる．細胞内の他の小胞輸送は，クラスリンとは異なるタンパク質からできた被覆小胞によって行われている場合が多い．(b) トリスケリオンの構造．トリスケリオンとは3分子のクラスリン重鎖と数分子のクラスリン軽鎖とから成る構造体で，トリスケリオン同士が会合することによって，正六角形あるいは正五角形の網目が形成される．(c) 被覆小胞の形成．エンドサイトーシスを受ける細胞膜の直下（たとえば，受容体の集合体を含む）にトリスケリオンが結合し，膜を内側に引込んだ構造体（被覆小孔）が形成される．被覆小孔が発達し，くびれの根元の部分にダイナミンというタンパク質が結合して，この部分をくびれ切ることによって被覆小胞が形成される．

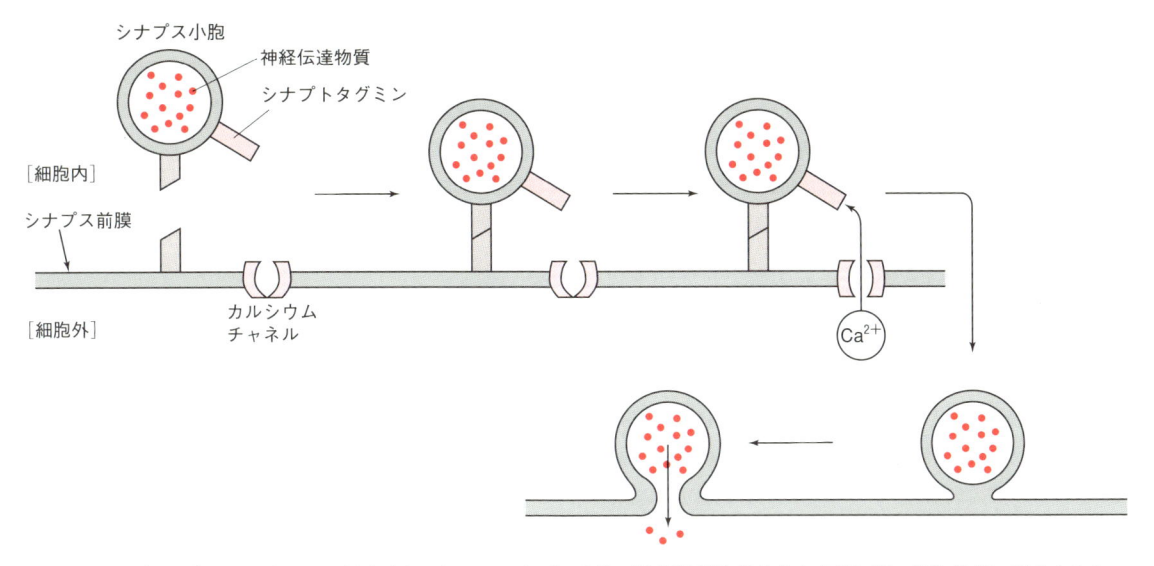

図 8・40 シナプスにおけるエンドサイトーシス シナプス小胞（神経伝達物質を含む小胞）膜の細胞質側に存在するタンパク質と，シナプス前膜の細胞質側のタンパク質とが，細胞質中のタンパク質の助けを借りて結合することによって，シナプス小胞がシナプス前膜につなぎ止められる．神経細胞の興奮によりシナプス前膜のカルシウムチャネルが開くと，カルシウムが細胞内に流入し，シナプス小胞膜に存在するシナプトタグミンというタンパク質がカルシウムを結合する．これが引き金となってシナプス前膜とシナプス小胞膜が融合し，小胞内の神経伝達物質が細胞外に放出される．

として，少なくとも十数種類のタンパク質がわかっている．

これまでみてきたように，細胞膜および細胞内膜系の間にはきわめてダイナミックな物質の交換が行われている．これらの過程をまとめると，① 膜の引きちぎりによる小胞の形成（細胞膜からの小胞形成はクラスリンによって行われることが多い．内膜の場合はクラスリンとは異なるタンパク質を含む被覆小胞の形成によって行われる），② 小胞の細胞内輸送，③ 目的地における膜と小胞との融合，ということになる．小胞の細胞内輸送には，微小管と微小管モータータンパク質系が利用される場合が多い．また，膜の融合の制御には小胞に結合したGタンパク質（GTPあるいはGDPを結合したシグナル伝達にかかわる一群のタンパク質．p.176参照）がかかわっている．

細胞内の膜構造体の動態に関して注意すべき点は，細胞膜，小胞体，ゴルジ体，リソソーム，エンドソーム，およびそれらの間を行き来する膜小胞すべてにわたって，膜の極性（内側と外側の区別）が保たれていることである．たとえば，小胞体やゴルジ槽の内腔は細胞膜の外部（細胞外）と同等である．したがって，細胞膜の外側に放出されるべきタンパク質は合成後，小胞体の内部に取込まれる必要がある．

8・5 細胞周期

増殖細胞にとって最も重要なことは，細胞に含まれる遺伝情報を正確に複製し，それらを均等に二つに分け，それぞれを含む二つの娘細胞をつくることである．細胞はDNA複製と細胞分裂を繰返して増殖する．1回のDNA複製と1回の細胞分裂を含む一連の過程を**細胞周期**とよぶ．

8・5・1 細胞周期の分類

細胞周期は以下の四つの段階に分けることができる．

1) **G_1期**: 細胞分裂が終わった後，DNA複製までの間の期間．DNA合成の準備期．Gとはgap（間隙）の意味である．

2) **S期**: DNA合成期．Sはsynthesis（合成）の意味．

3) **G_2期**: DNA合成と細胞分裂の間．細胞分裂の準備期．

4) **M期**（分裂期）: 細胞が分裂する時期．Mはmitosis（有糸分裂）の意味．

増殖中の細胞は，G_1期→S期→G_2期→M期→G_1期のサイクルを規則正しく繰返している．また，細

胞周期から離れて増殖を停止している状態は，**G₀ 期**とよばれる．細胞は増殖停止の条件下で G₁ 期から G₀ 期に入り，増殖の条件がそろうと G₀ 期から G₁ 期に入って増殖サイクルを繰返す．増殖停止状態から増殖期に入る節目の時期が G₁ 期の中期にあり，この点はスタート（酵母の場合），制限点（哺乳類細胞の場合）などとよばれる（図 8・41 a）．

増殖中の細胞を光学顕微鏡で観察すると，G₁ 期から S 期を経て G₂ 期までは細胞の形はあまり変化しないが，M 期には細胞はその形態を著しく変化させる．細胞の形態をもとにしたつぎのような分類も行われている（図 8・41 b）．

1) **間期**: G₁ 期，S 期，および G₂ 期を含む．多くの細胞は非球形的形態（平らな形態，近接する細胞と明確な接触構造をもつ形態，突起を伸ばした形態など）をとる．

2) **分裂期（M 期）**: これをさらに，以下のように分ける．

① **前期**: 染色体が凝集を始め，紡錘体の形成が始まる時期．

② **前中期**: 核膜が消失し，染色体が不規則な運動を繰返しつつ，赤道面に移動する時期．

③ **中期**: 染色体が赤道面に一列に並ぶ時期．

④ **後期**: 染色分体がそれぞれの極に向かって移動し，極と極との距離も増大する時期．

⑤ **終期**: 染色分体の分離が完了し，染色体の膨潤と核膜の形成が始まる時期．

⑥ **細胞質分裂**: 細胞質がくびれ切れ，二つの娘細胞が形成される時期．

8・5・2 細胞周期の制御

細胞周期に伴う多くの事象はどのようにしてひき起こされるか，また，それらはどのようにして制御されているかという点について以下に説明する．

a. Cdk1 による M 期の制御　　細胞周期の制御機構の解明には，出芽酵母（*Saccharomyces cerevisiae*）および分裂酵母（*Schizosaccharomyces pombe*）を用いた研究が大きく貢献した．これらは最も単純な真核細胞であり，また遺伝学的解析が可能である．2 種類の酵母の細胞周期を止めてしまう一群の変異体は，**CDC**（<u>c</u>ell <u>d</u>ivision <u>c</u>ycle）**変異体**（それらの遺伝子を，出芽酵母は *CDC*，分裂酵母は *cdc* と表す）とよばれている．このうち，最も重要なものが分裂酵母の *cdc2* 遺伝子である（出芽酵母の *CDC28* 遺伝子がこれに相当する）．*cdc2* 遺伝子産物（**Cdc2** と表示する）はタンパク質のセリンおよびトレオニン残基をリン酸化するプロテインキナーゼである（プロテインキナーゼについては p.185 参照）．Cdc2 は真核細胞に広く分布し，それらの一次構造はよく保存されている．現在，Cdc2 は **Cdk1**（<u>c</u>yclin-<u>d</u>ependent <u>k</u>inase 1，サイクリ

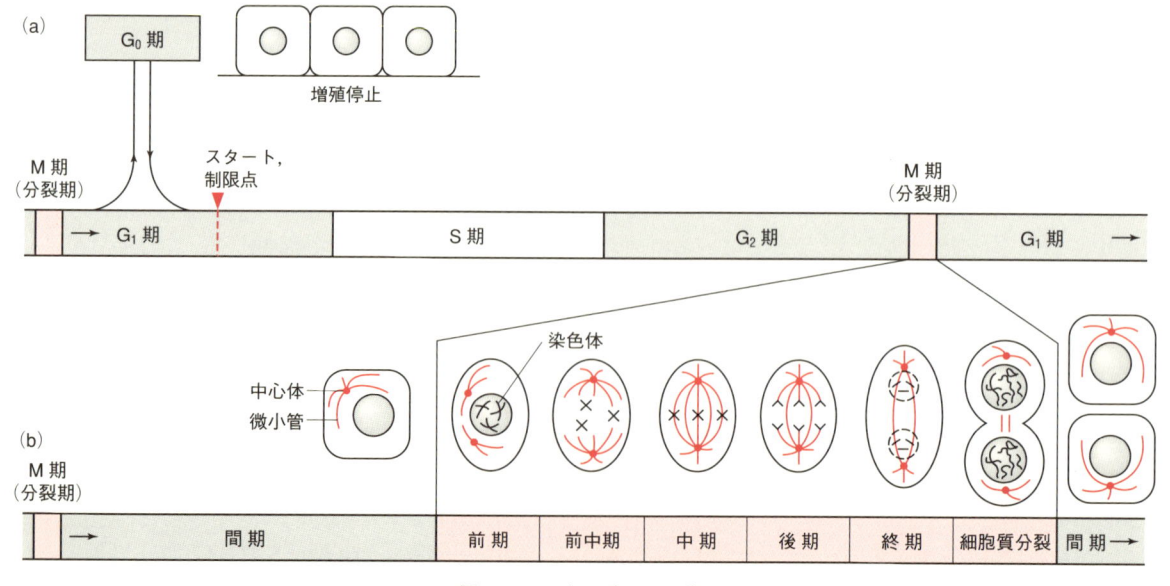

図 8・41　細 胞 周 期

ン依存キナーゼ1）とよばれている．以下，Cdk1と表す．このキナーゼは細胞周期に伴って活性が大きく変動する（細胞周期に伴う量的変動はない）．この活性変動がどのようにして起こるかを調べた結果，つぎのようなことがわかった．Cdk1はG_2期にサイクリンBとよばれるタンパク質（分裂酵母では*cdc13*遺伝子産物）と複合体をつくり，さらにCdk1のT161（161番目のトレオニン残基）およびY15（15番目のチロシン残基）がリン酸化される（哺乳類細胞ではT14すなわち14番目のトレオニン残基もリン酸化される）．このままではCdk1はキナーゼとしての活性をもたないが，G_2期の終わりになるとプロテインホスファターゼによってY15（哺乳類細胞ではT14も）のリン酸基がはずされ，キナーゼは活性化される．活性化されたキナーゼが基質タンパク質をリン酸化することによって，核膜の崩壊，染色体の凝集，分裂装置の形成などのM期特有の現象がひき起こされる（図8・42）．Cdk1とサイクリンBの複合体はMPF（<u>m</u>aturation-<u>p</u>romoting <u>f</u>actor あるいは <u>m</u>itosis-<u>p</u>romoting <u>f</u>actor）とよばれる．これは，カエルやヒトデの未成熟卵の成熟（第二減数分裂のM期への導入）をひき起こす物質として想定されていたものである．

Cdk1-サイクリンBの基質の一例として，核膜の裏打ち構造をつくっている核ラミナの構成成分であるラミンがある．M期にラミンがリン酸化されることによって，核ラミナが脱重合する．これが核膜崩壊の一要因である．

M期の終わりにはサイクリンBがタンパク質分解酵素によって分解され，Cdk1は不活性化される（図8・42）．このようにCdk1の活性化は細胞がM期に入るための必須条件であり，Cdk1の活性は三重のきわめて巧妙な制御機構によって制御されている．すなわち，サイクリンBの結合とT161のリン酸化はCdk1を活性化する働きをもち，Y15（およびT14）のリン酸化とサイクリンBの分解はCdk1を不活性化する働きをもつ．したがってこれらが順序だって起こることにより，Cdk1の活性化および不活性化が見事に制御されるわけである．Cdk1のT161をリン酸化する酵素CAKは，Cdk1と類似した構造をもつプロテインキナーゼとサイクリンの一種の複合体である．また，Wee1あるいはMik1というプロテインキナーゼがCdk1のY15をリン酸化する（哺乳類細胞のT14はMyt1というプロテインキナーゼによってリン酸化される）．さらに，Cdc25というプロテインホスファターゼがY15を脱リン酸する．M期の後期におけるサイクリンBの分解は，サイクリンBへのユビキチン（タンパク質分解の目印となる小さなタンパク質）の付加，およびプロテアソーム（多くのサブユニットから成る

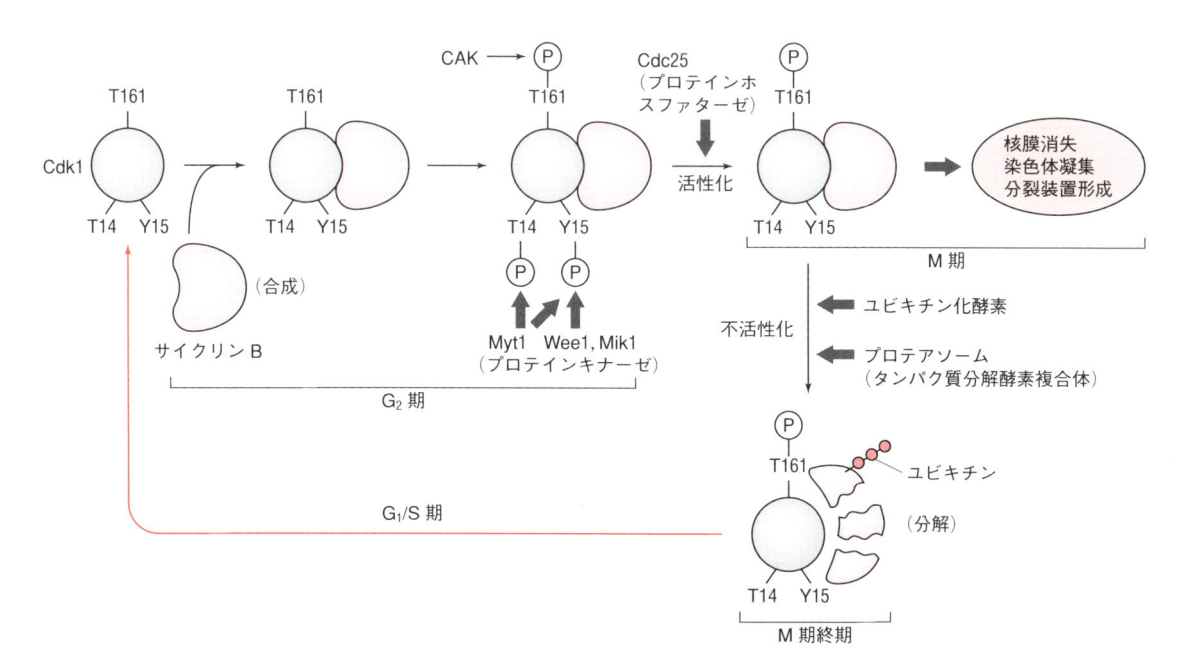

図8・42 **Cdk1の活性調節** T：トレオニン，Y：チロシン，Ⓟ：リン酸．

巨大なタンパク質分解酵素複合体）による加水分解によって行われる（p.27）．サイクリンBの分解は細胞がM期から脱出するのに必須である．これらのキナーゼおよびホスファターゼ，ユビキチン化系もまた，細胞周期によって活性の制御を受けている．このように多くの酵素から成る複雑で精緻なネットワーク（その中心にはCdk1が存在する）によって，細胞のM期への導入およびM期からの脱出が制御されているのである．現在，Cdk1のほかに，PLKやAuroraとよばれる一群のプロテインキナーゼがCdk1とともに，あるいはCdk1の支配下のもとに，M期を制御していることがわかっている．

b. S期の制御　分裂酵母および出芽酵母のCdk1はG_2期からM期への進入のみならず，G_1期からS期に入る際の制御にもかかわっている．ただし，G_1期からS期にかけて分裂酵母あるいは出芽酵母のCdk1と結合しているのは，サイクリンBとは異なるサイクリンである．出芽酵母のG_1/Sサイクリンとして知られているものに，Cln1, Cln2, Cln3（スタートにかかわる），Clb5, Clb6（S期中に働く）などがある．また分裂酵母のG_1/Sサイクリンには，Cig1, Cig2などがある（図8・43 a，b）．

哺乳類細胞でも，同様の仕組みが存在している．ただしCdk1のほかに，Cdk1と似た構造をもち，各種サイクリンによって活性化を受けるCdk2, Cdk4, Cdk6などのプロテインキナーゼが，哺乳類細胞の細胞周期の制御にかかわっている．哺乳類細胞の場合，Cdk4あるいはCdk6とサイクリンDとの1対1複合体がG_1期中期（制限点）に働き，Cdk2とサイクリンE複合体がG_1期からS期への変換点で働く．また，S期にはCdk2とサイクリンA，G_2期とM期にはCdk1とサイクリンAおよびCdk1とサイクリンBの複合体が働くことがわかっている（図8・43 c）．

G_1期からS期に至るCdk-サイクリン系の標的として，*RB*遺伝子産物がある．*RB*遺伝子とは，小児のがんである網膜芽細胞腫（retinoblastoma）において変異を起こしていることが初めて見いだされた遺伝子で，正常細胞では，遺伝子産物Rb（あるいはpRb）はDNA複製に必要ないくつかの遺伝子の発現を抑えることによって細胞増殖を抑制する働きをもつ（網膜芽細胞腫ではこの遺伝子が欠けているため，がん化が起こるのである）．RbはG_1期初期ではあまりリン酸化されておらず，S期に入る直前にCdk4,6-サイクリンDおよびCdk2-サイクリンEによってリン酸化され，そのために遺伝子発現の抑制作用がなくなり，S期に必要なタンパク質が合成される（図8・44）．なお酵母には*RB*遺伝子は存在しないが，Cdk1とG_1期のサイクリン複合体が，DNA複製にかかわる遺伝子群の発現制御に関与することがわかっている．

以上に述べたように，酵母では1種類のCdkが，

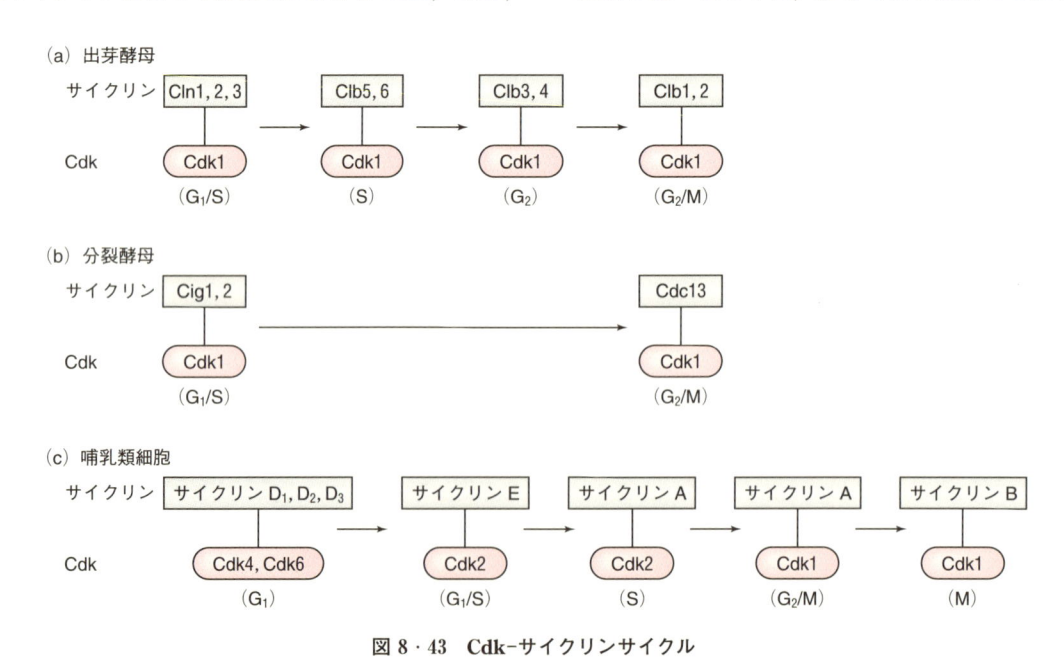

(a) 出芽酵母

サイクリン	Cln1, 2, 3	→	Clb5, 6	→	Clb3, 4	→	Clb1, 2
Cdk	Cdk1		Cdk1		Cdk1		Cdk1
	(G_1/S)		(S)		(G_2)		(G_2/M)

(b) 分裂酵母

サイクリン	Cig1, 2	→	Cdc13
Cdk	Cdk1		Cdk1
	(G_1/S)		(G_2/M)

(c) 哺乳類細胞

サイクリン	サイクリンD_1, D_2, D_3	→	サイクリンE	→	サイクリンA	→	サイクリンA	→	サイクリンB
Cdk	Cdk4, Cdk6		Cdk2		Cdk2		Cdk1		Cdk1
	(G_1)		(G_1/S)		(S)		(G_2/M)		(M)

図8・43　Cdk-サイクリンサイクル

哺乳類細胞では複数種類のCdkがかかわるという点に相違はあるが，細胞周期に伴って異なるサイクリンがCdkと結合し，細胞周期の各時点で異なるタンパク質基質をリン酸化することによって，細胞周期の制御を行っている．すなわち，細胞周期の制御の根幹にかかわるCdk-サイクリン系は真核細胞全般にわたってよく保存されているということができる．

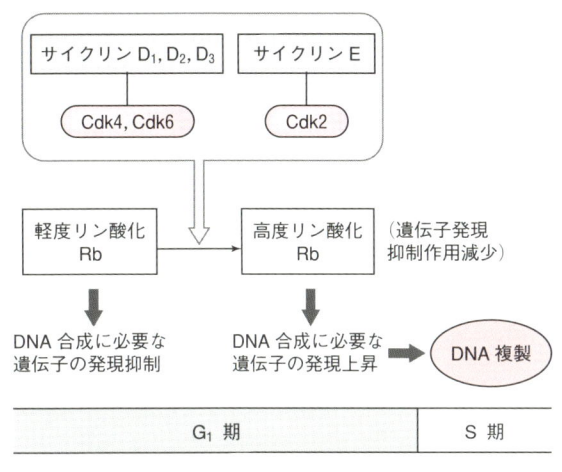

図8・44 G_1サイクリン-CdkによるS期の制御

c. 細胞周期進行の監視機構 細胞周期に伴い，AとBという二つの事象がこの順序で起こるものとする．正常な細胞周期を繰返している細胞では，Aが完了せずにBが起こることはない．これは，Aという事象が完了したことを確認してBが起こることを許可する機構が存在するからである．このような機構は**チェックポイント機構**とよばれる．

細胞が紫外線や放射線に当たるとDNAの損傷が起こる．増殖細胞においてDNAの損傷を残したまま細胞分裂が行われると，娘細胞には間違った遺伝情報が伝わってしまう．これを防ぐための監視機構が存在する．この監視機構には，DNAの損傷を感知するタンパク質，損傷の情報を伝えるタンパク質（このなかにはプロテインキナーゼが多種含まれる），細胞周期を一時的に止める働きをもつタンパク質，DNAの修復機構を活性化するタンパク質などが含まれる．これらのタンパク質をコードする遺伝子が欠けた細胞では，DNA損傷があっても修復を行わないまま細胞分裂が進行してしまう．また，正常な細胞では，DNAの損傷がない場合でもDNA複製を止める薬剤を用いて複製を止めると細胞分裂が起こることはけっしてないが，薬剤存在下でも細胞分裂を行ってしまう突然変異体が存在する．それらの研究から，DNA複製阻害に伴うチェックポイント機構にかかわる多くの遺伝子が同定された．そのうちの多くが，前に述べたDNA損傷に伴うチェックポイントにも関与している．つまり，DNA損傷およびDNA複製阻害に伴うチェックポイント機構は一部を共有している（図8・45a）．

M期に活性が高まるCdk1-サイクリンB複合体には，M期への導入に必要なタンパク質のリン酸化のほかにDNAの複製を開始させない働きもある．分裂酵母では，Cdk1-サイクリンBはDNA複製開始に必要なタンパク質複合体（複製前複合体とよばれる）の形成を阻害し，このことによって分裂が完了するまで（M期の終わりにはサイクリンBが分解されてCdk1の活性がなくなる）つぎのDNA複製が起こらないようにしている（図8・45a）．

さらに，M期の進行に関するいくつかのチェックポイント機構が存在することが見いだされている．微小管を破壊する試薬の存在下で細胞を培養すると分裂

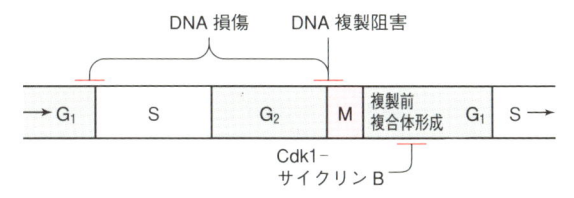

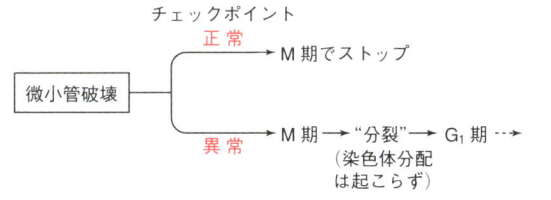

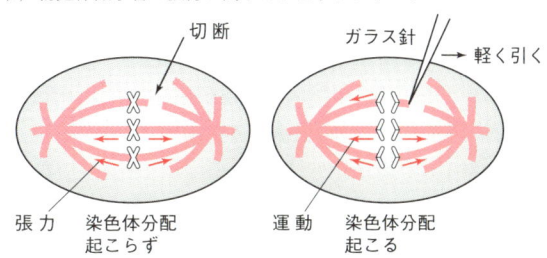

図8・45 細胞周期のチェックポイント

◇ アポトーシス ◇

細胞中に備わっている機構による，積極的な細胞死のことを**アポトーシス**とよぶ．アポトーシスを起こしつつある細胞は細胞膜や細胞小器官が比較的正常で，染色体の凝集や核の断片化が起こるのが特徴である．また，DNAが約200塩基対を単位とした長さに段階的に分断される．これはアポトーシスによって誘導されたDNA分解酵素によって，ヌクレオソーム間のDNAが選択的に切断されたためである（図1）．アポトーシスに対する語は**壊死（ネクローシス）**である．ネクローシスは栄養分や酸素の欠乏あるいは外的損傷によって起こり，通常は核の形態が保たれたまま細胞膜や細胞質が変化し，細胞内物質を細胞外に放出する．

発生の過程で不要になった細胞を除いたり，免疫系細胞のうち，自己に対する抗体を産生する細胞株を排除して，自己以外の物質に対する抗体をつくりうる細胞株だけを残すのに，アポトーシスという手段が用いられる．線虫の発生に伴う細胞死や，免疫系の細胞の細胞死に関与するいくつかの遺伝子が同定されている．前者にはいくつかの*ced*遺伝子，後者にはFas抗原（免疫系細胞の細胞膜に存在する受容体．これにアポトーシス誘発因子が結合するとアポトーシスがひき起こされる）や*bcl-2*（アポトーシスを抑える遺伝子）などがあり，線虫と哺乳類のアポトーシス関連遺伝子産物のいくつかの間には構造上の類似性がみられる．

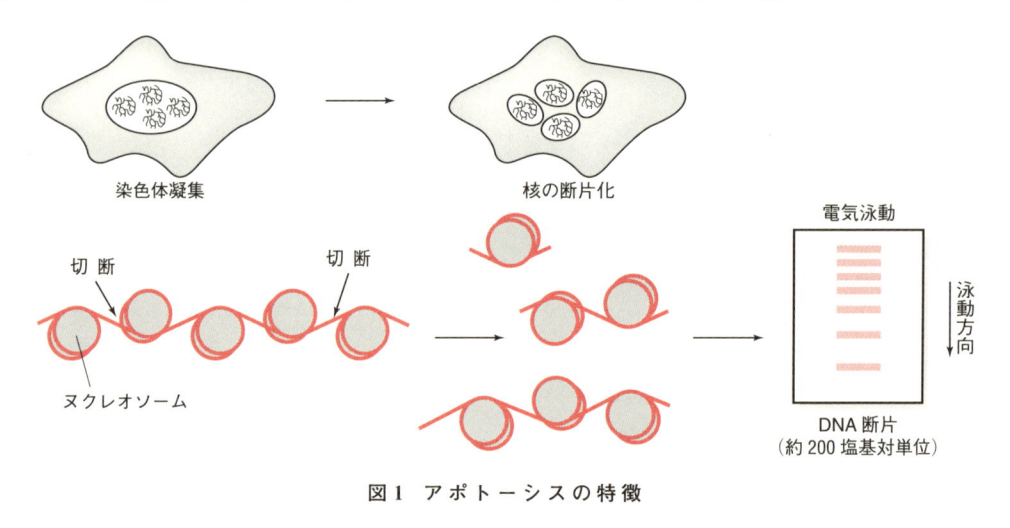

図1 アポトーシスの特徴

装置の形成が阻害され，細胞はM期で分裂阻止を受ける．ところが，酵母で*MAD*や*BUB*と名づけられた一連の遺伝子が機能しないと分裂阻害が起こらず，細胞分裂が完了しないままM期から脱出し，つぎのDNA複製が起こってしまう．つまり，*MAD*や*BUB*遺伝子産物はM期の進行が正常に行われていることを監視する役目を担っているわけである（図8・45 b）．

分裂中期ですべての染色体が赤道面に並んだのちに染色分体の分配（分裂後期）が起こるが，一つの染色分体と片方の極をつなぐ微小管を切ってやるとすべての染色分体の分配が起こらなくなる．ところが，切った微小管をガラス棒で極方向に軽く引っ張ってやると他の染色分体の分配が開始する．通常の場合，すべての染色体に対して両極から均等な張力（それぞれの極と染色分体を連結する微小管に由来する）がかからないうちはチェックポイント機構が働いて，すべての染色分体の分離開始が阻害されており（ここに，先に述

このことは，アポトーシスの機構が種の間でよく保存されていることを意味する．アポトーシスの情報伝達はカスパーゼとよばれる10数種類のプロテアーゼが重要な役割を担っている．

近年，細胞周期のチェックポイント機構とアポトーシスおよびがん化の関係が解明されてきた．たとえば，紫外線や放射線によりDNAの損傷が起こった場合，間違った遺伝情報が娘細胞に伝わらないように，DNA複製や細胞分裂を一時的に抑えてDNA修復を行う機構が存在する (p.167)．この際，がん抑制遺伝子の産物であるp53が増殖に必要なCdkを阻害するタンパク質の発現を促し，細胞周期を止める．また，DNAの修復が不可能である場合は，同じくp53の働きでアポトーシスのスイッチが入り，細胞を殺すことによって間違った遺伝情報が娘細胞に伝わることを防ぐという機構がある．p53の遺伝子が働かない場合にはアポトーシスが起こらず，間違った遺伝情報をもつ娘細胞が生じてしまう可能性がある．これが発がんの要因の一つであると考えられる（図2）．さらに，ウイルスに感染した細胞をアポトーシスによって積極的に排除することによって，ウイルスの増殖を未然に防ぐという機構も存在する．このように，アポトーシスは個体全体の生存のために個々の細胞を積極的に除くという役目を担っている．

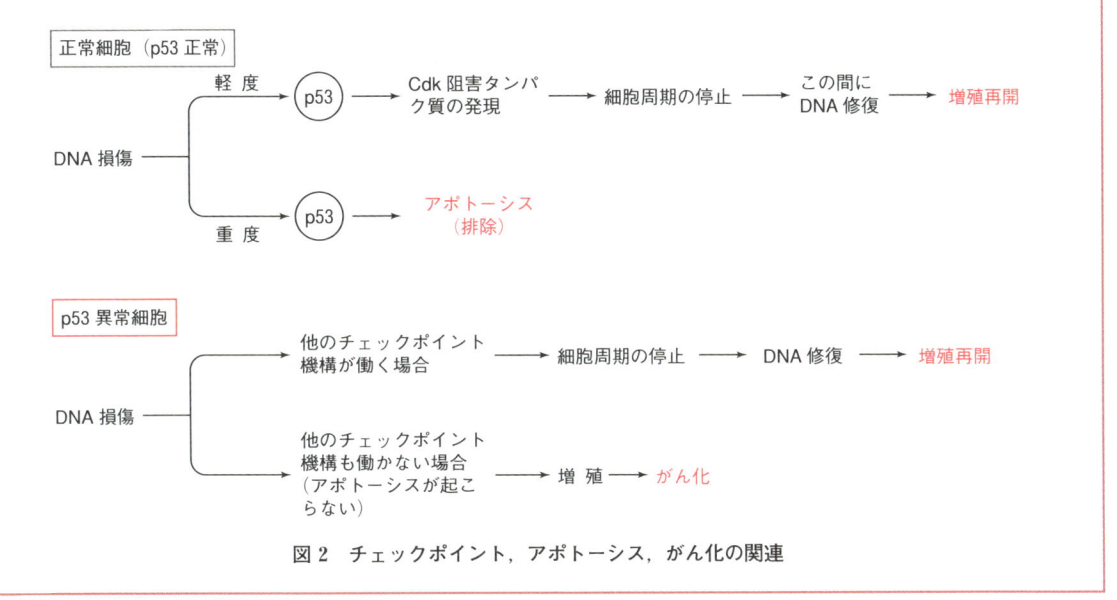

図2 チェックポイント，アポトーシス，がん化の関連

べたMADやBUB遺伝子産物が働いている），すべての動原体と極との間を微小管が正常な形で連結し，すべての染色体で張力が発生したときにチェックポイント機構が不活性化され，いっせいに分配を開始するのである．図8・45cは人為的にこのような状態をつくり出した結果，分配が阻害されている（左図），あるいは開始する（右図）ことを表している．M期中期では二つの染色分体はコヒーシンとよばれるタンパク質複合体によって結合されており，チェックポイント機構の解除によってコヒーシンを分解するプロテアーゼが活性化し，染色分体の分配が開始するという機構が解明されている．

以上に述べたように，細胞が分裂周期を繰返す際の諸現象が順序正しく起こるようにする監視機構が多数存在し，親細胞から娘細胞へ遺伝情報が正しく，かつ均等に分配されることを可能にしている．

9 シグナル伝達

　細胞は代謝や物質輸送，形態維持や移動，遺伝子発現，増殖や分化などをはじめとするさまざまな機能を担っている．そしてその機能は細胞外の情報により適切に統御されている．細胞が細胞外の情報を検知して的確に応答する仕組みは，**細胞シグナル伝達（シグナル伝達）**とよばれる．シグナル伝達の解析は，1950年代の糖代謝のホルモン制御の生化学的研究に端を発する．その後，1980年代以降の培養細胞を利用した細胞増殖因子やがん遺伝子の機能の分子生物学的な解析，モデル生物の発生過程の遺伝学的な解析を通じて，それにかかわるタンパク質（シグナル伝達タンパク質）やシグナル伝達分子群が同定され，細胞の遺伝子操作やイメージングの技術などを通じて各分子の役割が調べられている．シグナル伝達は，個々の細胞機能を制御すると同時に，さまざまな細胞機能を統御する仕組みともいえる．そして，多数のタンパク質と分子とから成る多数のシグナル伝達経路が絡み合った複雑なネットワークを構成している．その素過程は，タンパク質分子と他の分子との"特異的"で"一過的"な分子間相互作用である．

9・1　シグナル伝達とそのロジック

9・1・1　細胞の応答反応と細胞間相互作用

　細胞は外界の環境変化に迅速に応答し，自身の活動パターンを合目的的に変化させる．単細胞生物においては，栄養源の枯渇および熱や紫外線といった物理的変化，pHやイオン濃度といった化学的変化が主たる環境変化である．たとえば大腸菌は，栄養源などの化学物質の細胞外濃度変化を検知し，合目的的な行動をとる．多細胞生物の体細胞も，細胞外の物理的，化学的な変化に応答し生体にとって合目的な行動をとる点では原核生物と同様である（図9・1）．

　これに加え，多細胞生物の細胞は細胞間で情報交換（コミュニケーション）を行っており，これが個体としての恒常性維持機構の基盤となっている．細胞間のコミュニケーション（細胞間相互作用）にはさまざま

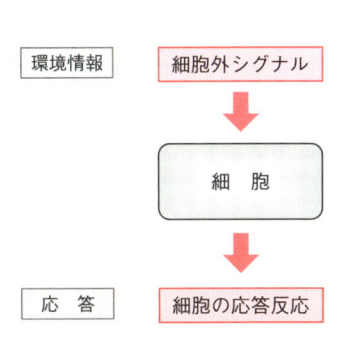

| 環境情報 | 細胞外シグナル | → | 栄養源，化学物質，光，熱，機械的力
細胞外シグナル分子（ホルモン，細胞増殖因子，サイトカインなど）
他の細胞との接着，基質との接着 |

　　　↓
　　細　胞
　　　↓

| 応　答 | 細胞の応答反応 | 細胞形態（すべての細胞）
細胞移動（すべての細胞）
細胞極性（すべての細胞）
神経伝達（ニューロン）
物質の選択輸送（上皮細胞）
ホルモン分泌（分泌細胞）
収縮（筋細胞）
細胞増殖（運命決定）（すべての細胞）
細胞分化（運命決定）（すべての細胞）
細胞死（運命決定）（すべての細胞） |

図9・1　**細胞の応答反応**　細胞はさまざまな外界の刺激に応じて的確に応答する．多細胞生物の細胞では，すべての細胞に共通した応答に加え，分化した細胞に特有の応答を行う．

表 9・1 細胞間シグナル伝達物質を介した細胞間相互作用の類型

伝 達 様 式	細胞間シグナル伝達物質	作用距離
拡散性液性因子		
内分泌（エンドクリン）	ホルモン	遠
傍分泌（パラクリン）	増殖因子，局所伝達物質	近
自己分泌（オートクリン）	増殖因子	産生細胞自身
シナプス伝達	神経伝達物質	遠
細胞表面タンパク質などを介した細胞間直接相互作用	細胞接着分子	隣の細胞
ギャップ結合を介した伝達物質の輸送	細胞内伝達物質	隣の細胞

な類型がある（表9・1，図9・2）．シグナル伝達物質を介したきわめて特異性の高い認識と応答の機構が存在する．

9・1・2 細胞外シグナルに対する細胞の応答反応と細胞内シグナル伝達経路

細胞外のさまざまな環境変化というシグナルに対する細胞の応答反応は，まずシグナルを特異的に検出する受容体が活性化することによりその引き金が引かれる．これにひきつづきシグナル伝達経路が作動する．シグナル伝達経路は，受容体が受け取った細胞外の情報を変換，増幅する．これが最終的に細胞の応答を実行するタンパク質に作用し，細胞応答反応をひき起こす（図9・3）．シグナル伝達経路は，多くの場合複数の分子を介する多段階の反応（カスケード反応）であり，負のフィードバック回路により自動制御されている．

9・1・3 受容体（レセプター）タンパク質

外界のシグナルを特異的に認識するタンパク質を**受容体（レセプター）**とよぶ．シグナル伝達物質は受容体と特異的に結合する．このような物質を**リガンド**とよぶ．受容体の活性化作用を示す物質を**アゴニスト**，逆にアゴニストの作用を阻害する物質を**アンタゴニスト**とよぶ．アゴニストの結合が受容体の活性化をひき起こし，細胞応答反応の引き金を引く．

受容体は多くの場合，細胞表面に露出した細胞膜タンパク質（細胞膜受容体）である．一方，シグナル伝達物質が細胞膜を透過する場合には，その受容体は細胞内に存在する．細胞外シグナルを特異的に認識する多様な受容体が存在する（表9・2）．

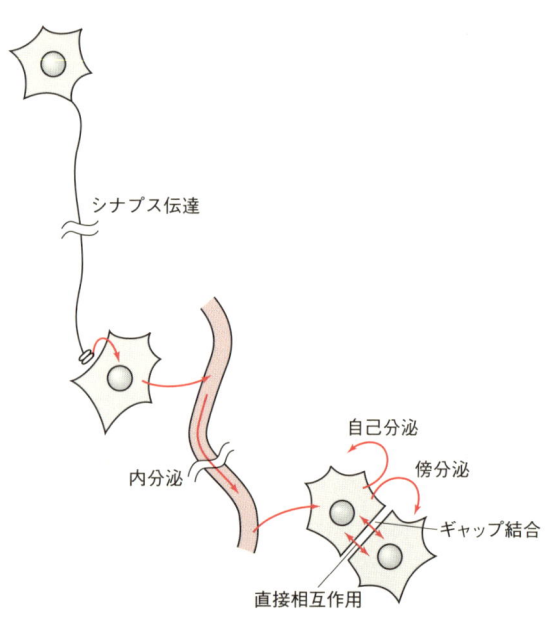

図9・2 細胞間相互作用の模式図

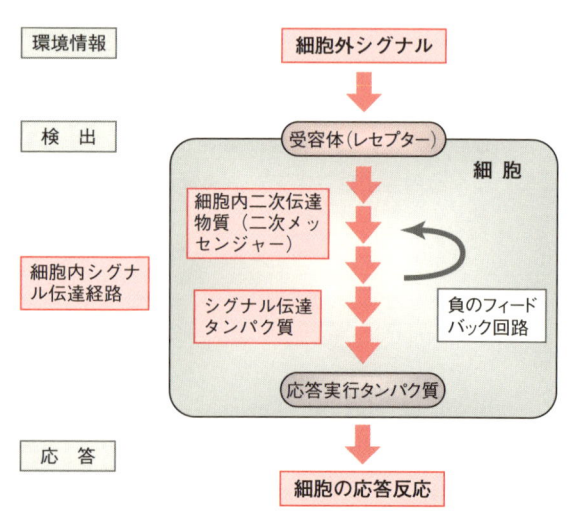

図9・3 細胞内シグナル伝達経路　細胞外の刺激に応じて活性化した受容体に始まる細胞内シグナル伝達経路は，シグナル伝達タンパク質と二次伝達物質を介した多段階の反応であり，負のフィードバック回路を有する．

表 9・2 細胞外シグナルとその特異的受容体 細胞膜受容体はその構造と活性化以降の過程によりいくつかの類型に分類できる．第一は細胞膜を7回貫通する構造を示す受容体である．この類の受容体は，三量体型Gタンパク質を介してシグナル伝達経路を作動させる．第二はチロシンキナーゼに共役した受容体であり，受容体自身がチロシンキナーゼの活性を示すものと，受容体自身はチロシンキナーゼ活性を示さないものとがある．これ以外に，多様な受容体とおのおのに特有な多様な細胞内シグナル伝達経路が存在する．ステロイドホルモンをはじめとする脂溶性のホルモンや化学伝達物質は，細胞膜を透過する．これに対する受容体は細胞質，核内に存在する．代表的なものはステロイドホルモンの受容体であり，これ自身が転写調節因子である．細胞質に存在する酵素が受容体となっている場合もある．

細胞外シグナル	受容体の類型		特異的受容体
光	細胞膜7回貫通型受容体	Gタンパク質共役型	ロドプシン
におい物質			嗅覚受容体
ホルモン			
エピネフリン（アドレナリン）			アドレナリン受容体
神経伝達物質			
アセチルコリン（ムスカリン様作用）			ムスカリン性アセチルコリン受容体
局所伝達物質			
プロスタグランジン			プロスタグランジン受容体
ケモカイン			
インターロイキン8（IL8）			IL8受容体
ホルモン	細胞膜1回貫通型受容体（二量体あるいは多量体として機能）	触媒型（チロシンキナーゼ）	
インスリン			インスリン受容体
血小板由来増殖因子（PDGF）			PDGF受容体
トランスフォーミング増殖因子β（TGFβ）		触媒型（セリン/トレオニンキナーゼ）	TGFβ受容体
心房性ナトリウム利尿ペプチド（ANP）		触媒型（グアニル酸シクラーゼ）	ANP受容体
？		触媒型（チロシンホスファターゼ）	CD45
サイトカイン		非触媒型（チロシンキナーゼ活性化）	
インターロイキン2（IL2）			IL2受容体
インターフェロン（IFN）			IFN受容体
抗原			B細胞受容体
抗原提示細胞			T細胞受容体
ホルモン			
成長ホルモン			成長ホルモン受容体
細胞接着因子			
インテグリン			インテグリン受容体
腫瘍壊死因子（TNF）		非触媒型（プロテアーゼ活性化）	TNF受容体
神経伝達物質	受容体自身がイオンチャネルであるイオンチャネル型		
アセチルコリン			ニコチン性アセチルコリン受容体
神経インパルス			電位依存性カルシウムチャネル
ステロイドホルモン	細胞膜，核内型受容体	転写調節因子	
グルココルチコイド			グルココルチコイド受容体（GR）
甲状腺ホルモン			甲状腺ホルモン受容体
ビタミンD_3			ビタミンD_3受容体（VDR）
レチノイン酸			レチノイン酸受容体（RAR, RXR）
エクジソン			エクジソン受容体（EcR）
芳香族炭化水素			ARNT
一酸化窒素（NO）		酵素	グアニル酸シクラーゼなど
熱	その他	（詳細不明）	HSF（熱ショック転写因子）
酸化還元状態の変化			複数のタンパク質，脂質など（？）
紫外線など			DNA，複数のタンパク質，脂質など（？）
機械的圧力			不明

9・1・4 シグナル伝達タンパク質と細胞内二次伝達物質

受容体の活性化を発端とする細胞応答は，細胞内シグナル伝達経路を介して行われる．ここにかかわる分子が**シグナル伝達タンパク質**と**細胞内二次伝達物質**（二次メッセンジャー，セカンドメッセンジャーともいう）である．シグナル伝達の素過程は，シグナル伝達タンパク質や細胞内二次伝達物質の質や量の変化を特徴とする（図9・4）．これらシグナル伝達分子群の変化は一過性であり，活性化状態の持続時間が，そのシグナル伝達経路の性質を規定する．各シグナル伝達タンパク質や細胞内二次伝達物質は，一定時間後に初期状態に復帰する．

細胞内シグナル伝達の素過程は，タンパク質の活性化や細胞内局在の変化である（表9・3）．タンパク質のこのような質的変化は，リガンドや他のタンパク質との結合，そしてリン酸化などの翻訳後修飾を介して行われる．他タンパク質の活性制御に特化した，Gタンパク質などの"スイッチタンパク質"や，分子集合体形成にかかわるアダプタータンパク質や足場タンパク質，アンカリングタンパク質などが存在する．また，数百種類のプロテインキナーゼが存在する．このようなタンパク質の変化に加えて，量の変化も利用されている．

シグナル伝達にかかわる分子群の質と量のいずれの変化も，他の生命現象と同様，タンパク質をはじめとする分子間の特異的な相互作用がその要となっている．たとえば，ホルモンなどの細胞外シグナル伝達分子の多くは，その分泌や合成，分解，細胞内への取込みが調節され，必要なときに一過性に細胞外に放出されて機能する．細胞内の二次伝達物質は刺激に応じて合成され，その寿命はきわめて短い．また，シグナル伝達経路の支配下にある転写因子の多くも，その代謝回転が速く，短時間での量の変化を容易にしている．

表9・3　タンパク質の質と量の変化の様式

タンパク質の質の変化（活性化，細胞内局在変化）
1. リガンド結合
2. 他のタンパク質との結合
   ・スイッチタンパク質（Gタンパク質，カルシウム結合タンパク質など）
   ・二量体化，多量体化
   ・分子複合体形成（アダプタータンパク質，スカフォールドタンパク質，アンカリングタンパク質など）
3. 翻訳後修飾（リン酸化，アセチル化など）
   ・プロテインキナーゼ，プロテインホスファターゼ（リン酸化と脱リン酸）

タンパク質の量の変化
1. 転写因子の活性化による新規タンパク質合成
2. タンパク質合成の活性化
3. mRNAの安定化による新規タンパク質合成
4. タンパク質の分解

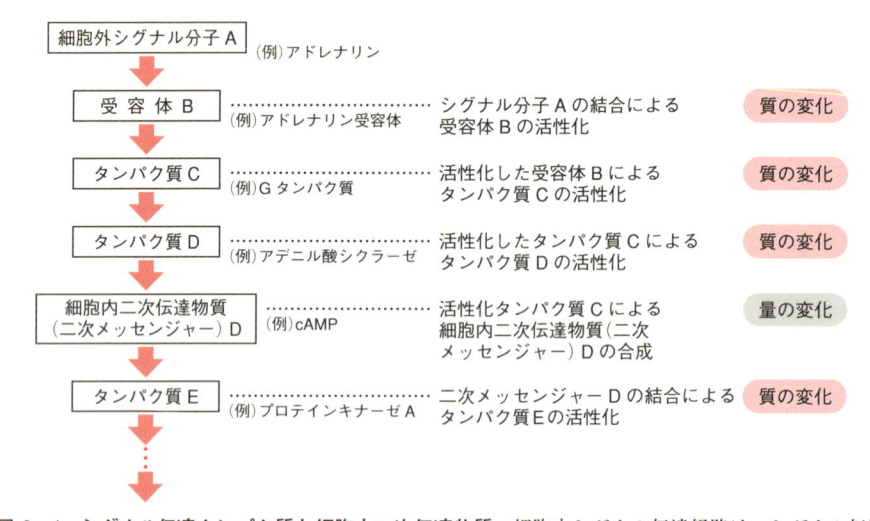

図9・4　シグナル伝達タンパク質と細胞内二次伝達物質　細胞内シグナル伝達経路は，シグナル伝達タンパク質や細胞内二次伝達物質（二次メッセンジャー）の質や量の変化を特徴とする．細胞刺激に伴うシグナル伝達分子群の変化は一過性であり，一定時間後に初期状態に復帰する．また，長期にわたる刺激は，シグナル伝達タンパク質の質の変化に加えて量の変化（減少）をもまねく場合がある．

長期にわたる刺激は，シグナル伝達タンパク質の質の変化に加えて量の変化（減少）をもまねく場合がある．

9・1・5 細胞応答反応とその時間依存性——初期応答と後期応答

受容体の活性化とそれにひきつづく細胞内シグナル伝達経路の活性化は，秒以下，秒，分の時間経過で起こる．これを**初期応答**とよぶ．初期応答の主役は細胞内二次伝達物質，GTP結合タンパク質，そしてプロテインキナーゼを介したタンパク質のリン酸化反応である．ニューロンの興奮，筋の収縮，分泌細胞からの分泌，血糖調節ホルモンによる糖代謝の制御，細胞増殖因子などによる細胞の形態変化などは，このようなシグナル伝達系を作動させるきわめて速い応答反応である（図9・5）．

これに加え，多くの細胞外シグナルは長時間たって現れる作用もひき起こす．たとえば，細胞増殖因子は，瞬時に細胞内シグナル伝達経路を作動させ，細胞骨格系のタンパク質の制御を介して細胞の形を変化させる（初期応答）と同時に，細胞周期の進行を促しDNA合成，細胞分裂をひき起こす．後者の応答は数時間以上を要し，新規のタンパク質の合成（新規の遺伝子の誘導）が必要である．このような応答反応は**後期応答**とよばれる．

9・1・6 応答反応の細胞特異性

多細胞生物においては，同一の刺激が細胞によってはまったく異なる応答を起こすことが少なくない（表9・4）．同一の細胞外シグナル分子に対する受容体が

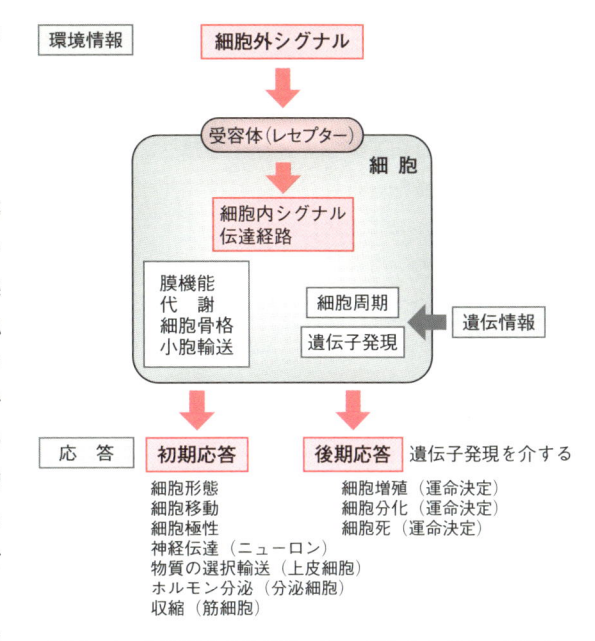

図9・5 応答反応の時間依存性 細胞内シグナル伝達経路の活性化は，既存のタンパク質の質的な変化を基本とするので，きわめて短時間に起こる．たとえば膜機能，代謝，細胞骨格，小胞輸送系などの制御を介した応答反応は，秒，分の単位で起こる．これを初期応答とよぶ．一方，細胞増殖，分化，細胞死など，新規タンパク質の合成を必要とする応答反応は，数時間以上を要する．これを後期応答とよぶ．

複数あったり，細胞内シグナル伝達タンパク質が複数あると同時に，それらの発現が細胞によって大きく異なるからである．つまり，細胞はそれぞれ異なった特異的なシグナル伝達経路をもつ．多くのシグナル伝達タンパク質はタンパク質ファミリーを形成し，似てはいるが異なったタンパク質が，異なったシグナル伝達経路を構成している．

表9・4 アセチルコリンは異なった標的細胞に対し異なった応答反応を誘導する アセチルコリンは骨格筋の収縮をひき起こす．これは神経筋結合部の終板に存在するニコチン性アセチルコリン受容体が関与する（ニコチン様作用）．これは一価の陽イオン（Na^+, K^+）を透過させるイオンチャネルであり，膜の脱分極を誘導し，これを介して骨格筋の収縮が起こる．一方，ムスカリン作用は心臓に対し抑制的に働く二つの作用がある．一つはペースメーカー細胞に作用し，内向き整流性のカリウムチャネルを開口し，膜の過分極をひき起こして興奮性を低下させる．もう一つは心筋細胞に直接作用し，アデニル酸シクラーゼの抑制を介して収縮力を低下させる．ムスカリン作用は，平滑筋や分泌細胞に対しては，ホスファチジルイノシトールの代謝回転を介してそれぞれ収縮，分泌作用を示す．

標的細胞	受容体	作用	応答反応
骨格筋細胞	ニコチン性受容体	脱分極	収縮
心ペースメーカー細胞	ムスカリン性受容体	カリウムチャネルの開口	興奮性低下
心筋細胞	ムスカリン性受容体	アデニル酸シクラーゼ抑制	収縮力低下
平滑筋細胞	ムスカリン性受容体	ホスファチジルイノシトール代謝回転	収縮
分泌細胞	ムスカリン性受容体	ホスファチジルイノシトール代謝回転	分泌

9・1・7 シグナル伝達ネットワーク

　細胞内にはさまざまな細胞外シグナルに対する多様なシグナル伝達経路が存在し，単一のシグナルが複数のシグナル伝達経路を作動する場合も多い．異なったシグナル伝達経路は互いに連絡（クロストーク，p.188）しあっており，全体としてネットワークを構成している．これが種々雑多なシグナルを統合し，個々の細胞の合目的的な判断を可能としている基本的な機構である．

9・2　受容体とその活性化機構

9・2・1　細胞膜7回貫通型受容体と三量体型Gタンパク質

a. 細胞膜7回貫通型受容体　　細胞膜を7回貫通する構造をもった受容体は，単細胞の真核生物である酵母からヒトまで保存された普遍的な受容体である．これを用いる細胞外刺激として，低分子およびペプチド性の細胞間伝達物質，嗅覚細胞や味覚細胞におけるにおい物質や味覚物質がある．視細胞における光の検出分子（視物質，オプシン）もこのタイプの受容体を用いる．細胞膜7回貫通型受容体の例としてβアドレナリン受容体の構造を示す（図9・6）．

　この類の受容体のシグナル受容，変換機構の大きな特徴は，三量体型GTP結合タンパク質（三量体型Gタンパク質）を介している点である．リガンドの結合や光の受容のシグナルは，その細胞質ドメインを介して細胞質に存在する三量体型Gタンパク質の活性化に変換される（表9・2）．

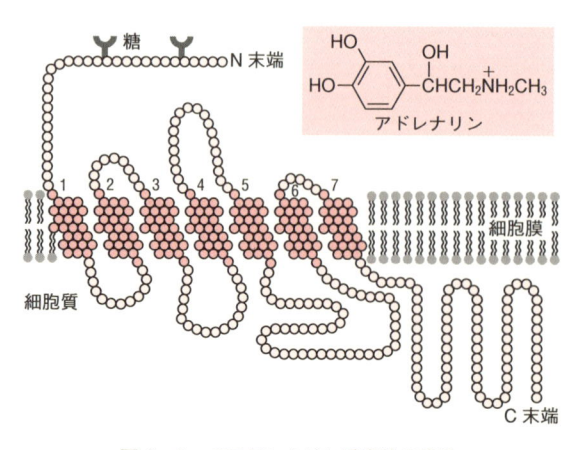

図9・6　βアドレナリン受容体の構造

b. GTP結合タンパク質（Gタンパク質）　　GTP結合タンパク質（Gタンパク質）はGTP，GDPを結合すると同時に，自身がGTPアーゼとしての酵素活性をもつ．GTPを結合したGタンパク質は，GTPの加水分解のエネルギーを利用してコンホメーションを変化させ，GDPを結合した状態に自動的に変化する．つまり，Gタンパク質は二つの状態をとりうる分子であり，スイッチ分子ともよばれる（図9・7）．

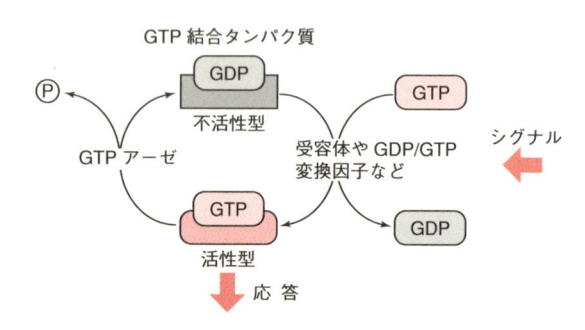

図9・7　GTP結合タンパク質の機能変換　GTP結合タンパク質（Gタンパク質）はGDP結合型が基底状態であり，GDP/GTP交換反応を受けて励起（活性化）状態となり，これが標的タンパク質であるエフェクターを活性化する．自身のGTPアーゼ活性により，固有の速度でGTPを加水分解し基底状態（GDP型）に戻る．GDP/GTP交換反応およびGTPアーゼ活性が，おのおの活性化過程および活性型の持続時間を規定する．さまざまなGタンパク質が知られている．タンパク質合成におけるペプチド鎖伸長因子や，微小管の構成成分であるチューブリンは，GTPの加水分解のエネルギーを自身のコンホメーション変化に変換しこれを機械的な仕事に利用している．一方，三量体型Gタンパク質，低分子量Gタンパク質では，これをシグナル変換に利用している．

c. 三量体型Gタンパク質　　三量体型Gタンパク質はα，β，γの3種のサブユニットから成るヘテロ三量体である（図9・8）．αサブユニットがGTPアーゼ活性を示す．通常GDP型の三量体で存在し，これが不活性型であり受容体に結合する．リガンドが受容体に結合し，受容体が活性化するとGタンパク質のGDPへの親和性が減少し，**GDP/GTP交換反応**が起こる．GTP型となったαサブユニットは受容体から解離すると同時にβγ二量体とも解離する．つまり，受容体へのリガンドの結合というシグナルは，αおよびβγという二つの新しい分子の出現というシグナルに変換される．αおよびβγのそれぞれが，標的タンパク質（Gタンパク質の効果器，**エフェクター**とよばれる）に結合しその活性化をひき起こす．

　αサブユニットには多数のサブタイプ（クラス）

により活性化されるが，ホスホリパーゼCγはこれらの影響を受けない．

9・2・2 細胞膜1回貫通型受容体とその活性化機構

　細胞増殖因子，分化因子，サイトカインなどとよばれるタンパク質性の細胞外伝達物質の受容体は，細胞膜を1回貫通した構造をもつ．これはその細胞内ドメインが触媒活性をもつものと，触媒活性をもたないものとに大別できる（表9・2）．この種の受容体の活性化機構の大きな特徴は，リガンドの結合が受容体の二量体化あるいは多量体化をひき起こし，これがその後のシグナル伝達の引き金となっている点である．受容体の二量体化あるいは多量体化は，触媒型受容体の場合には，細胞内ドメインの触媒活性を活性化する．一方，触媒活性をもたない場合には，触媒活性をもつタンパク質を活性化する．

a. チロシンキナーゼ型受容体　上皮細胞増殖因子（EGF），血小板由来増殖因子（PDGF）などの受容体は，細胞膜を1回貫通するタンパク質であり，その細胞内ドメインはチロシン特異的プロテインキナーゼ（**チロシンキナーゼ**）である．リガンドの結合は受容体の二量体化をひき起こし，これによりチロシンキナーゼが活性化される．チロシンキナーゼの活性化は，まず受容体自身の細胞内ドメインのチロシンのリン酸化をひき起こす（**自己リン酸化**）．受容体の複数の自己リン酸化された部位をめがけて，何種類かのシグナル伝達タンパク質が結合する（図9・9）．たとえば，血小板由来増殖因子受容体の場合には，受容体の活性化に伴う二量体化とキナーゼ活性化により生じた数カ所の部位の自己リン酸化に対し，ホスホリパーゼCなどの少なくとも4種のタンパク質が結合する．これらのタンパク質はいずれも **SH2 ドメイン** とよばれる特有のドメインをもち，そのSH2ドメインを介して，チロシンリン酸化された配列を認識して結合する（図9・10）．ホスホリパーゼCは，受容体のチロシンキナーゼにより，特定のチロシン残基がリン酸化されて活性化される．このようにして，受容体の活性化は，複数のシグナル伝達タンパク質を活性化する．

b. セリン/トレオニンキナーゼ型受容体　トランスフォーミング増殖因子β（TGFβ），アクチビンなどはそれぞれ細胞増殖抑制能や中胚葉誘導能など，

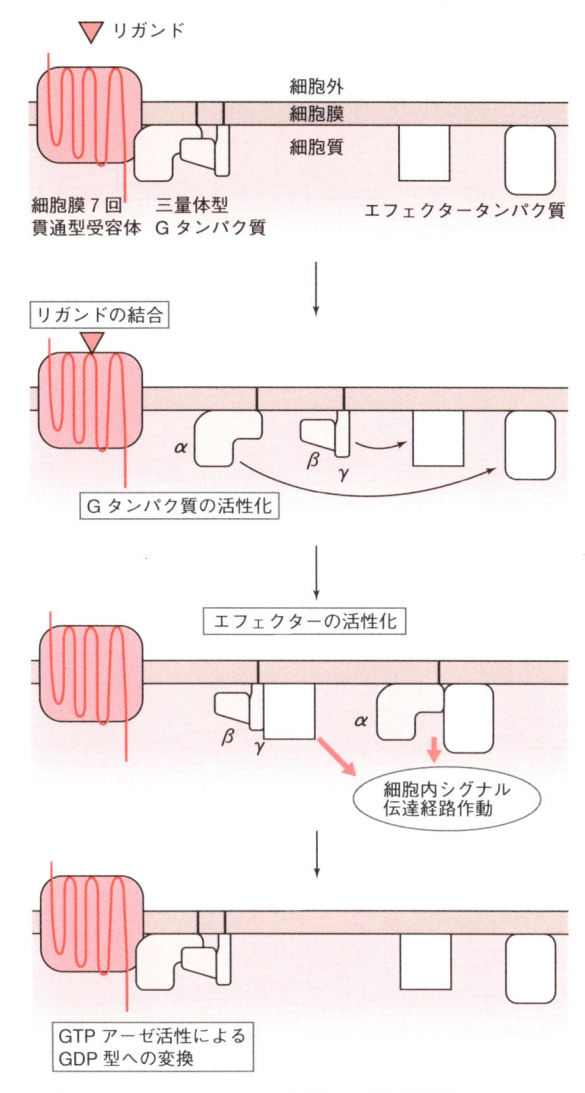

図9・8　βアドレナリン受容体の活性化機構　リガンドの結合は細胞質ドメインの立体構造の変化をひき起こし，結合していた三量体型Gタンパク質の活性化をひき起こす．Gタンパク質のαサブユニットおよびβγサブユニットはそれぞれ異なるエフェクタータンパク質を活性化する．

が存在する（表9・5）．コレラ毒素や百日咳毒素などはNAD⁺のADPリボシル基を転移する酵素活性をもち，Gタンパク質のαサブユニットをADPリボシル化してその機能を変化させる．βγおのおのにも多数のサブタイプが存在する．

　エフェクタータンパク質にもさまざまなサブタイプが存在する．たとえば，アデニル酸シクラーゼには，βγにより活性化されたり，阻害されたりする分子種がある．ホスホリパーゼCβはある種のαおよびβγ

表 9・5 三量体型 G タンパク質 α サブユニットとそのエフェクタータンパク質　G_s, G_i タンパク質の α サブユニット αs, αi は, それぞれアデニル酸シクラーゼの活性化作用あるいは抑制作用を示す. 視桿体細胞の視物質であるロドプシンは細胞膜 7 回貫通型の受容体で, トランスデューシン (G_t) とよばれる G タンパク質と共役している. その α サブユニット, αt はサイクリック GMP (cGMP) 分解酵素である cGMP ホスホジエステラーゼを活性化し, cGMP 濃度を減少させ, cGMP 依存性のナトリウム/カルシウムチャネルを閉口し, 膜の過分極を介して光のシグナルをニューロンに伝達する.

クラス	メンバー	毒素感受性	エフェクタータンパク質/機能
αs	αs, αolf	コレラ毒素により ADP リボシル化され構成的活性型となる	アデニル酸シクラーゼ活性化 カルシウムチャネル開口
αi	αi	αz 以外は百日咳毒素により ADP リボシル化され, 受容体との共役が阻害される	アデニル酸シクラーゼ抑制 カリウムチャネル開口 カルシウムチャネル閉口
	αt		cGMP ホスホジエステラーゼ活性化
	αz		アデニル酸シクラーゼ抑制
αq	αq		ホスホリパーゼ C 活性化
α12	α12, α13		Na^+/K^+ 交換抑制, その他

細胞の増殖や分化にかかわるタンパク質である. その受容体の細胞質ドメインは**セリン/トレオニンキナーゼ**であり, TGFβ の結合により, 受容体の四量体化とそれにひきつづくキナーゼの活性化が起こる. これが, 細胞質に存在していた潜在型の転写因子, SMAD タンパク質を直接リン酸化し, 転写因子の核移行の引き金を引く. これが最終的には一群の遺伝子の転写活性化をもたらす.

9・2・3 触媒活性をもたない細胞膜受容体とその活性化機構

免疫担当細胞の活性化や増殖分化へのかかわりから同定されたタンパク質性の伝達物質は広く**サイトカイン**とよばれる. これらの受容体の多くは, 細胞膜 1 回貫通型の構造を示すが, 細胞質ドメインに酵素活性をもたない. このような受容体は, いくつかのサイトカイン受容体に共通なサブユニットと特定のサイトカインに特異的なサブユニットから成るヘテロのオリゴマー構造を示す. 組合わせによりさまざまな受容体が存在することとなる. これらの受容体の活性化は, 細胞質に存在する Src ファミリーや JAK ファミリーなどの細胞質型のチロシンキナーゼの活性化をひき起こす (図 9・11).

T 細胞受容体の活性化は, T 細胞受容体および CD3

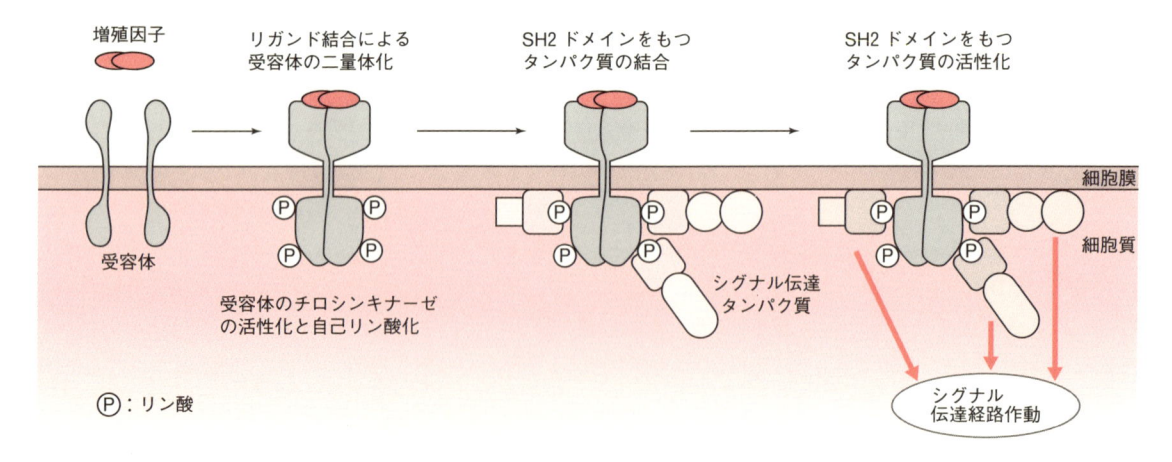

図 9・9 チロシンキナーゼ型受容体と活性化機構　リガンドの結合は受容体の構造変化と二量体化をひき起こし, 細胞質ドメインにあるチロシンキナーゼを活性化し, チロシンキナーゼの自己リン酸化を誘導する. リン酸化されたチロシン残基をめがけてさまざまなシグナル伝達タンパク質が結合する. これらのタンパク質は SH2 ドメインというリン酸化チロシン残基を認識するドメインをもつ.

などの分子の重合をひき起こし，これが引き金となってSrcファミリーをはじめとするさまざまな細胞質型のチロシンキナーゼが活性化する．このシグナルはホスホリパーゼC，Rasなどのシグナル伝達タンパク質の活性化を介して伝達される．

腫瘍壊死因子（TNF），Fasリガンドなどは，細胞死（アポトーシス）を誘導する因子である．これらの細胞内シグナル経路にはカスパーゼとよばれるプロテアーゼのカスケードがかかわっている．

9・2・4 細胞質内受容体，核内受容体とその作用機作

ステロイドホルモンや甲状腺ホルモンなどの脂溶性の細胞間伝達物質は細胞膜を透過し，細胞質あるいは核内に存在する受容体に結合する．これらの作用発現には，時間あるいは日のオーダーの時間が必要であり，特定の標的遺伝子の誘導を伴う．標的遺伝子のプロモーター領域には**ホルモン応答性転写シス因子**が存在する（表9・6）．このような細胞質内あるいは核内の受容体はそれ自身が**転写調節因子**である．この転写調節因子はホルモンが存在しないときには活性をもたず，ホルモンの受容体への結合によって初めて転写活性化を起こす．つまり，ホルモンと受容体との複合体が直接転写因子として標的遺伝子のホルモン応答性因子を活性化する（図9・12）．

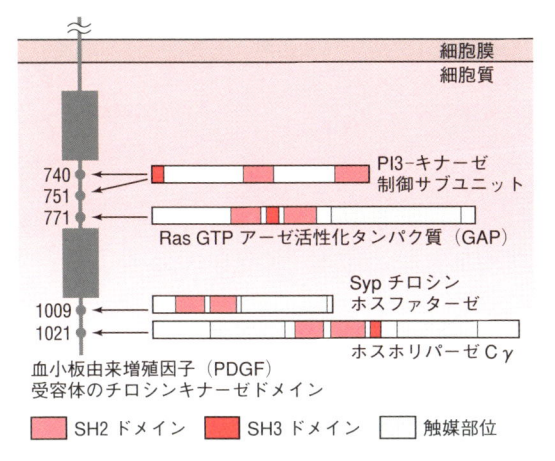

図9・10 チロシンリン酸化された受容体細胞質ドメインへのシグナル伝達タンパク質群の集合 血小板由来増殖因子受容体の活性化により自己リン酸化された細胞質ドメインのチロシン残基（●）には，さまざまなシグナル伝達タンパク質が結合する．これらは，いずれもリン酸化チロシン残基とその周辺のアミノ酸配列を認識する，SH2ドメインを有するタンパク質である．

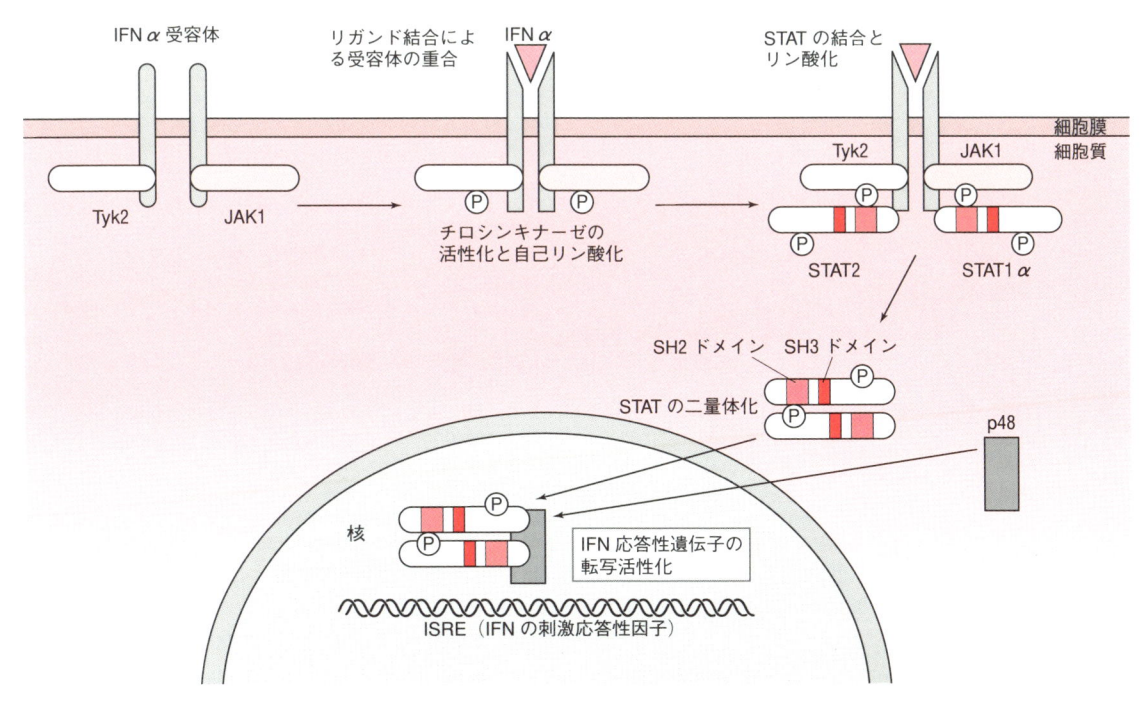

図9・11 インターフェロン受容体の活性化機構 インターフェロン（IFN）の受容体の場合，JAKファミリーのチロシンキナーゼが活性化し，これが細胞質に存在する転写調節因子（STAT）をリン酸化する．リン酸化されたSTATは核に移行し，IFN応答性遺伝子群の転写を活性化する．STATはSH2ドメインをもち，これを介してJAKファミリーのキナーゼとの結合や自身の二量体化が調節されている．

表 9・6 ステロイドホルモンとその作用　標的遺伝子や作用の一例を示した.

ホルモン	受容体	標的配列	標的遺伝子の例	標的細胞/作用の例
エストロゲン	ER	ERE: AGGTCA*nnn*TGACCT	プロラクチン	乳腺など/増殖
グルココルチコイド	GR	GRE: AGAACA*nnn*TGTTCT	メタロチオネイン	肝など/機能亢進
チロキシン	TR	AGGTCATGACCT AGGTCA*nnnn*AGGTCA	成長ホルモン ミオシン重鎖	肝/基礎代謝亢進
ビタミン D_3	VDR	AGGTCA*nnn*AGGTCA	オステオカルシン	腎, 骨/Ca^{2+}代謝
レチノイン酸 (全 *trans*)	RAR	AGGTCA*nnnnn*AGGTCA		胎児/細胞分化
レチノイン酸 (9-*cis*)	RXR	AGGTCA*n*AGGTCA		

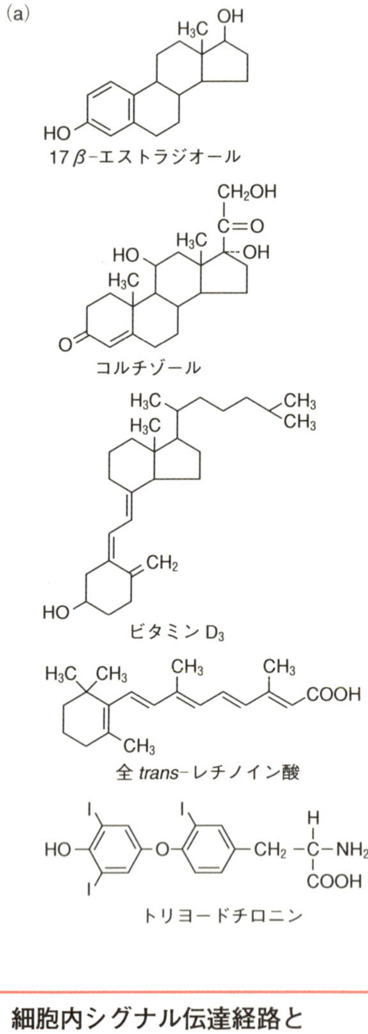

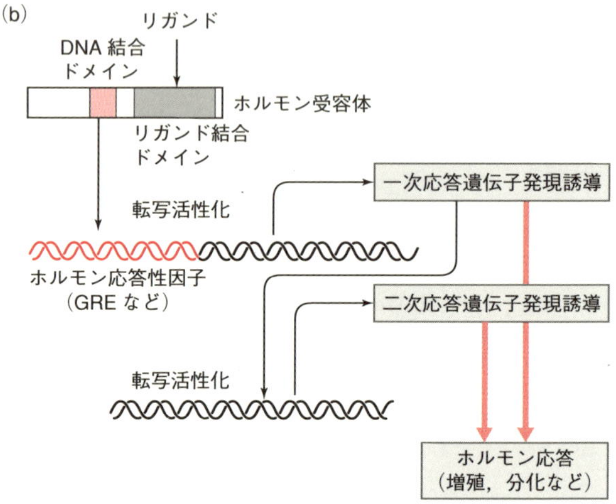

図 9・12　ステロイドホルモンの受容体と作用機構　(a) おもなステロイドホルモンの構造. (b) ホルモン受容体の作用機構. グルココルチコイド受容体は通常, 細胞質の HSP90 と結合して存在する. 受容体へのホルモンの結合は, その HSP90 からの解離を促す. 解離した受容体は核内に移行して標的遺伝子のプロモーター領域に存在するホルモン応答性シス因子 (たとえばグルココルチコイド応答性因子, GRE) とよばれる特定の塩基配列に結合し, これが標的遺伝子の転写を活性化する. 一方, エストロゲン受容体の場合には, その受容体ははじめから核内に存在し, ホルモンと結合すると二量体化して標的 DNA と結合できるようになる.

9・3　細胞内シグナル伝達経路とシグナル伝達分子

細胞膜受容体の活性化にひきつづく細胞内シグナル伝達経路において, 前述した G タンパク質に加え, 細胞内二次伝達物質 (**セカンドメッセンジャー**, 表 9・7) と各種のプロテインキナーゼを介した**タンパク質のリン酸化反応**が重要な役割を果たしている.

9・3・1　環状ヌクレオチドを介する経路

a. cAMP-プロテインキナーゼ A 経路　三量体型 G タンパク質の活性化の主要な標的の一つが**アデニル酸シクラーゼ**である. アデニル酸シクラーゼは細胞膜タンパク質であり, その細胞質ドメインに ATP

9・3 細胞内シグナル伝達経路とシグナル伝達分子

表9・7 細胞内二次伝達物質とその生成酵素

細胞内二次伝達物質	細胞内二次伝達物質生成酵素	標的タンパク質とその機能
環状ヌクレオチド		
cAMP	アデニル酸シクラーゼ（細胞膜貫通型タンパク質）	cAMP 依存性プロテインキナーゼ（プロテインキナーゼA，PKA）
cGMP	グアニル酸シクラーゼ（細胞膜貫通型と細胞質型とが存在）	cGMP 依存性プロテインキナーゼ（プロテインキナーゼG，PKG） cGMP 依存性カルシウムチャネル
イノシトールリン脂質		
ジアシルグリセロール（DG） イノシトールトリスリン酸（IP$_3$）	ホスホリパーゼC（PLC）	プロテインキナーゼC（PKC） 小胞体のIP$_3$受容体/カルシウムチャネル，細胞質内 Ca^{2+} 濃度の上昇
ジアシルグリセロール アラキドン酸 リゾリン脂質	ホスホリパーゼD（PLD） ホスホリパーゼA$_2$（PLA$_2$）	プロテインキナーゼC
ホスファチジルイノシトール 3-リン酸（PIP$_3$）	ホスファチジルイノシトール 3-キナーゼ（PI3K）	Akt，プロテインキナーゼC

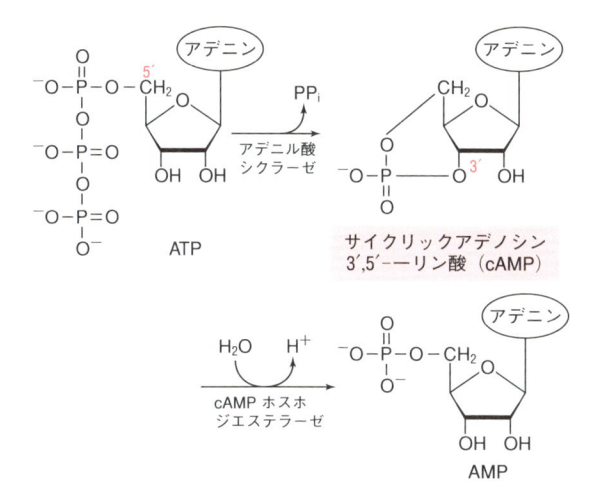

図9・13 **cAMPの生成と分解** アデニル酸シクラーゼは細胞膜タンパク質であり，細胞質ドメインにATPを基質にしてcAMPを生じる酵素活性をもつ．cAMPはcAMPホスホジエステラーゼにより分解される．受容体の活性化はcAMP濃度の上昇や下降をひき起こす．

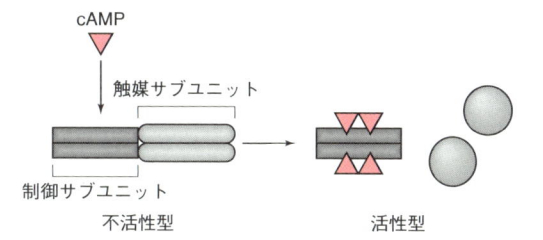

図9・14 **プロテインキナーゼA（PKA）の構造と活性化機構** PKAはタンパク質のセリン，トレオニン残基をリン酸化するプロテインキナーゼ（セリン/トレオニンキナーゼ）であり，2個の触媒サブユニットと2個の制御サブユニットから成るヘテロ四量体の不活性型酵素として細胞質に存在する．cAMPが制御サブユニットに結合すると，2個の触媒サブユニットが遊離し，活性型となる．

を基質にして**サイクリックアデノシン 3′,5′-リン酸（cAMP）**を生じる酵素活性をもつ．これにより，細胞内のcAMP濃度が上昇する．cAMPはcAMPホスホジエステラーゼにより分解される．受容体の活性化はcAMP濃度の上昇や下降をひき起こす（図9・13）．

cAMPは，原核生物でも細胞内の飢餓シグナルを伝達し，カタボライト活性化タンパク質（CAP）という転写調節因子に結合，活性化して遺伝子発現誘導にかかわっている（p.87）．一方，高等生物では各種の細胞外シグナルに対するさまざまな細胞応答に関与する．高等生物での標的タンパク質は**cAMP依存性プロテインキナーゼ（プロテインキナーゼA，PKA，Aキナーゼともいう）**である（図9・14）．

肝臓におけるホルモンによる糖代謝の制御機構において，cAMPの濃度上昇，プロテインキナーゼAの活性化を起点とするプロテインキナーゼのカスケード反応とそれによる糖代謝酵素の活性化という一連のシグナル伝達経路が明らかにされている（図9・15，§5・5・1，§9・4・2）．

b．cGMPを介する経路 サイクリックグアノシン 3′,5′-リン酸（**cGMP**）は網膜の視細胞での光受容応答反応における役割がよく知られている（表9・5）．また，一酸化窒素（NO）は平滑筋弛緩などさまざまな作用を示すきわめて短寿命の細胞外伝達物質

であるが，その作用の一部が細胞質のグアニル酸シクラーゼの活性化によって生じる cGMP を介している．cGMP 依存性のプロテインキナーゼも存在する．

9・3・2 カルシウムイオンを介する経路

カルシウムイオン（Ca^{2+}）は細胞内でのきわめて重要なシグナル伝達物質である．筋収縮におけるその重要性がまず明らかにされた（p.152, §8・3・1）．細胞は ATP のエネルギーを利用して積極的に Ca^{2+} を細胞外および細胞内の Ca^{2+} 貯蔵庫（小胞体）にくみ出している．このくみ出しを行うのが Ca^{2+}-ATP アーゼである．その結果，細胞外の Ca^{2+} 濃度は 10^{-3} M であるのに対し，細胞質の Ca^{2+} 濃度は 10^{-7} M に保たれている（図9・16）．さまざまな刺激はカルシウムチャネルを開口することにより，瞬時に，一過的に細胞内の Ca^{2+} 濃度を増加させる（10^{-5} M）．細胞内には多様な**カルシウム結合タンパク質**が多量に存在し，Ca^{2+} 濃度を検知してその作用を伝達すると同時に，細胞質内の Ca^{2+} 濃度の制御に働いている．

神経系においては，電位依存性のカルシウムチャネルは細胞外からの主要な流入経路である．一方，他の細胞では，**イノシトールリン脂質**（ホスファチジルイノシトール，**PI**）の代謝回転により一過的に生じる**イノシトールトリスリン酸**（IP_3）が Ca^{2+} 濃度の一過的な上昇をひき起こす．IP_3 は小胞体膜上のカルシウムチャネルである IP_3 受容体に結合し，小胞体からの一過的な Ca^{2+} 流入をひき起こす．これにひきつづいて細胞外からも Ca^{2+} が流入する．

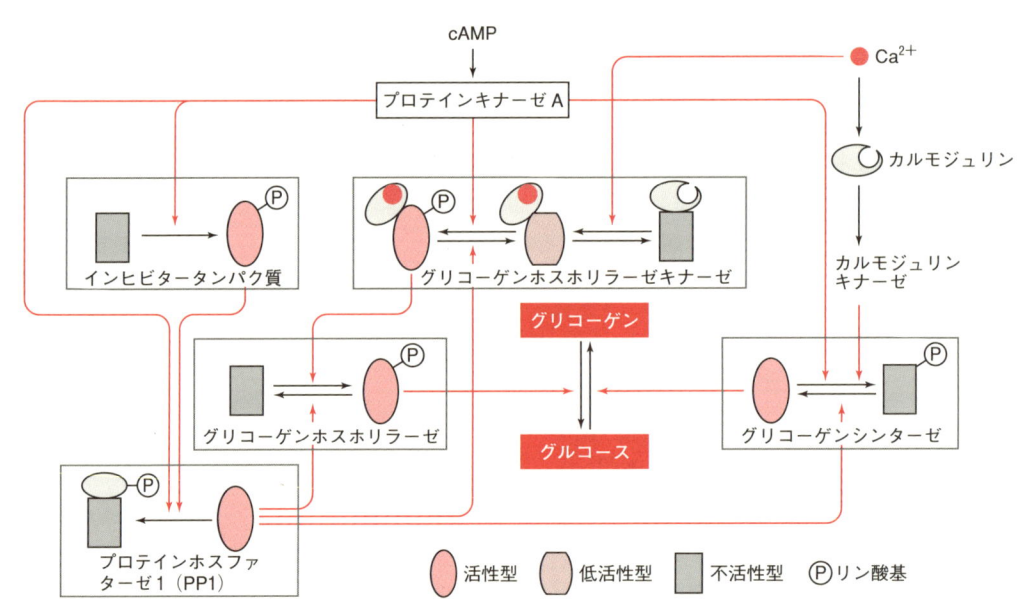

図9・15　cAMP-プロテインキナーゼA経路を介した糖代謝調節　エネルギー貯蔵物質としてのグリコーゲンの分解と合成はホルモンの制御下にある．骨格筋ではアドレナリンにより，グリコーゲンの分解が起こる．肝臓ではグルカゴンが同様の作用を果たす．いずれの場合にも cAMP-プロテインキナーゼA（PKA）経路が作動する．アドレナリンは骨格筋の β アドレナリン受容体を活性化し，G_s タンパク質，アデニル酸シクラーゼ，cAMP を介して PKA を活性化させる．PKA は不活性型のグリコーゲンホスホリラーゼキナーゼをリン酸化し活性化する．このホスホリラーゼキナーゼが，不活性型のグリコーゲン分解酵素を活性型に変換し，グリコーゲンを分解してグルコース1-リン酸を生じる反応が進む．PKA は一方においてグリコーゲンシンターゼを直接リン酸化し，不活性化させる．このように，ホルモンの刺激はグリコーゲンの分解の促進と合成の制御という両面作用をひき起こし，結果的にエネルギー源としてのグルコースレベルを上げることとなる．つまり，グリコーゲンの合成と分解にかかわる酵素は cAMP を介したシグナル伝達経路の支配下にある．同時にこの経路は Ca^{2+} を介したシグナル伝達経路の支配下にもある．両者は協調して働く．

プロテインキナーゼによるリン酸化反応は，プロテインホスファターゼによる脱リン酸反応によりその可逆性が保障されているが，cAMP を介するリン酸化カスケード反応においては，プロテインホスファターゼ1（PP1）が拮抗的な役割を果たす．PKA は PP1 の阻害タンパク質をリン酸化し，これが PP1 を不活性型に変換する．つまり，PKA はその拮抗回路を阻害することによってもグリコーゲン分解反応の効率を上げていることになる．グルコースレベルを下げる役割を果たすホルモンとしてインスリンがあり，これは PP1 を活性化することにより，アドレナリンやグルカゴンと逆の作用を発揮する．

Ca^{2+} の作用は，カルシウム結合タンパク質を介して伝達される．骨格筋の収縮ではトロポニン C というカルシウム結合タンパク質がその引き金を引く．**カルモジュリン（CaM）** は普遍的なカルシウム結合タンパク質である．カルモジュリンは 4 個の Ca^{2+} 結合部位をもち，Ca^{2+} の結合により大きくコンホメーションを変化させ，これを介してさまざまなタンパク質の活性を変化させる．グリコーゲンホスホリラーゼキナーゼやプロテインホスファターゼ，PP2B（カルシニューリンともいう）のサブユニットの一つともなっている．Ca^{2+}-ATP アーゼも Ca^{2+}-カルモジュリンによって活性化され，細胞内 Ca^{2+} 濃度の回復にかかわる．Ca^{2+}-カルモジュリンは Ca^{2+}-カルモジュリン依存性プロテインキナーゼ（CaM キナーゼ，CaMK）を活性化する．カルモジュリン以外にも類似の構造をもつカルシウム結合タンパク質が多種存在する．

9・3・3 イノシトールリン脂質代謝産物を介する経路

細胞膜の微量成分であるイノシトールリン脂質（ホスファチジルイノシトール，PI）は，さまざまな刺激でその代謝が亢進する．これにかかわる受容体は多様であり，三量体 G タンパク質に共役した受容体，チロシンキナーゼに共役した受容体などが含まれる．

刺激に依存した PI 代謝の代表は，**ホスホリパーゼ C（PLC）** によるホスファチジルイノシトール 4,5-ビスリン酸（PIP_2）の分解反応であり，IP_3 と**ジアシルグリセロール（DG）** という 2 種のセカンドメッセンジャー分子を生じる．IP_3 とジアシルグリセロールは，おのおの Ca^{2+} 経路，**プロテインキナーゼ C（PKC）** 経路を作動させるが，これらは協同的に作用してさまざまな細胞応答をひき起こす．

ホスホリパーゼ C にはいくつかのサブタイプが存在する．ホスホリパーゼ $C\beta$ は三量体 G タンパク質，αq により活性化され，三量体 G タンパク質に共役した受容体のシグナル伝達にかかわる．一方，ホスホリパーゼ $C\gamma$ はチロシンキナーゼにより活性化され，チロシンキナーゼに共役した受容体のシグナル伝達にかかわる．

PIP_2 からはホスファチジルイノシトール 3-キナーゼ（PI3-キナーゼ）によりホスファチジルイノシトール 3,4,5-トリスリン酸（PIP_3）も生じる（図 9・17）．

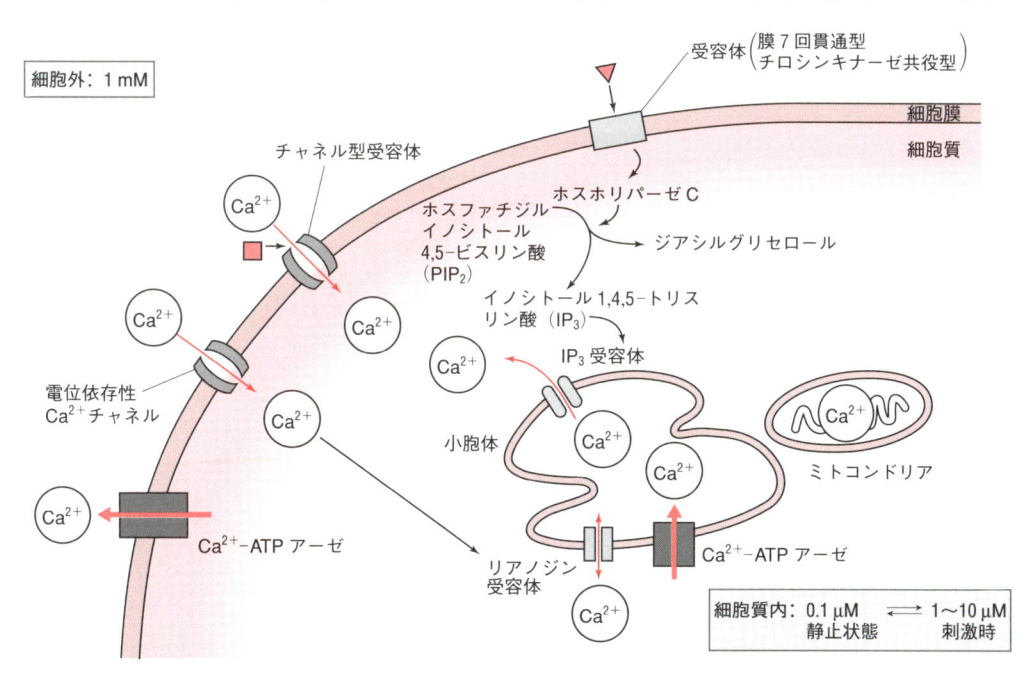

図 9・16 **細胞内の Ca^{2+} 濃度の調節機構** 真核生物においては，Ca^{2+} は細胞の恒常性の維持にとって死活的に重要である．細胞はエネルギーを消費して積極的に Ca^{2+} を細胞外あるいは細胞内の貯蔵所にくみ出している．これにより，さまざまな刺激に際して，瞬時に細胞内の Ca^{2+} 濃度を変化しうる．細胞はこれを細胞内の伝達物質として多用している．細胞内には多種のカルシウム結合タンパク質が多量に存在し，Ca^{2+} 濃度を一定に保つと同時に Ca^{2+} を介するシグナル伝達にかかわっている．

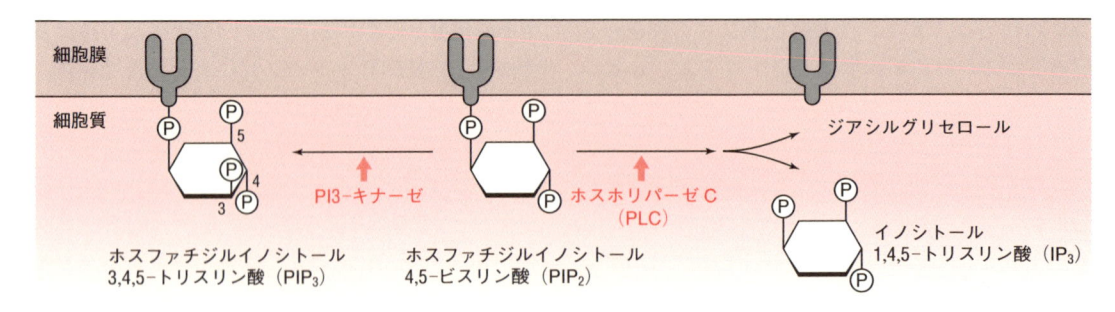

図9・17 ホスファチジルイノシトール（PI）に由来する細胞内セカンドメッセンジャー ホスファチジルイノシトール（PI）は細胞膜の微量成分であるが，これがさらにリン酸化されたホスファチジルイノシトール 4,5-ビスリン酸（PIP_2）は刺激依存的に代謝され，細胞内シグナル伝達物質を生じる．ジアシルグリセロールとイノシトール 1,4,5-トリスリン酸は，ホスホリパーゼCによる加水分解で生じる．ホスファチジルイノシトール 3,4,5-トリスリン酸（PIP_3）は，ホスファチジルイノシトール 3-キナーゼ（PI3-キナーゼ）により生じる．

この経路もさまざまな刺激で活性化される．PIP_3 の作用には不明な点が多いが，プロテインキナーゼCもその標的の一つである．

ジアシルグリセロールはプロテインキナーゼCの制御ドメインに直接結合し，このセリン/トレオニンキナーゼ活性を活性化する（図9・18 a）．プロテインキナーゼCは多くの分子種から成るファミリーを構成しており，それぞれ異なった作用を担っている（図9・18 b）．

マウス皮膚の強力な**発がんプロモーター**（突然変異誘起剤などの発がんのイニシエーターの作用を促進する物質）である**ホルボールエステル**（図9・18 c）は，プロテインキナーゼCの一群（cPKC, nPKC 群）に直接結合し，ジアシルグリセロールと同様の機作でこれを活性化する．ホルボールエステルは，細胞の活性化，増殖や分化，細胞死の制御などさまざまな作用を示すが，これはプロテインキナーゼCを直接持続的に活性化させることが原因である．

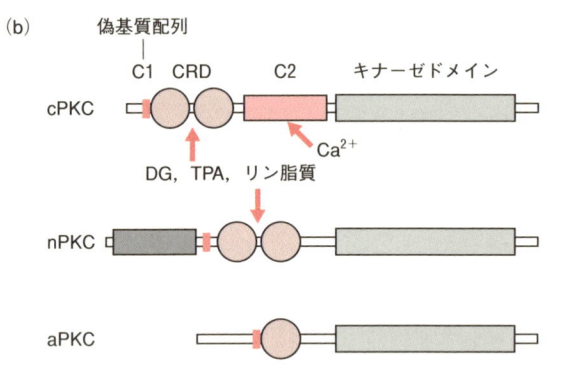

図9・18 プロテインキナーゼCの構造と活性化機構，プロテインキナーゼCファミリーの構造模式図 (a) プロテインキナーゼC（PKC）は，セリン/トレオニンキナーゼ活性を示すキナーゼドメインと，制御ドメインから成る．制御ドメインには偽基質配列が存在し，これがキナーゼドメインの触媒部位をふさいでいる．ジアシルグリセロールなどの活性化因子が制御ドメインに結合すると初めて活性型となる．細胞内では通常細胞質に存在し，刺激に際して細胞膜の内側に移行し，基質タンパク質をリン酸化する．(b) PKC は互いに類似の構造をとる 10 種以上のサブタイプから成るファミリーを構成している．各サブタイプは少しずつその機能が異なると同時に，異なった細胞に異なった量分布している．(c) TPA（PMA とよばれることもある）は最も強力な発がんプロモーターである．これは PKC の CRD（システインリッチドメイン）に直接結合し，ジアシルグリセロールと同様の機作で PKC のキナーゼ活性を活性化する．

ジアシルグリセロールは，PI 以外にも，細胞膜の主要成分の一つである**ホスファチジルコリン（PC）**の分解によっても生じる．刺激直後の初期相のジアシルグリセロール増加は PI 代謝に由来するものであり，それにひきつづく持続相のジアシルグリセロールはホスファチジルコリンに由来する．ホスファチジルコリンからのジアシルグリセロールの産生には**ホスホリパーゼ D（PLD）**がかかわる．プロテインキナーゼ C は PLD の活性化にも関与し，ジアシルグリセロール生産に対する正のフィードバック回路をつくる．これがプロテインキナーゼ C の持続的な活性化にかかわっている．ジアシルグリセロール以外にも，さまざまな脂質由来代謝産物が知られており，プロテインキナーゼはこれらの標的酵素としても働いている．

9・3・4 プロテインキナーゼとプロテインホスファターゼ

タンパク質のリン酸化は，タンパク質の性質を瞬時に変化させる機構として用いられている最も普遍的な機構の一つである．**プロテインキナーゼ**は標的タンパク質の特定の配列，構造を認識し，特定のアミノ酸残基のみをリン酸化するが，これによりリン酸化部位の局部的な構造を変化させると同時に，タンパク質の構造をアロステリックに変化させる．これが標的タンパク質の活性変化の基本である（図9・19）．

リン酸化されるアミノ酸残基により，セリン，トレオニン残基をリン酸化するセリン/トレオニンキナーゼ，チロシン残基をリン酸化する**チロシンキナーゼ**，さらに，セリン，トレオニン，チロシンをリン酸化する両特異性キナーゼに分類される（表9・8）．多種あるプロテインキナーゼのキナーゼドメインは進化的に保存されており，**プロテインキナーゼスーパーファミリー**を構成している．チロシン特異的キナーゼは多細胞生物に特有のものであり，多様なチロシンキナーゼが存在する（図9・20）．

プロテインキナーゼの逆反応すなわち脱リン酸を担う酵素が**プロテインホスファターゼ**であり，セリンおよびトレオニン特異的なホスファターゼ，チロシン特異的なホスファターゼ，両特異性ホスファターゼに分類される．

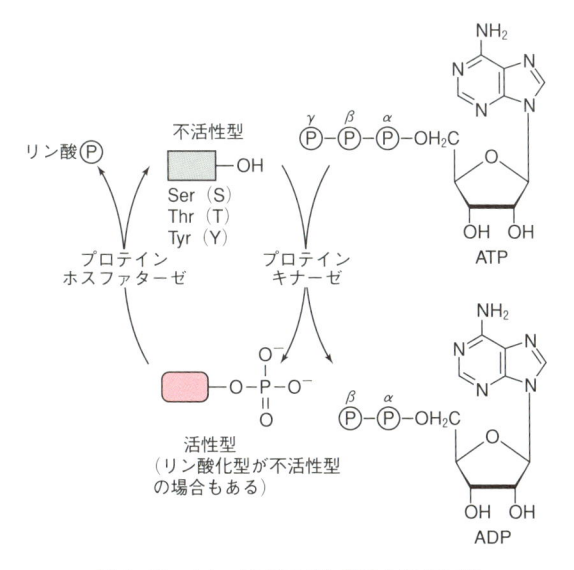

表9・8 プロテインキナーゼの類型

プロテインキナーゼ	例
セリン/トレオニンキナーゼ	プロテインキナーゼ A（PKA） Ca^{2+}-カルモジュリン依存性プロテインキナーゼ（CaMK） プロテインキナーゼ C（PKC） Raf MAP キナーゼ（MAPK）
両特異性キナーゼ	MAP キナーゼキナーゼ（MAPKK） Wee1
チロシンキナーゼ	Src 血小板由来増殖因子 (PDGF) 受容体 インスリン受容体 JAK
リン脂質キナーゼ関連のプロテインキナーゼ	DNA 依存性プロテインキナーゼ

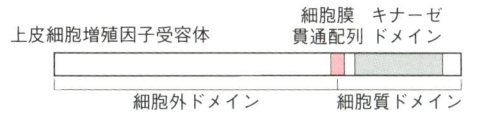

図9・19 タンパク質のリン酸化と脱リン酸

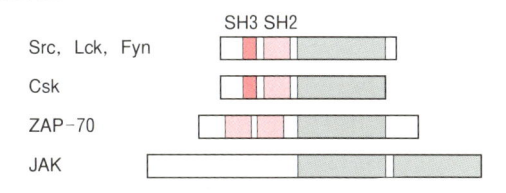

図9・20 チロシンキナーゼの構造模式図　チロシンキナーゼは細胞膜貫通型と細胞質型とに大別できる．細胞質型のチロシンキナーゼも細胞膜直下で働いている場合が多い．

9・3・5 低分子量Gタンパク質

数十種の**低分子量Gタンパク質**が知られている（表9・9）．これらは脂質の翻訳後修飾を受けており，これを介して細胞膜の内側（細胞質側）に局在する．低分子量Gタンパク質も三量体型Gタンパク質の場合と同様，GDPと結合した状態が不活性型であり，GTPと結合した状態が活性型である．その活性化はGDP/GTP交換によって起こり，不活性化は自身のGTPアーゼ活性によって起こる．GDP/GTP交換を促進するタンパク質，抑制するタンパク質が存在する．自身のGTPアーゼ活性を促進するGTPアーゼ活性化因子（GAP）も存在する．これらの活性のバランスが，低分子量Gタンパク質の活性化とその寿命を決定している．

Rasは低分子量Gタンパク質の代表であり，がん遺伝子産物として見いだされたものは，その遺伝子の点変異によりGTPアーゼ活性を失い，恒常的に活性型となったものである．Rasの活性化因子としてGNRP（グアニンヌクレオチド解離タンパク質）とよばれるGDP/GTP交換因子が，活性抑制因子としてGAP（GTPアーゼ活性化タンパク質）が存在する．

活性型となったRasは**Raf**というセリン/トレオニンキナーゼに結合し，これを細胞膜に引き寄せて活性化させる．Rafをコードする遺伝子もその変異によりがん遺伝子となる．活性化されたRafはMAPKKKとして作用し，後述のMAPキナーゼカスケードを作動させる．受容体型チロシンキナーゼから，Rasを介してMAPキナーゼに至るこの一連のシグナル経路は，増殖や分化にかかわる重要なシグナル経路である．

表9・9 低分子量Gタンパク質とその機能

ファミリー	タンパク質	細胞における機能
Ras	Ras	増殖，分化制御
Rho	Rho, Rac, Cdc42	細胞骨格制御
	Rab	小胞輸送
ARF	ARF	小胞輸送

9・3・6 MAPキナーゼとMAPキナーゼカスケード

MAPキナーゼ（MAPK）はEGFやPDGFなどの増殖因子やホルボールエステルであるTPAなどにより活性化されるセリン/トレオニンキナーゼである．MAPキナーゼは，**MAPキナーゼキナーゼ**（MAPKK）という両特異性キナーゼによりチロシン残基とトレオニン残基のリン酸化を受けて活性化する．MAPKK自身もセリン残基のリン酸化により活性化する．Rafはこれを触媒する**MAPキナーゼキナーゼキナーゼ**（MAPKKK）である．Rafに始まるこのキナーゼのカスケードを**MAPキナーゼカスケード**とよぶ（図9・21）．

さまざまな細胞内シグナルタンパク質の原型が単細胞生物である酵母にも保存されている．酵母には少なくとも4種類の独立して作動するMAPキナーゼカスケードが存在する．高等生物でも上述の増殖刺激に依存して活性化されるMAPキナーゼ（ERKとよばれる）に加え，異なったMAPキナーゼが存在し，異なったカスケードを構成している．SAPKあるいはJNKとよばれるMAPキナーゼ，およびp38とよばれるMAPキナーゼは，構造およびその活性化の様式がERKと同様である．これらは，紫外線，熱ショック，浸透圧ショックなどのさまざまな細胞ストレスで活性化されると同時に，腫瘍壊死因子（TNF）やインターロイキン1（IL-1）などの炎症時に活躍するサイトカインによっても活性化する．

9・3・7 タンパク質間相互作用とアダプタータンパク質，足場タンパク質，アンカリングタンパク質

タンパク質間の特異的な相互作用にかかわるドメインが，シグナル伝達を可能としている．シグナル伝達タンパク質の多くは，タンパク質間の相互作用にかかわるドメインをもち，多くの場合これがシグナルに応じた重要な調節点となっている．たとえば，SH2ドメインをもつタンパク質は，チロシンキナーゼによりリン酸化されたチロシン残基をその周辺の数個のアミノ酸配列と一緒に認識して結合する（図9・9，図9・10）．受容体の活性化に始まったシグナルは，受容体直下でさまざまなシグナル伝達タンパク質を集合させることになる．SH2ドメインとは別に，タンパク質の特定部位のセリン残基のリン酸化部位を認識する別のドメインも存在する．リン酸化を認識して結合するこれらのドメインにより，タンパク質間の相互作用は，シグナル依存的に調節される．

SH3ドメインのようにシグナルには依存せずに，特定の配列を認識して強固に結合するドメインも存

在する．さらに，触媒活性をもたずに，SH2ドメインやSH3ドメインのようなタンパク質の相互作用にかかわるドメインのみをもつタンパク質も多数存在する．これらは**アダプタータンパク質**とよばれ，触媒活性をもつタンパク質同士を空間的に近づけてシグナルが伝わることを保証する重要な役割を果たしている．MAPキナーゼのカスケード反応には，かかわる3種のキナーゼを結合して空間的に近づけている特別なタンパク質が存在し，**足場タンパク質**とよばれている．

シグナル伝達タンパク質を細胞内の特定の場につなぎ留めておく**アンカリングタンパク質**も存在する．シグナル伝達タンパク質やその集合体の細胞内における場（局在）も重要な役割を果たしているからである．

触媒活性を有するタンパク質，カルシウムやGTPを結合するスイッチタンパク質，そしてここで述べたタンパク質間相互作用にかかわるタンパク質を含め，シグナル伝達タンパク質の多くは分子多様性を示す．すなわち，よく似てはいるが少しずつ異なる一次構造（つまり立体構造）をもつタンパク質が多数存在する．細胞内では，これらのタンパク質の特異的な組合わせが，特異的なシグナルの伝達を可能としている．

9・4 シグナル伝達経路の調節機構

9・4・1 脱感作と適応──シグナル伝達タンパク質のダウンレギュレーション

細胞が刺激を受けつづけるとその刺激あるいは他の刺激に対して応答しにくくなる現象が普遍的にみられる．この現象は**脱感作**，あるいは刺激に対する**適応現象**とよばれる．これは，受容体や，細胞内シグナル伝達タンパク質の性質や量がフィードバック回路により負の制御（**ダウンレギュレーション**）を受けることに

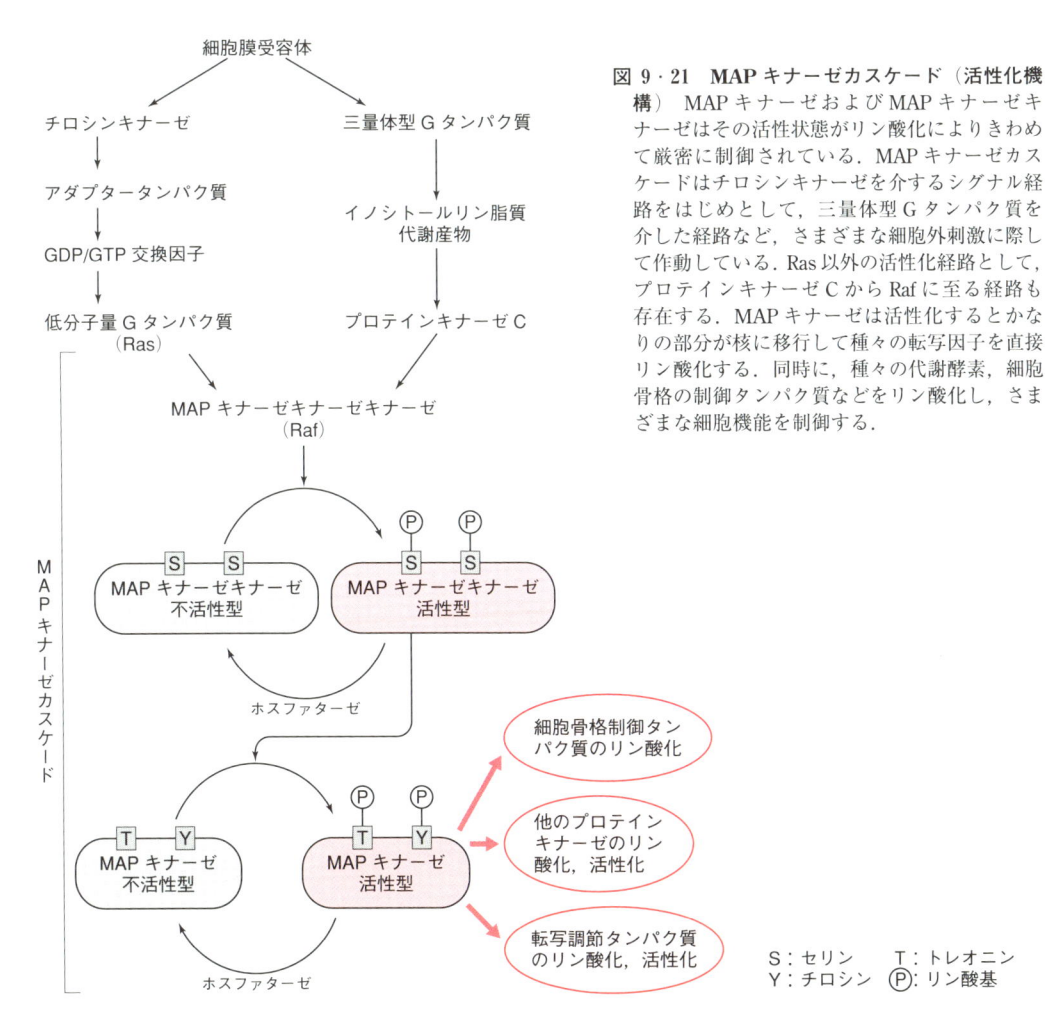

図9・21 MAPキナーゼカスケード（活性化機構） MAPキナーゼおよびMAPキナーゼキナーゼはその活性状態がリン酸化によりきわめて厳密に制御されている．MAPキナーゼカスケードはチロシンキナーゼを介するシグナル経路をはじめとして，三量体型Gタンパク質を介した経路など，さまざまな細胞外刺激に際して作動している．Ras以外の活性化経路として，プロテインキナーゼCからRafに至る経路も存在する．MAPキナーゼは活性化するとかなりの部分が核に移行して種々の転写因子を直接リン酸化する．同時に，種々の代謝酵素，細胞骨格の制御タンパク質などをリン酸化し，さまざまな細胞機能を制御する．

S: セリン　T: トレオニン
Y: チロシン　Ⓟ: リン酸基

よる．受容体のダウンレギュレーションは同一の刺激に対する脱感作を起こすし，細胞内シグナル伝達タンパク質のダウンレギュレーションは多種の刺激に対する脱感作を起こす．

β_2アドレナリン受容体に関して，フィードバック制御の機構が詳細に調べられている．β_2アドレナリン受容体の活性化はG_sとcAMPを介してプロテインキナーゼAを活性化する．プロテインキナーゼAは下流へのシグナル伝達を行うと同時にβ_2アドレナリン受容体の細胞質ドメインのリン酸化を介してG_sが再び結合するのを阻害する（受容体とG_sとの脱共役）．一方，$\beta\gamma$はβアドレナリン受容体キナーゼ（βARK）とよばれるセリン/トレオニンキナーゼを活性化し，β_2アドレナリン受容体のC末端部分のリン酸化を介して，βアレスチンの受容体への結合を起こす．これによりG_sの結合が阻害される（図9・22）．

この脱感作現象は刺激後数分で起こり，刺激がなくなればしだいに元の状態に復帰する．しかし刺激が何時間も連続した場合には受容体の量の減少が起こる．これはβARKによる受容体のリン酸化を介した受容体のエンドサイトーシス（インターナリゼーション）による．受容体の量の減少は，受容体のmRNAの安定性の低下による受容体の合成量自体の抑制によってもひき起こされる．一方，β_2アドレナリン受容体の遺伝子のプロモーター領域にはcAMP応答性因子（CRE）が存在し，刺激により一過性に転写が活性化される．これが元の状態への復帰にかかわる．

9・4・2 シグナル伝達経路のクロストーク

異なったシグナル伝達経路は，さまざまなレベルで

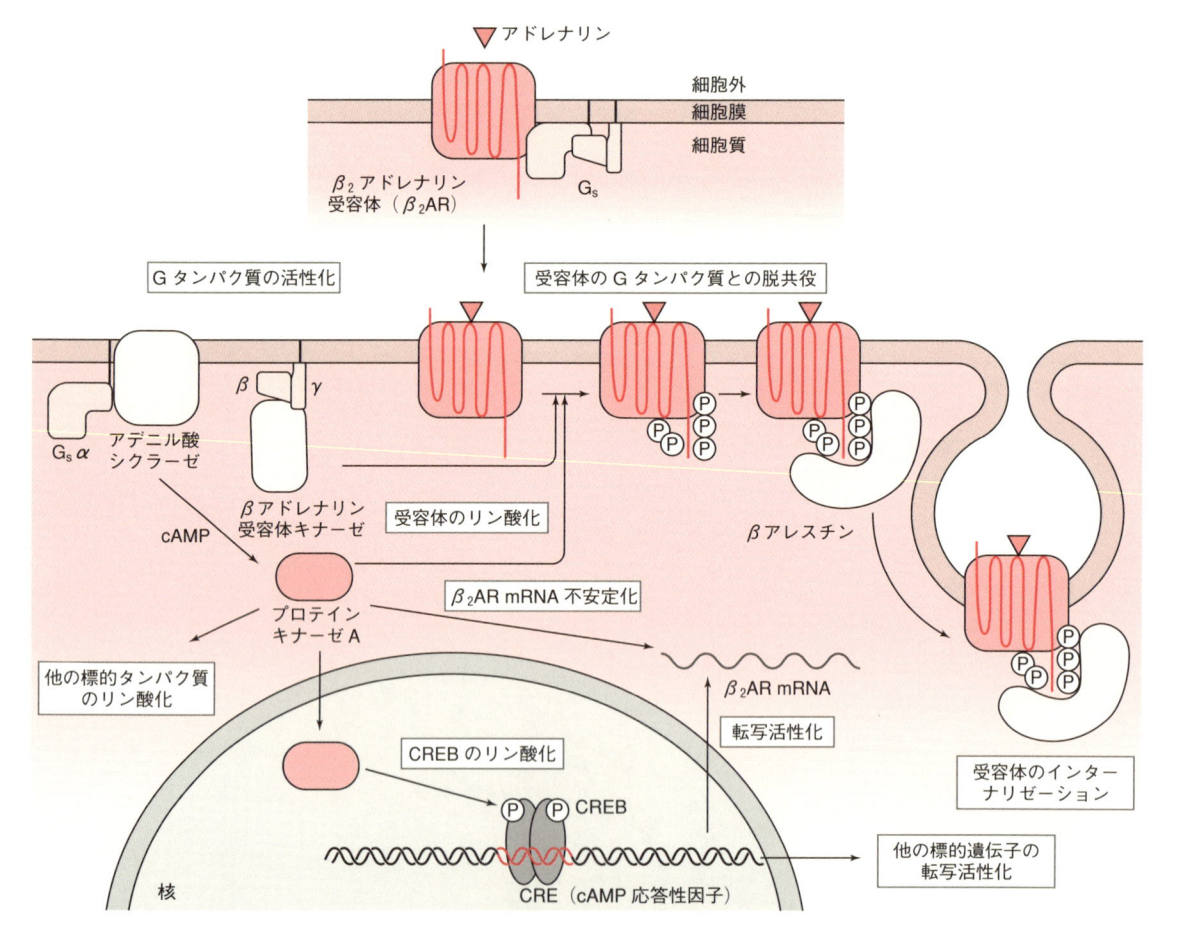

図9・22 フィードバック回路を介したβ_2アドレナリン受容体の調節機構 受容体の活性化にひきつづく細胞内シグナル伝達経路，さらに遺伝子誘導反応の結果，さまざまなレベルでフィードバック回路が作動する．受容体のレベルでは一過的な活性や量の消失（ダウンレギュレーション）が起こる．刺激がなくなった場合には，元の状態への復帰が起こる．

9・4 シグナル伝達経路の調節機構

表 9・10 刺激応答性転写シス因子

刺激	転写シス因子	配列	トランス因子	標的遺伝子の例
cAMP 誘導体	cAMP 応答性因子 (CRE)	T G A C G T C A	CREB	ソマトスタチン
血清, 増殖因子	血清応答性因子 (SRE)		SRF	c-fos, アクチン
TPA	TPA 応答性因子 (TRE)	T G A C T C A	AP1 (c-Fos/c-Jun)	c-jun, コラゲナーゼ
TNFαなど	NFκB 結合部位	G G G A C T T T C C	NFκB	免疫グロブリン κ 軽鎖

相互作用している．これを**クロストーク**とよぶ．シグナル伝達経路の要となるタンパク質の多くは，複数の独立した経路により活性が制御されており，複数の条件が満たされたときに初めて完全な活性を発現する．これがシグナル統御の基本である．

a. cAMP 経路と Ca^{2+} 経路　たとえば，cAMP 経路と Ca^{2+} 経路とはさまざまなレベルでクロストークをしている．cAMP ホスホジエステラーゼやアデニル酸シクラーゼのサブタイプのなかには Ca^{2+}-カルモジュリンにより制御されるものが存在するし，逆にプロテインキナーゼ A は Ca^{2+} 濃度を制御するさまざまな分子（カルシウムチャネルなど）の活性を修飾する．

骨格筋では cAMP 経路と Ca^{2+} 経路は協調して働く．筋の収縮をひき起こす Ca^{2+} 濃度の上昇は，グリコーゲンホスホリラーゼキナーゼをプロテインキナーゼ A によって活性化されやすい型に変換すると同時に，カルモジュリンキナーゼを介してグリコーゲンシンターゼを不活性型に変換する（p.182, 図9・15）．グリコーゲンホスホリラーゼは 4 種のサブユニット（α, β, γ, δ）から成る．γ はキナーゼの触媒サブユニットであり，α, β はプロテインキナーゼ A によりリン酸化される部位を含んでいる．δ はカルモジュリンそのものである．

b. cAMP 経路と MAP キナーゼ経路　高等動物では，cAMP の経路は増殖に抑制的に働く．プロテインキナーゼ A は Raf をリン酸化し，その活性を阻害する．つまり，cAMP を介する経路は増殖に深くかかわる MAP キナーゼ経路に対し抑制的に作用していることになる．cAMP 経路と MAP キナーゼ経路とは，転写調節のレベルでもクロストークしている．

9・4・3 シグナル伝達と転写活性化

一般に遺伝子のプロモーター領域には複数の転写シ

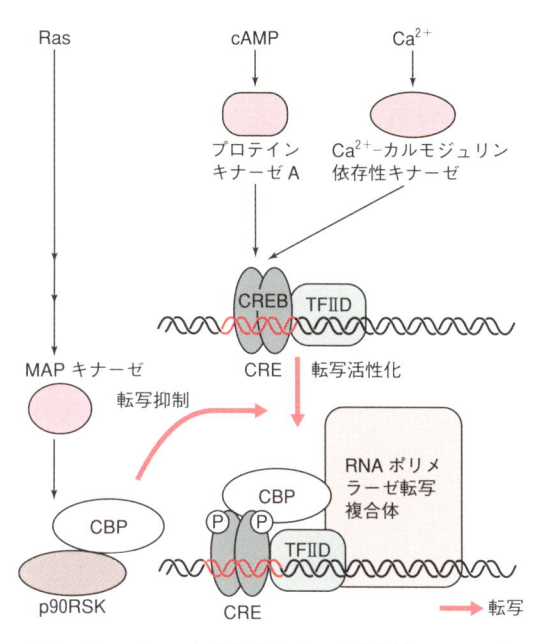

図 9・23　**cAMP 応答性遺伝子の転写制御**　cAMP 応答性転写シス因子をもつ遺伝子は cAMP 経路以外に Ca^{2+} 経路，さらには Ras-MAP キナーゼ経路など複数のシグナル伝達経路の支配下にある．

ス因子が存在し，複数の転写調節タンパク質を介した制御が行われている（p.85, §6・7・4）．また，転写調節因子はさまざまなヘテロ二量体をつくる．さらに，狭い意味での転写調節因子に加え，さまざまな因子が転写調節にかかわる．このさまざまなレベルにおける調節にシグナル伝達経路が関与している．

特定の刺激で共通に転写が誘導される遺伝子のプロモーター領域には，保存された塩基配列が存在する（表9・10）．たとえば細胞内の cAMP 濃度の上昇により，ソマトスタチン，副甲状腺ホルモンなどの一群の遺伝子の転写が活性化する．これらの遺伝子は cAMP 応答性の転写シス因子 (CRE) をもつ（図9・23）．ステロイドなどの脂溶性ホルモンの受容体に関してはすでに述べた．

10 ヒトの遺伝性疾患と生化学

10・1 優性遺伝・劣性遺伝

ヒトの染色体は46本あり，このうち常染色体が22組44本，性染色体が2本（女性がXX，男性がXY）となっている．ゲノム1コピーあたり塩基総数が約30億で，このなかに遺伝子が22,000～24,000個存在する．通常，どんな遺伝子も父母由来の2コピーが存在する．この働きの違いによって，優性遺伝か劣性遺伝かが決定される．

まず，**優性遺伝**について説明する．正常遺伝子と疾患遺伝子が一つずつ存在するとき（ヘテロ），疾患遺伝子産物が異常な機能を獲得した場合に病気になることがある．このような場合を優性遺伝という（図10・1）．もちろん疾患遺伝子がホモになった場合にも病気になる．同様に，疾患遺伝子産物が正常遺伝子産物の機能を妨げる場合も，優性遺伝形式をとる（優性ネガティブ）．優性遺伝の家系では家系の半数に症状が現れる．一般に優性遺伝形式をとる病気は，成人してから発病することが多く，例としては，遺伝性パーキンソン病やアルツハイマー病があげられる．

優性遺伝の特徴としては，家系によって患者の臨床像が異なるという点である．これは遺伝子異常の質が異なると（たとえば，ミスセンス変異の箇所によってタンパク質の機能が異なるため），結果として症状が大きく違ってしまうためである．また優性遺伝を呈する遺伝子産物は構造タンパク質やオリゴマー（または

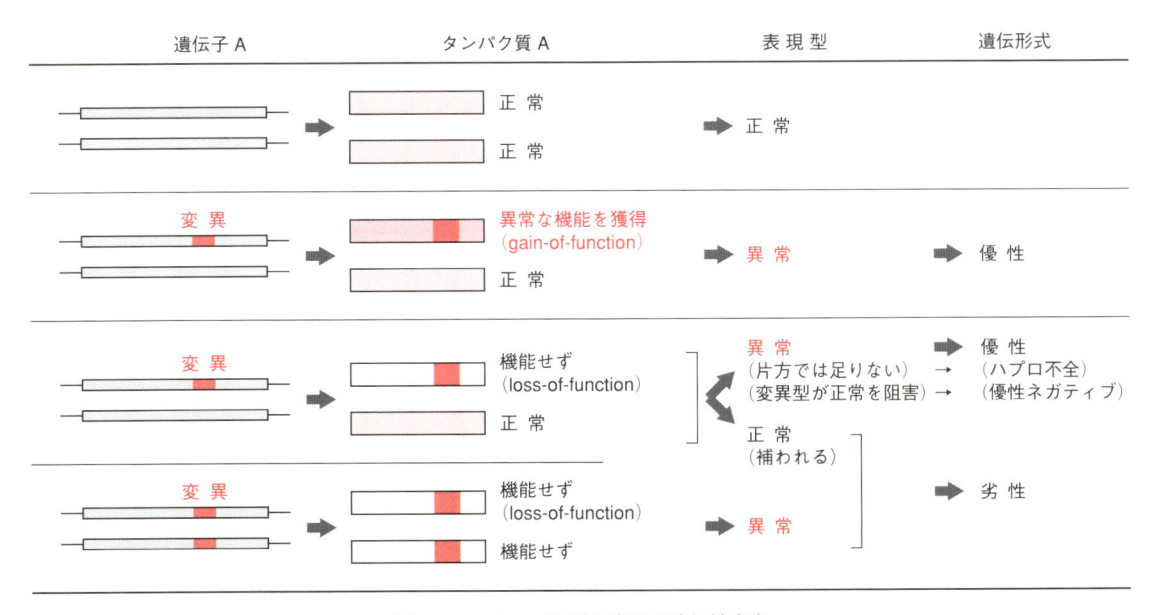

図 10・1 タンパク質の変異と遺伝性疾患

フィラメント）をつくるものが多いことも特徴で，これは性質が異なるものが1：1で混ざっていると正常な繊維構造などがつくれないためと考えられている．

　これとは対照的に，**劣性遺伝**には大きな特徴がある．それは家系内に患者が少ないことや，両親が正常でも子に疾患が生ずること，生後すぐに症状が現れること，などである．これを図10・1で説明する．劣性遺伝は疾患遺伝子がホモになったときだけ症状が現れるため，ヘテロの場合は正常と判定される（これを保因者という）．両親がヘテロの場合は，子には1/4の確率で疾患が現れる．一般に新生児で難病とよばれるものは，劣性遺伝の結果である．たとえばユダヤ人で3600人に1人の割合で現れるテイ・サックス病は，保因者の割合が30人に1人と計算される．このような劣性遺伝の例としては，フェニルケトン尿症や鎌状赤血球貧血症（p.12）などが知られている．

　劣性遺伝がなぜ新生児に現れるかというと，変異が**機能欠損**を伴うためである．つまりタンパク質の活性がまったくなくなってしまうので，ホモの疾患遺伝子をもつ人では病気になるのである．一般に酵素活性が50％あれば病気にならないため，ヘテロ（保因者）は正常となる．このことより，劣性遺伝子産物は酵素であることが多い理由がわかるであろう．

　一般に機能欠損型の遺伝様式は劣性遺伝になるが，例外的に優性遺伝する場合がある．それは活性が50％であると十分に機能が果たせず病気になる場合で，このことをハプロ不全という．活性が100％ある個体の方が有利になるように自然選択が働くはずで，ハプロ不全は進化的に不利になると予想されており，実際そのような例は少ない．

10・2　ヒトの遺伝子多型と薬物代謝

　以前から，薬に対する耐性が人によって異なる（薬の効果に個人差がある）らしいことが知られていた．たとえば，ワルファリンという薬は梗塞時に血栓を溶かす作用があるが，0.5 mgで効く人と，60 mgなければ効かない人がいることがわかってきた．実際には少しずつ投与して効果をみながら対処するのであるが，その原因が肝臓にある**シトクロムP450**という酵素の多型（遺伝的な違いによる多様性，個人差）に依存することがわかってきた．

　シトクロムP450（略してCYP）遺伝子は人のゲノムに57種類存在し，つぎに示すモノオキシゲナーゼ反応をつかさどることがわかっている．

R–H + NADPH + O_2
$$\longrightarrow R\text{–}OH + NADP^+ + H_2O$$

　つまりこの肝臓酵素は，水に難溶性の化合物（特にベンゼン環があるもの）にヒドロキシ基をつけ，グルクロン酸抱合の後に水溶性を増して，胆汁（尿）中に排泄させる働きがある．数多く存在するCYPには基質特異性があり，たとえばCYP1はアラキドン酸などのエイコサノイドを，CYP2はおもに植物由来の化学物質を，CYP21はステロイド環の21位を，CYP46はコレステロールの24位をヒドロキシ化する作用がある．これら数多くのCYPのうち，おもに5種類のCYP（CYP1A2，CYP2D6，CYP2C9，CYP2C19，CYP3A4）が薬物代謝にかかわることも知られている．また，このうちCYP2D6の多型の割合が人種によって異なることもわかってきた（表10・1）．たとえば薬物をすばやく代謝できる型（超ラピッド）をもつ人の割合は白人に多く，代謝が遅い型（プア）の分布も人種によって異なることがわかっている．前述のワルファリンが0.5 mgで効果を示す人は，CYP2C9のプアメタボライザーであることがわかる（表10・2）．

　このようなことがわかれば，自分の遺伝子型を調べることによって薬剤をどれだけ摂取すればいいのかがわかり，無駄な消費や副作用を軽減できることがわかってきた．このような個に応じた方法を**オーダーメード医療**とよぶ．

表10・1　CYP2D6の多型と人種差

	白　人	アジア人	黒　人
プ　ア	5～13.5 %	0～1 %	0～8.1 %
超ラピッド	1～10 %	0～2 %	2 %

表10・2　シトクロムP450が代謝する薬剤の例

酵　素	薬　剤
CYP2C9	ワルファリン（抗凝血薬）
CYP2D6	抗うつ剤 抗不整脈薬 βブロッカー
CYP2C19	ジアゼパム（抗不安薬） オメプラゾール

◇ 知的機能の遺伝子 ◇

知的機能にはいろいろあり，記憶，知能指数（IQ），気質，意欲などのほかにも自閉や薬物乱用など多岐にわたっている．特にIQにかかわる遺伝子は，まずX染色体に連鎖する精神遅滞の家系の解析からいくつかが単離された．それらの特徴としては，低分子量Gタンパク質の機能にかかわるものが多いことに注目が集まっている．低分子量Gタンパク質 (p.186) であるRas，Rac，Rho，RabなどはグアニンヌクレオチドGTP，GDPを結合しており，その交換反応によって情報伝達機能をオンオフしていることがわかっている（図）．特にオン（GTP結合型）からオフ（GDP結合型）に変えるGTP加水分解促進因子GAPや，GDPをGTPに戻すグアニンヌクレオチド交換因子GEF，GEFを阻害するGDIなどがこの反応にかかわっているが，これらの変異も精神遅滞を導くことが明らかになってきている．

このほかに，NMDA受容体が記憶形成に重要な役割を果たしている．NMDA受容体はNR1，NR2という二つのサブユニット2個ずつから構成されており，NR2は胎児から成体に変化するに従ってNR2AからNR2Bへ発現が変化することが知られている．チャネル機能としてはNR2Bを含む方が効率がよく，NR2B

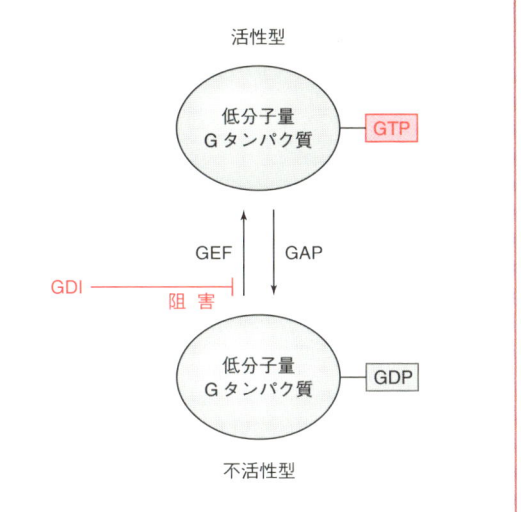

図 低分子量Gタンパク質の機能

を過剰発現するマウスは認知機能が高いことが迷路学習によって明らかになった．

一方，他人の考えを推し量る能力に欠けるといわれる自閉症は，広汎な脳の発達障害と考えられているが，その一部には遺伝性の要因があると考えられている．その家族性自閉症で変異している遺伝子として，後シナプス膜タンパク質のニューロリギン3，4Xがみつかり，神経細胞の発育異常とシナプス形成能の欠陥が自閉症状をひき起こす可能性が注目されている．

10・3 遺伝性疾患の例

10・3・1 アルツハイマー病

アルツハイマー病は1907年にドイツの神経学者A. Alzheimerが初めて報告した病気で，50歳代前半に急激に認知症（痴呆）症状を呈した女性の脳に，特徴的な所見を認めたものである．銀で染色すると脳内に粟粒状の斑点があり，この神経細胞外にみられる老人斑（主成分がアミロイドβタンパク質，$A\beta$）と，神経細胞内にみられるねじれたフィラメント（主成分がリン酸化された微小管結合タンパク質タウ，神経原線維変化という）がアルツハイマー病の特徴である．このアルツハイマー病の前段階として軽度認知障害があり，これらは脳の萎縮を伴う．

1984年に老人斑の主成分として，ギ酸に可溶性の$A\beta$が同定され，研究が急速に進んだ．またこの$A\beta$は膜1回貫通タンパク質であるアミロイド前駆体タンパク質 (APP) のプロセシングによって生ずることがわかった．$A\beta$には40アミノ酸から成る可溶性$A\beta$40と，42アミノ酸から成る難溶性$A\beta$42の，おもに二つの分子種が存在し，$A\beta$42のまわりに$A\beta$40が大量に蓄積して老人斑を形成するものと考えられている．

APPはほぼすべての臓器で発現している．体内で$A\beta$が蓄積しないのは，APP代謝のおもな経路が非アミロイド蓄積経路とよばれているものだからである．APPはαセクレターゼ (ADAM9, 10, 17, 19というメタロプロテアーゼ) によって膜のすぐ外側が切断され，可溶性のsAPPαが分泌される（図10・2）．切断点は$A\beta$の真ん中であるため，$A\beta$は蓄積しない．しかしながらアルツハイマー病の脳では，まずβセクレターゼ（本体はBACE1）が働き$A\beta$を含む約100残基の膜結合ペプチドをつくる．つぎに，膜の中でγセクレターゼという別のプロテアーゼ（本体はプレセ

ニリン，ニカストリン，Pen2，Aph1 という4種類のタンパク質複合体）が作用しAβがつくられる．アルツハイマー病は非常に長期間かかって脳にアミロイドが蓄積するが，この蓄積経路へ傾くバランスが少し多めに働いてAβ産生が高まり，脳にAβが沈着するものと考えられている．また家族性アルツハイマー病の原因遺伝子は現在までに，APP，プレセニリン1，プレセニリン2と明らかになってきており，これは同一プロセシング反応にかかわる酵素と基質であることに注目されたい．

Aβの蓄積がどのようにして神経細胞死を導くかについては諸説が提示されているが，まだはっきりしたことはわかっていない．Aβは最終的に繊維状の凝集となり細胞死が起こるが，中間段階のオリゴマーに毒性があるとする考え方もある．結果的にはAβによって細胞内カルシウム濃度が増大し，細胞内での活性酸素の増大が酸化ストレスを惹起するというのが一般的な考えである．また，細胞外のAβ沈着がマクロファージの活性化をひき起こし，一酸化窒素や腫瘍壊死因子（TNF）などの物質のために活性酸素が多くなって膜脂質などを酸化し，障害を起こすともいわれている．このようにして結果的に神経細胞が死ぬことが認知症をひき起こすと考えられ，Aβ沈着や神経原繊維変化の量が直接認知症の症状と相関するのではない．

一方，長寿に伴う認知症の原因として大きくクローズアップされているのが，アポリポタンパク質E（アポE）の多型である．このタンパク質は血液中に存在し，脂質を輸送する機能をもっている．これはかつて遅発性の家族性認知症の責任遺伝子として単離されたものであるが，大集団で調べてみると，有意に認知症を併発しやすい多型がみつかった．アポEは299アミノ酸でできており，112番目と158番目のアミノ酸に違いがある．両方ともCysであるのがE2，CysとArgであるのがE3，両方ともArgであるのがE4とよばれている．大多数のヒトがこの3種類のどれかをもっており，ヒトの遺伝子型はE2/E2，E2/E3，E3/E3，E2/E4，E3/E4，E4/E4 の6通りに分類できる．そのなかでE4/E4が明らかにアルツハイマー病になるリスクが高く，E3/E4がそれに続くことが明らかになった．

日本人のE4の遺伝子頻度は0.08と考えられており，E4のホモの確率は $0.08^2 = 0.0064$ となる．また，E2+E3の頻度は $1 - 0.08 = 0.92$ となるから，図10・3よりE4をヘテロにもつ割合は $2 \times 0.92 \times 0.08 = 0.147$ で，

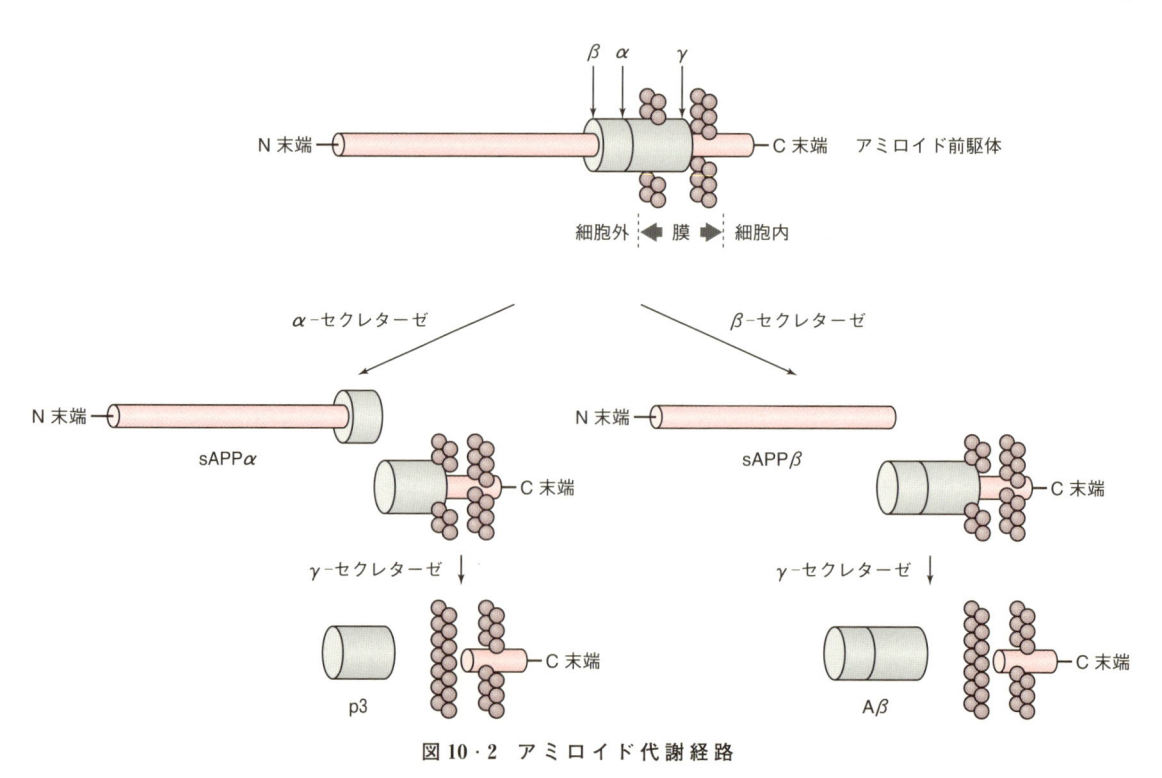

図10・2 アミロイド代謝経路

10・3 遺伝性疾患の例

◇ アルツハイマー病と
特定遺伝子との関連の証明 ◇

家系解析によって遺伝子変異と症状との間に関連があることが明らかになっても、それがなぜ病気をひき起こすかを証明しなければならない。研究者がどのようにして因果関係を証明しているか、その実例をあげてみよう。

(1) 遺伝子変異が$A\beta$産生を上げることの細胞系での証明: スウェーデン型アルツハイマー病家系では、APPのβセクレターゼ切断点-EVKM*DAEF-（アミノ酸一文字表記、*が切断点のペプチド結合）のKMのところがNLに変異している。そこでNL配列に変えたAPP cDNAを動物細胞に過剰発現させて培養し、細胞外液に分泌された$A\beta$量を定量することによって、$A\beta$産生が上昇していることがわかった。

(2) 遺伝子変異が$A\beta$産生を上げることの動物モデルでの証明: NL配列をもつAPP cDNAをマウス胚性幹細胞に導入したトランスジェニックマウスをつくる。このマウスTg2576は、生後1年ごろから脳に老人斑をつくることが明らかになった。もちろん、マウスがもっているAPP遺伝子をヒトNL-APPに変換したノックインマウス（マウス遺伝子に相当する部分をヒトの遺伝子に交換したマウス）をつくっても、同じように$A\beta$が蓄積していることがわかった。

これらの系は治療薬の開発にも役立っている。

約7人に1人と計算される。白人ではE4頻度が東洋人に比べて高く、0.13程度で、オーストラリアに住むアボリジニーでは0.39となっている。アボリジニーの場合は、E4のヘテロの割合は $2\times0.39\times(1-0.39)=0.476$ となり、約半数に認知症が発症する計算になる。

	p/A	q/a
p/A	p^2/AA	pq/Aa
q/a	pq/Aa	q^2/aa

図10・3 ハーディー・ワインベルクの法則　対立遺伝子Aとaの割合がpとqであるとすると $(p+q=1)$、平衡における遺伝子型の頻度は図のようになる。

10・3・2 アルカプトン尿症

アルカプトン尿症は新生児の尿が黒くなる病気で、この原因は尿中にホモゲンチシン酸が蓄積するためである。この病気は1900年初頭にA. E. Garrodが初めてみつけ、ヒトの形質がメンデル性遺伝を呈することがわかった最初の例である。アミノ酸であるチロシンはいくつかの反応を経たのち酸化されてホモゲンチシン酸になり、その後ホモゲンチシン酸1,2-ジオキシゲナーゼ（HGD）の作用でマレイルアセト酢酸になる（図10・4）。1985年に、この病気の原因が、HGDの異常でホモゲンチシン酸が代謝されなくなることであるとわかった。

ところがヒトではこの酵素が微量なため精製できず、研究がずっと進まなかった。1993年になってようやくアルカプトン尿症が第3染色体長腕に連鎖することがわかり、ついに1996年に遺伝子がクローニン

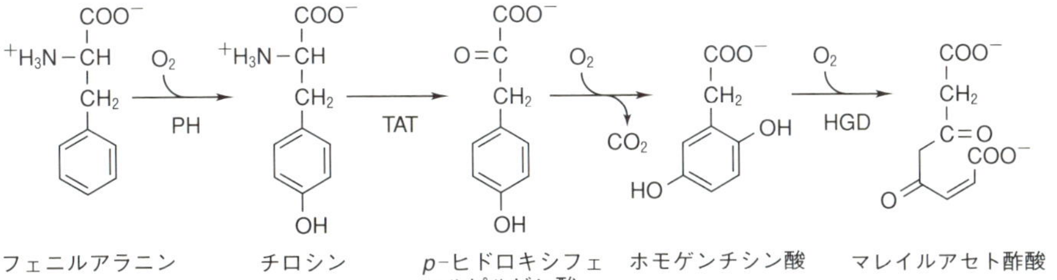

図10・4　アルカプトン尿症と新生児異常　PH: フェニルアラニンヒドロキシラーゼ、TAT: チロシンアミノトランスフェラーゼ、HGD: ホモゲンチシン酸ジオキシゲナーゼ.

ヒトのHGDタンパク質が得られなかったので、まずコウジカビ（*Aspergillus nidulans*）から酵素を精製し、これをプローブにしてヒトのHGD遺伝子を釣り上げたのである。カビもヒトも、HGD遺伝子配列はよく似ていたのであった。ついで患者の遺伝子解析から817番目のシトシンがチミンになる変異（P230S）がみつかり、この変異をもつHGDには活性がないことが証明された。以上の事実より、アルカプトン尿症がHGD遺伝子の機能欠失変異で起こり、劣性遺伝することが証明された。

なお、新生児の代謝異常では、図10・4のフェニルアラニンヒドロキシラーゼ異常で起こるフェニルケトン尿症が有名である。この場合にはフェニルアラニンがチロシンに代謝されず、フェニルピルビン酸となって神経細胞に蓄積し、神経細胞死を導く。精神遅滞を防ぐため、フェニルアラニンを含まないミルクの利用やフェニルアラニンの少ない食事などが推奨されている。

10・3・3 囊胞性繊維症

囊胞性繊維症（CF）は欧米でもっとも多い劣性の遺伝性疾患である。CFは塩分過剰の汗が出る病気で、これとともに粘液が気道、胆管、膵臓、小腸、生殖腺に詰まって臓器不全を起こす病気である。特に気管支が詰まり、感染症から肺疾患になる場合が多い。この病気は両親がヨーロッパ出身の先祖をもっている場合

◇ 世代を経るに従って重くなる病気 ◇

遺伝性疾患であるにもかかわらず、親よりも子、子よりも孫の方が発病が早く症状も重い病気がある。球脊髄性筋萎縮症、脆弱X症候群、ハンチントン病、筋強直性ジストロフィー、脊髄小脳変性症などである。最初に原因遺伝子座がわかったのは脆弱X症候群で、責任遺伝子の5′非翻訳領域のCGG 3塩基反復配列（リピート）が世代を経て伸長しているために発病することが明らかになった。また球脊髄性筋萎縮症の原因は遺伝子内のCAG 3塩基リピートの伸長で、タンパク質のなかのグルタミンが伸長することが機能異常をひき起こすことがわかり、これらの疾患を総称してトリプレットリピート病とよぶようになった。これらの疾患は原因不明の難病といわれ、原因も治療法もよくわからないものばかりであった。また世代間にみられる上記のような奇妙な性質（表現促進現象という）は、旧来の遺伝学の常識から外れていた。

1) 神経変性疾患であるハンチントン病、球脊髄性筋萎縮症、脊髄小脳変性症（のいくつかの型）は、CAGリピートの伸長によって生じる。この配列はタンパク質に翻訳される領域に存在し、ポリグルタミン鎖をコードしているため、これらの疾患をポリグルタミン病と総称する。ポリグルタミン病では、アルツハイマー病やパーキンソン病、プリオン病といった疾患（アミロイドβタンパク質、αシヌクレイン、プリオンタンパク質）と同様、ポリグルタミン領域を含む原因タンパク質が長期間かかって凝集することによって、細胞が死に至るのではないかと考えられている。ポリグルタミン病はほとんどが優性の疾患で、原因遺伝子の機能欠損ではなく、伸長したポリグルタミンの（異常な）機能獲得が原因とされる。同じく翻訳領域の疾患で、ポリアラニンの伸長による形態形成異常もいくつか知られているが、これらの症状は同じ遺伝子内の別の箇所の点突然変異でも生じることがある。したがってこの場合、原因遺伝子のコードするタンパク質の機能の喪失が発症の原因であると考えられる（こういう場合、通常は劣性となるが、実はこれらの疾患は優性である。これには前述したハプロ不全という現象がかかわると思われる）。

2) 筋強直性ジストロフィー（DM1）は筋肉のみならず白内障、インスリン耐性、精神遅滞、睡眠障害、肺換気障害、IgG異常、性腺異常、頭部脱毛などさまざまな症状を呈する全身性疾患である。DM1の責任遺伝子はタンパク質リン酸化酵素ドメインをもつDMプロテインキナーゼ（DMPK）とよばれ、第19染色体上に存在する。この遺伝子の3′非翻訳領域にCTGの3塩基から成る反復配列（リピート）が存在し、これが伸長することが病気の原因であった（前に述べた翻訳領域のリピートはせいぜい数十個なのに、この場合には数千個にも伸長する）。異常が非翻訳領域に存在し発現タンパク質はまったく同質なのに病気になる理由は、リピートを含むmRNAにMBNLやCUG-BPというRNA結合タンパク質が結合し、本来働くべきところでスプライシング調節機能を果たしていないためと考えられている。

に，2500人に1人の割合で発病する．保因者の割合を$1/x$とすると，保因者同士の結婚で4人に1人が病気になるので，$(1/x)\times(1/x)\times(1/4)=1/2500$となり，$x=25$となる．なお，保因者はコレラに感染しにくいことが知られている．

CFの原因は，全身の細胞膜上に発現しているCF膜貫通調節因子（CFTR）遺伝子の欠陥で起こることがわかっている．変異の2/3以上は，正常CFTR遺伝子中のCTT3塩基の欠失（図10・5）であり，これによって508番目のフェニルアラニンが欠けて塩素チャネル機能が障害されるもので∆508とよばれる．この場合，遺伝子中のCTTが欠失しており，507番目のイソロイシンをコードする暗号がATCからATTに変化するものの同じイソロイシンをコードするために，結果的にフェニルアラニンだけが欠けるのである．

この∆508変異をもつCFTRは，実は細胞膜への輸送が阻害されていることが明らかになった．また合成されてからの分解速度が速いことも明らかになってきた．これは小胞体内で∆508CFTRの構造異常が検知され，分解されること（クオリティーコントロール，品質管理）を示している．

CFではほとんどが∆508変異であるが，それ以外の変異も数多く報告されている．特に細胞膜への輸送が阻害されている変異では症状が重く，一部でも細胞膜に輸送されていて塩素チャネルとして機能していれば，症状が軽いことがわかっている．しかし，同じ遺伝子変異をホモにもつ患者でも，器官によって症状が異なる場合がある．これは症状の発現に，他の遺伝性の要因や環境要因がかかわることを示している．

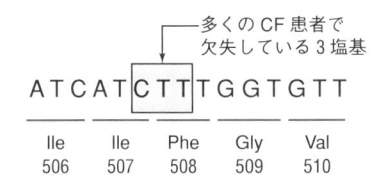

```
          ┌─多くのCF患者で
          │ 欠失している3塩基
          ↓
ATCAT|CTT|GGTGTT
 Ile  Ile Phe Gly Val
 506  507 508 509 510
```

図10・5 囊胞性繊維症（CF）で最も多い遺伝子異常

用 語 解 説

悪性形質転換 ⇌ トランスフォーメーション*を参照.

アゴニスト（agonist） 作動薬ともよばれる．受容体に結合しその活性化を介して生理作用を発揮する物質．（⇌ アンタゴニスト*を参照）

アテニュエーション（attenuation） 大腸菌トリプトファンオペロンなどにみられる負の転写調節の方法で，翻訳*と共役して行われる．

アニーリング（annealing） 変性*して一本鎖になった DNA が他の DNA または RNA と相補的な塩基対によって二本鎖を形成し再結合すること．

アポ酵素（apoenzyme） タンパク質以外の補欠分子族や補酵素*などの補因子を必要とする酵素*のタンパク質部分をいう．

アポトーシス（apoptosis） 細胞に備わっている機構による，積極的な細胞死．発生・分化過程などで不要になった細胞や，強度の DNA 損傷を受けた細胞などがこの機構によって排除される．

アミノ酸（amino acid） アミノ基，カルボキシ基をもつ化合物の総称．両性電解質で，天然のタンパク質は 20 種類の L 形の α-アミノ酸がペプチド結合で重合したポリマーである．

アミノ末端 ⇌ N 末端*を参照.

rRNA ⇌ リボソーム RNA*を参照.

RNA ⇌ リボ核酸*を参照.

RNA ポリメラーゼ（RNA polymerase） リボヌクレオチドを基質に RNA を合成する酵素．細胞の RNA ポリメラーゼは DNA を鋳型として転写を行う．

α ヘリックス（α helix） アミノ酸がペプチド結合*した主鎖内で，カルボニル酸素とアミノ基との間で水素結合を形成することによってできる規則的二次構造の一つである．3.6 残基で 1 回転する右巻きらせん構造をとる．

アロステリック酵素（allosteric enzyme） 基質が結合する活性中心以外に反応を調節する調節因子（エフェクター）が結合するアロステリック部位をもつ．通常四次構造をもつ酵素である．アロステリック部位に調節因子が結合すると活性中心の構造が変化し，基質の結合が変化するため，酵素反応が調節される．

アンタゴニスト（antagonist） 拮抗薬，遮断薬ともよばれる．受容体に結合しアゴニスト*の効果を阻害するが，それ自身は作用を示さない物質．

イオンチャネル ⇌ チャネル*を参照.

鋳型鎖（template strand） DNA の二重らせんのうち，RNA 合成の鋳型となる方の鎖のことで，生成する RNA とは相補的である．鋳型とならない方の鎖はコード鎖とよばれる．

一次構造（primary structure） タンパク質はアミノ酸がペプチド結合したペプチド鎖から成り，そのアミノ酸の配列順序を一次構造という．

遺伝子クローニング（gene cloning） 生物の自己増殖能を用いたクローニングというトリックを利用し，特定の DNA 断片を純化し単離する操作をいう．

遺伝子ターゲッティング（gene targeting） 生物のゲノム DNA に含まれる数ある遺伝子のなかで，特定の遺伝子のみを人工的に組換える操作．

遺伝子ノックアウト（gene knockout） 遺伝子ターゲッティング*により，特定の遺伝子のみを人工的に破壊する操作をいう．

遺伝子発現（gene expression） 遺伝子 DNA の情報が，転写*・翻訳*により，機能的な分子（RNA やタンパク質）に変換されること．

遺伝子ライブラリー（gene library） さまざまな種類の DNA 断片を 1 個ずつベクター*に組込んだ組換え DNA の混合物．

in situ インシチューまたはインサイチュー．生体の部分や機能が生体の元の場所にあるがままの状態をいう．mRNA や DNA を細胞や組織の元の位置で検出・確認することを in situ ハイブリダイゼーションという．

＊はこの用語解説中で説明されている用語を表す.

インデューサー ⇌ 誘導物質*を参照.

イントロン（intron） 真核細胞の遺伝子の領域でいったん転写されるが，スプライシング*の過程で切り出されてmRNAには除かれる部分．イントロンは遺伝子DNA上でエキソン*を分断している．

in vitro インビトロ．本来はガラス，すなわち試験管の中をさすが，一般には生体外をさす形容詞．生物の機能や生体反応が細胞のない系，たとえば細胞抽出液中で起こることをいう．

in vivo インビボ．生体内または生物の中を示し *in vitro* に対する言葉．生物の反応や機能が生物や細胞の中で起こることをいう．

ウイルス（virus） 細胞を宿主として増殖する核酸（DNAやRNA）の遺伝情報を含む粒子．古くは沪過性の病原体をさした．

エキソサイトーシス（exocytosis） 細胞内で膜小胞に閉じ込められた物質が，小胞が細胞膜と融合することによって細胞外に放出される現象．

エキソン（exon） 真核細胞の遺伝子の転写される領域のうち，mRNAとなる部分．エキソンはイントロン*によって分断されている．タンパク質のコード領域*はエキソンに含まれる．

S–S結合 ⇌ ジスルフィド結合*を参照．

ATP合成酵素（ATP synthase） ミトコンドリアや好気性細菌などの細胞膜に存在するタンパク質複合体．電子伝達系によって形成された水素イオンの勾配を利用して，ADPとリン酸からATPをつくる．逆に，ATPの分解エネルギーを利用して水素イオンを膜外に排出する機能をももつ．

mRNA ⇌ メッセンジャーRNA*を参照．

N末端（N-terminal） アミノ末端（amino terminal）の略称．ポリペプチド鎖の末端で遊離のα-アミノ基をもつ方をN末端とよぶ．

塩基（base） ヌクレオチド*を構成する複素環化合物で，DNAにはアデニン（A）とグアニン（G）のプリン誘導体と，チミン（T）とシトシン（C）のピリミジン誘導体が含まれる．RNAではチミンがウラシル（U）となる．

塩基対（base pair） DNAの二本鎖の塩基間でAとTで2本，GとCで3本の水素結合を形成し結合する．この相補的な対合を塩基対という．

塩基配列（nucleotide sequence） DNAやRNAのポリヌクレオチド鎖における塩基の並び方．タンパク質の情報を担う領域の塩基配列は，そのアミノ酸配列を規定している．

エンドサイトーシス（endocytosis） 細胞膜の一部が細胞内に陥入し，膜小胞となって細胞の内部に取込まれる現象．

エンハンサー（enhancer） 転写を促進するシス因子*のことで，ここに転写因子*（トランス因子*）が結合して，転写調節が行われる．原則として，位置と方向に依存しない．

オペレーター（operator） 原核細胞*の転写調節を行うシス因子*の一つ．大腸菌のラクトースオペロンの場合には，ここにリプレッサー*が結合すると，隣接したプロモーター*からの転写は抑えられる．

オペロン（operon） 原核細胞の転写において，一つのプロモーター*に支配される転写単位．構造遺伝子とオペレーター*などの転写調節領域を含む．

解糖（glycolysis） 1分子のグルコースを2分子のピルビン酸に変え，その際2分子のATPを生産し，2分子のNAD^+をNADHに還元する代謝経路をいう．

核酸（nucleic acid） 遺伝情報の担い手や，タンパク質合成などにかかわるヌクレオチド*のポリマーで，DNAとRNAの2種類が存在する．

カルボキシ末端 ⇌ C末端*を参照．

がん遺伝子（oncogene） 特定の条件下にがんを発症させる遺伝子のこと．多くの細胞性がん遺伝子は，ウイルスのもつがん遺伝子に似ている．*ras*, *myc*, *neu* などがその例．（⇌ がん抑制遺伝子*を参照）

緩衝液（buffer） 化学的な系で過剰な酸や塩基が加えられたときpHの変化を少なくする溶液で，酵素反応などに用いる．

がん抑制遺伝子（suppressor oncogene） 通常は細胞分裂や成長にかかわるタンパク質をつくっているが，変異を起こすと際限なく細胞分裂が起こりがんになるもの．*p53*, *BRCA1*, レチノブラストーマ遺伝子などがその例．（⇌ がん遺伝子*を参照）

基質特異性（substrate specificity） 酵素*がある特定の基質のみに作用する性質．

キメラ（chimera） 異種生物の融合により生じた人工的な個体．異種遺伝子や異種タンパク質の融合により生じた人工的な遺伝子タンパク質．

逆転写酵素（reverse transcriptase） レトロウイルス*にコードされ，RNAを鋳型とするDNA合成酵素であり，相補的DNA*の合成に利用される．

ギャップ結合（gap junction） 互いに接する二つの細胞間に形成されるチャネルをもった構造体．このチャネルを通し，細胞間で物質の輸送が行われる．

クエン酸回路(citric acid cycle)　TCA 回路(TCA cycle),クレブス回路(Krebs cycle)ともいう.糖,脂肪酸,アミノ酸などの炭素骨格を完全酸化する最終の共通経路である.同時に各種生合成に必要な中間体も供給する.

組換え DNA(recombinant DNA)　人工的に組換えた DNA 分子,人工的に DNA を組換える操作をいう.

グリコシド結合(glycosidic linkage)　単糖が環を形成したとき1位のヒドロキシ基は反応性に富み,他のヒドロキシ基などと脱水縮合する.これをグリコシド結合という.デンプンは多数のグルコースがグリコシド結合した多糖である.

クレブス回路 ⇌ クエン酸回路*を参照.

クロマチン(chromatin)　染色質ともいう.真核細胞*の分裂間期において核内に分散している染色体*のこと.現在では,DNA・核タンパク質複合体一般を示すことが多い.

形質転換(transformation)　細胞に外来の DNA を導入することによって,受容した細胞の何らかの性質が変わる現象のこと.(⇌ トランスフォーメーション*を参照)

原核細胞(prokaryote)　細菌やラン色細菌(ラン藻)などが含まれ,明確に分化した核をもたない細胞.細胞膜以外の生体膜構造が乏しく,細胞小器官はもっていない.DNA はタンパク質と結合せず,細胞質に存在する.(⇌ 真核細胞*を参照)

光合成(photosynthesis)　植物および光合成細菌などが光エネルギーを用いて二酸化炭素を固定して,糖質その他の生体分子をつくる過程をいう.

高次構造(higher-order structure)　さまざまな一次構造をもつポリペプチド鎖は水素結合,イオン結合,疎水結合などの非共有結合やシステイン残基間の S-S 結合などで二次,三次,四次構造という固有の立体構造をとる.この立体構造を高次構造という.

抗生物質(antibiotics)　ストレプトマイシンやペニシリンのように,微生物がつくる他の微生物の増殖を防ぐ物質.人工的に化学合成した物質も含める.

酵　素(enzyme)　化学反応を促進する生体触媒.生物の細胞内のほとんどすべての代謝反応は固有の酵素に触媒される.

呼吸鎖(respiratory chain)　種々の脱水素反応で生じた水素(NADH や $FADH_2$)を,ミトコンドリア内膜に局在する一連の酸化還元物質を経て分子状酸素で酸化する系をいう.(⇌ 電子伝達系*を参照)

5′末端(5′ end)　核酸のホスホジエステル結合には方向性があり,糖の5′位に遊離のヒドロキシ基をもつ末端をいう.

コード領域(coding region)　mRNA の中でタンパク質のアミノ酸配列に対応する開始コドンから終止コドンまでの領域のこと.これを拡大して,mRNA のコード領域に対応した遺伝子 DNA の領域もコード領域とよぶことが多い.

コドン(codon)　タンパク質におけるアミノ酸(あるいは終止信号)を規定する mRNA の3文字の塩基配列*のこと.$4×4×4$ の64通りのコドンが20種類のアミノ酸と終止コドン*に対応している.

ゴルジ体(Golgi body)　通常,核付近に存在する,扁平な袋状の膜の集合体.ここで分泌タンパク質や膜タンパク質の糖鎖の修飾や,ポリペプチド鎖の限定分解などが行われ,タンパク質が成熟する.

サイクリックアデノシン 3′,5′−一リン酸(cyclic adenosine 3′,5′-monophosphate)　cAMP と略す.受容体を介して活性化されたアデニル酸シクラーゼにより ATP から生じる代表的なセカンドメッセンジャー*であり,プロテインキナーゼ A を活性化する.

再　生(renaturation)　一本鎖に変性*した DNA をゆっくり冷却したり変性剤を取除くことにより再び相補的な塩基を対合させたり,化学物質などによって高次構造を破壊したタンパク質をその原因物質を取除くことにより高次構造を形成させ,生理的機能を回復させること.

細　胞(cell)　生命の基本単位であり,すべての生物は細胞から成る.細胞膜によって囲まれ,DNA のもつ遺伝情報によって自己増殖能をもっている.

細胞骨格(cytoskeleton)　細胞内部に張りめぐらされた繊維状構造体の総称.ミクロフィラメント(アクチンフィラメント),中間径フィラメント*,微小管*などが含まれる.細胞の形態形成,形態維持,細胞運動,細胞内物質輸送などにおいて,中心的役割を果たす.

細胞周期(cell cycle)　増殖細胞において,1回の DNA 複製と1回の細胞分裂を含む一連の過程を細胞周期とよぶ.G_1 期(DNA 複製の準備期),S 期(DNA 複製期),G_2 期(細胞分裂準備期),M 期(分裂期)から成る.

細胞小器官(organelle)　真核細胞*に存在し,生体膜で細胞質から区画された構造体で固有の構造や機能をもつ.核,小胞体,ゴルジ体,ミトコンドリア,リソソーム,ペルオキシソームのほか,植物では液胞,葉緑体などがある.

細胞接着（cell adhesion）　細胞と細胞との間，および細胞と細胞外マトリックス（組織内の細胞外部を満たすタンパク質や複合糖質から成る構造体）との接着をいう．接着部位には，固有のタンパク質を含む接着構造体が形成される．細胞接着は，組織の形態形成や維持において重要な役割を担う．

細胞分裂（cell division）　増殖細胞において，複製された染色体を均等に二分し（核分裂），つぎに細胞質を二つに分割して（細胞質分裂），二つの娘細胞を形成させる過程．

細胞膜（cell membrane）　細胞と外部との境界に存在する生体膜．脂質二重層と多種類の膜タンパク質から成る．細胞を外界から隔てるだけでなく，細胞内外間で，選択的に物質や情報のやりとりを行う働きをもつ．

再利用経路 ⇨ サルベージ経路*を参照．

サザンブロット（Southern blotting）　サザン分析ともいう．DNAの制限酵素消化物を電気泳動し，膜に転写（ブロット*）する．その後，標識した核酸プローブ*を用いて膜上でハイブリッド形成*を行うことにより，プローブと塩基配列の相同性を有するDNA断片を同定する手法．

サブユニット（subunit）　同種または異種のポリペプチド鎖が非共有結合で会合して一つのタンパク質を構成する場合の構成単位．タンパク質が四次構造をつくるときの基本単位．

サルベージ経路（salvage pathway）　再利用経路ともいう．生体物質を完全に分解しないで途中の段階で回収して再利用する経路をいう．核酸の再利用系が代表例．

酸化的リン酸化（oxidative phosphorylation）　⇨ 電子伝達系*の酸化還元反応によって遊離されたエネルギーを用いてADPと無機リン酸からATPを合成する反応．

サンガー法（Sanger method）　ジデオキシヌクレオチドとDNAポリメラーゼとを用いるDNAの塩基配列の決定法．ジデオキシ法（dideoxy method）ともよばれる．現在最も広く用いられる．

三次構造（tertiary structure）　一次構造上離れたアミノ酸残基間の結合により形成されるタンパク質の最終的な立体構造．タンパク質の生理的機能は三次構造に依存している．

3′末端（3′end）　核酸のホスホジエステル結合には方向性があり，糖の3′位に遊離のヒドロキシ基をもつ末端をいう．

cAMP ⇨ サイクリックアデノシン3′,5′─リン酸*を参照．

シグナルペプチド（signal peptide）　シグナル配列ともよばれる．タンパク質の生合成後，あるいは，生合成に共役して膜を通過するシグナルとして働く領域．（⇨ リーダーペプチド*を参照）

脂質（lipid）　一般に疎水性でクロロホルムやベンゼンなどの有機溶媒によく溶ける極性の低い化合物の総称である．生体ではエネルギー物質，生体膜の構成成分，ホルモンなど重要な機能をもつ．

シス因子（cis element）　転写領域と同じDNA分子中に存在して，トランス因子*の結合によって転写調節を行うDNA領域（配列）．

ジスルフィド結合（disulfide bond）　S-S結合ともいう．タンパク質中に存在する二つのシステイン残基が酸化されてできたシスチン分子による結合．タンパク質の立体構造の安定性に重要である．

Gタンパク質 ⇨ GTP結合タンパク質*を参照．

GTP結合タンパク質（GTP-binding protein）　Gタンパク質（G protein）ともいう．GTPアーゼ活性によりGTP結合型からGDP結合型に自己変換するタンパク質の総称．三量体型，低分子量，その他に分類される．

ジデオキシ法 ⇨ サンガー法*を参照．

シトクロムP450（cytochrome P450）　生体物質の合成や薬物代謝に関与する酸化還元酵素群．還元型で一酸化炭素を結合して450 nm付近の赤色の吸収帯を示すことから命名された．

シナプス（synapse）　神経細胞同士のつながりの部分で，神経伝達物質を介して信号を伝える部分の名称．

C末端（C-terminal）　カルボキシ末端（carboxy terminal）の略称．ポリペプチド鎖の末端で遊離のカルボキシ基をもつ方をいう．（⇨ N末端*を参照）

シャイン・ダルガーノ配列（Shine-Dalgarno sequence）　原核細胞のmRNA上，開始コドンの約10塩基，5′側に存在する配列で，リボソームが最初に結合する．タンパク質合成の開始シグナルとして働く．

終止コドン（termination codon）　ナンセンスコドン（nonsense codon）ともいう．64種類のコドン*のうち，アミノ酸に対応していない三つのコドン（UAA, UAG, UGA）のことで，タンパク質合成の終結のシグナルとして働く．

修復（repair）　紫外線・放射線・化学物質などで，損傷を受けたDNA領域を元に戻す過程．

用 語 解 説

受容体（receptor） 細胞外刺激の受容にかかわり，ホルモンや増殖因子などの細胞外のシグナル伝達分子を識別するタンパク質．

小胞体（endoplasmic reticulum） 細胞内に，管状あるいは袋状に広がる膜系．膜タンパク質や分泌タンパク質の合成，リン脂質やコレステロールの合成，カルシウムイオンの貯蔵などを行う．

真核細胞（eukaryote） 原核細胞に比べ発達した生体膜構造をもち，核，小胞体などの細胞小器官を有する．動物，植物，原生動物などの細胞が含まれる．DNAはヒストンと結合し核に局在する．

ジンクフィンガー構造（zinc finger structure） 転写因子*などにみられるDNAおよびRNA結合領域の一つで，中心に亜鉛イオンを配位するシステイン残基を含んでいる．

神経細胞（nerve cell） ニューロン（neuron）ともいう．典型的には，一つの軸索と数多くの樹状突起をもち，信号を活動電位に変えて伝える役割をもつ．

水素結合（hydrogen bond） 電気陰性度の高い酸素原子や窒素原子に結合した水素原子は，他の電気陰性度の高い原子との間で非共有結合を形成する．水素結合は共有結合に比べ切断エネルギーが小さいため，形成しやすく壊れやすく，生体物質の生理的機能に重要である．核酸・タンパク質の高次構造*を形成させる重要な要素．

スプライシング（splicing） 真核細胞のRNA合成における転写後修飾*の一つで，イントロン*が切り取られてエキソン*がつなぎ合わされる反応．

制限酵素（restriction enzyme） 4～8塩基対の特定の塩基配列を認識し切断するDNA切断酵素．組換えDNA操作に必須．

セカンドメッセンジャー（second messenger） ホルモンや神経伝達物質などの細胞外のシグナルに応答して細胞内で産生される低分子量のシグナル伝達分子．

接触阻止（contact inhibition） 正常な繊維芽細胞や上皮細胞は，培養器表面をすべて覆うまで増殖すると，増殖を停止する．この現象を接触阻止という．がん化した細胞の多くは接触阻止を受けず増殖を続け，培養器面から遊離する．

セリン/トレオニンキナーゼ（serine/threonine kinase） タンパク質のセリンやトレオニン残基をリン酸化するタンパク質リン酸化酵素（⇒ プロテインキナーゼ*を参照）．

染色質 ⇔ クロマチン*を参照．

染色体（chromosome） 真核細胞の分裂期に出現する凝縮した染色構造のことで，ヒストンをはじめとする核タンパク質がDNAとつくる複合体．

選択的スプライシング（alternative splicing） スプライシング*の反応時に異なる領域をイントロン*として切り取ることで，1種類のRNA前駆体から複数の成熟RNA分子の生成を可能にする仕組み．

セントロメア（centromere） 分裂期染色体中の，紡錘体微小管と結合する部分．特殊な塩基配列をもつセントロメアDNAと，微小管と相互作用して染色分体の移動を行うタンパク質構造体であるキネトコア（kinetochore）とから成り立つ．

相補鎖（complementary strand） 二重らせんDNAを構成する2本の鎖は，互いに塩基対*をつくり，互いの塩基配列*を規定している．ここで，鎖の一方に注目したときに規定されるもう一方の鎖のことを相補鎖とよぶ．

相補的DNA（complementary DNA） cDNAと略す．狭義にはmRNAに相補的な一本鎖DNAの意味．逆転写酵素を用いて合成する．より広義には，相補的DNAを二本鎖にした二本鎖cDNAや，それをクローニングしたcDNAクローンに対しても用いられる．

疎水性相互作用（hydrophobic interaction） 非極性で水に対して親和性をもたない分子は，水中では水と離れるように集合し，疎水性分子同士で相互作用を行う．

ソーティング（sorting） 合成されたタンパク質が，機能する細胞小器官などへ運搬される現象．

対立遺伝子（allele） 相同染色体の同じ位置（座）にある遺伝子のこと．

TATA配列（TATA sequence） TATAボックスともいう．真核細胞の遺伝子のプロモーター*の多くにみられるTATAを含む配列のことで，基本転写因子の一つであるTBP（TATA配列結合因子）が結合する．

脱分化（dedifferentiation） 分化*した細胞が未分化な状態へ戻ること．植物細胞では，組織を形成している細胞を脱分化させることができるが，動物では難しい．がん化は不完全な脱分化という側面をもつ．

タンパク質（protein） 20種のアミノ酸がペプチド結合したポリマーで，通常40～50分子以上のアミノ酸残基から成る．特有の高次構造をもち，酵素，輸送，抗体，構造，運動タンパク質など多様な機能をもつ．

チェックポイント機構（cell cycle checkpoint） 増殖細胞がDNA損傷や，DNA複製阻害を受けたり，紡錘体の形成が阻止された場合，その障害を検知して

細胞周期*を停止させる機構.

チャネル（channel）　生体膜を貫通するタンパク質によって形成される，物質が透過可能な細孔．チャネルの種類によって，通過できるイオン種が限定される．膜電位の変化や，特定の物質の結合によって，細孔が開閉するものもある．

中間径フィラメント（intermediate filament）　多くの真核細胞に存在する，直径約 10 nm の繊維状構造体．間葉系細胞に含まれるビメンチンフィラメント，上皮性細胞のケラチンフィラメント，筋肉細胞のデスミンフィラメント，神経細胞のニューロフィラメント，核に含まれるラミンなどがある．

チロシンキナーゼ（tyrosine kinase）　タンパク質のチロシン残基をリン酸化するタンパク質リン酸化酵素（⇨ プロテインキナーゼ*を参照）．

tRNA ⇨ 転移 RNA*を参照．

DNA ⇨ デオキシリボ核酸*を参照．

DNA ポリメラーゼ（DNA polymerase）　遺伝子の複製反応を触媒する酵素で，デオキシリボヌクレオチドを基質に，鋳型 DNA に相補的な DNA 鎖を合成する．

TCA 回路 ⇨ クエン酸回路*を参照．

デオキシリボ核酸（deoxyribonucleic acid）　DNA と略す．4 種類のデオキシリボヌクレオチドがホスホジエステル結合で多数結合した二本鎖のポリマー．塩基の配列が遺伝暗号として遺伝情報を担う．

デスモソーム（desmosome）　細胞内で中間径フィラメント*と結合している細胞間接着構造の一種．細胞と細胞外マトリックスとの結合部にもこれと似た構造体が存在し，ヘミデスモソーム（hemidesmosome）とよばれる．

de novo　デノボまたはドゥノボ．新規に，はじめからの意味のラテン語．たとえば *de novo* 合成とは新しい材料から行われる新規の合成をさし，代謝中間体などを与えて合成する場合は *de novo* 合成とはいわない．

テロメア（telomere）　真核細胞の直鎖状の DNA の末端に存在する数塩基の配列が繰返された構造．

テロメラーゼ（telomerase）　真核細胞の DNA 分子の末端に存在するテロメア*を鋳型非依存的に合成して，その長さを維持する反応を触媒する酵素．

転移 RNA（transfer RNA）　トランスファー RNA ともいい，tRNA と略される．75～85 のヌクレオチドから成る RNA で，部分的に水素結合したクローバーリーフ状の二次構造をもつ．3′ 末端の CCA にそれぞれ対応するアミノ酸を結合し，コドン*に相補的なアンチコドンで mRNA のコドンと水素結合で結合することにより，コドンに対応するアミノ酸をリボソーム上で配列する．

転位性遺伝因子（transposable element）　遺伝子 DNA は，通常，細胞分裂に伴って一度複製され，同じ情報が維持されるが，このルールに従わず，切り出しや挿入，複製が細胞分裂とは関係なく起こる DNA 要素．（⇨ トランスポゾン*を参照）．

電子伝達系（electron transport system）　酸化還元反応が連鎖的に起こって電子の移動が行われる系をいう．ミトコンドリア内膜や好気性細胞膜にある酸素を最終受容体とする電子伝達系は呼吸鎖*ともいう．

転写（transcription）　遺伝子 DNA の情報が RNA ポリメラーゼ*によって写し取られ，鋳型鎖*に相補的な RNA が合成される過程．

転写因子（transcription factor）　転写*において，シス因子*に直接あるいは間接的に結合して転写調節を行うタンパク質性の因子．（⇨ トランス因子*を参照）

転写後修飾（posttranscriptional modification）　転写*によって生成した RNA が機能する前に切断を受けたり，スプライシング*によってつなぎ合わされたり，あるいは，転移 RNA*のように塩基が化学的に修飾される過程．

伝令 RNA ⇨ メッセンジャー RNA*を参照．

糖質（sugar）　生体内においておもにエネルギー源や生理活性物質，構造の構成成分などの役割をもつ重要な生体物質で，炭素，水素，酸素から成る化合物とその誘導体である．単糖，少糖，多糖に分類され，また糖以外の物質との化合物を複合糖質という．

突然変異（mutation）　特定の遺伝子に起こった塩基配列の変化をいう．

ドメイン（domain）　タンパク質などの生体高分子で部分的な構造や機能の単位となる領域．同種あるいは異種のタンパク質中などにもよくみられる単位．

トランス因子（trans element）　転写調節において，シス因子*に結合して作用するタンパク質性の因子のことであり，転写因子*とほぼ同義．

トランスジェニック生物（transgenic organism）　生殖細胞の遺伝子操作により外来遺伝子を安定に取込んだ生物．元来もっている一対の遺伝子セットに加えて外来の導入遺伝子を有する．

トランスファー RNA ⇨ 転移 RNA*を参照．

トランスフォーメーション（transformation）　細胞の形質転換*の中で，がん細胞に特有な形態変化を

伴うものを特にトランスフォーメーション（悪性形質転換）とよぶ．

トランスポゾン（transposon）　転位性遺伝因子*のうち，転位のために必要な要素を含んでいるDNA配列．この一部はレトロウイルス*由来であると推測されている．

トランスポーター ⇌ 輸送体*を参照．

ナトリウム－カリウムポンプ（sodium-potassium pump）　動物細胞の細胞膜に存在し，ATPの分解エネルギーを利用してナトリウムイオンを細胞外に排出し，カリウムイオンを内部に取込むタンパク質．この働きによって，細胞内部のイオン環境が維持される．

ナンセンスコドン ⇌ 終止コドン*を参照．

二次構造（secondary structure）　ポリペプチド主鎖内のアミノ基とカルボニル基の間で水素結合を形成し安定な空間的配置をとったもので，αヘリックス*とβ構造*の規則構造が代表例である．転移RNAなどのRNA分子において，分子内の水素結合によってつくられる構造をさす場合もある．

二重らせん（double helix）　1953年にJ. D. WatsonとF. H. C. Crickとによって提出されたDNAの構造モデルで，逆向きの2本のDNA鎖が互いに塩基を内側に突き出し，GとC，AとTが水素結合を形成し，10ヌクレオチドごとに一回転するらせん構造．

ヌクレオシド（nucleoside）　プリンまたはピリミジン塩基1個がリボースまたはデオキシリボースに結合したもの．

ヌクレオチド（nucleotide）　ヌクレオシド*の5′位のヒドロキシ基に通常1個またはそれ以上のリン酸基がエステル結合したもの．

熱ショックタンパク質（heat shock protein）　細胞や個体を平常温度よりも5〜10℃高い温度に急に置いたとき，合成が誘導されるタンパク質の総称で，一部は分子シャペロン*としての働きをもつ．

ノーザンブロット（Northern blotting）　ノーザン分析ともいう．mRNAを電気泳動でその鎖長により分離したのちに膜に転写（ブロット*）し，膜上でハイブリッド形成*を行うことにより，特定のmRNA分子を識別する操作．

ハイブリッド形成（hybridization）　変性して一本鎖になったDNA同士あるいはRNAとの間で，相補的な塩基対を形成し二本鎖となる過程．

ハウスキーピング遺伝子（housekeeping gene）　細胞の維持に普遍的に必要な構成タンパク質やエネルギー代謝系酵素などのタンパク質をコードする遺伝子の総称．

バクテリオファージ（bacteriophage）　ファージともよばれる．細菌を宿主とするウイルスのこと．以前は大腸菌の遺伝学に，現在は組換えDNA*におけるベクター*に利用されている．

発がんプロモーター（promoter of carcinogenesis）　マウスの皮膚の発がん実験系において発がんの突然変異誘起作用をもつイニシエーターに対し，促進作用を示す物質．TPAあるいはPMAとよばれる物質がその代表であり，さまざまな作用を示す．

半保存的複製（semiconservative replication）　DNAが複製するとき，二重らせんがほどけて生じた一本鎖DNAがそれぞれ鋳型となって相補鎖*が合成されて，親鎖が1本ずつ娘二重らせんDNAに受け継がれる様式のこと．

PCR　ポリメラーゼ連鎖反応（polymerase chain reaction）の略称．耐熱性のDNAポリメラーゼ*を用いた連鎖反応を利用して，既知の塩基配列に挟まれた特異的なDNA断片を試験管内で増幅する操作．

微小管（microtubule）　真核細胞に存在する外径約25 nmの管状構造体．細胞運動，染色体移動，細胞内物質輸送，細胞の形態形成，形態維持などにおいて重要な役割を担う．

ヒストン（histone）　真核細胞の核内にあって，DNAとともにヌクレオソームを構成している塩基性のタンパク質．

ビタミン（vitamin）　ヒトが合成できない物質代謝に必須の微量生理物質．水溶性と脂溶性の2種類に大別され，特有の欠乏症状を呈する．ビタミンは補酵素*として重要なものが多い．

非翻訳領域（untranslated region）　mRNAの中でタンパク質をコードしていない領域．

ファージ ⇌ バクテリオファージ*を参照．

フィードバック阻害（feedback inhibition）　代謝系の最終生成物が経路の最初に作用するアロステリック酵素の調節部位に結合し，活性を阻害する調節機構．

フォーカルアドヒージョン（focal adhesion）　細胞と細胞外マトリックスの結合構造の一つ．培養細胞の場合，フォーカルコンタクト（focal contact）とよばれる．細胞膜を貫通して存在するタンパク質であるインテグリンの細胞外部分が細胞外マトリックスと結合し，細胞内部分がアクチンフィラメントと結合することによって形成される．

フォールディング（folding）　生体高分子を構成するポリペプチド鎖やポリヌクレオチド鎖の空間的折

りたたまれ方.

プライマー RNA（primer RNA）　DNA の複製開始に働く RNA で，複製開始点の鋳型鎖*に相補的な塩基配列*をもつ．この 3′ 末端に DNA が付加されて岡崎断片が生成する．

プラスミド（plasmid）　細菌の染色体外 DNA であり，組換え DNA 操作におけるベクター*として広く利用される．

プロセシング（processing）　RNA やタンパク質が，生合成された後に，機能的分子となるまでに受ける転写後修飾*や翻訳後修飾*の過程の総称.

ブロット（blotting）　電気泳動により分離した核酸やタンパク質をナイロンなどの膜に転写する過程．プローブ*を用いて膜上で特定の分子を検出する．

プロテアソーム（proteasome）　おもにユビキチンが結合したタンパク質を ATP 依存的に分解する高分子量（分子量約 100 万）のタンパク質分解酵素複合体．

プロテインキナーゼ（protein kinase）　タンパク質の特定のアミノ酸残基をリン酸化する酵素．リン酸化するアミノ酸残基の特異性により，セリン/トレオニンキナーゼ*，チロシンキナーゼ*などに分類される．

プロテインホスファターゼ（protein phosphatase）アミノ酸残基にリン酸化を受けたタンパク質を脱リン酸する酵素であり，プロテインキナーゼ*の逆の反応を行う．

プローブ（probe）　放射性同位体や蛍光色素などで標識された DNA や抗体をさすことが多い．ハイブリッド形成*反応や抗原抗体反応の検出に用いられる探針．特定の分子に特異的に結合する物質が用いられる．

プロモーター（promoter）　RNA ポリメラーゼが結合して転写が開始される DNA の領域．発がん物質の作用を増強する発がんプロモーターをさす場合もある．

分 化（differentiation）　多細胞生物は，1個の細胞である受精卵から出発して形成されるが，この過程においては，細胞分裂*によって細胞が増加すること，および，細胞が個々の機能をもつようになることが必要である．この後者の過程をいう．（⇨ 脱分化*を参照）

分子シャペロン（molecular chaperone）　タンパク質の生合成，膜透過，変性からの回復などの際に標的タンパク質に結合してそのタンパク質の高次構造の形成や維持に働く一群のタンパク質．

ベクター（vector）　DNA の運び屋．大腸菌を用いた組換え DNA 操作におけるプラスミド* DNA や，遺伝子治療におけるウイルス*がこれに該当する．

β 構造（β structure）　タンパク質の二次構造*の規則的な構造で，ポリペプチド鎖間で水素結合が形成されひだ状の構造をとる．平行あるいは逆平行の配列がある．絹のフィブロインタンパク質はすべて β 構造から成る．

β 酸化（β oxidation）　脂肪酸を酸化する経路．脂肪酸の β 位が酸化され，炭素二つの単位で脂肪酸の炭素鎖が切断され，アセチル CoA が生じる．

ペプチド結合（peptide bond）　アミノ酸のカルボキシ基と他のアミノ酸のアミノ基の窒素原子との間で脱水縮合したアミド結合をいう．

ヘミデスモソーム ⇨ デスモソーム*を参照．

変 性（denaturation）　立体構造が熱や化学物質の作用によって破壊されることで，タンパク質の高次構造*が破壊され水に対する溶解性や生理的特性や活性を失うこと．あるいは二本鎖 DNA を加熱し，急冷却すると一本鎖になることをいう．（⇨ 再生*を参照）

紡錘体（spindle, spindle body）　染色体を分配するために，分裂期に形成される微小管構造体．分裂極と染色体のキネトコアを結ぶ微小管の短縮，および二つの分裂極から伸びた微小管同士の滑り運動による極間距離の増大によって，染色体の分配が行われる．

補酵素（coenzyme）　酵素作用に必須の低分子有機化合物で，ビタミン誘導体が多い．酵素反応の前後で変化を受けるが，別の酵素により元に戻る．NAD^+ や FAD などがその例である．

ホスファチジルイノシトール（phosphatidylinositol）細胞膜を構成するグリセロリン脂質の一種であり，受容体を介して活性化されたホスホリパーゼ C によりイノシトールトリスリン酸とジアシルグリセロールという2種のセカンドメッセンジャー*に変換される．

ホスホリパーゼ（phospholipase）　リン脂質加水分解酵素の総称．切断部位の特異性により，C, A_2, D などに分類される．

ホメオボックス（homeobox）　ショウジョウバエの体節の運命を決定する遺伝子群に最初に共通に見いだされたホメオドメインをコードする 180 塩基対の領域．現在は脊椎動物を含む多くの多細胞動物で見いだされている．

ポリ(A)配列（poly(A) sequence）　真核細胞の mRNA の 3′ 末端に共通にみられるポリアデニル酸のこと．鋳型 DNA には対応する配列はない．

用語解説

ポリペプチド（polypeptide）　通常10分子以上のアミノ酸がペプチド結合したものをいう．

ホルモン（hormone）　特定の組織細胞で合成され，体液系を介して遠く離れた細胞に作用する細胞間シグナル伝達物質．

翻訳（translation）　mRNAの塩基配列*をコドン表に従って読み取って，タンパク質を合成する過程．

翻訳後修飾（posttranslational modification）　タンパク質が生合成されたのち，ペプチド鎖の切断やアミノ酸側鎖の修飾を受ける過程．

MAPキナーゼ（MAP kinase）　増殖因子やホルモンなどのさまざまな細胞外刺激により活性化するセリン/トレオニンプロテインキナーゼの一種．細胞の増殖や分化にかかわる．

ミカエリス定数（Michaelis constant）　酵素反応では酵素濃度が一定で基質を十分に加えると酵素は基質で飽和し最大反応速度 V_{max} を与える．この最大反応速度の1/2を与える基質濃度をその酵素の K_m（ミカエリス定数）という．K_m は酵素の基質に対する親和性の目安となる．

密着結合（tight junction）　タイトジャンクションともいう．上皮細胞などにみられる細胞接着構造の一種．近接する細胞同士を高度に密着させ，間隙をつくらせないような結合構造．この結合によって，体の内部と外部との境界が形成される．

ミトコンドリア（mitochondria）　好気的細胞に存在する，二重の生体膜から成る細胞小器官．酸化的リン酸化*を行う．ミトコンドリアは，固有の遺伝子と，複製，転写，タンパク質合成系をもち，細胞内で半自律的に増殖する．ミトコンドリアの起源は好気性細菌の寄生にあると考えられる．

メッセンジャーRNA（messenger RNA）　伝令RNAともいい，mRNAと略される．二本鎖DNAの一本鎖を鋳型にして，RNAポリメラーゼにより 5′ から 3′ の方向に合成される．DNAの遺伝情報をタンパク質に変換するのを仲介する．真核細胞の一次転写産物は合成されたのち，遺伝情報をもたない部分が切断され，キャップ構造，ポリ(A)配列*などが結合して成熟型 mRNA となる．

矢じり端，反矢じり端（pointed end, barbed end）　アクチンフィラメントにミオシン頭部を結合させると，多数の矢じり状構造体が形成される．矢じりの向きはアクチンフィラメントの方向によって決まっており，矢じりの先端が向く方のフィラメントの端を矢じり端，反対の端を反矢じり端とよぶ．アクチンの重合は，前者よりも後者の方で活発である．

優性遺伝（dominant inheritance）　変異のある遺伝子が1コピー存在するだけで形質に現れるもの．（⇌ 劣性遺伝*を参照）

誘導物質（inducer）　インデューサーともいう．細胞に与えたときに，その物質に関連した酵素の生合成を誘導する物質．大腸菌のラクトースオペロンにおけるラクトースなどはその例．

輸送体（transporter）　トランスポーターともいう．細胞外のアミノ酸や糖など，特定の分子と結合して細胞内に輸送する一群の膜タンパク質．膜内外の被輸送物質の濃度差に従って輸送を行うものと，濃度差に逆らって輸送を行うものがある．後者の場合，別の物質の膜内外の濃度差を利用して輸送を行う．

葉緑体（chloroplast）　植物細胞に存在する，光合成を行う細胞小器官．光合成系，電子伝達系，ATP合成系を含む．独自の遺伝子と，複製，転写，タンパク質合成系をもつ．

四次構造（quaternary structure）　多数のポリペプチドから成るタンパク質の立体構造で，個々のポリペプチドをサブユニット*あるいは単量体という．

ラギング鎖（lagging strand）　DNA複製において，複製フォークの移動方向とは逆方向に合成が進むDNA鎖のことで，断片として合成される．（⇌ リーディング鎖*を参照）

リガーゼ（ligase）　ATPなどのリン酸結合の開裂とともに，二つの基質分子を結合させる酵素の総称．また，組換えDNA*の分野では，DNAやRNA分子同士を結合する酵素の意味に用いられる．

リガンド（ligand）　タンパク質などの高分子に結合する低分子の化学物質をさす．酵素に対するエフェクター物質やホルモン受容体に対するホルモンがこれに対応する．

リソソーム（lysosome）　真核細胞に含まれる，膜によって包まれた袋状の細胞小器官．リソソームの内部は酸性であり，ここに含まれる多種類の加水分解酵素（酸性pHで活性が最大になる）により，細胞内の物質の分解が行われる．

リーダーペプチド（leader peptide）　小胞体膜を通過（あるいは貫通）するタンパク質が合成されるときに，膜通過のシグナルとなっているN末端に存在する疎水性アミノ酸に富む20残基程度の領域（⇌ シグナルペプチド*を参照）．これとはまったく別に，トリプトファンオペロンにおけるアテニュエーション*の際につくられる短いペプチドもリーダーペプチ

ドとよぶ．

リーディング鎖（leading strand）　DNA 複製において，複製フォークの移動と同じ方向に合成が進み，連続的に長く合成される DNA 鎖．（⇌ ラギング鎖＊を参照）

リプレッサー（repressor）　調節遺伝子にコードされるタンパク質で，オペレーター＊に結合して隣接した遺伝子の転写を負に調節する．インデューサー（誘導物質＊）が結合すると不活性化する．

リボ核酸（ribonucleic acid）　RNA と略す．4 種類のリボヌクレオチドの一本鎖ポリマーで，DNA の遺伝情報の伝達，運搬，発現などにかかわる．おもなものはメッセンジャー RNA＊，転移 RNA＊，リボソーム RNA＊である．

リボザイム（ribozyme）　RNA 鎖の切断などの触媒活性を示す RNA の総称．広義にはタンパク質との複合体として触媒活性を示すものも含める．

リボソーム（ribosome）　タンパク質合成の場として働く分子量数百万の RNA・タンパク質複合体．

リボソーム RNA（ribosomal RNA）　rRNA と略す．細胞に最も多く含まれる RNA で，リボソームを構成しタンパク質合成に関与する．原核細胞には 16S，23S，5S の 3 種，真核細胞には 18S，28S，5S，5.8S の 4 種の rRNA が含まれる．

劣性遺伝（recessive inheritance）　2 コピーの変異遺伝子が両親から伝えられ初めて形質に現れるもの．キャリアー（保因者）とは，一つの正常遺伝子と一つの変異遺伝子をもつものをさす．（⇌ 優性遺伝＊を参照）

レトロウイルス（retrovirus）　RNA から成るゲノムを自身の逆転写酵素＊により DNA に変換し，感染細胞のゲノム内に組込むタイプのウイルス．

ロイシンジッパー構造（leucine zipper structure）　転写因子＊にみられる構造の一つで，α ヘリックス＊の片側にロイシン残基が並び，これら同士の疎水性相互作用＊で二量体を形成する．

索引

あ

IF（タンパク質合成開始因子） 101
IMP（イノシン一リン酸） 65
アイソザイム 43
IDL（中間密度リポタンパク質） 57
IP₃（イノシトールトリスリン酸） 182
悪性形質転換（トランスフォーム） 124
αアクチニン 141, 153
アクチノマイシンD 107
アクチン 138
　　──の重合 139
アクチンフィラメント 139, 153
アクチンフィラメント結合タンパク質 141
アクトミオシン 154
アゴニスト 172
アコニターゼ 45
cis-アコニット酸 45
アジドチミジン 107
足場依存性 150
足場タンパク質 187
アシルキャリヤータンパク質 55
アシルグリセロール 8
アシルCoA 53
アシルCoA：コレステロールアシルトランスフェラーゼ 57
アシルCoAシンテターゼ 53
アスコルビン酸 18
アスパラギン 10
アスパラギン酸 10, 63
N-アセチルガラクトサミン 7
N-アセチルグルコサミン 7
アセチルCoA 37, 43, 67
　　脂質代謝における── 53, 56
アセチルCoAカルボキシラーゼ 55
アセチルコリン 136, 175
アセチルコリン受容体 136
アセト酢酸 54
アセトン 54
アダプタータンパク質 174, 177, 187
アテニュエーション 89
アデニル酸シクラーゼ 180

アデニン 14
アデノシン5′-三リン酸（ATP） 15
アドヘレンスジャンクション 151
アドレナリン 50, 56, 176, 182
アニソマイシン 107
アノマー炭素原子 6
アポ酵素 33
アポトーシス 168
アポリポタンパク質E 194
αアマニチン 107
アミタール 48
アミノアシルtRNAシンテターゼ 99
アミノアシル部位 101
アミノ酸 9
　　──の生合成 64
　　──の分解 61
　　──の略号 10
アミノトランスフェラーゼ 61
アミロイド前駆体タンパク質 193
アミロイド斑 27
アミロイドβタンパク質 193
アミロース 7
アミロペクチン 7
アラキドン酸 8
アラキドン酸代謝 58
アラニン 10
Arabidopsis thaliana 70
RISC 125
rRNA（リボソームRNA） 16, 83, 98
Ras 186
Raf 186
Rac 142
Rho 142
RNA（リボ核酸） 14, 16
　　──の機能 97
RNAi（RNA干渉） 97, 125
RNAエディティング 85
RNAプロセシング 82
RNA編集 85
RNAポリメラーゼ 82
RNAポリメラーゼI 83
RNAポリメラーゼII 83
RNAポリメラーゼIII 83
RF（解離因子） 103
アルカプトン尿症 195
アルギニノコハク酸 63
アルギニン 10, 63

アルコール発酵 42
アルツハイマー病 193
RT-PCR 120
アルドース 5
アルドラーゼ 40
Rb 166
*RB*遺伝子 166
α-アノマー 6
αセクレターゼ 193
αヘリックス 12
アロステリック効果 38
アロステリック酵素 36
アロステリック制御 26
アンカプラー 48
アンカリングタンパク質 187
アンキリン 138
アンタゴニスト 172
アンチコドン 99
アンチマイシンA 48
暗反応 59
アンモニア 61

い

eEF（伸長因子） 102
ES細胞（胚性幹細胞） 126
EF（伸長因子） 102
イオンチャネルタンパク質 134
異化 37, 45
鋳型鎖 82
*Eco*RI 112
イソクエン酸 45
イソクエン酸デヒドロゲナーゼ 45
イソプレン 9
イソペンテニル二リン酸 56
イソメラーゼ 32
イソロイシン 10
一次構造 12, 23
一酸化窒素 181
遺伝暗号表 72
遺伝子 69
　　──の再構成 95
遺伝子ターゲッティング 126
遺伝子置換 125
遺伝子導入 122

遺伝子ノックアウト 126
遺伝子ノックアウトマウス 125
遺伝子破壊 125, 126
遺伝子発現 72, 82
遺伝情報
　——の発現 82
遺伝子ライブラリー 114
イノシトールトリスリン酸 182
イノシトールリン脂質 182, 183
イノシン 66
イノシン一リン酸 65
イミノ基 10
陰イオンチャネル 134, 137
インスリン 49, 56, 67
インターナリゼーション 188
インテグリン 149
インデューサー 86
イントロン 85
インヒビター 35

う，え

ウイルス 80
動く遺伝子 80
ウラシル 14
ウリジン 5′-三リン酸（UTP) 15
ウロン酸 7
Arp2/3 複合体 142
エキソサイトーシス 162
エキソン 85
液胞 161
EcoR I 112
壊死 168
ACAT（アシル CoA：コレステロール
　アシルトランスフェラーゼ）57
ACP（アシルキャリヤータンパク質）
　　　　55
siRNA 97, 125
SRP（シグナル認識粒子）105
S-S 結合（ジスルフィド結合）
　　　　22, 104
SH2 ドメイン 177, 186
SH3 ドメイン 186
shRNA 125
S 期 163
SDS（ドデシル硫酸ナトリウム）133
エタノールアミン 9
X 線結晶解析 21
HMG-CoA（ヒドロキシメチルグルタ
　　　　リル CoA) 56
HMG-CoA レダクターゼ 57
HDL（高密度リポタンパク質）57
ATP（アデノシン 5′-三リン酸)
　　　　15, 38, 139
　——の生産 39, 45, 46
ATP 合成酵素 48, 135
Na$^+$, K$^+$-ATP アーゼ 134

NAD$^+$（ニコチンアミドアデニンジヌ
　　　　クレオチド）39
NADH 39, 42
　——の生産 45
NADP$^+$（ニコチンアミドアデニンジ
　　　　ヌクレオチドリン酸）39
NADPH 39, 52
NMR（核磁気共鳴）21
N-グリコシド 7
N-結合糖タンパク質 53
N 末端 12
N 末端則 28
エネルギー代謝 67
エピジェネティクス 76
F アクチン 139
A 部位（アミノアシル部位）101
エフェクター 36, 176
FAD（フラビンアデニンジヌクレオチ
　　　　ド）43, 45
FADH$_2$
　——の生産 45
F$_o$F$_1$-ATP アーゼ 48
Aβ（アミロイドβタンパク質）193
miRNA（マイクロ RNA）97
mRNA（メッセンジャー RNA）16, 82
　——の寿命 103
MAPs（微小管結合タンパク質）144
MAP キナーゼ → MAP（マップ）キナー
　　　　ゼ
M 期 163, 164
MPF 165
エリスロマイシン 107
LDL（低密度リポタンパク質）57
塩基 3
塩基性 HLH 構造 93
塩基対 15
塩基配列 69, 72
延長反応 102
エンドサイトーシス 161
エンドソーム 162
エンハンサー 92

お

横紋筋 152
岡崎断片（岡崎フラグメント）75
オキサロコハク酸 45
オキサロ酢酸 45
オキシドレダクターゼ 32
2-オキソグルタル酸 45, 61
2-オキソグルタル酸デヒドロゲナーゼ
　　　　複合体 45
O-グリコシド 7
O-結合糖タンパク質 52
オーソログ 24
オータコイド 58
オーダーメード医療 192
オートファジー 28, 107

オプシン 17
オペレーター 86
オペロン 85
オリゴ糖 5, 6
オリゴペプチド 11
オリゴマータンパク質 13
オルニチン 63
オレイン酸 130

か

開始コドン 98
解糖系 39
解離因子 102
化学浸透圧説 48
鍵と鍵穴 32
可逆性 26
核 106
核移行シグナル 106
核外 DNA 80
核 酸 117
　——の標識 117
核磁気共鳴 21
獲得免疫 94
核膜孔 106
核膜孔複合体 106
核マトリックス 148
核ラミナ 147, 149
カスケード反応 172
カタボライト活性化タンパク質（CAP)
　　　　87
活性中心 32
滑面小胞体 160
カテコールアミン 63
カテプシン系 28
カドヘリン 151
可変領域 94
鎌状赤血球貧血症 12
ガラクトース 41
カリウムチャネル 134
カルシウムイオン 154, 182
カルシウム結合タンパク質 182
カルシウムチャネル 162
カルシウムポンプ 134
カルシフェロール 17
カルニチン 53
カルバモイルリン酸 63
カルビン回路 60
カルモジュリン 154, 183
カロテノイド 9
カロテン 17
がん遺伝子 123
間 期 164
間期微小管ネットワーク 145
ガングリオシド 9
還 元 47
還元的ペントースリン酸回路 60
還元糖 5

がん細胞 150
ガンシクロビル 126
緩衝液 4
間接蛍光抗体法 143
γセクレターゼ 193
γチューブリン 145
がん抑制遺伝子 169

き

キイロショウジョウバエ 74
キサンチン 66
基　質 31
基質特異性 31
基質レベルのリン酸化 46
キチン 7
基底小体 156
キネシン 157
キネシンスーパーファミリータンパク質 157
基本転写因子 91
キメラマウス 126
キモトリプシノーゲン 35
逆遺伝学 122
逆転写酵素 80, 113
ギャップ遺伝子 87
ギャップ結合 151
キャップ結合タンパク質（CBP） 101
キャップ構造 16, 83
吸エルゴン反応 37
狂牛病 27
競合阻害 35
共輸送 135
キロミクロン 53
筋芽細胞 152
筋強直性ジストロフィー 196
筋原繊維 152
筋小胞体 155
近接効果 96
筋肉運動 152
筋フィラメント 152

く

グアニル酸シクラーゼ 182
グアニン 14
グアノシン 5'-三リン酸（GTP） 15
クエン酸 45
クエン酸回路 37, 43, 44
クエン酸シンターゼ 45
組換えタンパク質 120
組換えDNA技術 111
クラススイッチ 95
クラスリン 162
グリオキシソーム 46
グリオキシル酸回路 46

グリコーゲン 7, 49
グリコーゲンシンターゼ 49
グリコーゲン代謝 49
グリコーゲンホスホリラーゼ 49
グリコシド 6
グリコシド結合 6, 7
グリシン 10
グリセリド 8
グリセルアルデヒド3-リン酸 40
グリセロ糖脂質 9
グリセロリン脂質 9, 57, 129
グリセロール 53
グリセロール3-リン酸 56
グルカゴン 49, 56, 67, 182
グルクロン酸抱合 57
グルコキナーゼ 43
α-1,6-グルコシダーゼ 7
グルコース 5
── の代謝 39
── の貯蔵 49
グルコース6-ホスファターゼ 51
グルコース1-リン酸 49
グルコース6-リン酸 40, 49
グルコース6-リン酸デヒドロゲナーゼ 52
グルタチオン 52, 63
グルタミン 10
グルタミン酸 10, 45
グルタミン酸デヒドロゲナーゼ 61
グルタミンシンテターゼ 89
クレアチンリン酸 64
クレブス回路 43
クロイツフェルト・ヤコブ病 27
クロストーク 188
クローニング 115
クローバーリーフモデル 17
クロマチン 68, 73
── の状態 76
クロモソーム 73
クロラムフェニコール 107
クロロフィル 59
クロロプラスト → 葉緑体 36
クローン 115

け

蛍光顕微鏡 143
蛍光抗体法 143
蛍光染色法 143
形質転換 69
血　糖 49, 67
α-ケトグルタル酸 45
ケト原性アミノ酸 63
ケトース 5
ケトン体 54, 67
ゲノミクス 119
ゲノム 69, 119
ゲノムサイズ 70

ゲノムDNAライブラリー 114
ゲノムプロジェクト（ゲノム計画） 71
ケラチン 12, 147
ゲラニル二リン酸 56
ゲルゾリン 141
けん化 8
原核細胞 2
── のDNA複製 76
嫌気的解糖 42
原形質膜 129
原形質流動 155

こ

コイルドコイル 24, 147
光化学系 59
後　期 164
後期応答 175
光合成 59
光合成細菌 59
光合成炭酸固定回路 60
光呼吸 60
高脂血症 57
高次構造 12
甲状腺ホルモン 179
抗生物質 107
酵　素 31
── の修飾 38
── の反応速度 34
── の分類 32
構造遺伝子 85
構造多糖 7
酵素-基質複合体 34
酵素抑制 38
抗　体 94
興　奮 134
酵母人工染色体（YAC） 115
高密度リポタンパク質（HDL） 57
CoA（補酵素A） 43
呼吸鎖 46
黒　膜 131
枯草菌 89
5'末端 15
五炭糖 5
骨格筋 152
コット解析 117
コード鎖 82
コドン 72
コドン表 72, 99
コハク酸 35, 45
コハク酸デヒドロゲナーゼ 45
コバラミン 18
コヒーシン 169
コラーゲン 149
コリ回路 51
コリン 9, 130

コール酸　9
ゴルジ槽　161
ゴルジ体　52, 161
コルヒチン　145, 157
コレステロール　8, 129
　——の代謝　56
コレラ毒素　177
コンピューター　108
コンホメーション病　27

さ

細菌
　——の鞭毛　159
細菌人工染色体（BAC）　115
サイクリックアデノシン 3′, 5′-一リン酸（cAMP もみよ）　15, 50, 181
サイクリックグアノシン 3′, 5′-一リン酸　15, 181
サイクリン　165
再生　117
最大反応速度　34
最適温度　33
最適 pH　33
サイトカイン　178
サイトカラシン　142
細胞　1
細胞運動　152
細胞外シグナル　172
細胞外マトリックス　149
細胞骨格　138
細胞シグナル伝達　171
細胞質性ダイニン　157
細胞質分裂　159, 164
細胞周期　163
細胞小器官　2
細胞性免疫　94
細胞内二次伝達物質　174, 180
細胞培養　150
細胞分化　87
細胞膜　129
細胞膜1回貫通型受容体　177
細胞膜7回貫通型受容体　176
細胞融合　128
サザン分析（サザンブロット）　118
Saccharomyces cerevisiae　164
サブユニット　13
サブユニット構造　26
サルコメア　152
サルベージ経路　64
酸　3
酸化　47
酸化的リン酸化　37, 46, 48
サンガー法　117
三次構造　13, 24
3′末端　15
三炭糖　5
三量体型 G タンパク質　176

し

G アクチン　139
G アクチン結合タンパク質　140
ジアシルグリセロール　183
シアノバクテリア　59
CRE　92
Ca^{2+}-ATP アーゼ　182
CAM 植物　60
cAMP（サイクリックアデノシン 3′, 5′-一リン酸）　15, 50, 181
cAMP 依存性プロテインキナーゼ　50, 181
cAMP 受容タンパク質（CAP）　87
cAMP-プロテインキナーゼ A 経路　180
cAMP ホスホジエステラーゼ　181
CAP（カタボライト活性化タンパク質）　87
C. elegans　70
軸索　157
軸索輸送　157
シグナル伝達　171
シグナル伝達経路　172
シグナル伝達タンパク質　174
シグナル認識粒子　105
シグナル配列　104
シグナルペプチダーゼ　105
シグナルペプチド　104
σ サブユニット　82
シクロヘキシミド　107
自己リン酸化　177
C_3 植物　60
cGMP（サイクリックグアノシン 3′, 5′-一リン酸）　15, 181
脂質　8
　——の代謝　37, 53
脂質二重層　130
GC ボックス　92
シス因子（シス領域，シス配列）　91
システイン　10
システム生物学　108
シス面　161
ジスルフィドイソメラーゼ　104
ジスルフィド結合　22, 104
G_0 期　164
自然免疫　94
Schizosaccharomyces pombe　164
G タンパク質　27, 176
シチジン 5′-三リン酸（CTP）　15
G_2 期　163
シッフ塩基　61
cDNA（相補的 DNA）　113
cDNA ライブラリー　114
Cdk1　164
Cdk1 キナーゼ　149
Cdk-サイクリンサイクル　166
Cdc25　165

Cdc42　142
cdc2 遺伝子　164
CDC28 遺伝子　164
GTP（グアノシン 5′-三リン酸）　15, 143
　——の生産　45
CTP（シチジン 5′-三リン酸）　15
GDP/GTP 交換反応　176
GTP 結合タンパク質（G タンパク質）　176
ジデオキシ法　117
至適温度　33
至適 pH　33
シトクロム　47
シトクロム *c*　48
シトクロム P450　57, 192
シトクロム b_6/f 複合体　59
シトシン　14
シトルリン　63
シナプス小胞　162
CpG 配列
　——のメチル化　76
ジヒドロキシアセトンリン酸　40, 56
ジヒドロ葉酸レダクターゼ　66
CBP（キャップ結合タンパク質）　101
視物質　178
脂肪酸　8, 53
　——の合成　55
　——の貯蔵　53
　——の分解　53
脂肪酸合成酵素　55
C 末端　12
シャイン・ダルガーノ配列　101
自由エネルギー　37
終期　164
終止コドン　99
収縮環　159
修飾アミノ酸　11
修飾塩基　14, 15, 83, 99
宿主　115
縮重　100
出芽酵母　164
受動輸送　135
受容体（レセプター）　135, 172
純系　115
ショウジョウバエ　74, 87
脂溶性ビタミン　8, 17
上皮細胞　150
情報科学　108
小胞体　104, 160
初期応答　175
C_4 植物　60
シロイヌナズナ　70
CYP → シトクロム P450
G_1 期　163
真核細胞　2
　——の DNA 複製　78
　——の鞭毛　156
心筋　152
ジンクフィンガー　24, 92

人工染色体ベクター　115
人工膜　130
伸長因子　102
伸長反応　102
親和性　26

す

水素イオン濃度　3
水素結合　3, 69
水素転移補酵素　47
スイッチタンパク質　27, 174
水　和　3
スクアレン　56
スクシニル CoA　45
スクシニル CoA シンテターゼ　45
スクリーニング　114
スクロース　6
スタート　164
ステアリン酸　8, 130
ステロイド　8
ステロイドホルモン　8, 56, 179
ストレスファイバー　142
ストレプトマイシン　107
スフィンゴ糖脂質　9
スフィンゴミエリン　9, 130
スフィンゴリン脂質　9, 57, 129
スプライシング　85
スプライソソーム（スプライセオソーム）　85
スペクトリン　138, 141

せ，そ

生活習慣病　68
制限酵素　112
制限酵素地図　118
制限点　164
星状体　158
生成物　31
生体膜　129
正の制御　87
生理活性アミン　63
セカンドメッセンジャー　50, 174, 180
赤血球
　——の細胞膜　138
石けん　8
接触阻止　150
接着結合　151
Z 帯　152, 153
Caenorhabditis elegans　70, 75
セリン　9, 10
セリン/トレオニンキナーゼ　178
セリン/トレオニンキナーゼ型受容体　177

セルラーゼ　7
セルロース　7
セレクチンスーパーファミリータンパク質　151
セレブロシド　9
セロトニン　63
セロビオース　7
遷移温度　132
繊維芽細胞　150
前　期　164
染色質 → クロマチン
染色体　73
染色分体
　——の分配　158
選択的スプライシング　95, 96
線　虫　74, 75
前中期　164
セントラルドグマ　72
繊　毛　156

相補鎖　69
相補性　15
相補的 DNA　113
阻　害　35
阻害剤　35
ソーティング　104
粗面小胞体　160

た

体液性免疫　94
対向輸送　135
体細胞突然変異　95
代　謝　37
代謝回転　28, 85
代謝回転数　33
代謝経路　37
タイトジャンクション　151
ダイナミン　162
ダイニン　157
ダウンレギュレーション　187
択一スプライシング　96
ターゲッティングベクター　126
多糸染色体　75
TATA 配列　83
TATA ボックス　83
脱感作　187
脱共役剤　48
脱分枝酵素　49
脱リン酸　38, 44, 49, 185
多　糖　7
Wee1　165
ダブレット微小管　156
単位膜　130
ターンオーバー　85
炭酸固定　60
胆汁酸　8
胆汁色素　63

単純脂質　8, 129
単純タンパク質　13
単　糖　5
タンパク質　21
　——の一次構造　12, 23
　——の高次構造　12
　——の局在化　104
　——の合成　97
　——の三次構造　24
　——の寿命　28
　——の代謝　37
　——の代謝回転　61
　——の脱リン酸　36, 180, 185
　——の二次構造　24
　——の分類　23
　——の立体構造の決定法　21
　——のリン酸化　36, 180, 185
　膜を貫通する——　132
タンパク質合成開始因子　101
タンパク質合成反応　97
タンパク質コード領域　97
タンパク質発現系　120
タンパク質ファミリー　23
タンパク質分解酵素（プロテアーゼ）　28

ち

チアミン　18
チアミン二リン酸（チアミンピロリン酸）　33, 42, 43
チェックポイント機構　167, 169
チオレドキシン　66
窒素固定　64
窒素代謝　61
チミジル酸シンターゼ　66
チミン　14
チミン二量体　79
チモーゲン　35
チャネル　134
中間径フィラメント　147
中間密度リポタンパク質（IDL）　57
中　期　164
中心子　145, 156
中心子周辺物質　145
中心小体　145
中心体　145
中性脂肪　8
チューブリン　143
長鎖脂肪酸　55
調節遺伝子　86
調節酵素　36
超低密度リポタンパク質（VLDL）　53, 57
貯蔵多糖　7
チラコイド膜　59
チロシン　10
チロシンキナーゼ　177, 185
チロシンキナーゼ型受容体　177

つ, て

痛風 66
TRE 92
tRNA（転移 RNA） 16, 99
TATA ボックス 83
DNA（デオキシリボ核酸） 14, 69
　——の構造 69
　——の修復 79
　——の複製 73
DNA クローニング 113
DNA シークエンサー 117
DNA チップ 119
DNA ヘリカーゼ 76
DNA ポリメラーゼ 112
DNA ポリメラーゼ I 77
DNA ポリメラーゼ III 77
DNA ポリメラーゼ α 78
DNA ポリメラーゼ δ 78
DNA マイクロアレイ 119
DNA ライブラリー 114
DNA リガーゼ 77, 112
TFIID 83
T 管 155
T 細胞 94
T 細胞受容体 94
テイ・サックス病 192
TCA 回路 43
定常領域 94
TBP 83
TPP（チアミン二リン酸） 33, 42, 43
低分子量 G タンパク質 142, 186, 193
低密度リポタンパク質（LDL） 57
デオキシコール酸 9
デオキシリボ核酸 → DNA
デオキシリボース 5
デオキシリボヌクレオチド
　——の合成 66
適応現象 187
デスミン 147
デスモソーム 151
データベース 108
テトラサイクリン 107
テトラヒドロ葉酸 33
テルペン 9
テロメア 78, 150
テロメラーゼ 78, 150
転移 RNA（tRNA） 16, 99
転位性遺伝因子 80
電子伝達系 46
電子伝達阻害剤 48
転写 72, 81
　——の制御 85
転写因子 87, 91
転写活性化領域 96
転写減衰 89

転写後修飾 82, 83
転写調節因子 83, 91, 179
デンプン 7
伝令 RNA → mRNA

と

糖 → 糖質
同化 37, 45
糖原性アミノ酸 50, 63
動原体 158
糖原病 50
糖鎖付加 104
糖脂質 7, 9, 57, 129
糖質 5
　——の代謝 37
　——の代謝調節 182
糖新生 50
糖タンパク質 7
動的不安定性 145
糖尿病 68
糖ヌクレオチド 52
動脈硬化 57
特異性 26
毒素 108
トコフェロール 17
突然変異 74
ドデシル硫酸ナトリウム 133
ドーパミン 63
トポイソメラーゼ 78
ドメイン 25
トランス因子 89, 92
トランスクリプトーム 119
トランスジェニック生物 125
トランスデューシン 178
トランスファー RNA → tRNA
トランスフェラーゼ 32
トランスフォーム（悪性形質転換）
　　124
トランスポゾン 80
トランス面 161
トランスロケーション 102
トリアシルグリセロール 8, 53
　——の合成 56
トリオース 5
トリオースイソメラーゼ 40
トリカルボン酸回路 43
トリスケリオン 162
トリトン X-100 133
トリプシノーゲン 35
トリプシン 33
トリプトファン 10
トリプトファンオペロン 89
トリプレット微小管 146
トリプレットリピート病 196
トレオニン 10
トレハロース 7
Drosophila melanogaster 74, 87

トロポニン 154
トロポミオシン 142, 154
トロンボキサン 58

な, に

ナイアシン 18
内在性タンパク質 132, 138
ナトリウム-カリウムポンプ 134
ナトリウムチャネル 134
ナンセンスコドン 99
ニコチンアミドアデニンジヌクレオチド（NAD$^+$） 39
ニコチンアミドアデニンジヌクレオチドリン酸（NADP$^+$） 39
ニコチン酸 18
二酸化炭素 60
二次構造 12, 24
二次メッセンジャー 174
二重らせん 15, 69
乳酸 51
ニューロフィラメント 147
ニューロリギン 193
尿酸 63, 66
尿素 62
尿素回路 62

ぬ〜の

ヌクレオシド 14
ヌクレオソーム 74, 95
ヌクレオチド 14, 64
　——の代謝 64
ネオマイシン 126
ネクローシス 168
熱ショックタンパク質 26, 104
能動輸送 135
嚢胞性繊維症 196
ノーザン分析（ノーザンブロット）
　　119
ノックアウトマウス 125
ノルアドレナリン 56

は

バイオインフォマティクス 108
胚性幹細胞 126
配糖体 6
胚盤胞 126

ハイブリッド形成（ハイブリダイゼーション）　117
ハイブリドーマ　128
配列モチーフ　24
ハウスキーピング遺伝子　85, 89
バキュロウイルス　122
バクテリオファージ　80
発エルゴン反応　37
発がんプロモーター　184
発現ベクター　122
ハーディー・ワインベルクの法則　195
ハプロ不全　192
バリン　10
パルミチン酸　8
　――が結合したリン脂質　130
　――の合成　56
　――の分解　53
バンド3タンパク質　138
バンド4.1タンパク質　138
パントテン酸　18
反応特異性　32
半保存的複製　75
反矢じり端　140

ひ

PI$_3$-キナーゼ　183
PIP$_2$（ホスファチジルイノシトール4,5-ビスリン酸）　141, 183
PIP$_3$（ホスファチジルイノシトール3,4,5-トリスリン酸）　183
PRPP（5-ホスホリボシル1-二リン酸）　64
BAC（細菌人工染色体）　115
BSE（ウシ海綿状脳症）　27
Pst I　112
pH　4
bHLH構造（塩基性HLH構造）　93
ビオチン　18, 50, 54
P/O比　48
光呼吸 → 光（こう）呼吸　60
非競合阻害　35
PKA → プロテインキナーゼA
PKC → プロテインキナーゼC
$bicoid$ 遺伝子　87
p53　169
微細繊維　138
B細胞　94
PCR（ポリメラーゼ連鎖反応）　120
微絨毛　142
微小管　143, 156
　――の動的不安定性　145
微小管結合タンパク質　144
ヒスタミン　63
ヒスチジン　10
ヒストン　74
　――のアセチル化　76

1,3-ビスホスホグリセリン酸　40
ビタミン　17
ビタミンA　9, 17
ビタミンB$_1$　18
ビタミンB$_2$　18
ビタミンB$_6$　18
ビタミンB$_{12}$　18
ビタミンC　18
ビタミンD　17
ビタミンE　9, 17
ビタミンK　9, 18
必須アミノ酸　64
必須脂肪酸　56
ヒドロキシメチルグルタリルCoA　56
3-ヒドロキシ酪酸　54
ヒドロラーゼ　32
PP$_i$（ピロリン酸）　49
P部位（ペプチジル部位）　101
Pvu II　112
被覆小孔　161
被覆小胞　162
ヒポキサンチン　66
非翻訳領域　97
肥満　68
ビメンチン　147
百日咳毒素　177
表在性タンパク質　133, 138
標識　117
ピリドキサール　18
ピリドキサールリン酸　61
ピリミジン塩基　14
ピリミジンヌクレオチド
　――の合成　65
ビリン　141
ピルビン酸　39, 41, 67
ピルビン酸カルボキシラーゼ　50
ピルビン酸キナーゼ　40, 42
ピルビン酸デカルボキシラーゼ　42
ピルビン酸デヒドロゲナーゼ複合体　43
ピロリン酸　49

ふ

ファージ　80
ファージベクター　115
ファミリー　23
プアメタボライザー　192
ファルネシル二リン酸　56
ファロイジン　142
VLDL（超低密度リポタンパク質）　53, 57
フィッシャー投影図　5
フィードバック阻害　36, 38
フィブリノーゲン　35
フィブロイン　12

フィブロネクチン　149
フィラミン　141
フェニルアラニン　10
フェニルケトン尿症　196
フェレドキシン　64
フォーカルアドヒージョン　149
フォーカルコンタクト　149
フォールディング　26, 104
複合脂質　8, 9, 129
　――の代謝　57
複合多糖　7
複合タンパク質　14
複合糖質　6
複製起点　75
複製酵素　77
複製フォーク　77
不斉炭素　5
負の制御　87
不飽和脂肪酸　8
　――の合成　56
　――の酸化　53
フマル酸　45, 63
プライマーRNA　76
プライマーゼ　76
フラグミン　141
フラジェリン　159
プラス端　140, 144
プラストキノン　59
プラスミド　80, 113
プラスミドベクター　115
フラビンアデニンジヌクレオチド（FAD）　43
プリオン　27
プリオン病　27
フリップフロップ　131
プリブナウ配列　83
プリン塩基　14
プリンヌクレオチド
　――の合成　64
フルクトース　41
フルクトース-1,6-ビスホスファターゼ　51
フルクトース1,6-ビスリン酸　40
フルクトース2,6-ビスリン酸　51
ブレオマイシン　107
不連続複製　75
プロスタグランジン　8, 58
プロスタサイクリン　58
プロセシング　22, 83
プロテアーゼ（タンパク質分解酵素）　28
プロテアソーム　29, 165
プロテインキナーゼ　36, 185
プロテインキナーゼA　50, 181
プロテインキナーゼC　183
プロテインキナーゼスーパーファミリー　185
プロテインホスファターゼ　36, 185
プロテオグリカン　149
プロテオミクス　119

プロテオーム　119
プロトンポンプ ATP アーゼ　135
プロトン輸送 ATP 合成酵素　48
プロピオニル CoA　54
プローブ　117
プロモーター　82
プロリン　10
分子間相互作用　26
分子クローニング　113
分枝酵素　49
分子シャペロン　26, 104
分裂期　163, 164
分裂酵母　164
分裂装置　158

へ

ペアルール遺伝子　87
平滑筋　154
ヘキソキナーゼ　40, 42
ヘキソース　5
ベクター　113, 115
βアドレナリン受容体　176
β-アノマー　6
β構造　12
β酸化　53
βセクレターゼ　193
ヘテロ　191
ヘテロクロマチン　76
ペプシン　33
ペプチジルトランスフェラーゼ　102
ペプチジル部位　101
ペプチド結合　11
ヘミデスモソーム　151
ヘム　63
ヘリックス-ターン-ヘリックス構造　92
ヘリックス-ループ-ヘリックス構造　93
ペルオキシソーム　54, 161
変　性　25, 117
ペントース　5
ペントースリン酸回路　51
鞭　毛
　　細菌の――　159
　　真核細胞の――　156

ほ

胞子形成　89
紡錘体　158, 159
飽和脂肪酸　8
補欠分子族　14, 33
補酵素　17, 33
補酵素 A（CoA）　43

補酵素 Q　48
ポストゲノム解析　71
ホスファチジルイノシトール　182, 183
ホスファチジルイノシトール 3-キナーゼ　183
ホスファチジルイノシトール 3, 4, 5-トリスリン酸　183
ホスファチジルイノシトール 4, 5-ビスリン酸　141, 183
ホスファチジルエタノールアミン　9
ホスファチジルコリン　9, 130, 185
ホスファチジルセリン　9
ホスファチジン酸　56
ホスホエノールピルビン酸　40
ホスホエノールピルビン酸カルボキシキナーゼ　50
2-ホスホグリセリン酸　40
3-ホスホグリセリン酸　40
ホスホグリセリン酸キナーゼ　40
ホスホグリセロムターゼ　40
ホスホグルコムターゼ　49
6-ホスホフルクトキナーゼ　40, 42
ホスホリパーゼ C　183
ホスホリパーゼ D　185
5-ホスホリボシル 1-二リン酸　64
ホメオティック遺伝子　88
ホメオドメイン　87
ホメオドメイン構造　92
ホ　モ　192
ホモログ　23
ポリ(A)配列　83
ポリグルタミン病　196
ポリシストロン性 mRNA　98
ポリヌクレオチド鎖　72
ポリペプチド　11
ポリメラーゼ連鎖反応（PCR）　120
ホルボールエステル　184
ホルミルメチオニル tRNA　101
ホルミルメチオニン　101
ホルモン　18
ホルモン応答性転写シス因子　179
ホロ酵素　33
ポンプ　135
翻　訳　72, 82, 97
翻訳後修飾　22, 27, 104
翻訳領域　97

ま

マイクロ RNA（miRNA）　97
マイクロインジェクション　126
-35 領域　83
-10 領域　83
マイナス端　140, 144
膜貫通型タンパク質　105, 132
膜系細胞小器官　159
膜結合性受容体　136

マクサム・ギルバート法　116
膜脂質　129
膜タンパク質　132
MAP キナーゼ　186
MAP キナーゼカスケード　186
MAP キナーゼキナーゼ　186
MAP キナーゼキナーゼキナーゼ　186
マルチクローニング部位　115
マルトース　6
マロニル CoA　55
マロン酸　35
マンノース　41

み

ミオシン　142, 153
ミオシン軽鎖キナーゼ　154
ミオシンフィラメント　153
ミカエリス・メンテンの式　34
ミカエリス定数　34
ミクロフィラメント　139
ミセル　8, 131
密着結合　151
ミトコンドリア　43, 46, 160
　　――へのタンパク質の移行　107

む～も

無機質　19
無機ピロホスファターゼ　49
明反応　59
メタボローム　119
メチオニン　10
メッセンジャー RNA（mRNA）　16, 82
メトトレキセート　66
メバロン酸　58
免　疫　94
免疫グロブリン　94
免疫グロブリンスーパーファミリー　151
モータータンパク質　157
モチーフ　24
モノアシルグリセロール　8, 53
モノクローナル抗体　128
モノシストロン性 mRNA　98

や

薬物代謝　57
矢じり端　140

ゆ，よ

融解温度　117
有機化合物　2
優性遺伝　191
優性ネガティブ　191
誘導適合モデル　32
誘導物質　86
ユークロマチン　76
輸送体　135
UTP（ウリジン 5′-三リン酸）　15
UDP ガラクトース　41
UDP グルクロン酸　57
UDP グルコース　41, 49
ユビキチン　29, 165
ユビキチン-プロテアソーム系　28, 107
ユビキノン　48
ゆらぎ　100

溶解度　3
葉酸　18
葉緑体　59, 160
　——へのタンパク質の移行　107
四次構造　13

ら

ラギング鎖　77
ラクトース　6
ラクトースオペロン　85
ラミニン　149
ラミン　147, 149, 165
ラリアット RNA　84
ランダムコイル　12, 25

り

リアーゼ　32
リガーゼ　32
リガンド　26, 172
利己的 DNA　81
リシン　10
リソソーム　161
リーダーペプチダーゼ　105
リーダーペプチド　104
リーディング鎖　77
リノール酸　8, 56
リノレン酸　8
リファマイシン　107
リプレッサー　86
リブロース-1, 5-ビスリン酸カルボキシラーゼ　60
リブロース-6-リン酸カルボキシラーゼ　33
リボ核酸 → RNA
リボザイム　97
リポ酸　43
リボース　5, 14
リボース 5-リン酸　51
リボソーム　17, 98
リポソーム　131
リボソーム RNA（rRNA）　16, 83, 98
リボフラビン　18
流動モザイクモデル　134
臨界濃度　139

リンゴ酸　45
リンゴ酸酵素　56
リンゴ酸デヒドロゲナーゼ　45, 56
リン酸化　38, 44, 49, 185
リン脂質　9, 129
　——の代謝　57
リンパ球　94

る～ろ

RuBisCO　60

レセプター（受容体）　135, 172
レチノール　17
レッシュ・ナイハン症候群　65
劣性遺伝　192
レトロウイルス　80
レプチン　68
レプリカーゼ　77
ロイコトリエン　8, 58
ロイシン　10
ロイシンジッパー構造　93
ろう　8
老人斑　193
六炭糖　5
ロテノン　48
ロドプシン　17, 178

わ

YAC（酵母人工染色体）　115
ワルファリン　192

鈴木 紘一 (1939 ~ 2010)
1939年 東京に生まれる
1962年 東京大学理学部 卒
1967年 東京大学大学院理学系研究科 修了
元東京大学教授
専攻 生物化学
理学博士, 医学博士

第1版 第1刷 1997年 9 月 10 日 発行
第2版 第1刷 2007年 3 月 9 日 発行
　　　第5刷 2021年 2 月 5 日 発行

生 化 学 (第2版)

© 2007

編　集　　鈴　木　紘　一
発行者　　住　田　六　連
発　行　　株式会社東京化学同人
東京都文京区千石3丁目36-7(〒112-0011)
電話 03-3946-5311・FAX 03-3946-5317
URL　http://www.tkd-pbl.com

印　刷　　株式会社廣済堂
製　本　　株式会社松岳社

ISBN978-4-8079-0647-5
Printed in Japan
無断転載および複製物（コピー, 電子
データなど）の配布, 配信を禁じます.